"十四五"高等职业教育机电类专业新形态一体化系列教材

UG NX机械设计

韦晓航　覃秀凤◎主　编
谢佳宾　李　宇◎副主编

中国铁道出版社有限公司
CHINA RAILWAY PUBLISHING HOUSE CO., LTD.

内 容 简 介

本书内容为运用 UG NX 软件 NX10.0(以下简称 NX)进行典型机械零件三维建模、装配及工程图设计。为使课程学习内容尽量贴近机械行业企业对专业岗位技术人才的要求,本书的编写运用了基于工作过程的项目式教学理念构建基于典型机械零部件的项目式学习流程,精心选取了机械制造行业的不同类型的典型机械零部件,包括轴类零件、轴类紧固件、端盖类零件、轮盘类零件、箱体叉架类零件等作为项目载体进行三维实体建模项目构建,并选择典型机构为载体着重呈现自底向上的装配流程,并以典型零件为载体呈现机械工程图的图幅选择、视图操作及布局、文字、尺寸标注等完整的工程图创建流程。每个项目配以 2 ~ 5 个拓展练习,使学生的练习由简至繁、由易到难递进,将难点分散,更有利于学生对知识技能的掌握。本书采用活页式模块化设计,为方便学习者学习,每个项目均附有学习记录栏以及相关学习视频二维码。

本书适合作为高等职业院校及成人高校机电类专业教材,也可作为相关企业软件技术的教学及培训用书,还可供从事机械制造行业的工程技术人员、管理人员和技术工人参考使用。

图书在版编目(CIP)数据

UG NX 机械设计/韦晓航,覃秀凤主编. —北京:中国铁道出版社有限公司,2023.2(2024.4 重印)
"十四五"高等职业教育机电类专业新形态一体化系列教材
ISBN 978-7-113-29479-3

Ⅰ.①U… Ⅱ.①韦… ②覃… Ⅲ.①机械设计 - 计算机辅助设计 - 应用软件 - 高等职业教育 - 教材 Ⅳ.①TH122

中国版本图书馆 CIP 数据核字(2022)第 132736 号

书　　名:UG NX 机械设计
作　　者:韦晓航　覃秀凤

策　　划:尹　鹏　钱　鹏　　**编辑部电话:**(010)63551926
责任编辑:曾露平
封面设计:刘　颖
责任校对:安海燕
责任印制:樊启鹏

出版发行:中国铁道出版社有限公司(100054,北京市西城区右安门西街 8 号)
网　　址:http://www.tdpress.com/51eds/
印　　刷:北京联兴盛业印刷股份有限公司
版　　次:2023 年 2 月第 1 版　2024 年 4 月第 2 次印刷
开　　本:787 mm × 1 092 mm 1/16　**印张:**14.25　**字数:**320 千
书　　号:ISBN 978-7-113-29479-3
定　　价:49.00 元

前 言

自 1950 年计算机辅助设计(Computer Aided Design,CAD)技术诞生以来,CAD 技术已逐步广泛地应用于机械、电子、建筑、化工、航空航天以及能源、交通等领域,引领了全球产品设计效率的飞速提高。经过半个多世纪的发展,计算机辅助设计技术已与计算机辅助制造技术(Computer Aided Manufacturing,CAM)、产品数据管理技术(Product Data Management,PDM)及计算机集成制造系统(Computer Integrated Manufacturing System,CIMS)集于一体,形成了强大的现代工业设计制造体系。

由于三维 CAD 技术在机械设计中具有设计零件更加方便、装配零件更加直观、大大缩短了机械设计周期和易于提高机械产品的技术含量和质量等优点,在机械制造行业企业中得到广泛的推广运用。因而,三维 CAD 技术已成为当今机械行业企业工程技术人员所必须掌握的一项基本技能。本书选择目前机械制造行业企业运用非常广泛的 NX 软件作为三维 CAD 技术学习主体。本书采用活页式模块化设计,每个项目均附有视频学习二维码,通过扫描二维码开启视频学习,便于学习者预习或自学,活页式模块化的设计便于不同专业方向和不同层次的学习者灵活选用其中的任意模块或项目。

本书的编写紧密联系机械制造行业企业生产应用实际,精心选择各类机器上具有代表性的轴类零件、轴类紧固件、端盖类零件、轮盘类零件、箱体叉架类零件及典型机构作为实体建模、装配及工程图设计的载体。项目载体的选择尽可能涵盖常用软件工具,并将所用到的软件工具的相关知识合理融合到项目教程学习过程中,使学习者深切体验到学用一体、学有所用。项目学习由浅入深,由简至繁,图文并茂;项目呈现脉络清晰,层次分明,学习目标剖析精确;项目策划侧重于学习方法的传授,易于激发学习者学习兴趣。

本书由柳州铁道职业技术学院、广西职业技术学院、广西水利电力职业技术学院等多所高职院校相关专业教师合作完成。第一主编由柳州铁道职业技术学院韦晓航教授担任,广西职业技术学院覃秀凤副教授担任第二主编,广西水利电力职业技术学院谢佳宾、柳州铁道职业技术学院李宇担任副主编。本书样章策划和项目规划由主编韦晓航负责、覃秀凤协作完成,并经过教材编写团队多次研讨沟通,集思广益。其中韦晓航负责模块一项目一传动轴建模以及模块三传动轴工程图、台虎钳钳座工程图两个项目编写；覃秀凤、韦晓航合作完成模块一项目四旋钮盖建模编写；覃秀凤、张秋杰合作完成模块一项目五台虎钳钳座建模、项目六阀管零件建模及项目七齿轮泵泵体建模编写；谢佳宾负责模块一项目三轴承盖建模的编写；李宇负责模块二的编写；张海明负责模块一项目二六角头螺栓建模的编写。此外，柳州铁道职业技术学院机械制造及自动化专业19级学生徐达志协助完成了本书多个练习视频的录制，在此深表感谢。

为了尽可能确保本书的准确性，本书出版前作为校本教材经过了两轮的使用并由主编进行了细致地修改与完善。但限于编者水平有限，书中难免存在不足之处，欢迎读者提出宝贵的意见和建议。

编　者

2022年11月

目 录

模块一

UG NX 三维建模

UG NX 三维建模模块共包含七个项目，按常见零件类型包括轴类零件、轴类紧固件、端盖类零件、轮盘类零件、箱体叉架类零件。本模块选择机械行业企业生产实际中典型零件作为项目载体，按照建模的难易程度，进行项目排序，从易到难、循序渐进，使读者在完成项目建模的同时逐渐掌握建模思路和功能命令。

项目一　轴类零件——传动轴建模

学习目标

知识目标

(1)熟悉建模环境。

(2)初步掌握运用基本体进行组合建模的方法。

(3)理解定位点，熟悉点定位工具。

(4)熟悉倒角特征工具的运用。

(5)熟悉键槽特征工具的运用。

传动轴建模

能力目标

(1)具有运用基本体进行组合建模的能力。

(2)能够正确选择机械结构的定位点，并运用点定位知识创建定位点。

(3)能够根据机械设计的需要创建倒角。

(4)能运用键槽特征工具创建键槽。

素质目标

(1)培养严谨细致、勇于探索的良好职业素养。

(2)培养爱国敬业、勤奋进取的爱国主义情操。

(3)通过建模实战，培养学生分析问题、解决问题的能力。

(4)倡导互学互助，培养学生团结协作、互相关心、互相帮助的良好品质。

工作任务

创建轴类零件——传动轴，如图 1-1-1 所示。

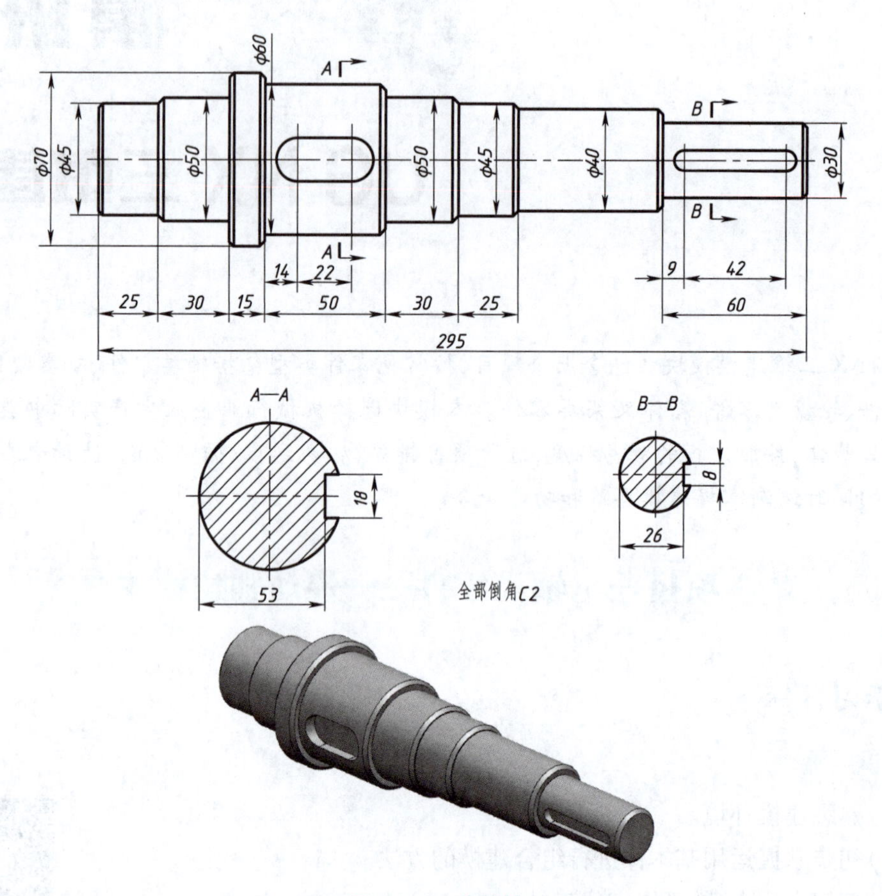

图 1-1-1　传动轴

项目分析

传动轴是由圆柱体构成的阶梯轴，轴上有倒角和键槽，因此，创建此传动轴可分三步：①轴体建模；②创建倒角；③创建键槽。

项目分解

名称	内　容	采用的工具和命令	创建流程	其他工具和命令
1	轴体建模	圆柱体，点构造，布尔运算(求和)		草图、拉伸

续上表

名称	内　容	采用的工具和命令	创建流程	其他工具和命令
2	创建倒角	倒斜角		
3	创建键槽	基本直线、基准平面、键槽		

想一想：针对以上建模流程你有没有更好的建议，有的话请写下来分享经验。有其他的建模方法的话，请在下方填写。

还可以这么做：

项目实施

1. 轴体建模

创建由基本体——圆柱体构成的阶梯轴，具体尺寸如图 1-1-2 所示。

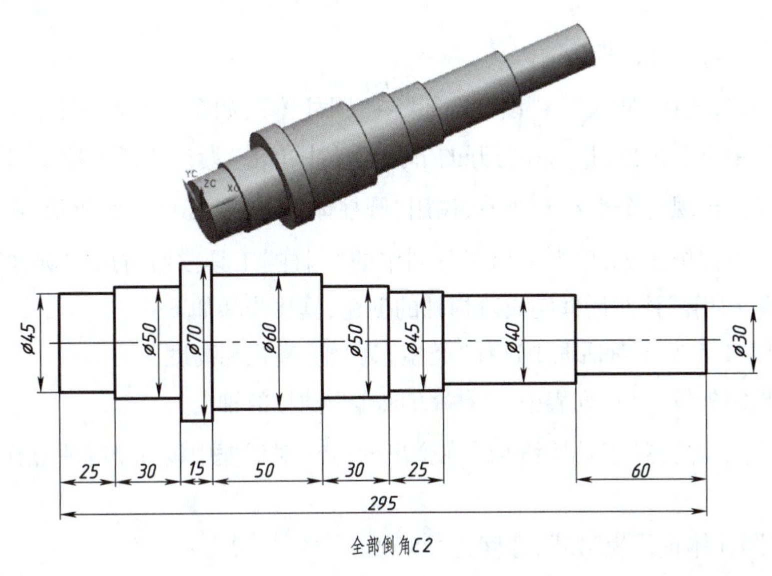

图 1-1-2　阶梯轴

步骤 1　进入建模环境。

双击 UG NX 图标启动程序，单击“菜单”→“文件”→“新建”，在打开的“新建”对话框“模型”选项卡中选择“模板”，如图 1-1-3 所示，模板名称为“模型”，类型为“建模”，命名新部件文件名称为“chuandongzhou”，选择保存文件路径，进入建模环境。

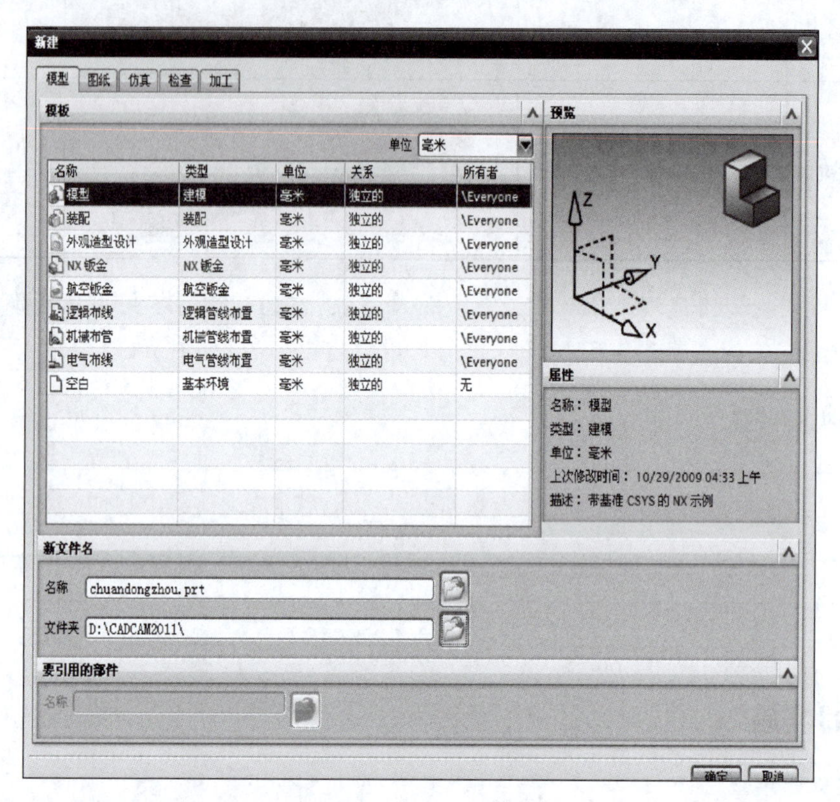

图 1-1-3　“新建”对话框

步骤 2　创建第一段圆柱体。

单击“菜单”，选择“插入”→“设计特征”→“圆柱体”，如图 1-1-4 所示，或在“主页”的“特征”工具栏单击下拉按钮，在打开的下拉菜单中单击“设计特征下拉菜单”，在工具图标“圆柱”前单击出现一个小勾，调用“圆柱体”工具，如图 1-1-5 所示，在“特征”工具栏单击“拉伸”下拉按钮，单击弹出工具列中的“圆柱”工具按钮，打开“圆柱”对话框，如图 1-1-6 所示，利用圆柱对话框完成阶梯轴的创建，具体步骤如下：

（1）在图 1-1-5 所示对话框中选择“类型”为“轴、直径和高度”。

（2）在“指定矢量”下拉列表中选择方向作为圆柱的轴向。

（3）单击“点构造器”工具按钮，在弹出的“点”对话框中设置坐标原点作为圆柱体的中心。

（4）设置圆柱体直径为“45”，高度为“25”。

（5）单击“应用”按钮，生成第一段圆柱体如图 1-1-7 所示。

图 1-1-4　“插入”菜单

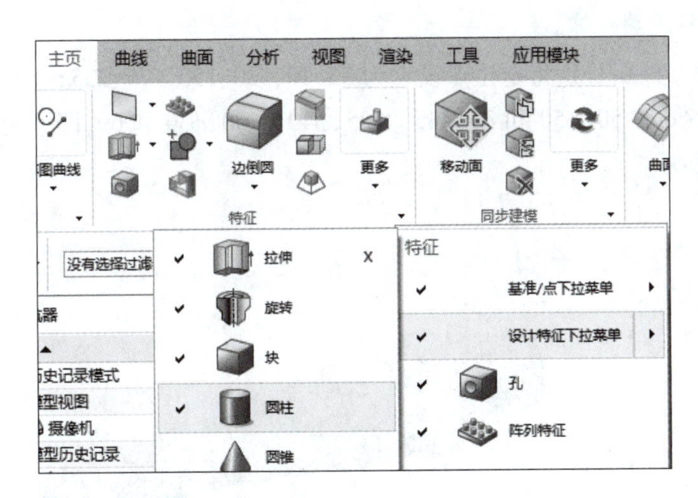

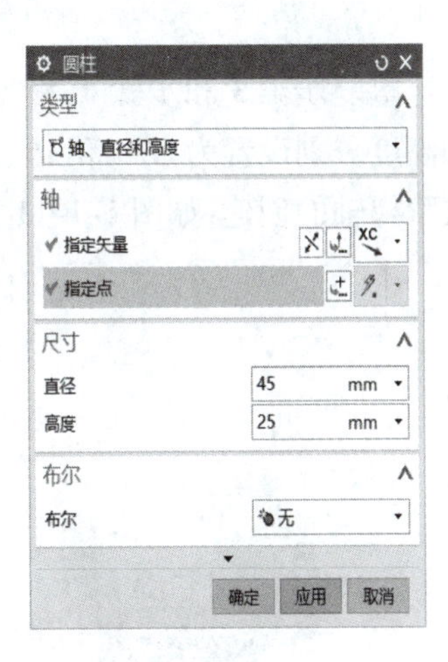

图 1-1-5　特征工具栏中的“圆柱”工具

图 1-1-6　“圆柱”对话框

步骤 3　创建第二段圆柱体定位点。

继续将矢量选项保持为XC方向，单击图 1-1-6 所示“圆柱”对话框中“点”对话框按钮，将光标移至圆柱体右端面圆边缘，待边缘和中心高亮显示后单击鼠标，捕捉端面圆心，如图 1-1-8 所示，弹出的“点”对话框中坐标“XC”值变“25”，如图 1-1-9 所示。将定位点沿 X 轴移至圆柱体右端面圆心，单击“确定”按钮完成定位点设置。

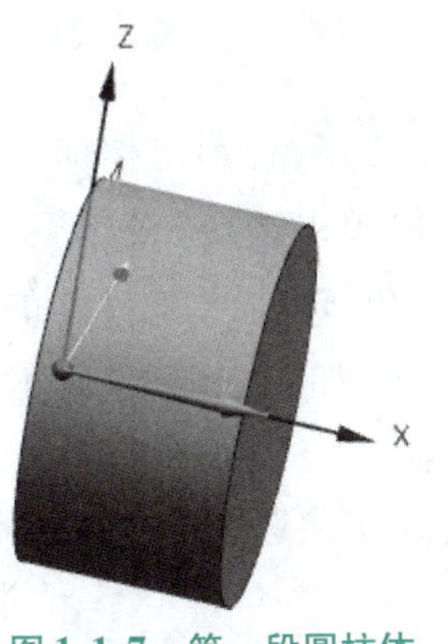

图 1-1-7　第一段圆柱体

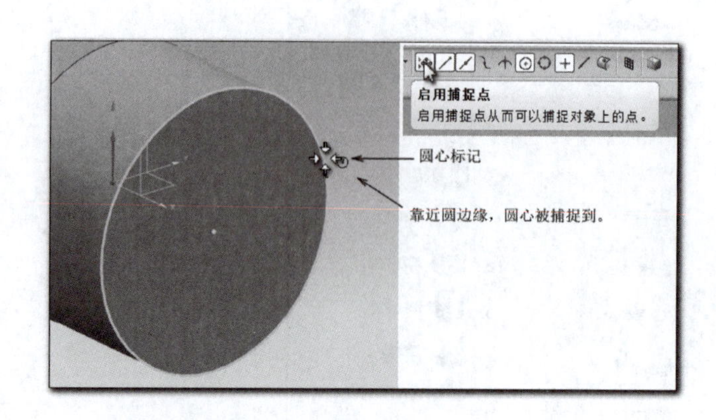

图 1-1-8　捕捉端面圆心

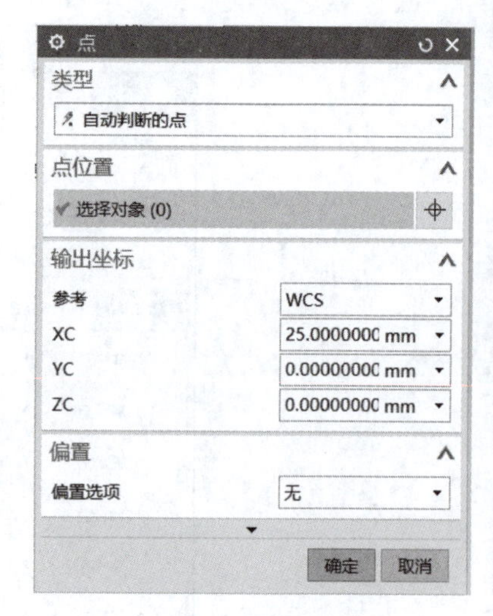

图 1-1-9　改变定位点

步骤 4　创建第二段圆柱体。

设置直径为 ϕ50，高度为 30，单击“应用”按钮，生成第二段圆柱体，如图 1-1-10 所示。

步骤 5　依次创建后续各段圆柱体。

重复步骤 3 和步骤 4，根据零件图分别将定位点设置为 55、70、120、150、175、235，直径和高度分别设置为 ϕ70 和 15、ϕ60 和 50、ϕ50 和 30、ϕ45 和 25、ϕ40 和 60、ϕ30 和 60，即可完成阶梯轴的创建，如图 1-1-11 所示。

图 1-1-10　第二段圆柱体

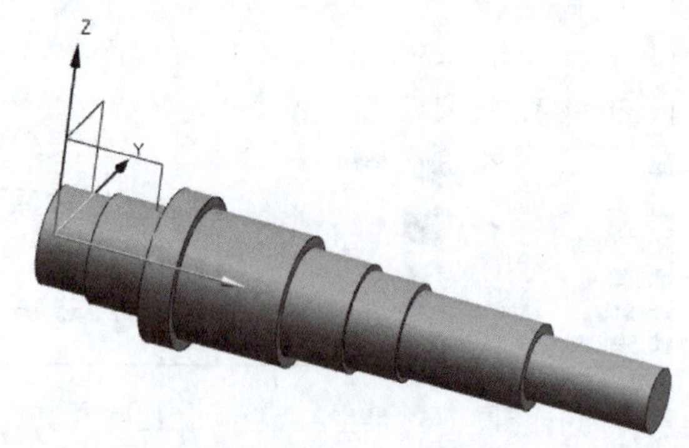

图 1-1-11　阶梯轴

步骤 6　将阶梯轴合并成整体——求和。

（1）单击选择“菜单”→“插入”→“组合”→“合并”，或在“主页”的“特征”工具栏单击下拉按钮▾，在打开的下拉菜单中单击“组合下拉菜单”，选择下拉工具列中“合并”工具，如图 1-1-12 所示，打开“合并”对话框如图 1-1-13 所示，指定第一段圆柱为目标体。

（2）依次选择各段圆柱体作为工具体，效果如图 1-1-14 所示。

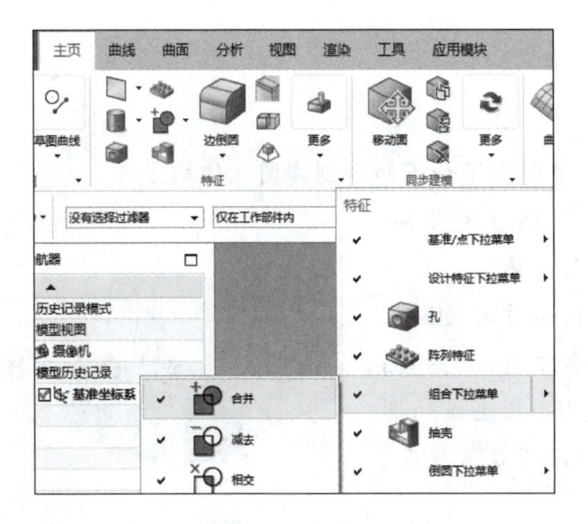

图 1-1-12　选择“合并”工具

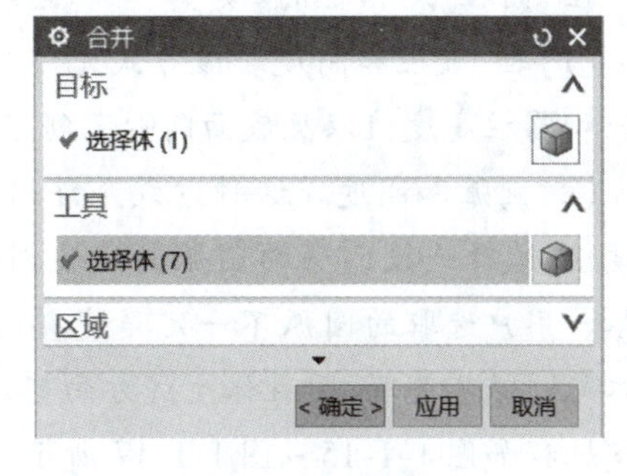

图 1-1-13　“合并”对话框

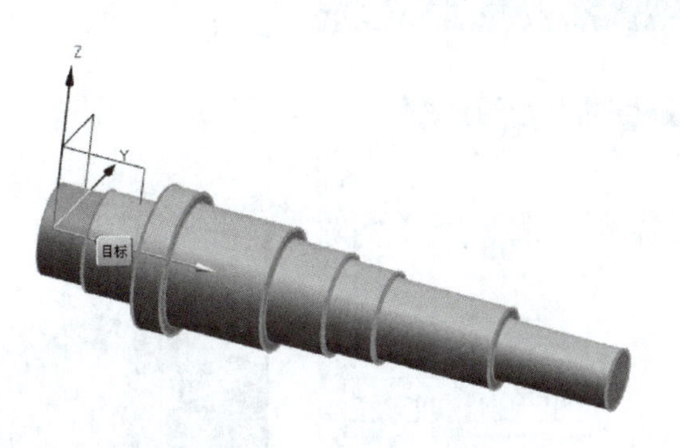

图 1-1-14　阶梯轴“合并”

(3)单击“确定”按钮,求和完毕。此时虽然圆柱体看起来没有变化,但从实体的角度来说它已经构成了一个整体。

学习要点记录

相关知识

圆柱体——功能详解

在“圆柱”对话框的“类型”下拉列表中列出了如下两种创建圆柱体的方式：

（1）轴、直径和高度。该方式允许用户通过定义轴、直径和圆柱高度值以及底面圆心来创建圆柱体。

（2）圆弧和高度。这种方式允许用户通过定义圆柱高度值，选择一段已有的圆弧并定义创建方向来创建圆柱体。用户选取的圆弧不一定是完整的圆，且生成的圆柱体与圆弧不关联，圆柱体生成方向可以选择是否反向，创建过程如图 1-1-15 ~ 图 1-1-17 所示。

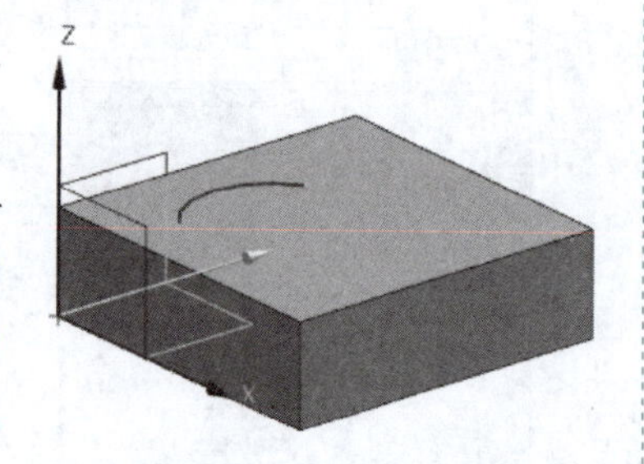

图 1-1-15　已有的圆弧

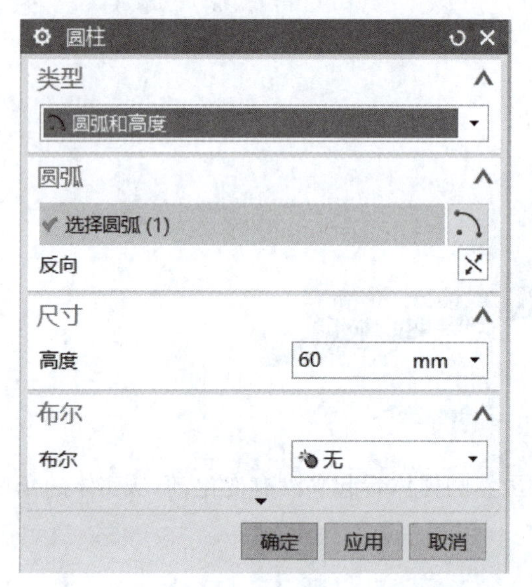

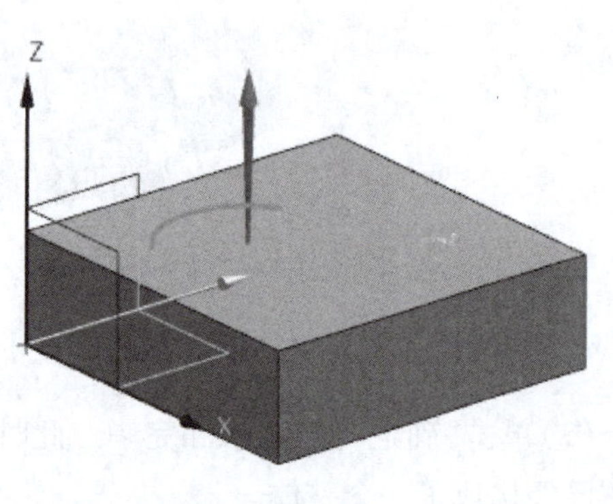

图 1-1-16　选择已有圆弧和方向，设置高度

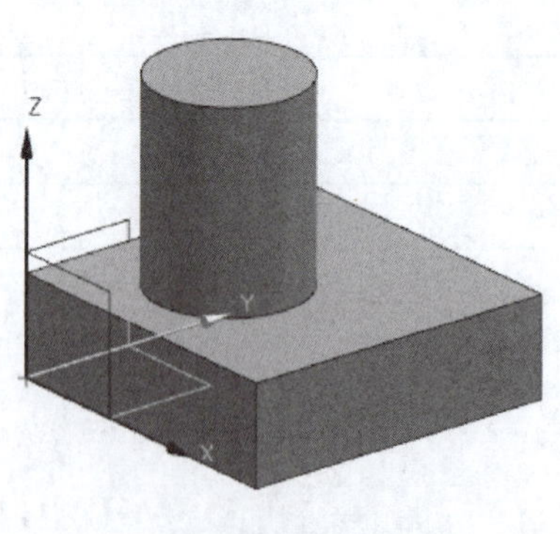

（a）正向

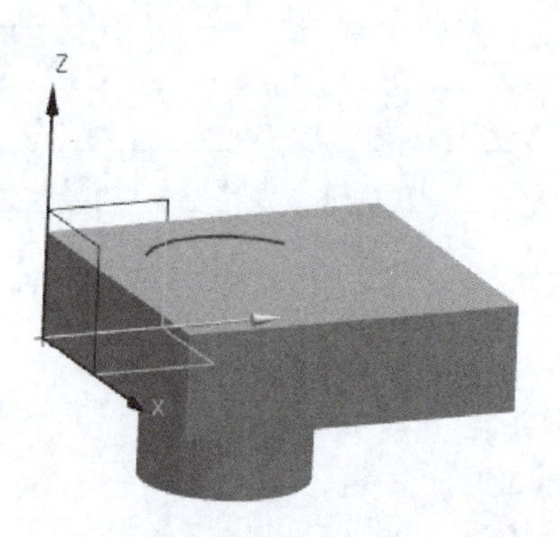

（b）反向

图 1-1-17　采用“圆弧和高度”方式创建圆柱体

2. 创建倒角

为已经创建好的阶梯轴倒角，尺寸全部为 C2，完成后的阶梯轴如图 1-1-18 所示。

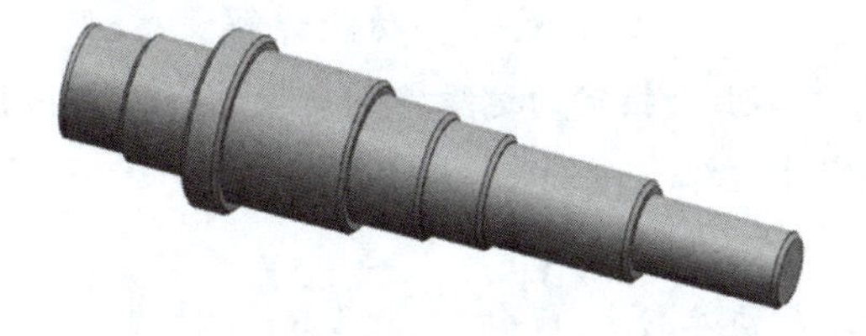

图 1-1-18　阶梯轴倒角

步骤如下：

单击“菜单”下拉按钮，选择“插入”→“细节特征”→“倒斜角”，或单击“特征”工具栏的“倒斜角”按钮，弹出“倒斜角”对话框，横截面选择“对称”，输入距离 2，如图 1-1-19 所示，依次选取轴上所有棱边，结果如图 1-1-20 所示。

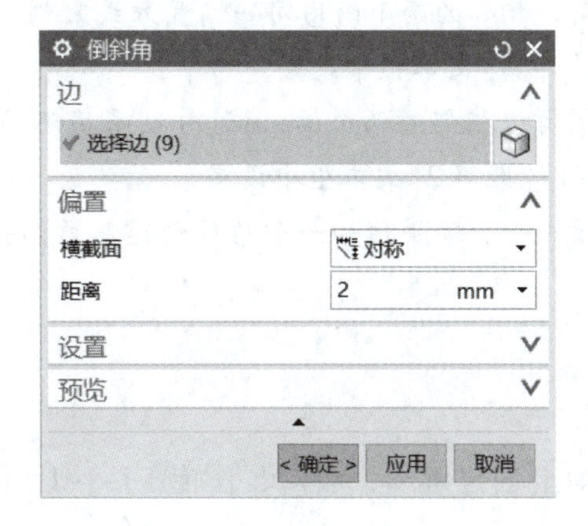

图 1-1-19　“倒斜角”对话框

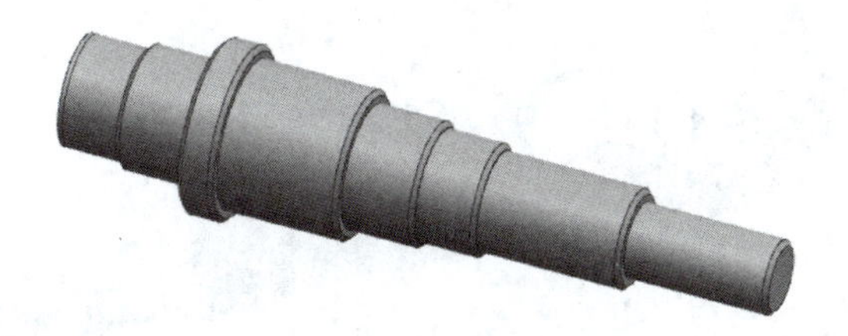

图 1-1-20　完成倒角的阶梯轴

学习要点记录

相关知识

倒斜角——功能详解

倒斜角用于在已有实体上沿指定的边缘作倒角操作。倒斜角的一般创建步骤如下。

(1)选择要倒角的实体边缘。

(2)指定倒角类型。

(3)设置倒角形状及相应参数。

(4)单击“确定”或“应用”按钮,创建倒斜角。

在执行“倒斜角”命令后,弹出图 1-1-19 所示对话框,其中的主要面板选项说明如下。

(1)“边”:采用“选择边”方式允许用户选择要倒角的边。

(2)“偏置”:在偏置选项中可设置横截面方式和相应的距离及方向,其中横截面方式有以下三种:

①对称。用于与倒角边相邻的两个面用同一偏置方式来创建简单倒角,且两边倒角距离相等,倒角距离值在“距离”文本框中设置。

②非对称。用于与倒角边相邻的两个面,通过分别采用不同偏置值来创建倒角,两边倒角距离分别在“距离 1”“距离 2”文本框中设置。

③偏置和角度。用于由一个偏置值和一个角度创建倒角,相应数值在“距离”和“角度”文本框中设置。

3. 创建键槽

在完成倒角的阶梯轴上创建键槽,具体尺寸如图 1-1-1 所示,完成后的传动轴如图 1-1-21 所示。

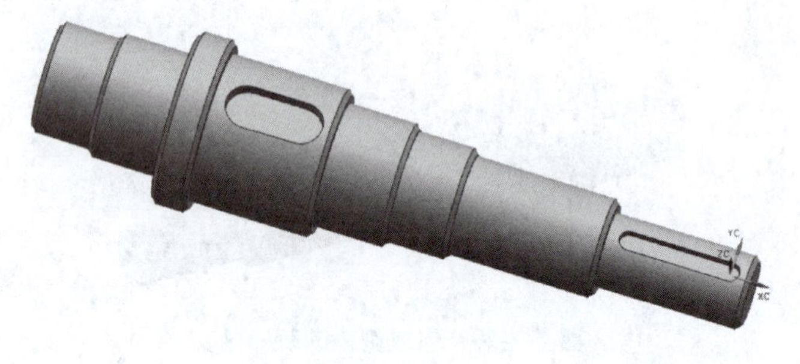

图 1-1-21 传动轴

步骤 1 创建基本直线 1 和基本直线 2。

(1)单击“菜单”下拉按钮,选择“插入”→“曲线”→“直线和圆弧”→“直线(点-点)”,弹出“直线‘点-点’”对话框,如图 1-1-22 所示。

(2)单击“点”工具栏中的“象限点”按钮,在图 1-1-20 所示轴上相应轴段两端拾取对应象限点,创建基本直线 1。

(3)重复前两步的操作,在最右端轴段创建基本直线 2,结果如图 1-1-23 所示。

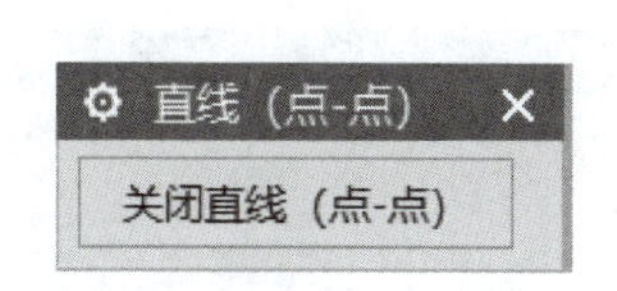

图 1-1-22　“直线(点-点)”对话框

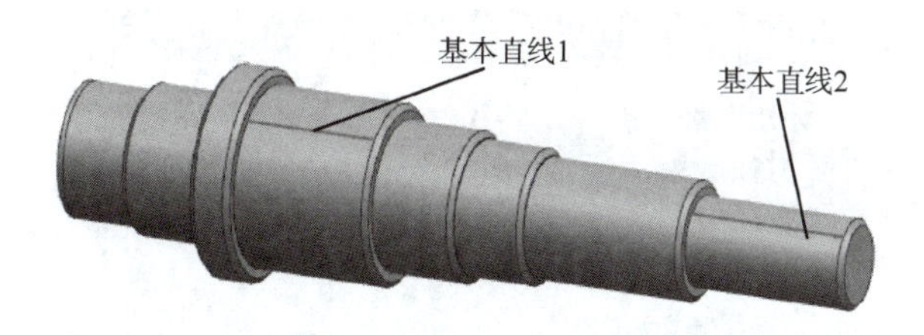

图 1-1-23　创建基本直线 1 和基本直线 2

步骤 2　创建基准平面 1 和基准平面 2。

(1)单击“菜单”下拉按钮,选择“插入”→“基准/点”→“基准平面”,或单击“基准平面”按钮,弹出图 1-1-24 所示“基准平面”对话框。

(2)在“类型”面板下拉列表中选择“相切”选项,在阶梯轴上选择基本直线 1 所在圆柱面及基本直线 1。

(3)单击“应用”按钮,完成基准平面 1 的创建。

(4)采用同样的方法,创建过基本直线 2 并相切于右端轴段的基准平面 2,单击“确定”按钮退出“基准平面”对话框,结果如图 1-1-25 所示。

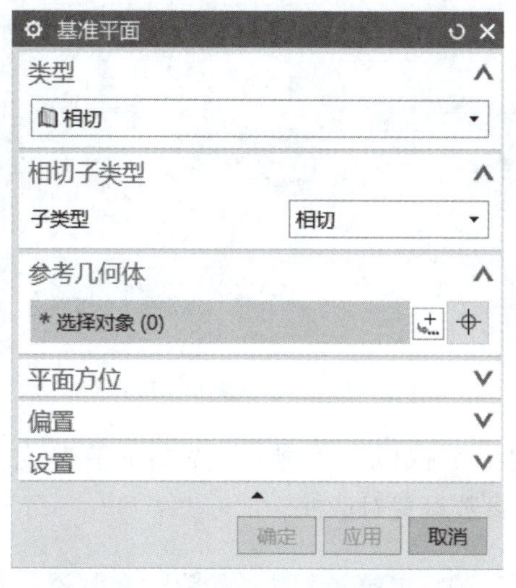

图 1-1-24　“基准平面”对话框

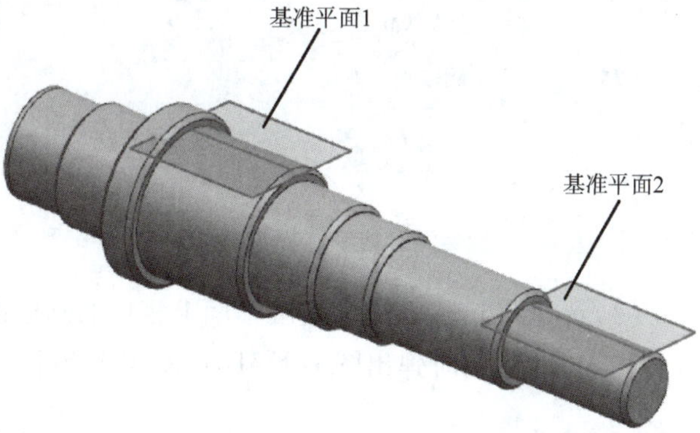

图 1-1-25　创建基准平面 1 和基准平面 2

步骤 3　创建 $\phi60\times50$ 轴段键槽及右端键槽。

(1)单击“菜单”下拉按钮,选择“插入”→“设计特征”→“键槽”,或单击按钮,弹出“键槽”对话框,如图 1-1-26 所示。

(2)点选“矩形槽”单选按钮,单击“确定”按钮,弹出如图 1-1-27 所示的“矩形键槽”对话框。

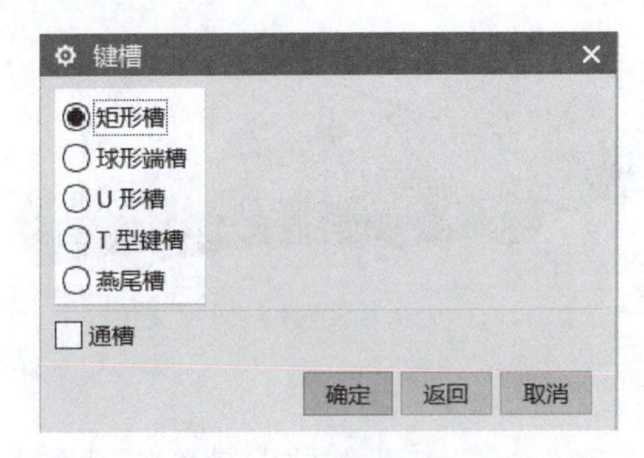

图 1-1-26 “键槽”对话框

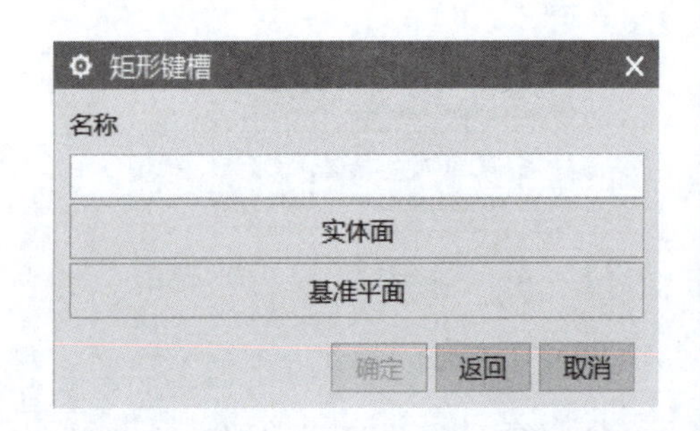

图 1-1-27 “矩形键槽”对话框

(3)在图 1-1-25 所示实体中，选择基本平面 1 为放置面，弹出图 1-1-28 所示“键槽深度方向选择”对话框，若箭头向下，单击“接受默认边”或“确定”按钮，弹出图 1-1-29 所示“水平参考”对话框。

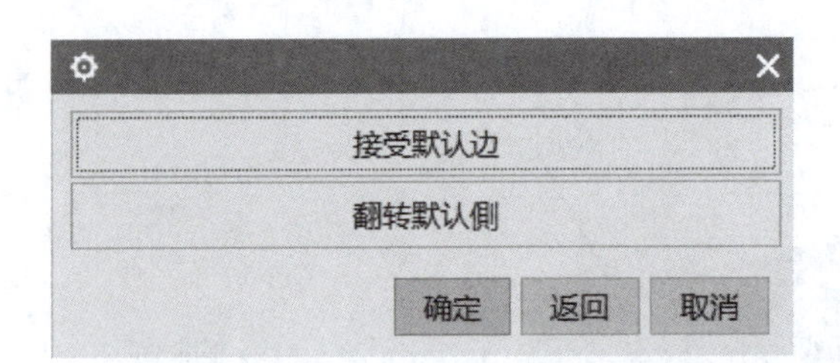

图 1-1-28 “键槽深度方向选择”对话框

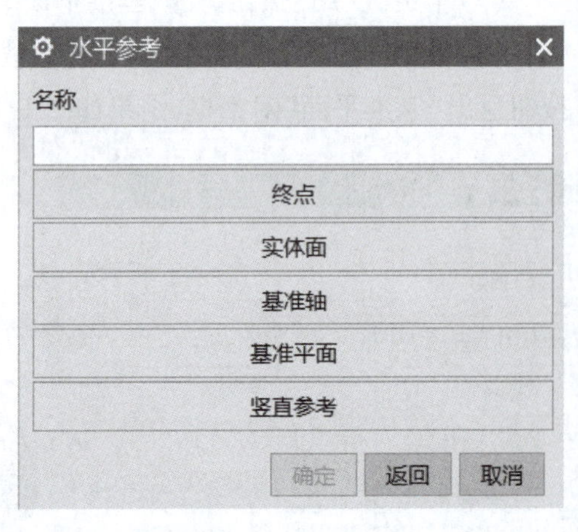

图 1-1-29 “水平参考”对话框

(4)选择图 1-1-25 中与基准平面 1 相切的圆柱面，系统显示矩形槽的放置方向箭头，如图 1-1-30 所示，同时弹出图 1-1-31 所示“矩形键槽”参数设置对话框。

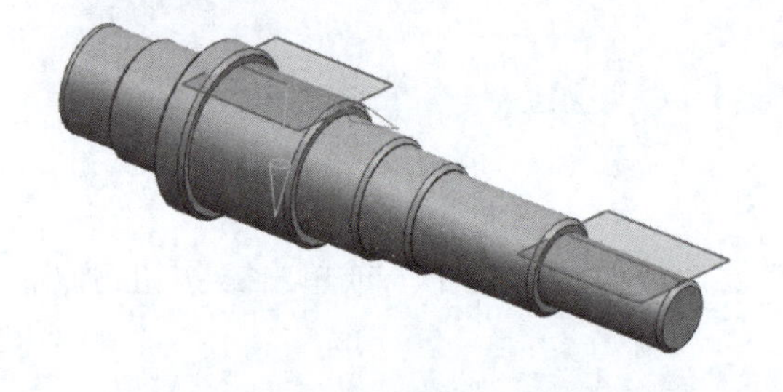

图 1-1-30 矩形槽放置方向箭头

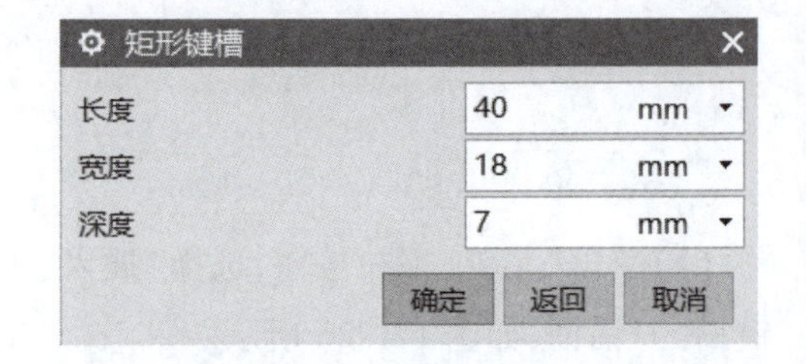

图 1-1-31 “矩形键槽”参数设置对话框

(5)如在“长度”“宽度”“深度”文本框中分别输入“40”“18”“7”，单击“确定”按钮，弹出“定位”对话框，如图 1-1-32 所示。

(6)单击“水平”按钮，弹出“水平”对话框后选择 $\phi60$ 轴段左端面圆，在弹出的“设置圆弧的位置”对话框中单击“圆弧中心”按钮，如图 1-1-33 所示，在弹出“水平”对话框后选择键槽左边圆弧，系统弹出“设置圆弧的位置”对话框后再次单击“圆弧中心”按钮，系统即弹出“创建表达式”对话框，如图 1-1-34 所示，输入零件图 1-1-1 中所注键槽定位尺寸“14”，单击“确定”按钮，即完成水平方向定位。

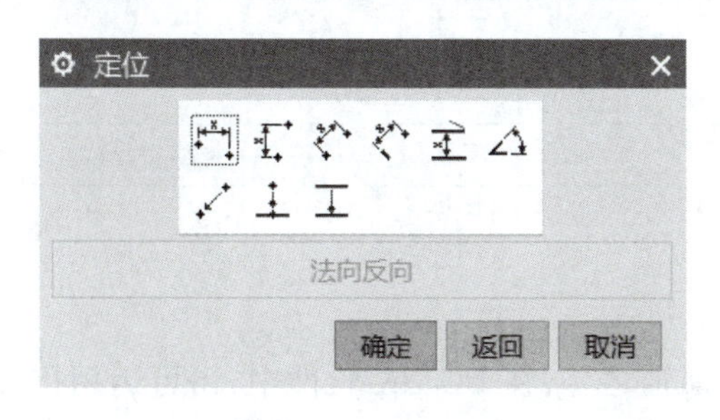

图 1-1-32　“定位”对话框

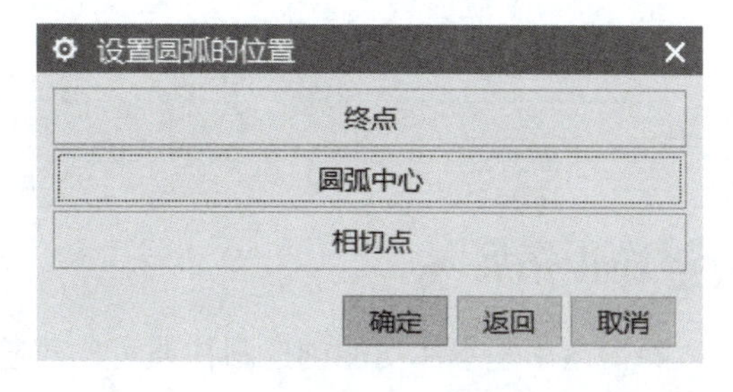

图 1-1-33　“设置圆弧的位置”对话框

(7)单击“竖直”按钮，在弹出“竖直”对话框后分别选择基本直线 1 和键槽边缘，并在系统弹出“创建表达式”对话框后输入宽度值的一半“9”，单击“确定”按钮，即完成竖直方向定位，效果如图 1-1-35 所示。

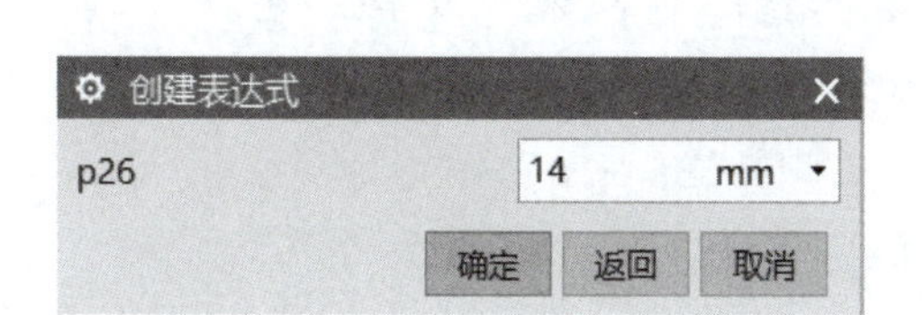

图 1-1-34　“创建表达式”对话框

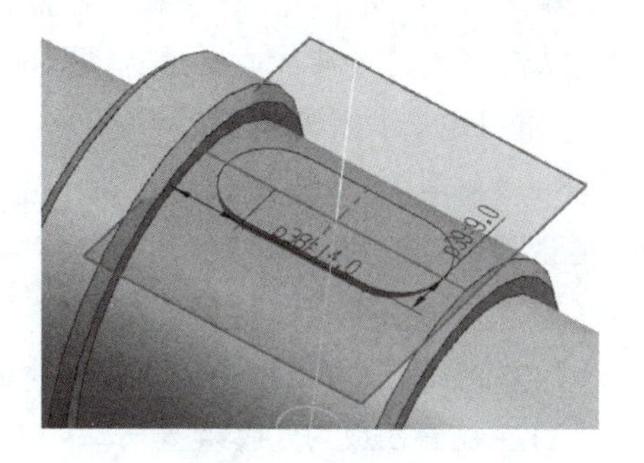

图 1-1-35　键槽定位尺寸示意图

(8)单击“确定”按钮，完成 $\phi60\times50$ 轴段键槽的创建，在弹出“矩形键槽”对话框后，根据零件图右端键槽尺寸重复执行(2)至(7)基本操作，即可完成右端键槽的创建，结果如图 1-1-36 所示。

(9)单击选择基准平面 1 和 2 以及基本直线 1 和 2，右击，在弹出的快捷菜单中单击“隐藏”命令，即得到图 1-1-37 所示传动轴。

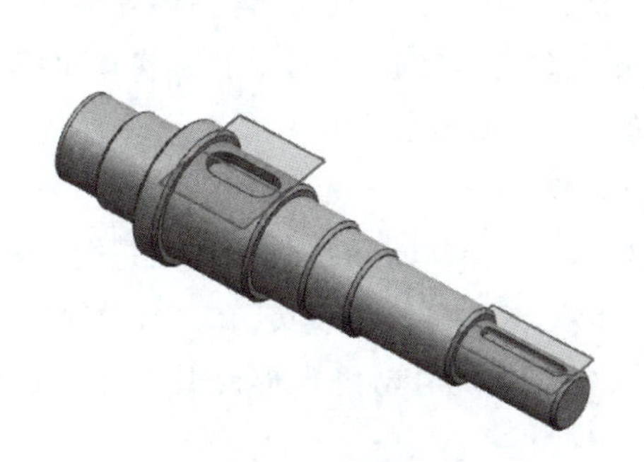

图 1-1-36　完成键槽创建的传动轴

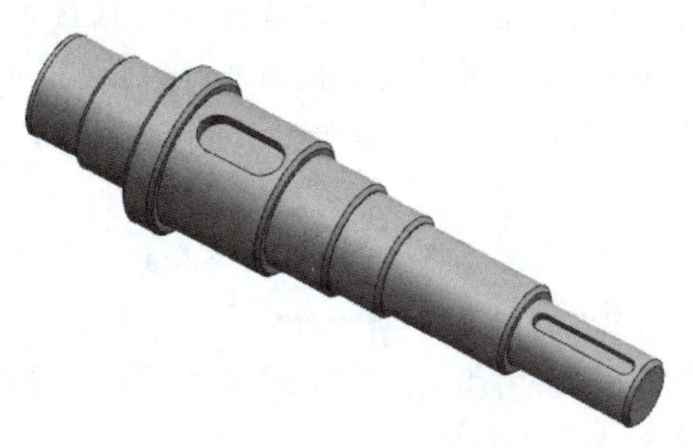

图 1-1-37　传动轴

学习要点记录

知识拓展

除了运用基本体功能创建圆柱体可构建阶梯轴之外，在 UG NX 软件中，还可运用拉伸特征功能创建阶梯轴。

相关知识

键槽——功能详解

“键槽”命令用于在实体表面上去除矩形、球形、U 形、T 形和燕尾形五种形状特征的实体，从而形成键槽特征。键槽创建所选择的放置面必须为平面。

键槽创建基本步骤如下：

单击“菜单”下拉按钮，选择“插入”→“设计特征”→“键槽”，或单击“特征”工具栏中的“键槽”按钮，即可激活键槽功能，弹出如图 1-1-26 所示的“键槽”对话框。

(1)在对话框中选择键槽类型。

(2)在对话框中勾选，选择是否创建通槽。

(3)在视图区域内选择放置面。

(4)在视图区域内选择水平参考(键槽放置方向)。

(5)在对话框中设置键槽形状参数。

(6)定位键槽的位置。

(7)单击“确定”按钮，完成键槽创建。

其中，矩形指矩形键槽，截面形状为矩形；球形指截面形状为半圆形的键槽；U 形键槽截面形状为 U 形；T 形键槽截面形状为 T 形；燕尾键槽截面形状为燕尾形。“通槽”复选框用于设置是否创建贯通的键槽，若勾选该复选框，则创建贯通键槽，需要选择通过面。无论选择生成键槽穿透实体(即选择“通槽”)或延伸到实体里面，在当前目标实体上将自动执行求差操作。所有键槽类型的深度值按垂直于放置面的箭头方向测量。

拉伸——功能详解

拉伸特征可以将表示轮廓的草图拉伸成实体。拉伸特征的草绘截面可以是封闭的，也可以是开放的，可以由一个或多个封闭环组成，封闭环之间不能相交，但可以嵌套。如果存在嵌套的封闭环，在生成添加材料的拉伸特征时，系统自动将内部的封闭环处理为孔特征，如图 1-1-38 所示。

单击“菜单”下拉按钮，选择“插入”→“设计特征”→“拉伸”命令，或单击“特征”工具栏中的“拉伸”按钮 ，然后选择定义拉伸特征截面的曲线，弹出如图 1-1-39 所示的“拉伸”对话框，即可将所选曲线拉伸成为实体。

对话框中各选项的功能介绍如下：

1. “截面”面板

(1)“绘制截面”按钮：单击该按钮，可在工作平面上绘制截面草图以创建拉伸特征。

(2)“曲线”按钮：单击该按钮，选择使用已有草图来创建拉伸特征。

2. “方向”面板

用于设置所选对象的拉伸方向。单击“自动判断的矢量”按钮右边的，弹出“指定矢量”下拉列表，可指定矢量方向；单击“矢量构造器”按钮，弹出如图 1-1-40 所示的“矢量”对话框，在该对话框中可选择所需的拉伸方向；单击“反向”按钮，使拉伸方向反向。

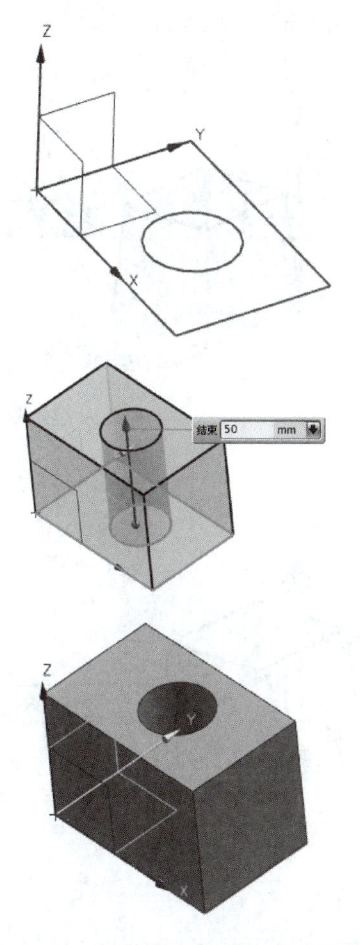

图 1-1-38　拉伸具有嵌套封闭环的特征

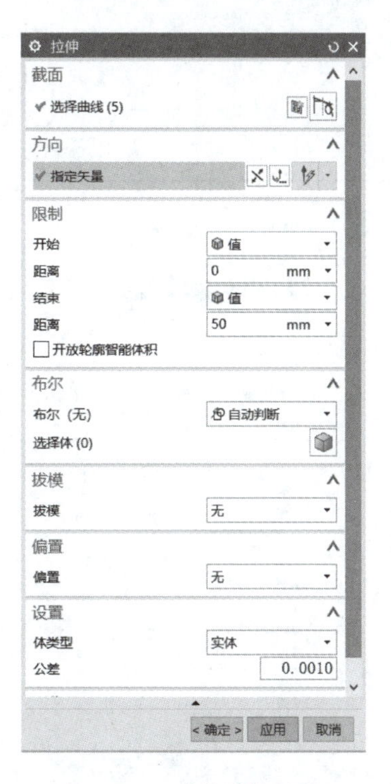

图 1-1-39　“拉伸”对话框

3.“限制”面板

(1)“开始”:用于限制拉伸的起始位置。

(2)“结束”:用于限制拉伸的终止位置。

4.“布尔”面板

在“布尔”下拉列表中选择布尔操作命令。

5.“拔模”面板

在“拔模”下拉列表中可以选择如下几种拔模方式:

(1)“从起始限制”:将拔模的起始位置设置为拉伸的起始位置,如图1-1-41所示。选择该选项后,在拔模面板中会显示“角度”文本框,用于设置拉伸方向的拉伸角度。其角度的绝对值必须小于90。大于0°时沿拉伸方向向内拔模;小于0°时沿拉伸方向向外拔模。

(2)“从截面”:将拉伸拔模的起始位置设置为所选取的拉伸截面曲线处,如图1-1-42所示。选择该选项后,在面板中除了显示“角度”文本框外,还有“角度选项”下拉列表框,用于选择是“单个”还是“多个”角度。

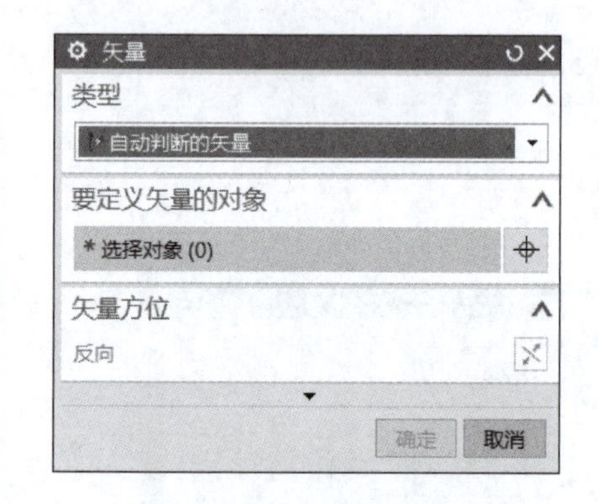

图1-1-40 “矢量”对话框

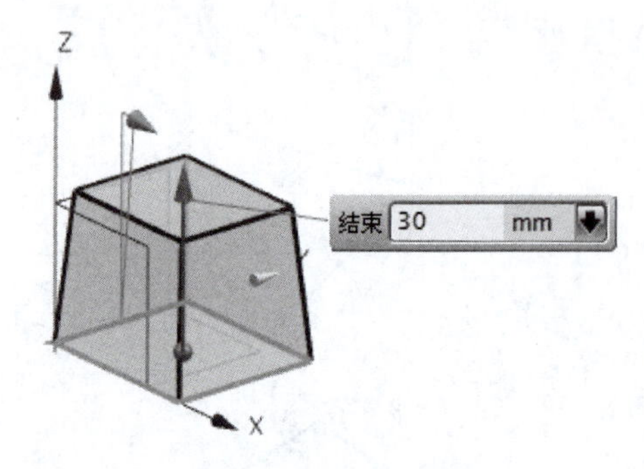

图1-1-41 从起始限制

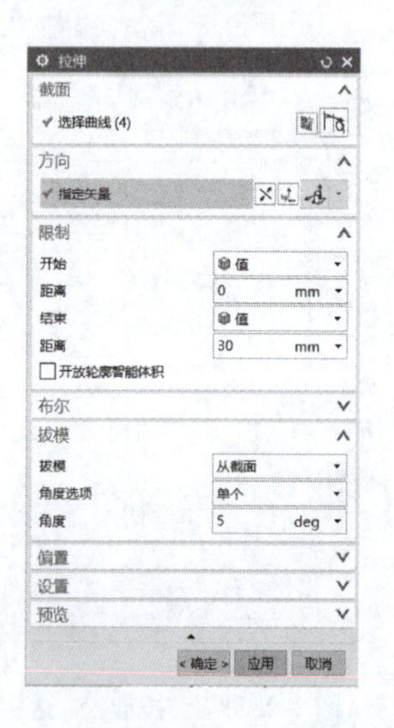

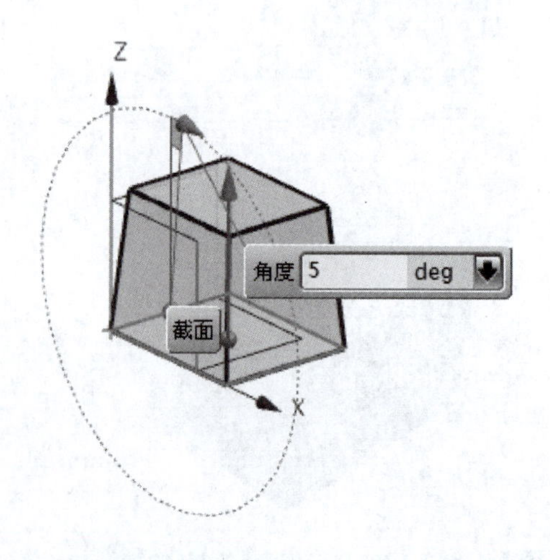

图1-1-42 “从截面”拔模方式

(3)“从截面—不对称角”:将拔模的起始位置设置为所选取的拉伸截面曲线处,从起始位置分别向截面曲线两侧以不同角度拔模。

(4)“从截面—对称角”:将拔模的起始位置设置为所选取的拉伸截面曲线处,从起始位置分别向截面曲线两侧以对称角度拔模。

(5)“从截面匹配的终止处”:将拔模的起始位置设置为所选取的拉伸截面曲线处,但最终的末端截面形状和截面曲线形状相似。

6.“偏置”面板

在“偏置”下拉列表中可以选择以下几种偏置方式:

(1)“单侧”:在截面曲线一侧生成拉伸特征,如图 1-1-43 所示。

(2)“两侧”:在截面曲线两侧生成拉伸特征,以结束值和起始值之差为实体的厚度,如图 1-1-44所示。

(3)“对称”:在截面曲线两侧生成拉伸特征,其中每侧的拉伸厚度为总厚度的一半,如图 1-1-45 所示。

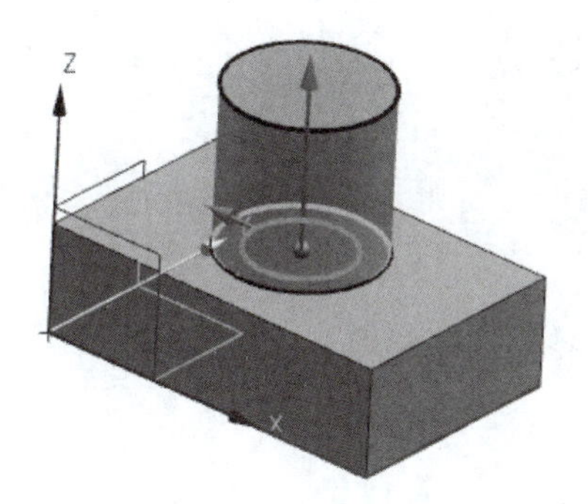

图 1-1-43 “单侧”创建拉伸特征

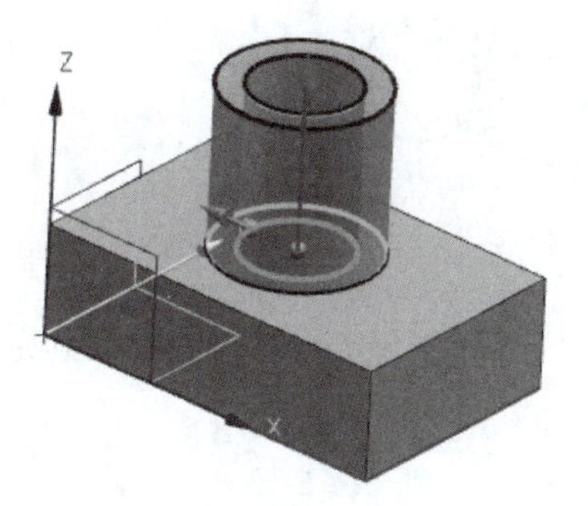

图 1-1-44 “两侧”创建拉伸特征

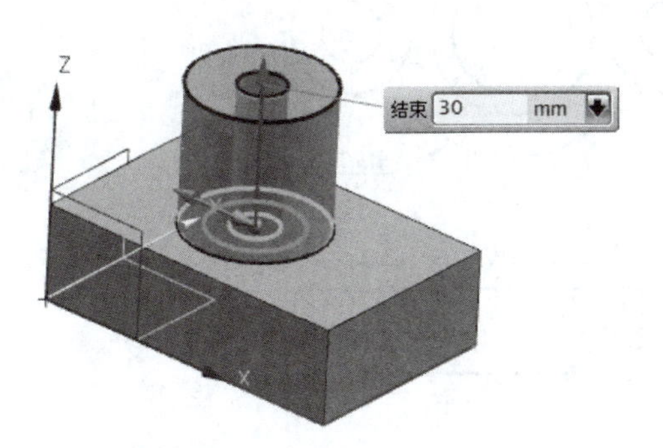

图 1-1-45 “对称”创建拉伸特征

拓展练习

1. 运用拉伸特征功能创建阶梯轴，具体尺寸如图 1-1-1 所示。
2. 完成图 1-1-46 所示传动轴实体建模。

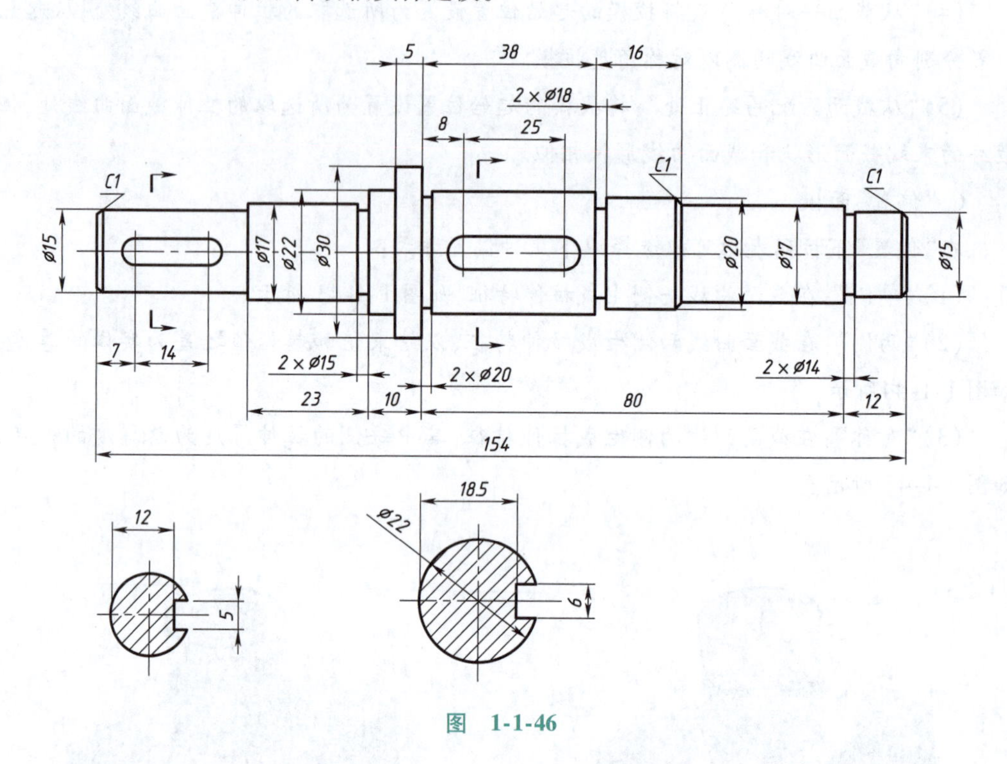

图 1-1-46

3. 用拉伸、布尔运算等特征工具完成图 1-1-47 零件实体建模。

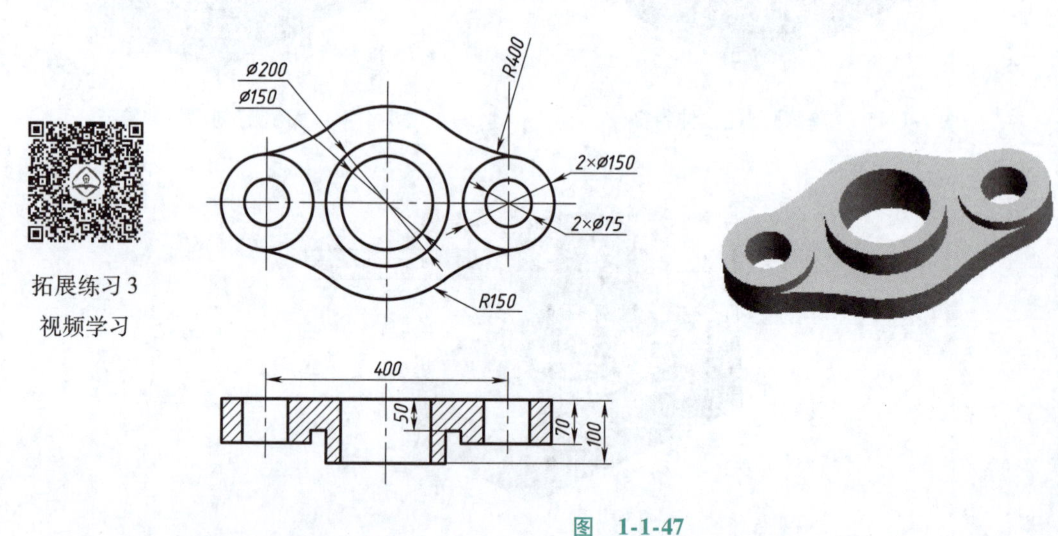

拓展练习 3
视频学习

图 1-1-47

4. 采用适当的特征工具完成图 1-1-48 所示实体建模。

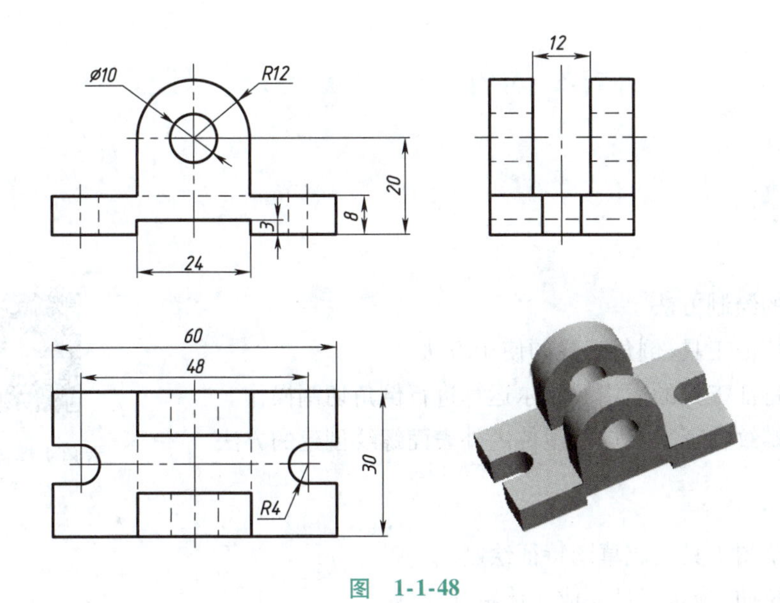

拓展练习 4
视频学习

图　1-1-48

学习心得

项目二　轴类紧固件——六角头螺栓建模

学习目标

知识目标

(1)熟悉草图的绘制方法。
(2)熟悉拉伸特征工具、倒角工具的使用方法。
(3)掌握旋转特征工具的运用及布尔运算进行倒角切割操作。
(4)掌握运用螺纹特征工具进行零件内外表面螺纹创建的方法。

六角头螺栓建模

能力目标

(1)能够运用草图工具完成草图特征绘制。
(2)能够运用拉伸、旋转工具完成实体特征成型。
(3)能够选用合适的布尔运算方法创建零件。
(4)能运用螺纹工具完成螺纹创建。

素质目标

(1)培养科学、严谨地运用特征工具操作的习惯。
(2)培养良好的草图环境设置理念,提升草图绘制效率。
(3)通过建模实战,培养学生分析问题、解决问题的能力。
(4)鼓励互学互助,培养学生团结协作、互相关心、互相帮助的良好品质。

工作任务

创建轴类紧固件——六角头螺栓,如图 1-2-1 所示。

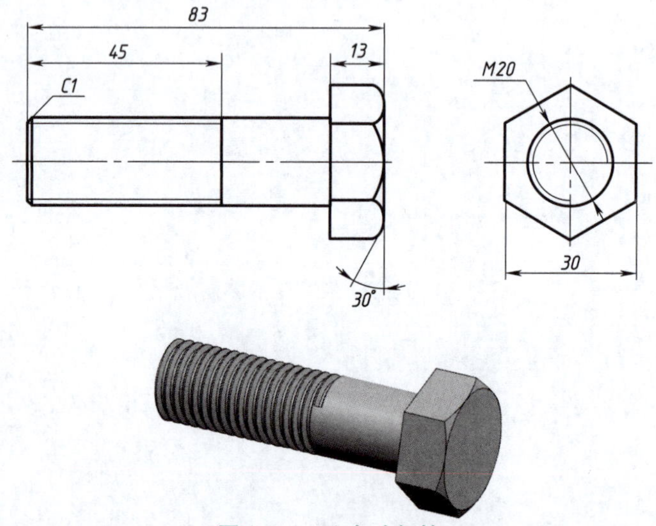

图 1-2-1　六角头螺栓

项目分析

六角头螺栓是由六角头和圆柱体螺杆构成的螺栓，螺杆上有 $C1$ 倒角和螺纹，六角头上有 30°倒角。因此，创建此六角头螺栓可分四步：①绘制草图曲线；②创建六角头及螺杆；③创建倒角及螺纹；④创建六角头 30°倒角。

项目分解

名称	内容	采用的工具和命令	创建流程	其他工具和命令
1	绘制草图曲线	创建草图、多边形、圆、快速标注、几何约束，完成草图	Øp3=10.0 p0=30.0	曲线、拉伸实体、镜像曲线
2	创建六角头及螺杆	拉伸，布尔合并		圆柱，布尔运算合并，凸台
3	创建倒角及螺纹	倒斜角，螺纹		草图，扫掠，布尔运算求差
4	创建六角头30°倒角	草图，旋转，布尔运算减法		正六边形拉伸拔模，布尔运行相交

想一想：针对以上建模流程你有没有更好的建议，有的话请写下来分享经验。有其他的建模方法的话，请在下方填写。

还可以这么做：

____

____

____

____

____

实施准备

草图环境设置三部曲：

1. 切换到高级角色

目的是在选项卡命令板块中能找到大部分常用工具命令。操作方法：单击资源条“角色”→“内容”→“高级”，操作如图 1-2-2 切换到高级角色。

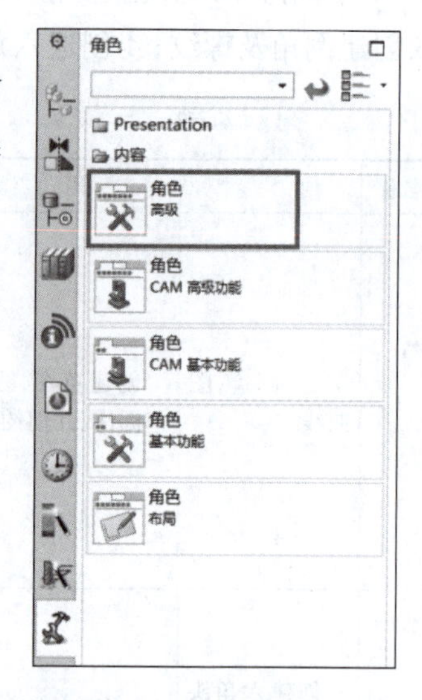

图 1-2-2　切换到高级角色

2. 关闭连续自动标注尺寸

目的是给初学者创建一个良好的草图绘图环境，发挥草图曲线颜色对草图约束的提示功能，强化主动标注意识。

关闭自动标注尺寸的方式有临时关闭和永久关闭两种，临时关闭是在“草图”模块→“更多”下面取消“连续自动标注尺寸”，设置方法如图 1-2-3 所示；永久关闭：“文件”→“实用工具”→“用户默认设置”→“草图”→“自动判断约束和尺寸”→“尺寸”，取消“在设计应用程序中连续自动标注尺寸”的勾选，单击“确定”按钮保存后需要重新打开软件，设置生效，操作界面如图 1-2-4 所示。

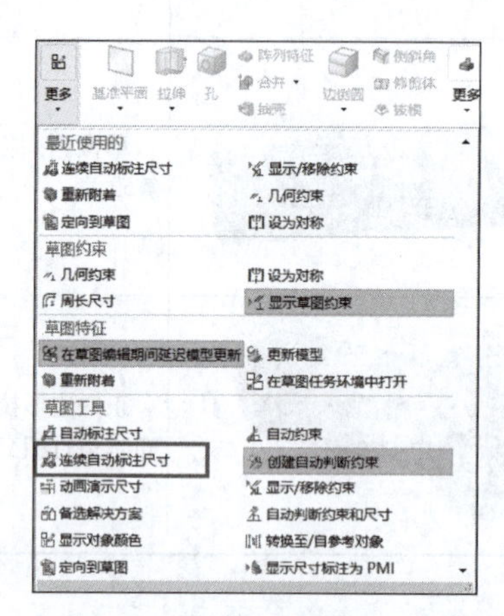

图 1-2-3　临时关闭连续自动标注尺寸

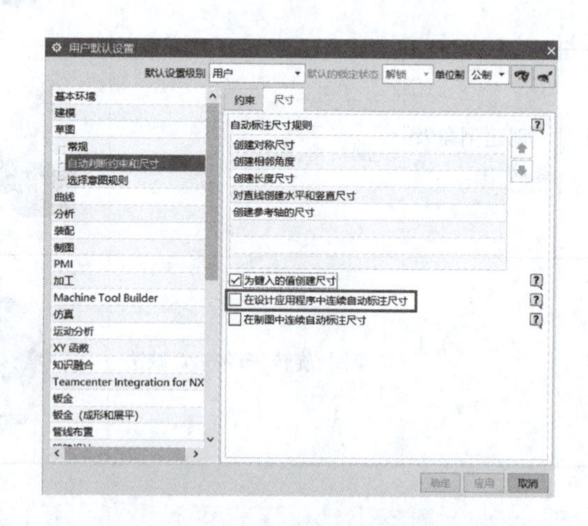

图 1-2-4　永久关闭连续自动标注尺寸

3. 图层过滤保留 1 层

目的是排除（图层 61 层）基准坐标系对快速约束对象选择的干扰，精准高效完成草图约束，设置操作如图 1-2-5 图层过滤设置。

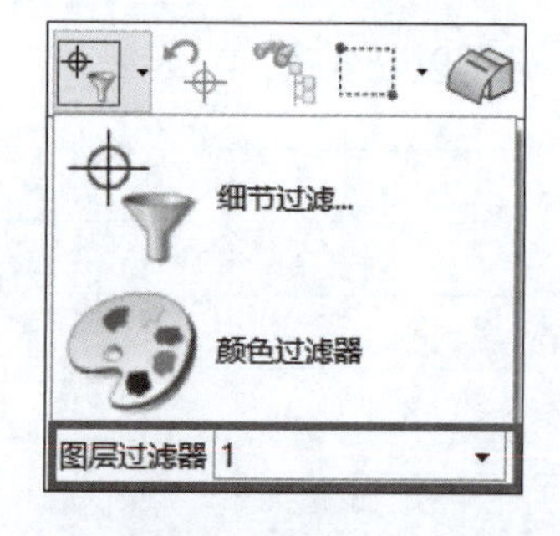

图 1-2-5　图层过滤设置

项目实施

1. 绘制草图曲线

启动 UG NX 软件，新建一个名称为“螺栓”的部件文件，选择保存文件路径，进入建模模块。

在建模“主页”选项卡的“草图”模块，单击“直接草图”，弹出“创建草图”对话框，如图 1-2-6 所示，选择“XY”平面作为草图放置平面，单击“确定”按钮进入绘图环境。

单击“多边形”按钮，按图 1-2-7 的尺寸绘制内切圆直径为 $\phi30$ 的六边形和 $\phi20$ 的圆，注意将六边形中心捕捉到坐标原点，任选六边形的一个端点，约束其落在坐标轴上，确保草图完全约束，单击退出草图编辑，或按快捷键【Ctrl + Q】退出。

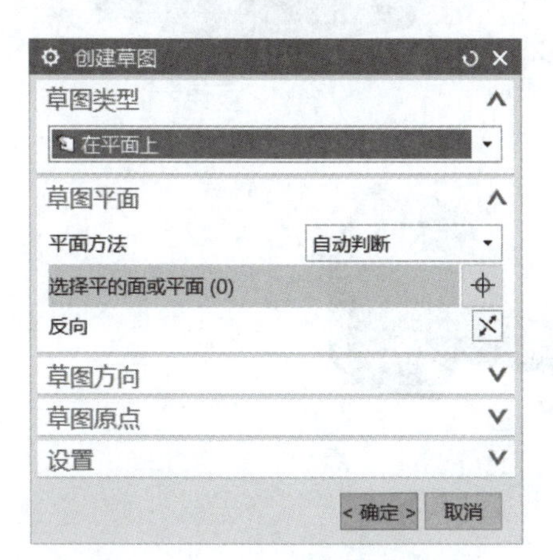

图 1-2-6　“创建草图”对话框

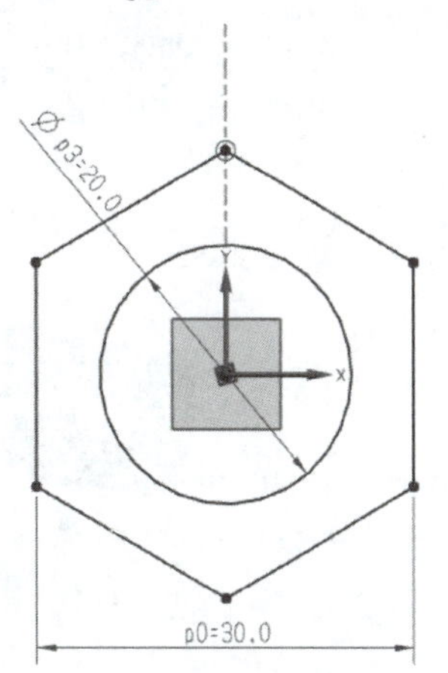

图 1-2-7　六角头和螺杆草图曲线

2. 创建六角头及螺杆

步骤 1　拉伸六边形创建六角头。

在建模“主页”选项卡下，“特征”模块中单击按钮，或者按键盘的【X】键，弹出“拉伸”对话框，如图 1-2-8 所示，具体操作步骤如下：

(1) 曲线选择规则切换到“相连曲线”模式 相连曲线，单击六边形的任一条边选中六边形作为拉伸截面对象。

(2) 在“限制”面板中输入起始距离“0”，结束距离“13”。

(3) 单击 应用 按钮，即可完成底座的拉伸，如图 1-2-9 所示。

步骤 2　拉伸圆创建螺杆。

(1) 确保“拉伸”对话框处于打开状态，将曲线选择规则切换到“单条曲线”模式 单条曲线，选择草图中的圆作为拉伸截面对象。

(2) 在“限制”面板中输入起始距离“0”，结束距离“70”。

(3) 在“布尔”面板中选 合并。

(4) 单击“确定”按钮，即可完成螺杆的拉伸，拉伸结果如图 1-2-10 所示。

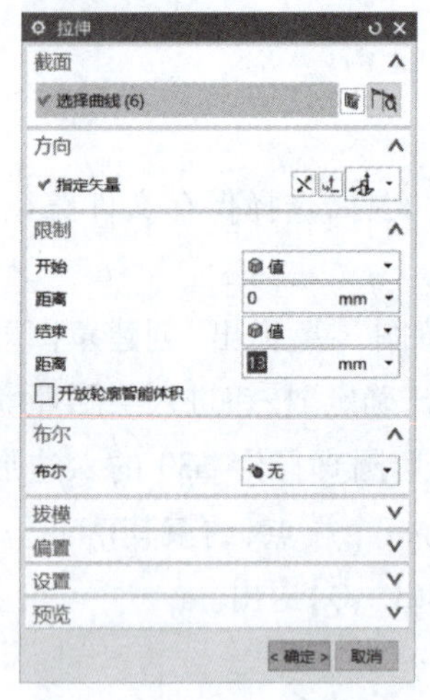

图 1-2-8 “拉伸”对话框

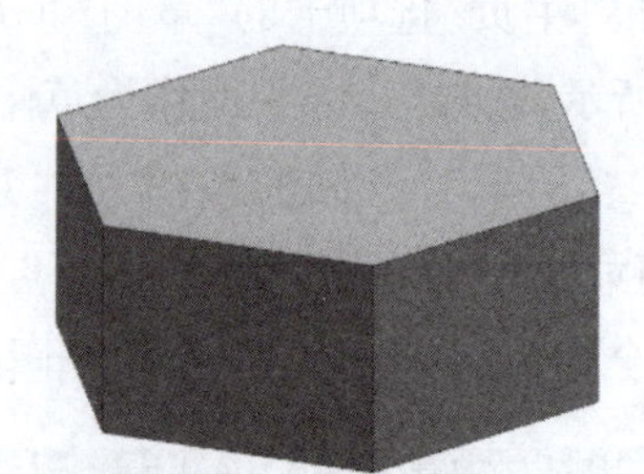

图 1-2-9 六角头

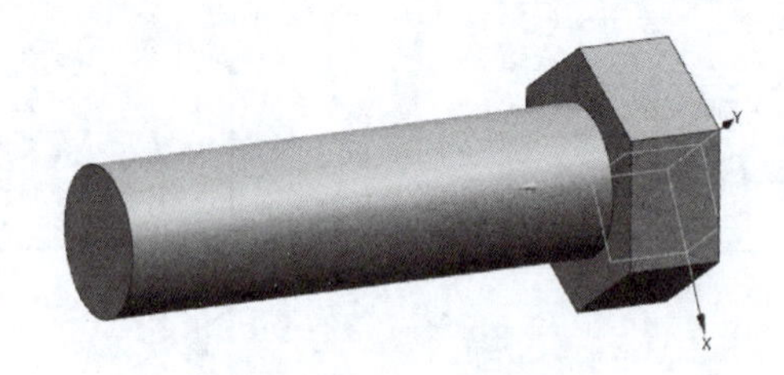

图 1-2-10 螺杆拉伸

学习要点记录

____

____

____

____

____

相关知识

草图——功能详解

草图是绘制于指定平面的 2D 曲线和点的集合。草图可以进行尺寸驱动。用户可以使用它定义特征的截面形状和位置。对于形状复杂、经常需要修改、位置特殊或者参数化的模型尤其适合使用草图。

在 UG NX 中有两种草图绘制方式:直接草图和任务环境中的草图。直接草图在原有的环境中绘制,任务环境中的草图在专门的模块中完成。虽然两种草图的绘制方式不一样,但是步骤、原理是一样的,任务环境中的草图界面如图 1-2-11 所示。

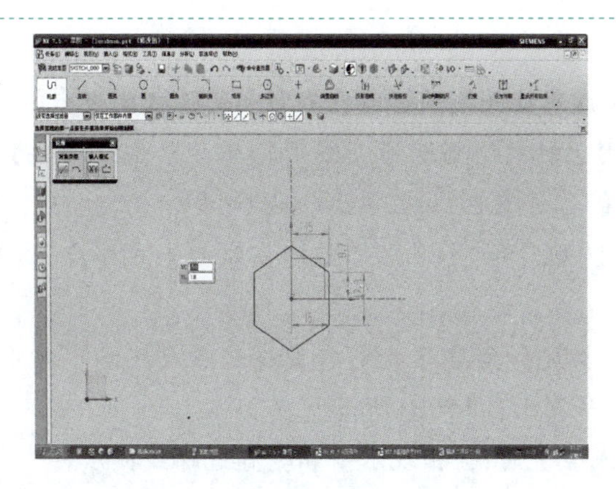

图 1-2-11　草图界面

1. 草图的创建

操作步骤如下：

(1)在菜单栏选择“插入”→“草图”，或者单击工具按钮，弹出“创建草图”对话框，如图 1-2-6 所示。

(2)选择一个草图平面，选取约束识别和创建选项，并指定水平或竖直参考方向。

在平面上：以基准坐标系 CSYS 平面、基准平面或体上平面为放置面创建草图。

在轨迹曲线上：以选定曲线上某点定义草图放置面创建草图。

(3)进入草图绘制界面，使用绘图工具创建截面所需要的曲线、约束等。

(4)编辑草图(修剪多余的曲线、添加约束、添加尺寸等)。

(5)检查并修改使草图达到完全约束。

(6)完成草图，退出草图生成器。

2. 草图曲线与编辑

UG NX 的草图曲线与编辑按钮集中在“直接草图”模块上，如图 1-2-12 所示。通过这些按钮，可以方便地创建和编辑草图曲线。

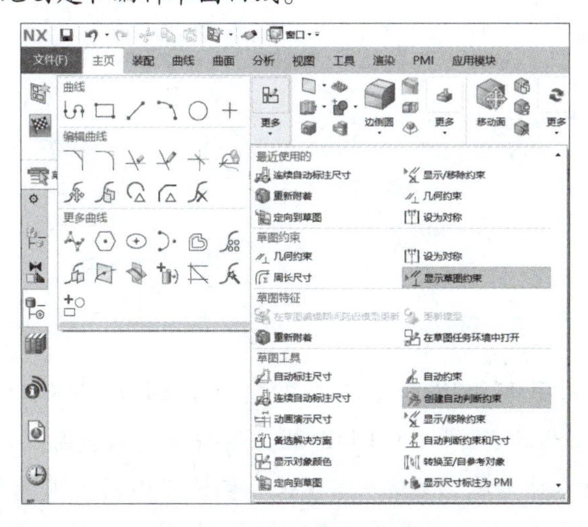

图 1-2-12　直接草图模块

提示:按住鼠标左键不放并拖动可以在直线和圆弧之间进行转换。

“直线”工具:用于约束绘制连续直线形轮廓。单击此按钮会出现图 1-2-13 所示的直线轮廓模式工具条。

XY坐标模式:使用“XC”和“YC”坐标创建直线起点或终点,这是直线起点的默认模式,如图 1-2-14(a)。

参数模式:使用长度和角度参数创建直线起点或终点。对于直线的终点,UG NX 会自动切换到此模式,如图 1-2-14(b)所示。

绘制直线为水平或竖直时,会出现水平和竖直追踪线提示。

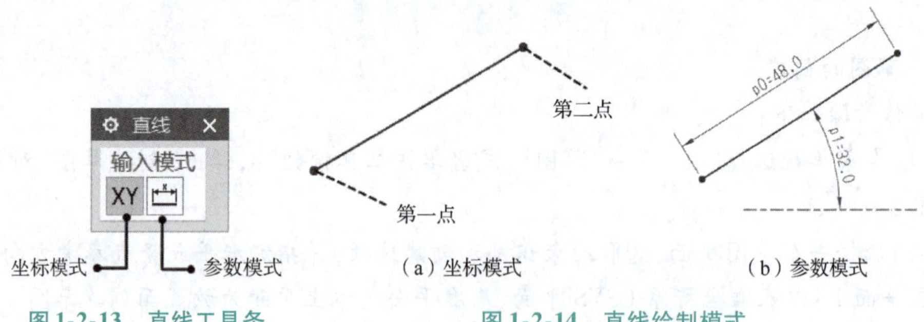

图 1-2-13　直线工具条　　图 1-2-14　直线绘制模式

“圆弧”按钮:利用图 1-2-15 所示的工具条,可以采用“通过三点”(见图 1-2-16)和“定义中心、起点和终点”以及图 1-2-17 所示“中心和端点创建的圆弧”三种方式创建圆弧。

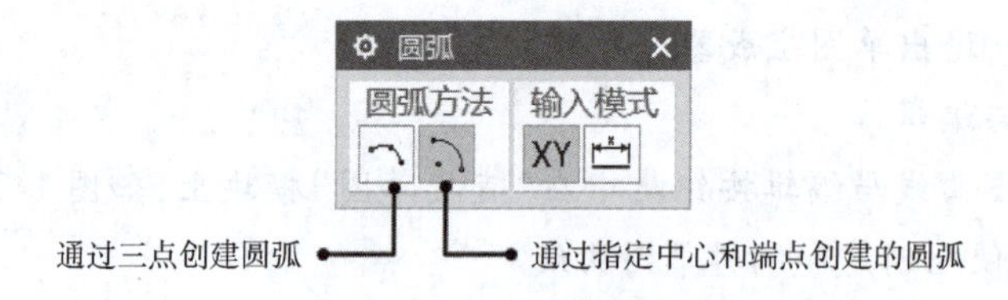

图 1-2-15　圆弧创建工具条

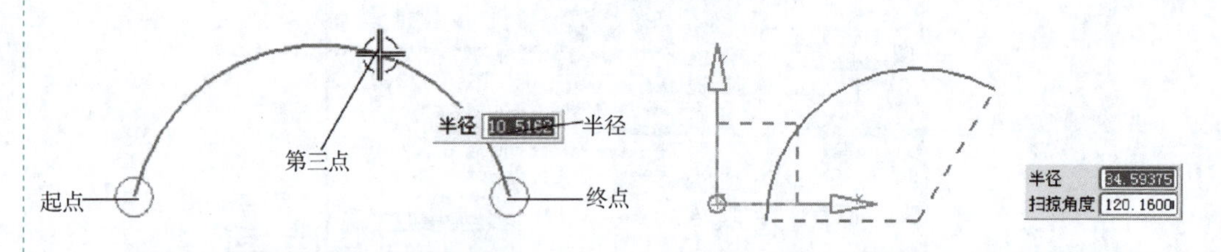

图 1-2-16　通过三点创建的圆弧　　图 1-2-17　通过中心和端点创建的圆弧

“圆”工具:利用图 1-2-18 所示的工具条,可以通过“圆心和半径决定的圆”(见图 1-2-19)和“指定三点创建圆”(见图 1-2-20),两种方式创建圆弧。

如果需要批量输入圆并且约束尺寸,可在选择圆中心点之前输入直径,然后在草图环境中进行多次单击创建圆,此模式称为参数模式,如图 1-2-21 所示。

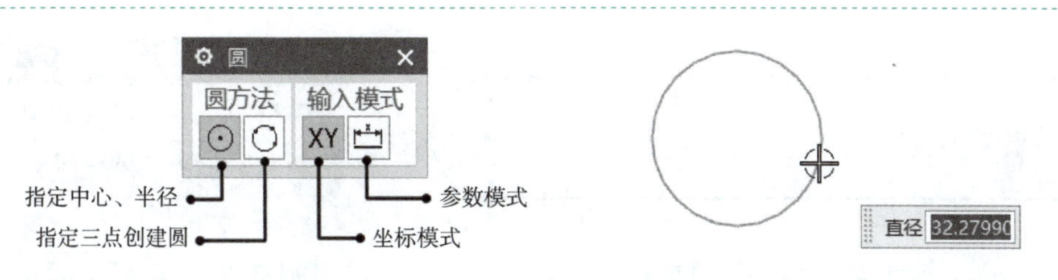

图 1-2-18　圆创建工具条　　　　图 1-2-19　指定圆心、半径创建圆

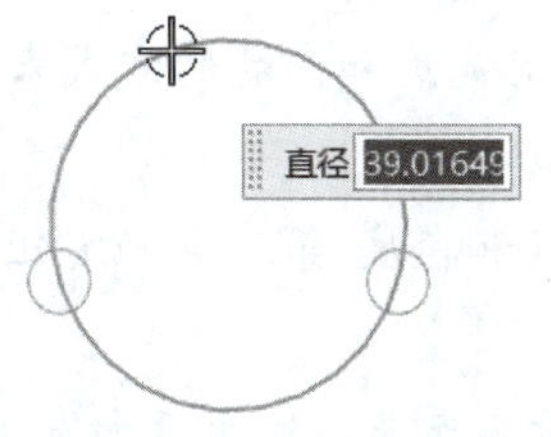

图 1-2-20　指定三点创建圆

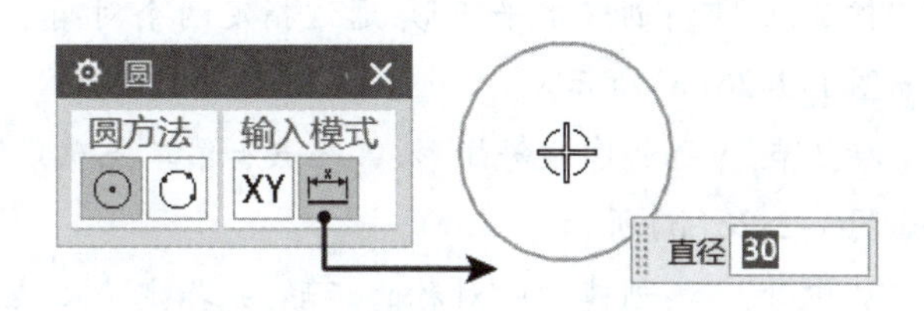

图 1-2-21　指定三点创建圆

"轮廓"工具：以线串模式创建一系列连接的直线或圆弧，也就是说，上一条曲线的终点变成下一条曲线的起点，利用"轮廓"按钮可以快速绘出草图轮廓曲线，它其实是直线和圆弧两种工具的联合应用。

单击"轮廓"工具按钮会出现图 1-2-22 所示的"轮廓"工具条。在绘图过程中可以单击圆弧对象以切换到圆弧绘制状态。

从一条直线过渡到圆弧，或从一个圆弧过渡到另一个圆弧，软件界面会在连接过度处出现一个方向球，如图 1-2-23 所示，鼠标滑过 1、2 区域可以绘制出相切过渡的圆弧，滑过 3、4 区域绘制垂直过渡的圆弧。

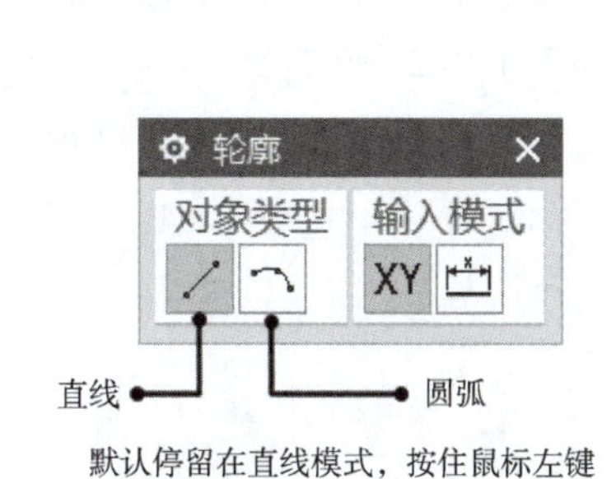

图 1-2-22　"轮廓"工具条

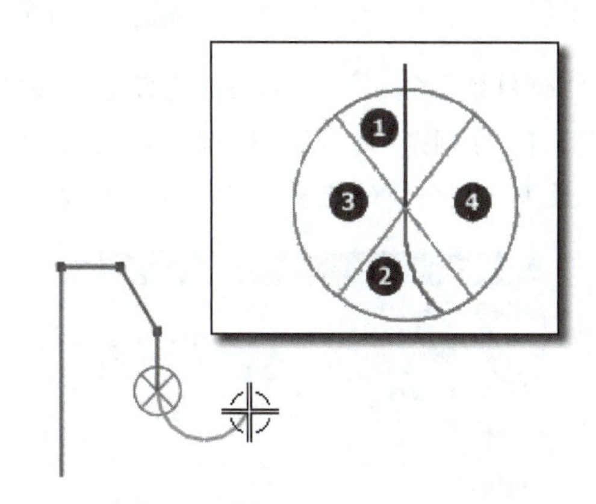

图 1-2-23　轮廓切线方向球

图 1-2-24 所示键槽轮廓是轮廓工具的典型案例应用，使用"轮廓"工具结合水平或垂直追踪功能以及端点捕捉功能做到一气呵成，实现高效绘制。

"矩形"工具：提供可以在草图平面上创建矩形的方法。单击"矩形"按钮，弹出"矩形"对话框，如图 1-2-25 所示。

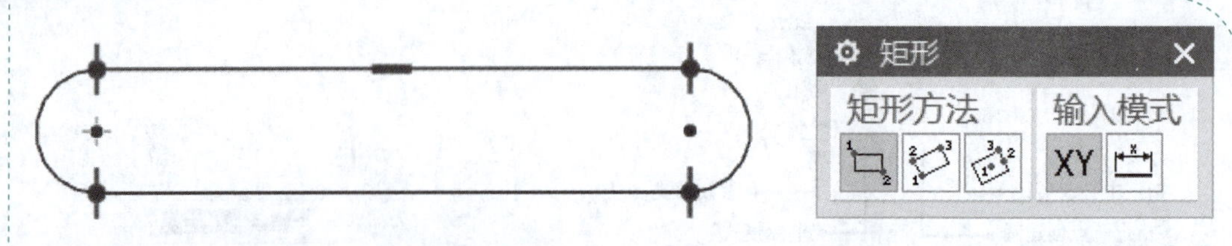

图 1-2-24　绘制键槽轮廓　　图 1-2-25　“矩形”对话框

绘制矩形的方法有三种：“按 2 点”“按 3 点”和“从中心”。

“按 2 点”：创建水平矩形，通过指定两个对角点确定宽度和高度的方式来创建矩形，如图 1-2-26(a) 所示。

“按 3 点”：创建倾斜矩形，第一点和第二点确定宽度和角度，第三点确定矩形的高度，如图 1-2-26(b) 所示。

“从中心”：创建中心对称的矩形，先指定中心点、第二点来指定角度和宽度，并用第三点指定高度以创建矩形，如图 1-2-26(c) 所示。

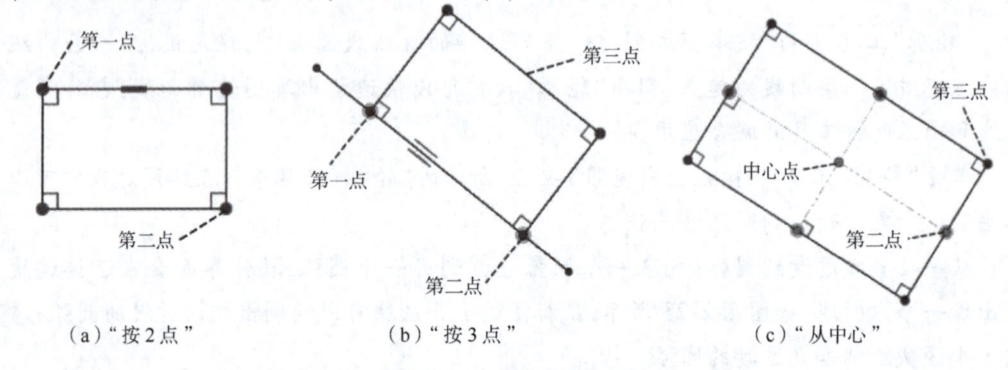

图 1-2-26　矩形创建方式

“倒斜角”工具：在两条相交或者不相交的曲线之间创建倒斜角。倒斜角的偏置模式有三种，分别是“对称”“非对称”以及“偏置和角度”，如图 1-2-27 所示。

设置好倒斜角的距离和角度数值后，按回车键即锁定参数设置，如图 1-2-28 所示。

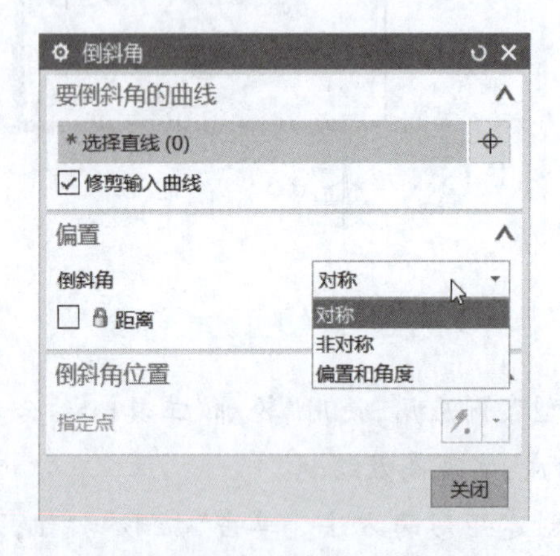

图 1-2-27　“倒斜角”对话框

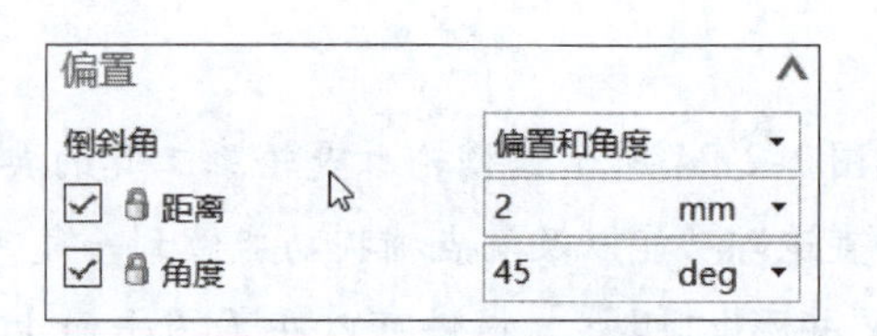

图 1-2-28　参数设置

倒斜角的操作方法有单击两边法、单击交点法和按住鼠标左键划过两条边三种，如图 1-2-29 所示，其中第②和第③种操作尤为高效，需要大量倒斜角时可以先输入斜角数值，然后采用②或③的方法实现快速倒斜角。

“圆角”工具：在两条或三条曲线（直线）之间创建一个圆角。可以用该功能修剪输入的曲线，删除三曲线（直线）圆角的第三条线，并指定圆角半径值。创建圆角工具条如图 1-2-30 所示，该对话框分为两部分：“圆角方法”和“选项”，“圆角方法”包含两个选项“修剪”和“取消修剪”，修剪、取消修剪以及备选圆角创建效果如图 1-2-31 所示，删除第三条线操作结果如图 1-2-32 所示。

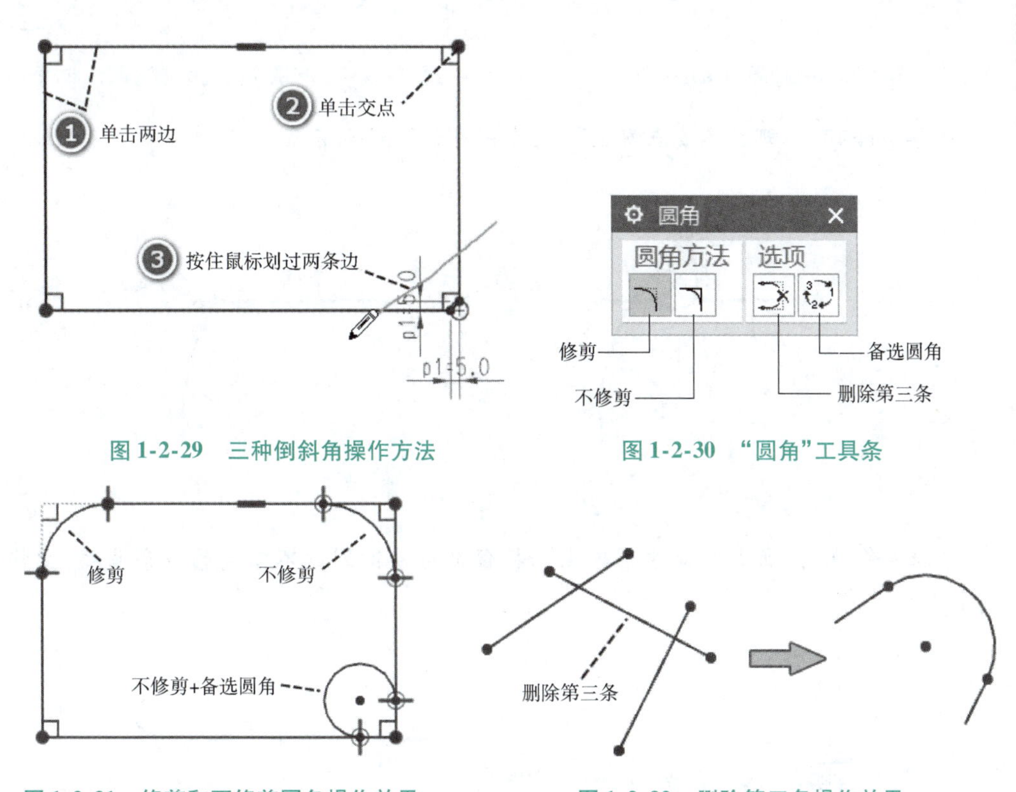

图 1-2-29　三种倒斜角操作方法

图 1-2-30　“圆角”工具条

图 1-2-31　修剪和不修剪圆角操作效果

图 1-2-32　删除第三条操作效果

“圆角”工具包含三种选择操作方法，单击两边法、单击交点法和按住鼠标左键划过两条边三种方法，如图 1-2-33，其中第②和第③种操作尤为高效，需要大量修剪曲线的时候可以先输入圆角数值，然后采用②或③的方法实现快速圆角。

此外，使用“圆角”工具不仅可以在两条相交曲线（直线）间倒圆角，也可以在两个非相交曲线（直线）间完成圆角连接，如图 1-2-34 所示，可以说它是一个能够同时实现圆弧创建、相连、相切和修剪于一体的超级工具。

“快速修剪”工具：用于快速删除曲线（直线），有“单个修剪”和“批量修剪”两种操作方式。

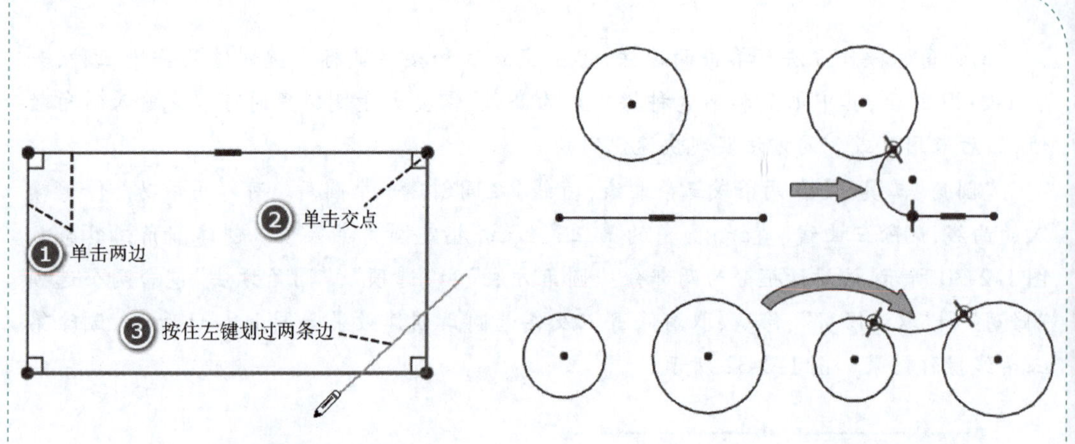

图 1-2-33　三种圆角操作方法　　图 1-2-34　非相交曲线间创建圆角曲线

“单个修剪”:“哪里不要点哪里”,操作如图 1-2-35 所示。

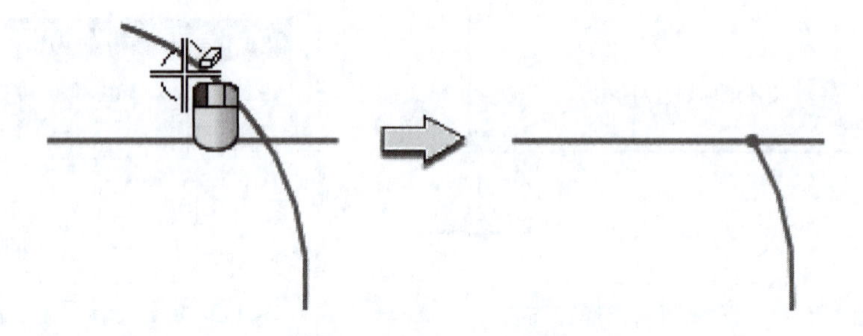

图 1-2-35　单个修剪

“批量修剪”:“所到之处寸草不生”,按住鼠标左键划过不需要的多条曲线,操作如图 1-2-36 所示。

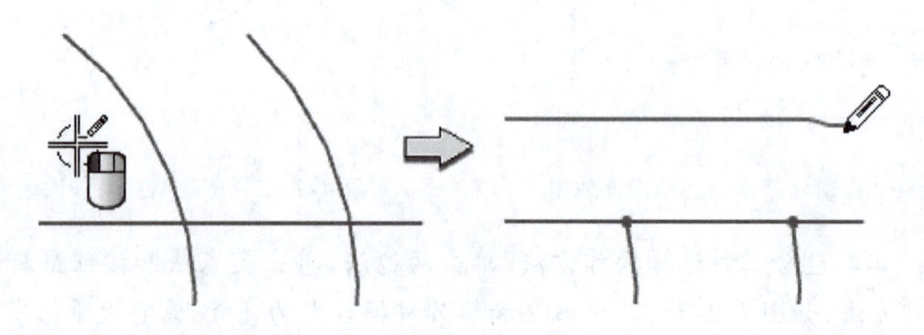

图 1-2-36　批量修剪

注释:修剪没有交点的曲线时会删除该曲线。

“快速延伸”工具:与快速修剪相反,快速延伸用于添加曲线,有“单个延伸”和“批量延伸”两种操作方式。

“单个延伸”:“哪里需要点哪里”,操作如图 1-2-37 所示。

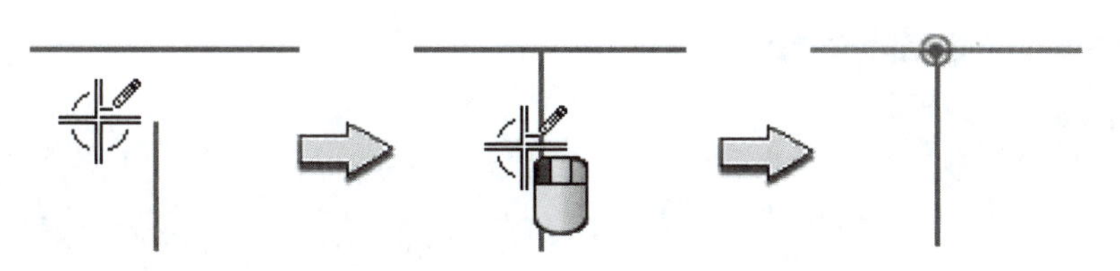

图 1-2-37 单个延伸

“批量延伸”:“所到之处郁郁葱葱”,按住鼠标左键划过需要延伸的多条曲线,操作如图 1-2-38。

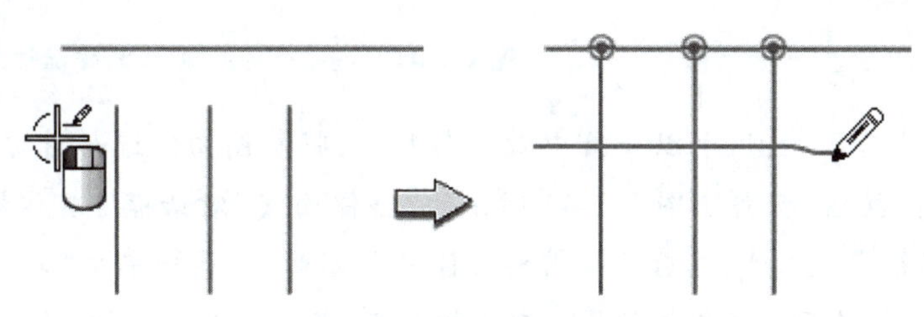

图 1-2-38 批量延伸

注释:直线可以多次延伸,直到没有边界为止,圆弧可以沿着曲率延伸直到封闭。

“制作拐角”工具:本质上讲,它是“快速延伸”和“快速修剪”的组合,用于两条非平行线时会延伸到相交;用于两条相交曲线时,会从交点处修剪两条曲线,选择端被保留,另一端将在交点处被修剪掉,示例效果如图 1-2-39 所示。

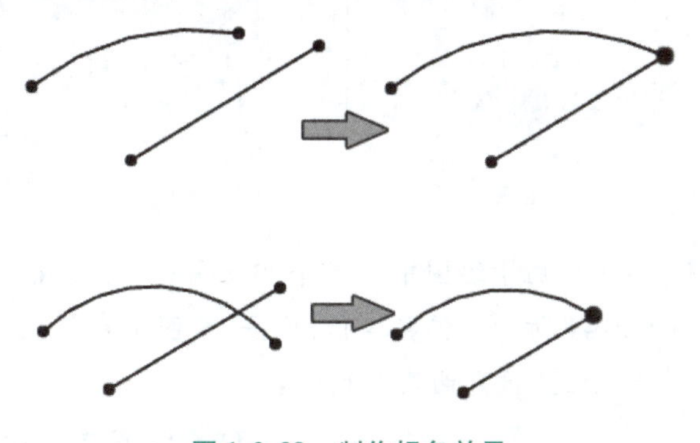

图 1-2-39 制作拐角效果

注释:制作拐角命令可以用几何约束操作替代,实战中应用不多,仅做了解即可。

“多边形”工具:利用 UG NX 软件可以创建边数在 3 ~ 513 之间的正多边形。单击“多边形”按钮弹出“多边形”对话框,如图 1-2-40 所示。输入边数、确定内接或者外接圆、锁定半径和旋转角度后在草图环境中单击确定多边形中心点,完成多边形创建。这种操作较为机械和烦琐,实际操作中更推荐下面这种操作,仅需确定边数,直接在草图环境中将多边形中心锁到坐标原点,通过约束多边形的端点落在坐标轴上或者将多边形的边约束到平行于坐标轴的直线上,再标注尺寸即可,实际操作中后者更为灵活和舒服,操作结果如图 1-2-41 所示。

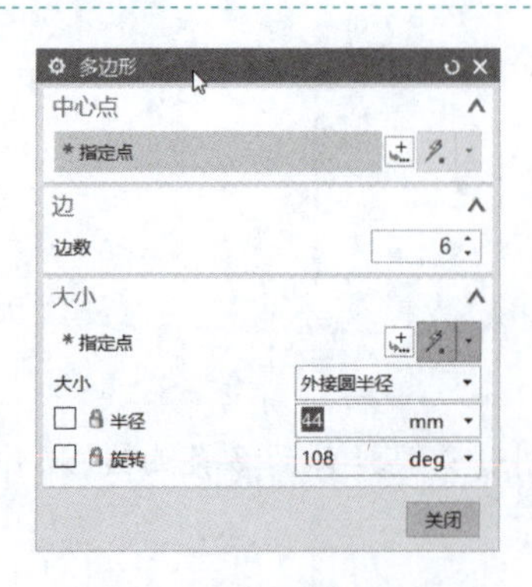

图 1-2-40　“多边形”对话框

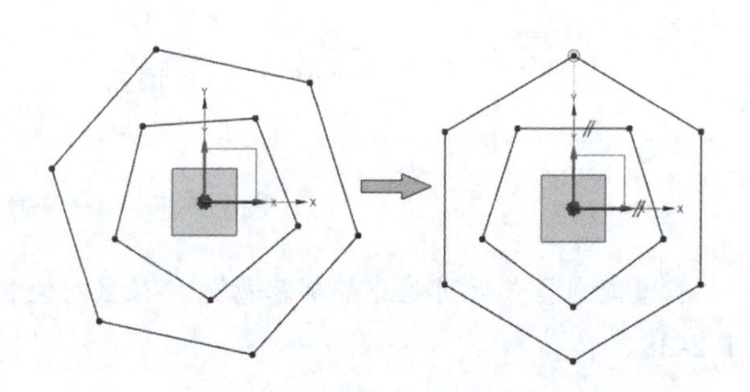

图 1-2-41　正多边形的边、点与坐标轴的关系

“镜像曲线”工具：用于以一条中心线为参考，将草图曲线进行对称复制的操作。单击“镜像曲线”按钮，弹出图 1-2-42 所示的“镜像曲线”对话框。具体操作分成两步进行，首先选择镜像中心线，然后选择需要镜像的草图曲线，最后单击“确定”按钮，即可完成镜像操作。镜像后的几何体与原几何体相关联，当原几何体结构、尺寸发生变化时，镜像几何体也随之变化。图 1-2-43 所示为的操作过程。

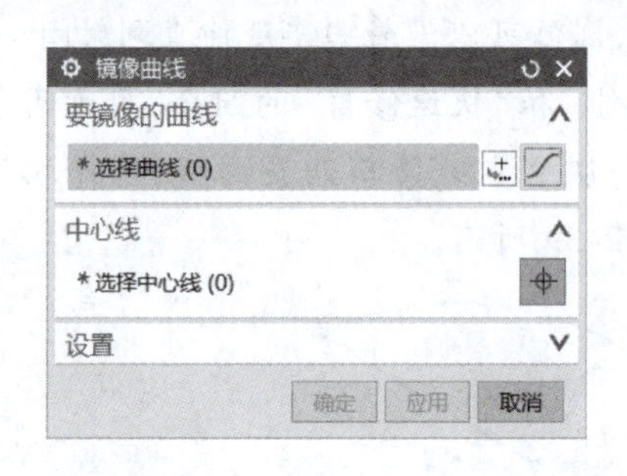

图 1-2-42　“镜像曲线”对话框

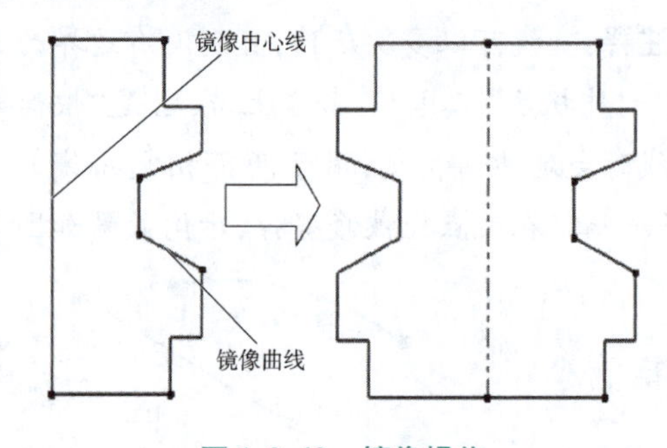

图 1-2-43　镜像操作

“偏置曲线”工具：主要用于绘图中有多个相互平行、同心或结构形状相同的曲线快捷绘制的操作，如图 1-2-44 所示。偏置操作，单击“草图工具条”上的“偏置曲线”按钮，即可弹出图 1-2-45 所示的“偏置曲线”对话框。

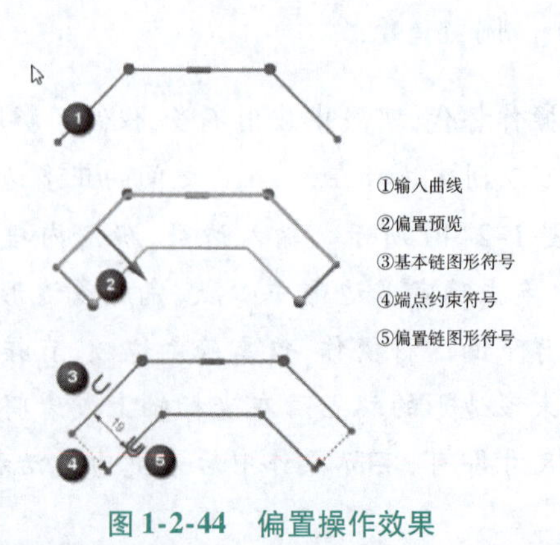

图 1-2-44　偏置操作效果

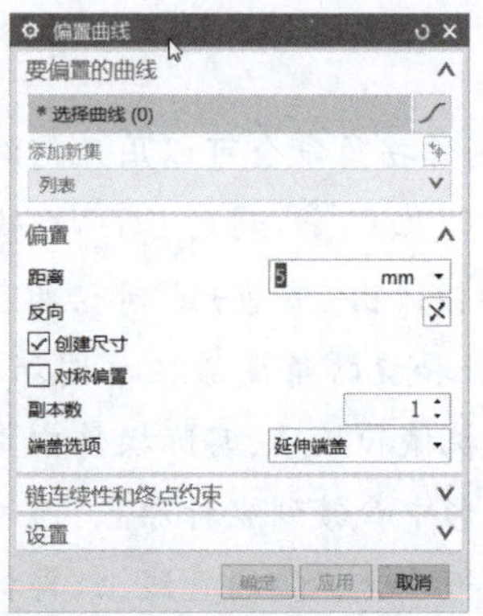

1-2-45　“偏置曲线”对话框

3. 草图约束

使用草图创建截面，不用考虑精确截面的位置与形状，按照设计意图创建曲线后，再使用尺寸约束与几何约束来控制截面的位置和形状，通过约束功能可以有效降低创建截面的难度和时间。草图约束分为几何约束和尺寸约束两类。

几何约束用于确定草图对象形状以及在坐标平面中的位置，建立几何约束有三种方式："手工创建约束"、"自动判断约束"和"自动约束"。常用的几何约束类型如图 1-2-46 所示，其中勾选的约束为常用约束。

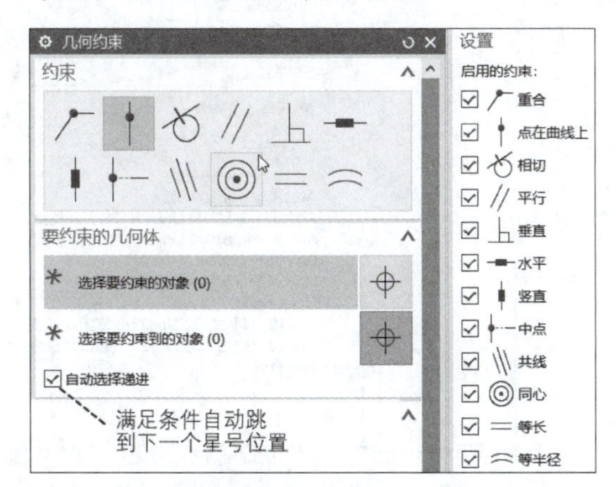

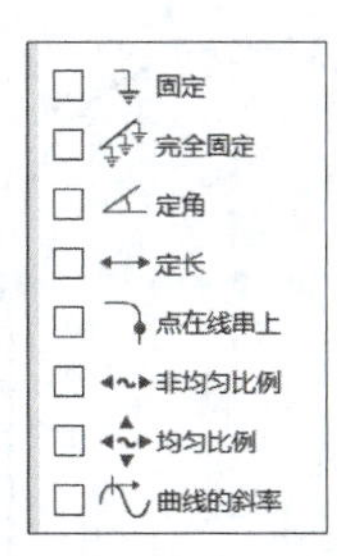

图 1-2-46　几何约束类型

"尺寸约束"用于确定草图对象的大小。进行尺寸约束时可以在"草图"模块中找到"快速尺寸"按钮。打开"快速尺寸"对话框，如图 1-2-47 所示，默认采用"自动判断"方式可以满足大部分的标注工作，当需要强制标注半径、直径、竖直尺寸的时候，可以切换到其他方法。

提示："尺寸约束"是对"几何约束"的补充，一般境况下，尽可能地使用"几何约束"，尽量少用"尺寸约束"

"尺寸约束"的修改：在需要修改的尺寸上双击，在弹出的表达式输入框中输入新的尺寸即可。

草图是二维图形，所以草图约束就是限制草图对象在平面上的自由度，在进行草图约束时，草图对象上会自动显示自由度或约束条件符号，即在线段的端点或圆的圆心处会出现相互垂直的黄色箭头，醒目的显示出草图对象需要约束的所有自由度，如果没有显示，则说明该对象已受到约束，随着"几何约束"和"尺寸约束"的添加，黄色箭头会逐个减少，当对象全部被约束后，箭头也随之全部消失。当约束超过所需要的时候，会出现"过约束"，此时，草图对象在过约束的地方变成黄色，在"提示栏"位置会提示"草图包含有过约束的几何体"。

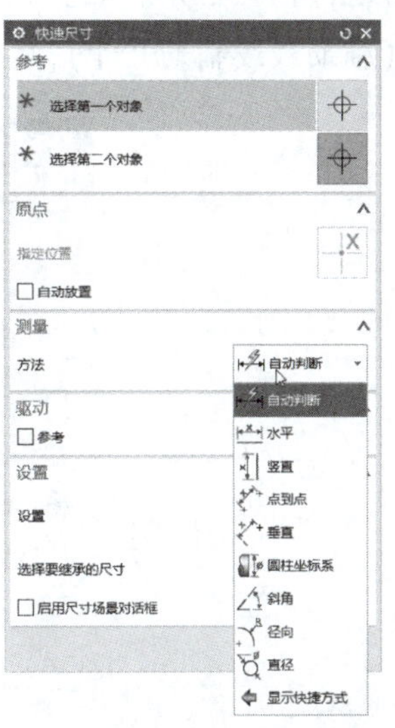

图 1-2-47　"快速尺寸"对话框

“显示所有约束”：在草图工具条上单击“显示所有约束”按钮，就会在草图上显示已存在的所有约束，如图 1-2-48 所示。

“显示/移除约束”：在草图工具条上单击“显示/移除约束”按钮，将会弹出图 1-2-49 所示的“显示/移除约束”对话框。用于查看对象或对象间已有约束。

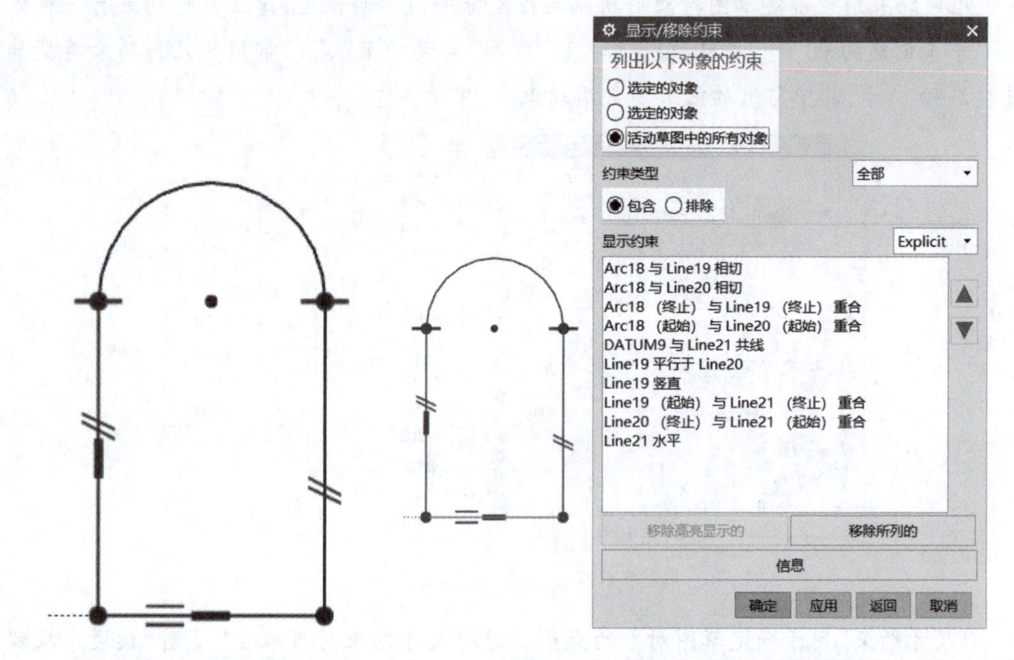

图 1-2-48　显示所有约束　　图 1-2-49　“显示/移除约束”对话框

“转换至/自参考对象”：在草图工具条上单击“转移至/自参考对象”按钮，将会弹出图 1-2-50 所示的“转换至/自参考对象”对话框。用于将草图对象或尺寸转化为参考（辅助线或辅助尺寸），反之亦可。

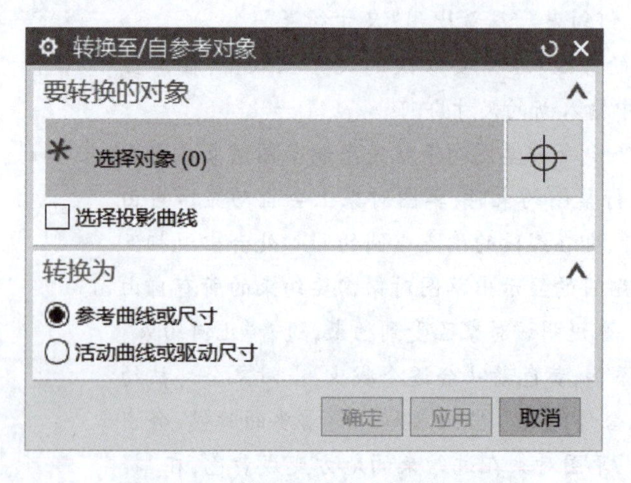

图 1-2-50　“转换至/自参考对象”对话框

3. 创建倒角及螺纹

步骤 1　螺杆倒角。

单击“特征”板块中的“倒斜角”按钮，弹出“倒斜角”对话框，具体操作如下：

(1) 选择螺杆尾端圆轮廓作为倒斜角对象。

(2) 在“横截面”面板中选择“对称”，输入距离“1”。

(3) 单击“确定”按钮，即可完成 $C1$ 倒角的创建，如图 1-2-51 所示。

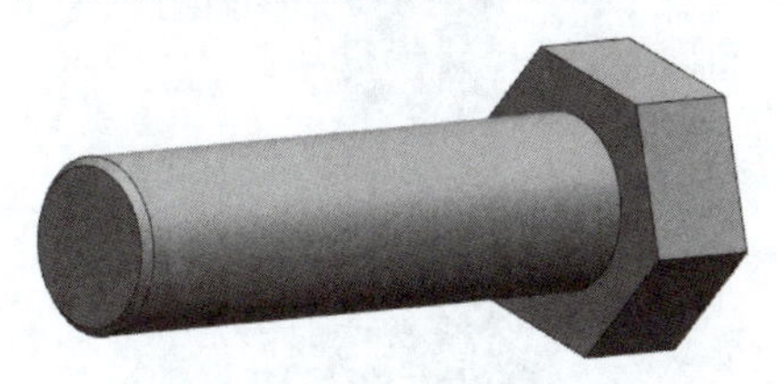

图 1-2-51　创建 $C1$ 倒角

步骤 2　创建螺纹。

在螺杆上创建一段长度为 45，螺距为 2.5 的螺纹，如图 1-2-52 所示。

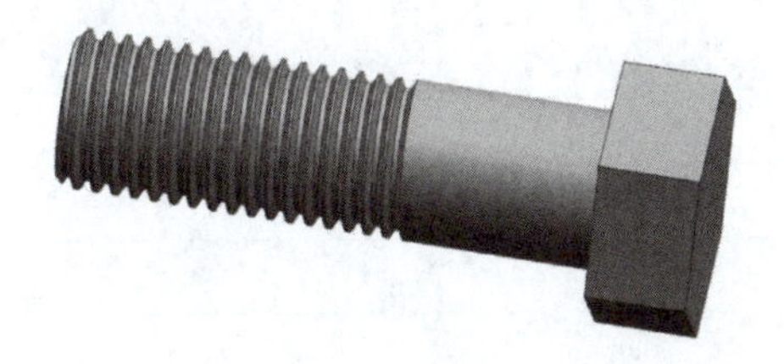

图 1-2-52 螺纹

在“主页”选项卡选择“特征”模块→“更多”，单击按钮，弹出“螺纹切削”对话框，如图 1-2-53 所示。

具体操作如下：

(1)“螺纹类型”选择◉详细，在草图上选择螺杆圆柱面，弹出“螺纹切削起始平面”选择，单击倒角端面，弹出“螺纹切削方向”选择，确保箭头朝六角头一侧，单击< 确定 >按钮，如图 1-2-54 所示。

(2) 输入长度“45”，其他保持默认设置，其中，螺距“2.5”为 M20 粗牙螺纹推荐的螺距；旋转“右旋”，即为右旋螺纹，角度“60”，即为标准三角形牙形。

(3) 单击< 确定 >按钮，即可完成螺纹的创建，如图 1-2-55 所示。

图 1-2-53　“螺纹切削”对话框(1)

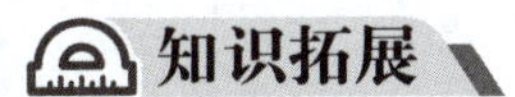

可以通过凸台命令来完成螺杆主体建模，详见

项目三。

可以通过创建草图,沿螺旋线扫掠,布尔运算求差来螺纹的创建。

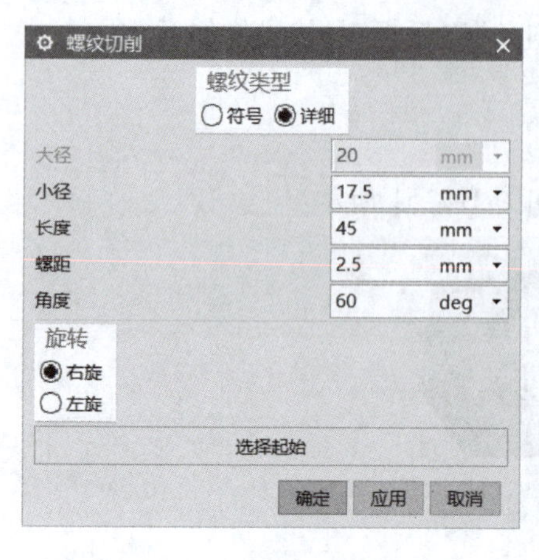

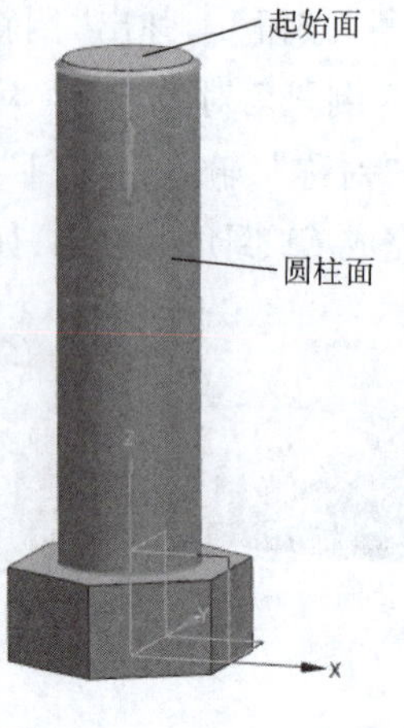

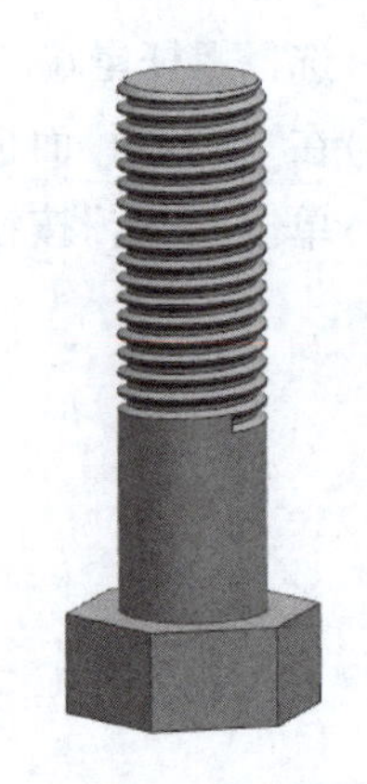

图 1-2-54 “螺纹切削”对话框(2)

图 1-2-55 外螺纹切削效果

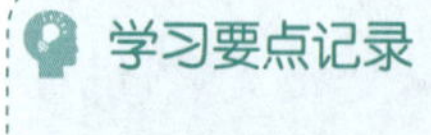

学习要点记录

相关知识

螺纹特征——功能详解

螺纹就是在回转体内或外创建螺纹特征,螺纹类型有两种:符号螺纹和详细螺纹。

(1)符号螺纹:螺纹表面用虚线圆圈的形式表示,是一种简易画法,创建速度快,如图 1-2-56(a)所示。

(2)详细螺纹:可逼真地显示螺纹状况,创建过程较慢,如图 1-2-56(b)所示。

单击“菜单”“插入”→“设计特征”→“螺纹”,或单击按钮,弹出“螺纹”对话框,图 1-2-57 所示为符号螺纹的创建参数对话框,图 1-2-54 所示为详细螺纹的创建参数对话框。

创建不同类型的螺纹所需的参数是不一样的,首先选择创建螺纹的类型,然后在绘图区选择需要创建螺纹的回转体表面,系统会根据回转体表面的参数自动确定螺纹参数,用户在使用时只需根据要求,稍做修改即可,修改时,在参数输入上也有两种选择,即可手工输入,也可从螺纹参数列表中选择,然后输入螺纹长度,选择旋向,指定螺纹起始面,螺纹生成方向,最后单击“确定”按钮即可创建螺纹特征。

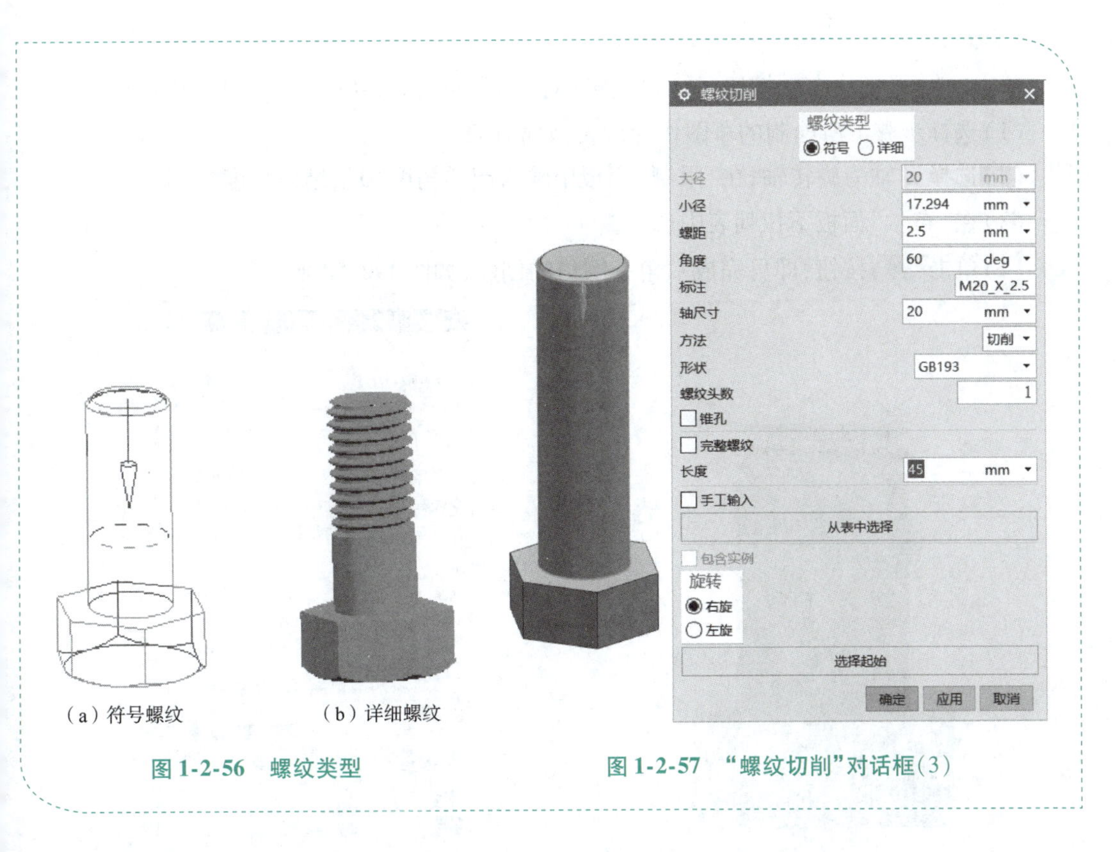

（a）符号螺纹　　（b）详细螺纹

图 1-2-56　螺纹类型

图 1-2-57　“螺纹切削”对话框(3)

4. 创建六角头 30°倒角

螺栓六角头的倒角如图 1-2-58 所示，它不同于普通的倒斜角和边倒圆，不能直接应用倒角工具，可以通过创建草图，旋转和布尔运算求差来创建。具体操作步骤如下：

步骤 1　绘倒角草图。

单击按钮，选择与六角头相交获得六边形内切圆直径的基准平面作为草图平面，如图 1-2-59 所示，按图 1-2-60 尺寸绘草图。

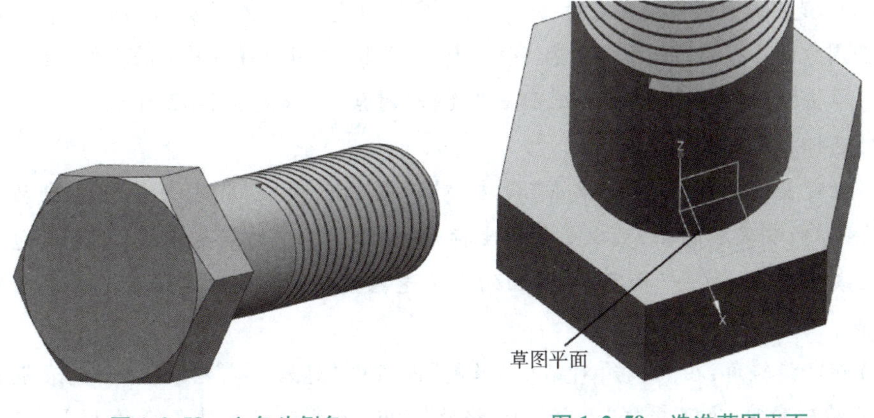

图 1-2-58　六角头倒角

图 1-2-59　选准草图平面

步骤 2　倒角建模——旋转。

单击"特征"模块中按钮,弹出"旋转"对话框,如图 1-2-61 所示。具体操作如下:

(1)选择步骤 1 所绘制的草图作为旋转截面对象。

(2)选择 Z 轴为旋转轴,在"限制"面板中输入起始角度"0",结束角度"360"。

(3)在"布尔"面板下拉列表中选择 减去。

(4)单击 <确定> 按钮,即可完成六角头倒角的创建,如图 1-2-58 所示。

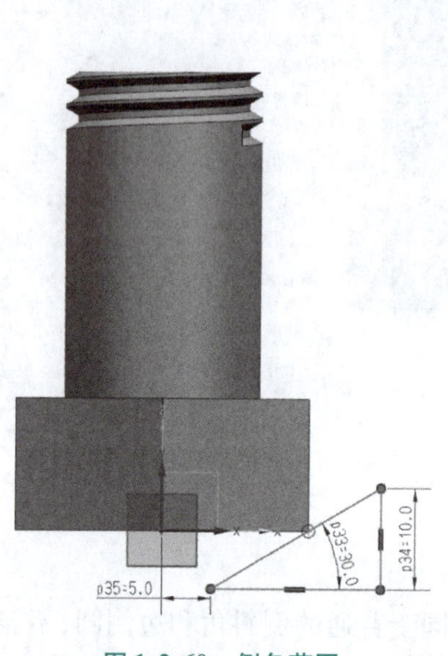

图 1-2-60　倒角草图

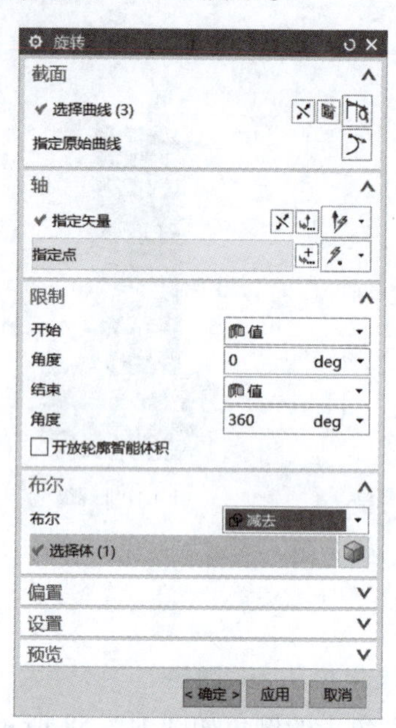

图 1-2-61　"旋转"对话框

相关知识

旋转特征——功能详解

"旋转"是将剖面线串绕指定的轴线旋转一定的角度而生成的实体称为旋转体,主要用于创建沿圆周方向具有相同剖面的复杂实体。利用"旋转"工具创建旋转体的操作步骤如下:

(1)单击特征模块中的按钮,弹出"旋转"对话框,如图 1-2-62 所示。

(2)选择旋转截面。

(3)确定旋转轴和旋转点:单击"旋转"对话框"轴"项中"指定矢量"后"自动判断的矢量"按钮,确定旋转轴,可以是某个坐标轴,也可是图中的某条直线,还可以通过点构造器来创建旋转轴,单击"指定点"后面的点构造器按钮,来创建或者选择存在的点作为旋转点。

(4)确定旋转角,在"旋转"对话框"限制"面板中"起始"和"结束"下拉列表框的不同选项设置旋转角度,也可根据"开始"和"终止"的选项来确定旋转角度的大小,旋转方向符合"右手法则",即握住右手,大拇指与旋转轴方向一致,四指环绕方向即为旋转方向。

(5)选择体类型,同“拉伸”。各参数设置效果如图 1-2-62 所示。

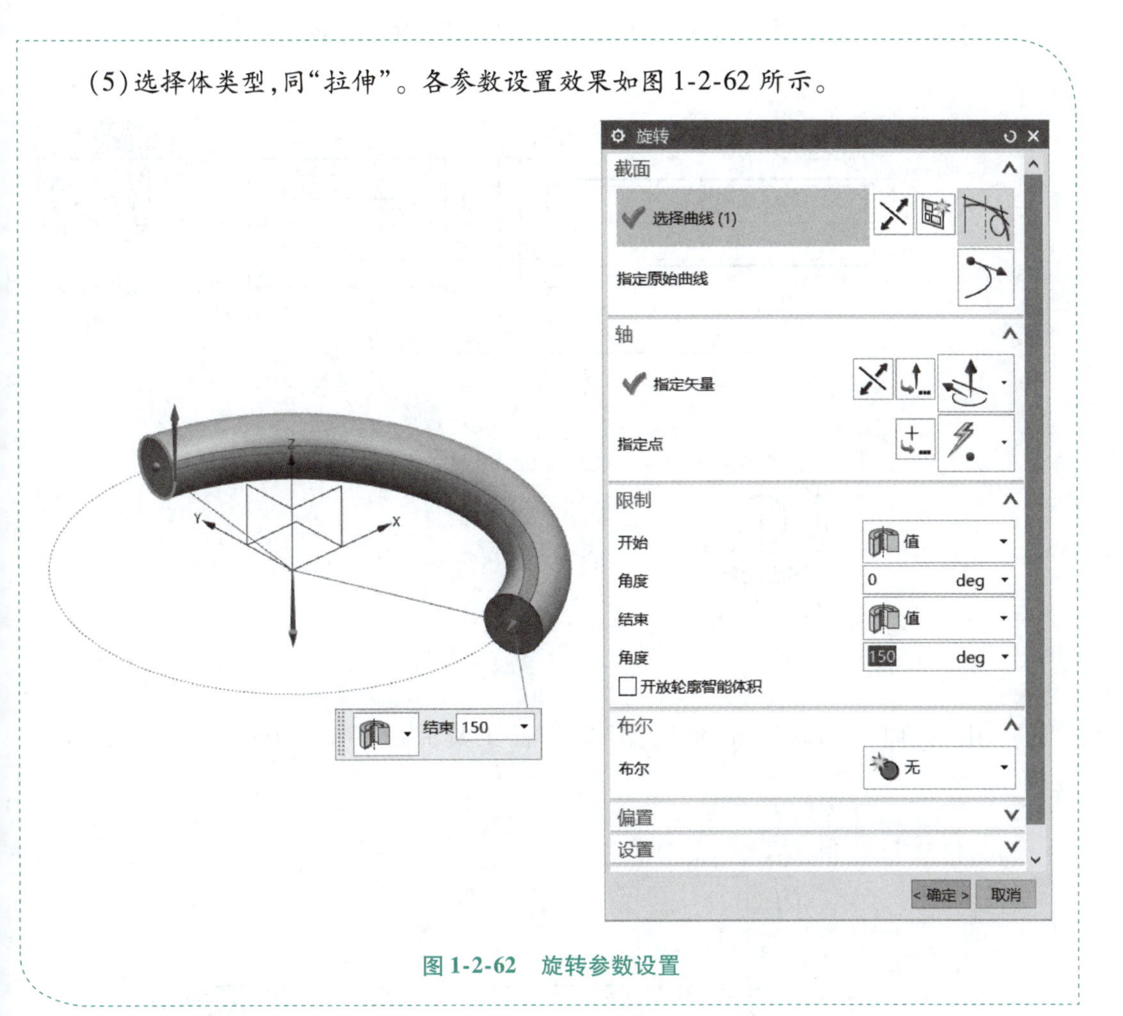

图 1-2-62　旋转参数设置

拓展练习

1. 用“旋转”“孔”“螺纹”等特征工具完成图 1-2-63 实体建模。

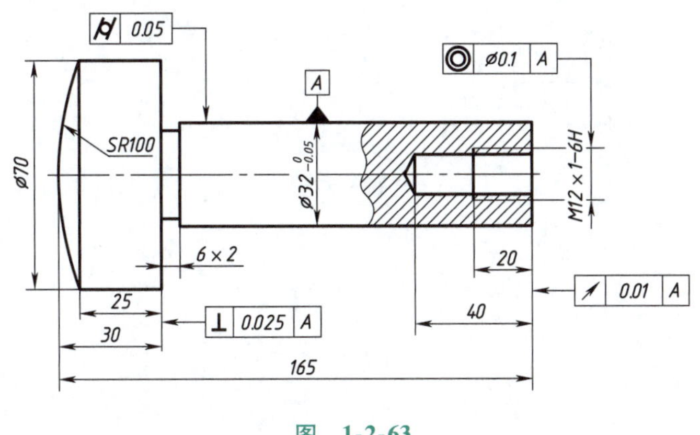

图　1-2-63

2. 用“旋转”“孔”“螺纹”等特征工具完成图 1-2-64 所示图形的实体建模。

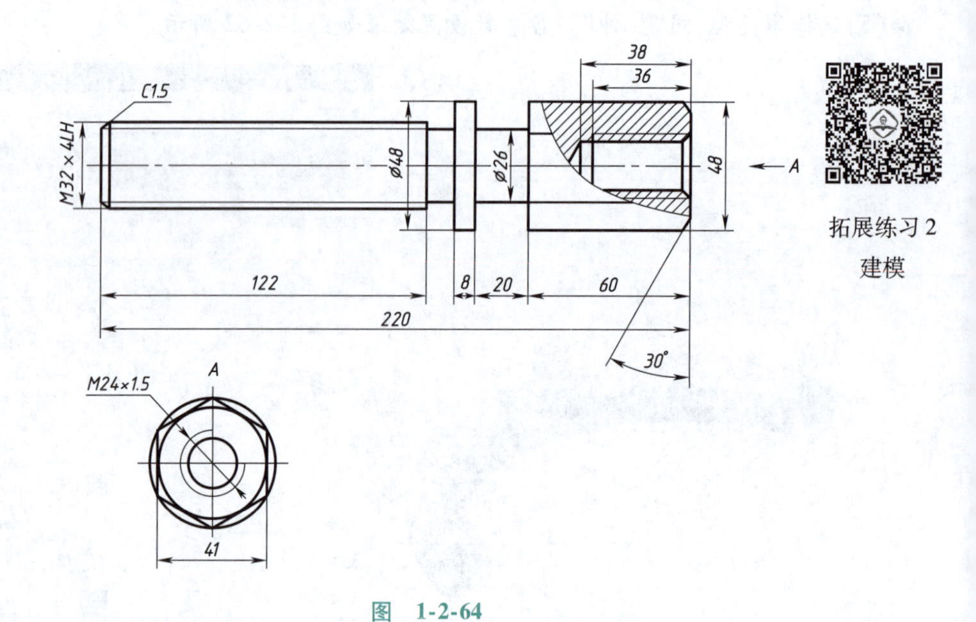

拓展练习 2
建模

图 1-2-64

3. 用“拉伸”“回转”“布尔运算”等特征工具完成图 1-2-65 所示图形的实体建模。

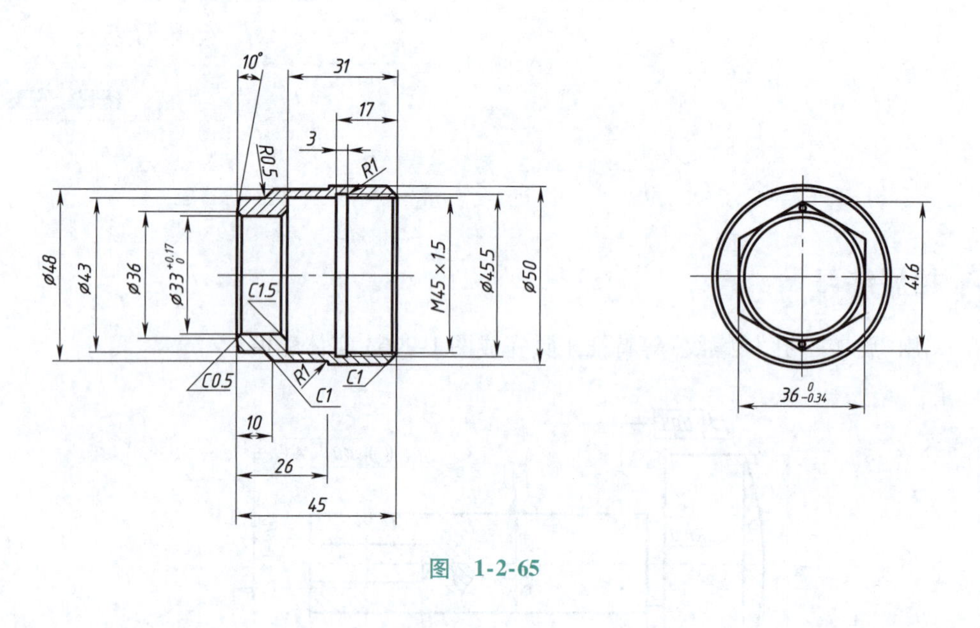

图 1-2-65

4. 采用“草图”“回转”“螺纹”等特征工具完成图 1-2-66 所示图形实体建模。

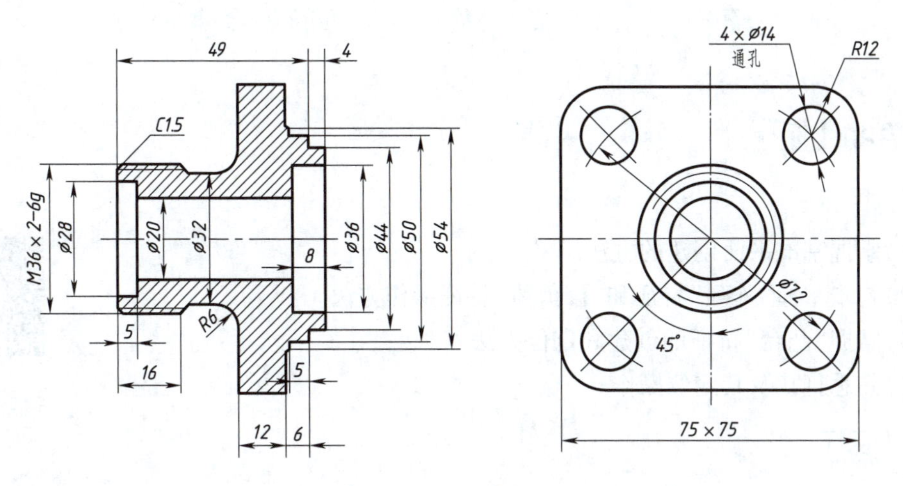

图　1-2-66

学习心得

项目三　端盖类零件——轴承盖建模

学习目标

轴承盖建模

知识目标

(1)掌握基准平面创建的方法。

(2)初步掌握“阵列”特征和“修剪体”特征操作方法。

(3)掌握“凸台”特征的创建和定位方法。

(4)熟悉打孔及其定位操作。

能力目标

(1)能够根据建模结构需要运用基准特征工具创建基准平面。

(2)能够运用“凸台”特征创建圆柱凸台。

(3)能够运用“孔成型”特征准确定位并创建孔。

(4)能够用“阵列”特征完成特征的批量复制操作。

素质目标

(1)科学拆分零件进行组合建模,严谨运用各特征命令。

(2)培养良好的草图环境设置理念,提升草图绘制效率。

(3)培养高效草图绘制思维。

工作任务

创建端盖类零件——轴承盖,如图 1-3-1 所示。

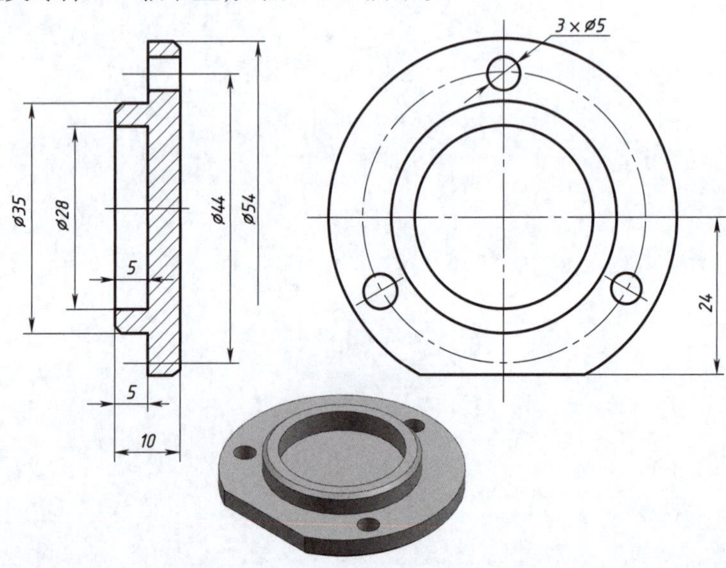

图 1-3-1　轴承盖

项目分析

轴承盖由底座和凸台构成，底座和凸台上有简单孔和倒角特征。因此，创建此轴承盖可分四步：①创建底座；②创建凸台；③创建孔；④创建倒角。

项目分解

名称	内　容	采用的工具和命令	创建流程	其他工具和命令
1	创建底座	圆柱，修剪体		草图，拉伸
2	创建凸台	凸台		草图，拉伸或者圆柱，布尔运算求和
3	创建孔	孔，阵列特征		小孔可以用阵列面
4	创建倒角	倒斜角		

想一想：针对以上建模流程你有没有更好的建议，有的话请写下来分享经验。有其他的建模方法的话，请填写到表格中“其他方法”栏中。

还可以这么做：

项目实施

1. 创建底座

底座如图 1-3-2 所示，由圆柱体裁去一部分得到。具体步骤如下：

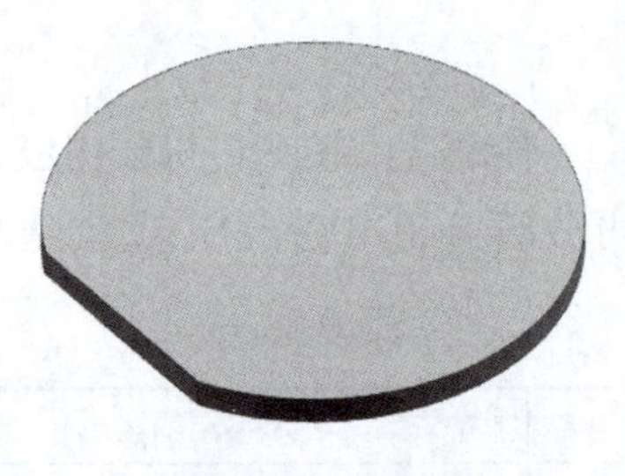

图 1-3-2　底座

步骤 1　启动 UG NX 软件，新建一个名称为“轴承盖”的部件文件，选择保存文件路径，进入建模模块。

步骤 2　创建圆柱。

在“主页”选项卡选择“特征”模块→“更多”→“圆柱”（高级角色下才能看到），如图 1-3-3 所示，弹出“圆柱”对话框如图 1-3-4 所示。具体操作如下。

（1）在“尺寸”面板中分别输入直径“54”高度“5”。

（2）单击“确定”按钮，即可完成圆柱体的创建，如图 1-3-5 所示。

图 1-3-3　“圆柱”位置

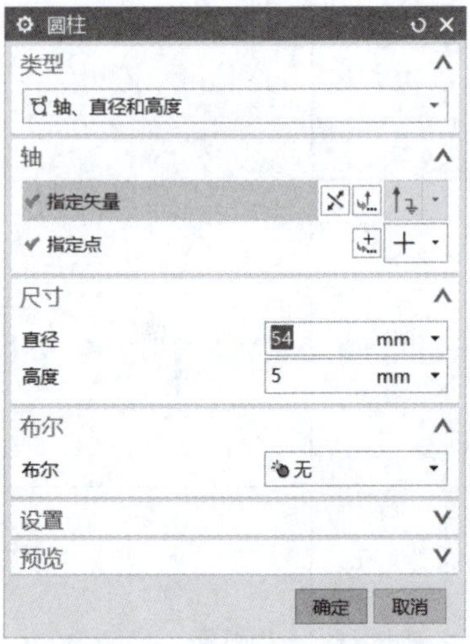

图 1-3-4　“圆柱”对话框

步骤 3　修剪圆柱。

1）创建新基准平面

在“主页”→“特征”模块中单击按钮“□”，弹出“基准平面”对话框，具体操作如下：

（1）“类型”可以保持为默认选项“自动判断”也可以选中下拉列表中“按某一距离”进行设置。用鼠标选择基准坐标系的“XZ”平面，距离输入“－24”，如图 1-3-6 所示。

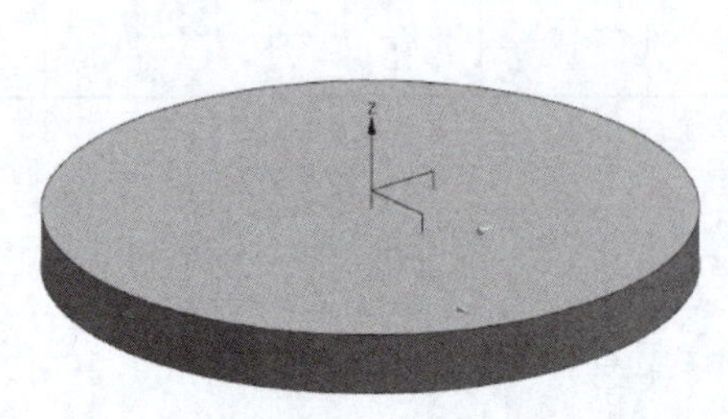

图 1-3-5　圆柱建模

（2）单击“确定”按钮，即可创建好新的基准平面，如图 1-3-7 所示。

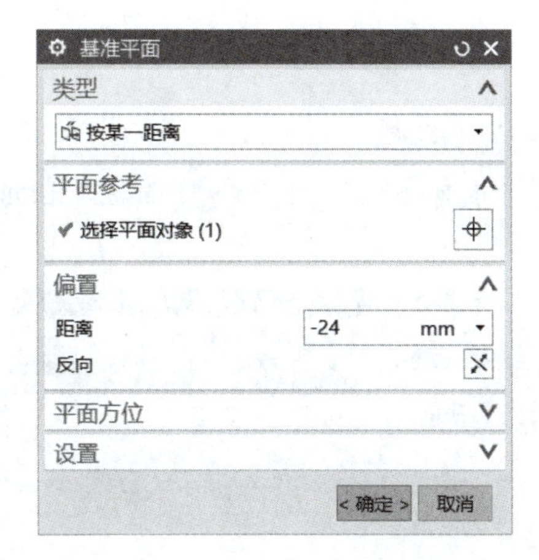

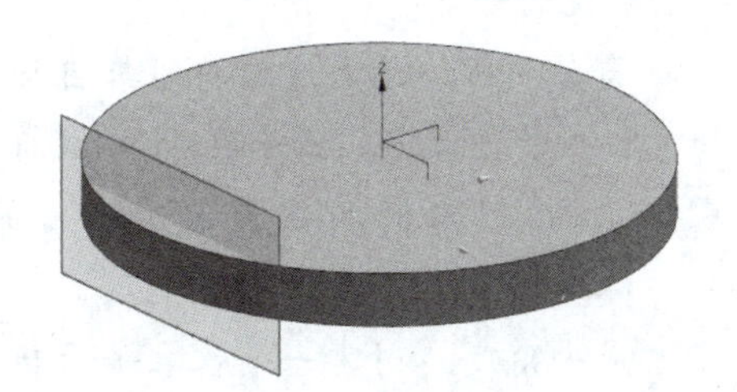

图 1-3-6 “基准平面”对话框

图 1-3-7 创建基准面

2)修剪圆柱面

在“主页”→“特征”模块中单击按钮,弹出“修剪体”对话框,如图 1-3-8 所示,具体操作如下:

(1)单击“目标”面板按钮,选择圆柱作为目标。

(2)单击“工具”面板按钮,选择上一步创建的基准面作为工具,通过预览修剪结果,若修剪部位不对,可以通过切换。

(3)单击 确定 按钮,即可完成圆柱体的修剪,如图 1-3-9 所示为圆柱修剪结果。

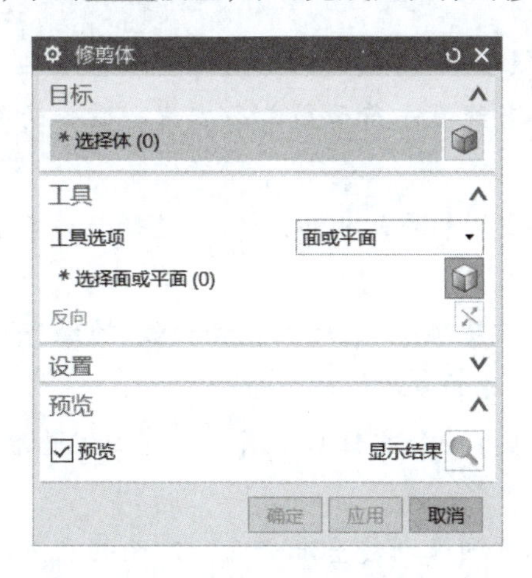

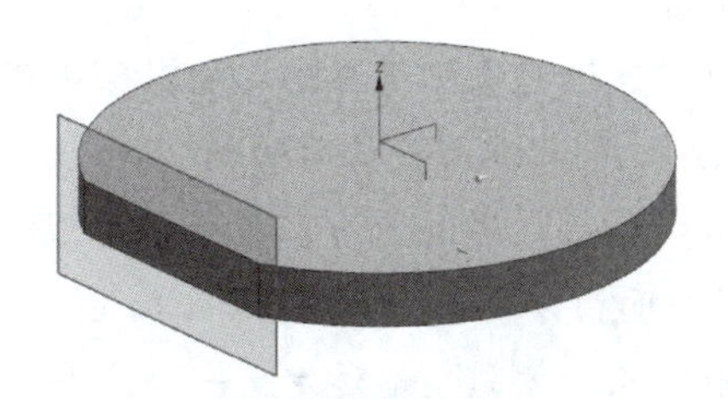

图 1-3-8 “修剪体”对话框

图 1-3-9 圆柱修剪结果

相关知识

基准平面——功能详解

在执行基准平面命令后，弹出如图 1-3-10 所示对话框，其中"类型"面板下拉列表中的各项功能说明如下：

(1)"自动判断"：通过选择的对象自动判断约束条件。如选取一个表面或基准平面时，系统自动生成一个预览基准平面，可以输入偏置值和数量来创建基准平面。

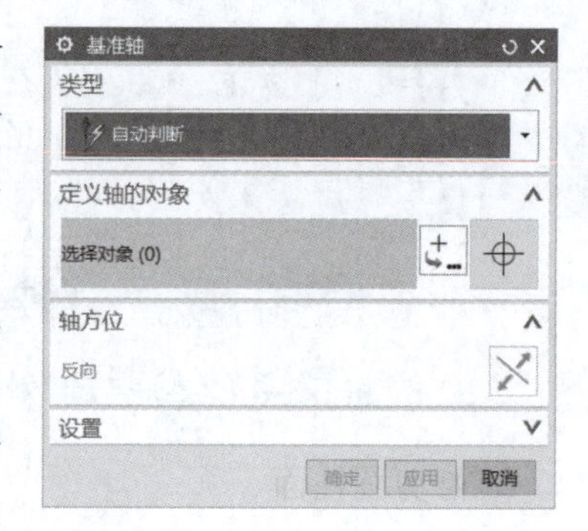

图 1-3-10 "基准轴"对话框

(2)"成一角度"：创建一个基准平面与已知平面成一定角度，角度值大小可以输入。如先选择已知平面，再选择一个与该平面平行的基准轴或者直线作为旋转轴，最后输入角度值大小。输入角度值为负值时，平面顺时针旋转，反之输入角度值为正值时，平面逆时针旋转。

(3)按某与距离：创建一个基准平面与已知平面(基准面或零件表面)平行，偏置值的大小可以输入。

(4)"二等分"：创建一个基准平面与两平行平面距离相等，或创建一个基准平面与两相交平面所成角度相等。

(5)"两直线"：通过现有两条直线，或直线与线性边、面的法向向量或基准轴的组合创建一个基准平面。该基准平面包含第一条直线且平行于第二条直线。假如两条直线共面，则该面同时包含这两条直线。

(6)"相切"：创建一个基准平面与任意非平面的表面相切，还可以选择与第二个选定对象相切。

(7)"通过对象"：根据选定的对象平面创建基准平面，对象包括曲线、边缘、面、基准平面、圆柱、圆锥或者旋转面的轴、基准坐标系、球面以及旋转曲面。

(8)"系数"：通过使用系数 A、B、C、D 来制订一个方程的方式。创建固定基准平面，该基准平面由方程 $ax+by+cz=d$ 确定。

(9)"点和方向"：通过定义一个点和一个方向来创建基准平面。定义的点可以是曲线或者曲面上的点，也可以通过点构造器创建点；定义的方向可以用矢量构造器来构建，也可以通过选取的对象自动判断。

(10)在曲线上：创建一个基准平面通过已知点并与曲线垂直或相切。

(11)"YC-ZC plane"：沿工作坐标系或绝对坐标系的"YC-ZC"轴创建一个固定的基准平面。

(12)"XC-YC plane"：沿工作坐标系或绝对坐标系的"XC-YC"轴创建一个固定的基准平面。

(13)"XC-ZC plane":沿工作坐标系或绝对坐标系的"XC-ZC"轴创建一个固定的基准平面。

(14)视图平面:创建平行于视图平面并穿过绝对坐标系原点的固定基准平面。

基准轴——功能详解

在执行"基准轴"命令后,弹出图 1-3-10 所示对话框,其中"类型"面板下拉列表中的各项功能说明如下:

(1)"自动判断":系统根据选择对象自动判断约束。

(2)"交点":通过两个相交平面创建基准轴。

(3)"曲线/面轴":创建一个起点在选择曲线上的基准轴。

(4)"曲线上矢量":创建与曲线的某点相切、垂直或者与另外一对象垂直或平行的基准轴。

(5)"XC 轴":沿"XC"方向创建基准轴。

(6)"YC 轴":沿"YC"方向创建基准轴。

(7)"ZC 轴":沿"ZC"方向创建基准轴。

(8)"点和方向":通过定义一个点和一个矢量方向来创建基准轴。

(9)"两点":通过两个点创建基准轴,第一点为基点,第二点定义基准轴的方向。

2. 创建凸台

在已创建的底座上创建一个直径 $\phi 35$,高度 5 的圆柱凸台,如图 1-3-11 所示。

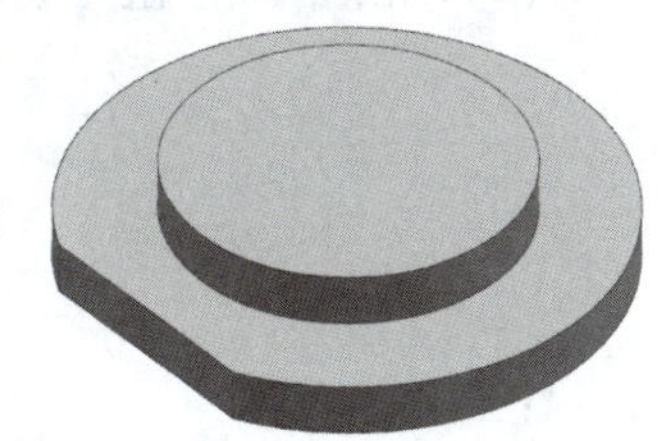

图 1-3-11 创建凸台

选择"菜单"→"插入"→"设计特征"→"凸台",或单击按钮,弹出"凸台"对话框,如图 1-3-12 所示,具体操作如下:

(1)输入直径"35",高度"5"及锥角值"0"。

(2)选择(1)创建的底座上表面作为放置面,单击 <确定> 按钮。

(3)弹出"定位"对话框,如图 1-3-13 所示。单击按钮,弹出"点落在点上"对话框,如图 1-3-14 所示。

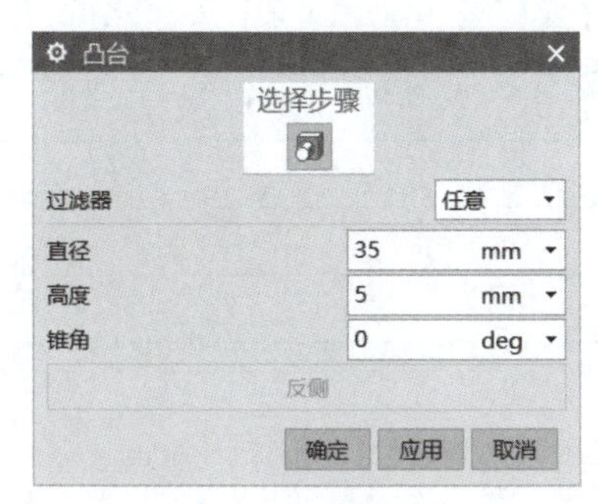

图 1-3-12 "凸台"对话框

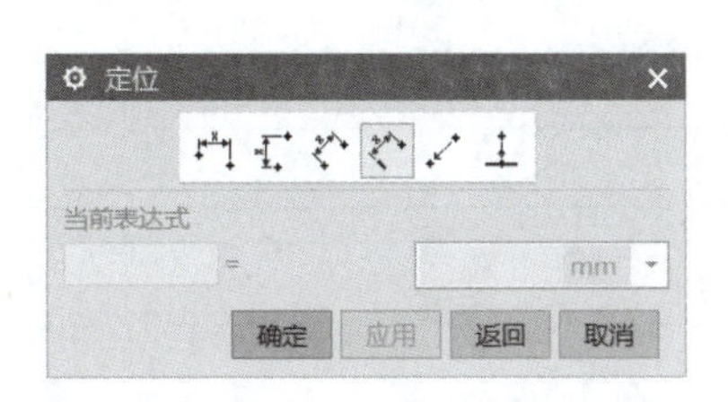

图 1-3-13 "定位"对话框

（4）单击底座的圆边作为定位边，如图 1-3-15 所示。

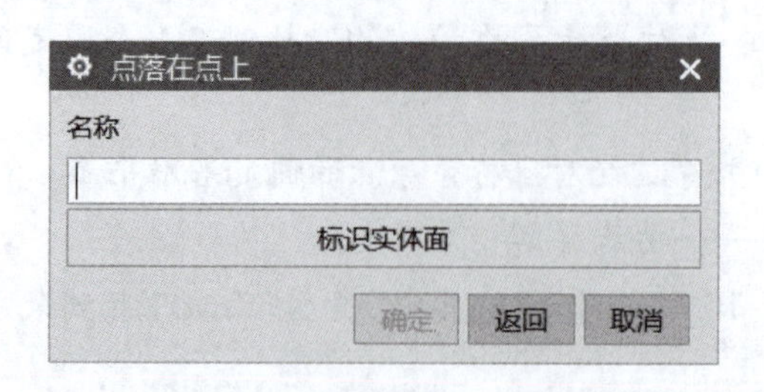

图 1-3-14 “点落在点上”对话框

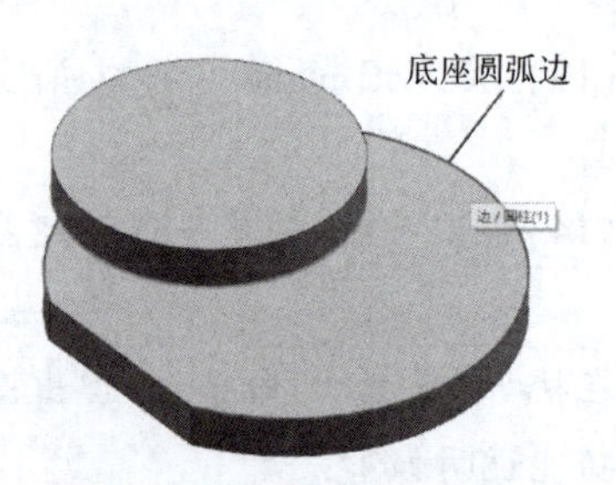

图 1-3-15 定位边

（5）弹出“设置圆弧的位置”对话框，选择 圆弧中心，如图 1-3-16 所示。

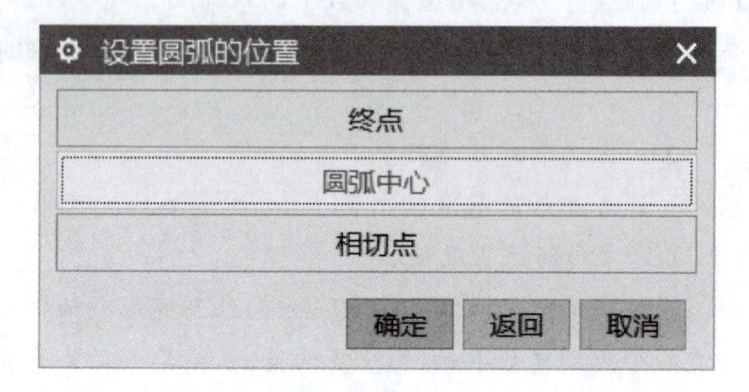

图 1-3-16 “设置圆弧的位置”对话框

（6）单击 <确定> 按钮完成定位，即可完成凸台建模，如图 1-3-17 所示。

图 1-3-17 凸台创建

学习要点记录

相关知识

凸台——功能详解

“凸台”命令可以用于在一个已存在的实体面上创建一个圆形凸台，其侧面可以是直的或拔模的，如图 1-3-18 所示。创建后，凸台与原来的实体加在一起成为一体。

与孔特征相似，凸台的放置面必须是实体上的平面或者基准平面。凸台的一般创建步骤如下：

(1) 选择放置面。

(2) 输入凸台参数：直径，高度，锥角（锥角允许为负值），单击“确定”按钮。

(3) 弹出“定位”对话框，选择定位方式对凸台进行定位。常用的定位方式有（“点落在点上”）和（“垂直”）。

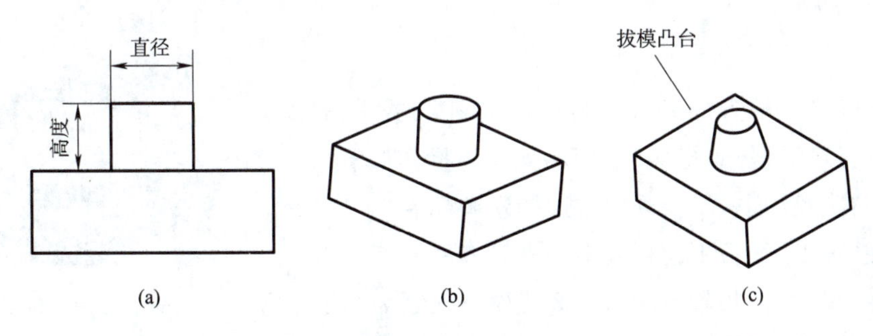

图 1-3-18 凸台

①在已知圆柱体上表面创建一凸台（凸台尺寸可以自己定制），要求凸台轴线与圆柱轴线共线，定位方式采用“点落在点上”，如图 1-3-19 所示，选择圆柱体上表面的边缘，弹出“设置圆弧的位置”对话框，如图 1-3-20 所示。单击“圆弧中心”，即可完成凸台的定位。

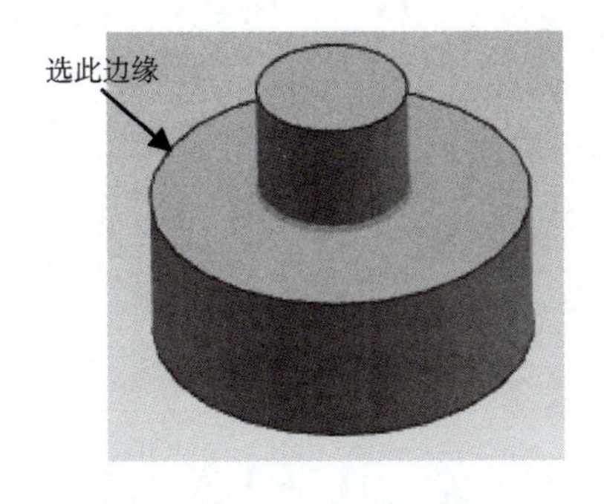

图 1-3-19 “点到点”定位

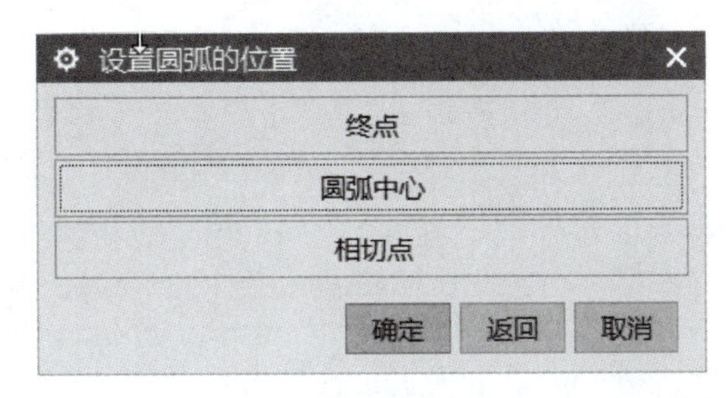

图 1-3-20 “设置圆弧的位置”对话框

②在一个长 30，宽 24，高 10 的长方体的上表面创建凸台（凸台尺寸可以自己定制），要求凸台圆心位于长方体上表面中心，那么定位方式采用（“垂直”），如图 1-3-21 所示，选择边 1 作为基准 1，然后在定位对话框中输入“12”，单击“应用”按钮；选择边 2 作为基准 2，然后在定位对话框中输入“15”，即可完成凸台的创建。

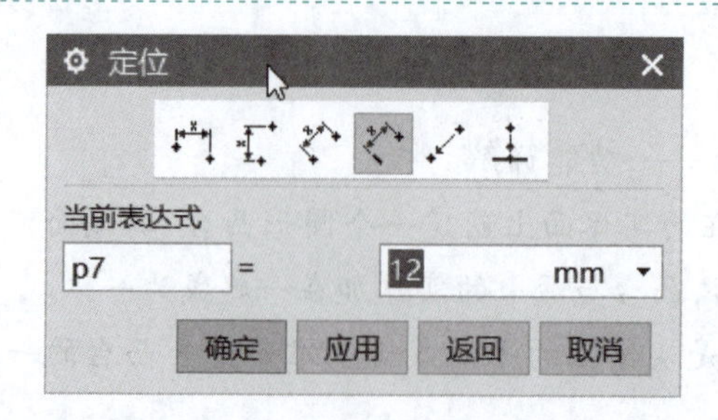

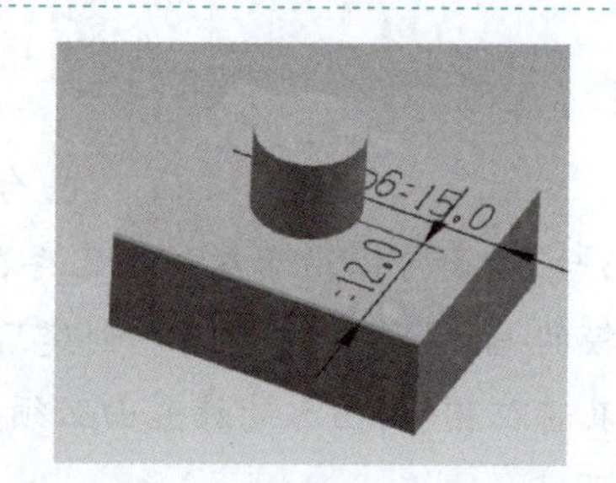

图 1-3-21 垂直定位

3. 创建孔

在凸台上创建一个直径 $\phi28$，深度 5 的孔，在底座上创建 3 个直径 $\phi5$，深度 5 的通孔，如图 1-3-22 所示。

步骤 1 创建凸台孔。

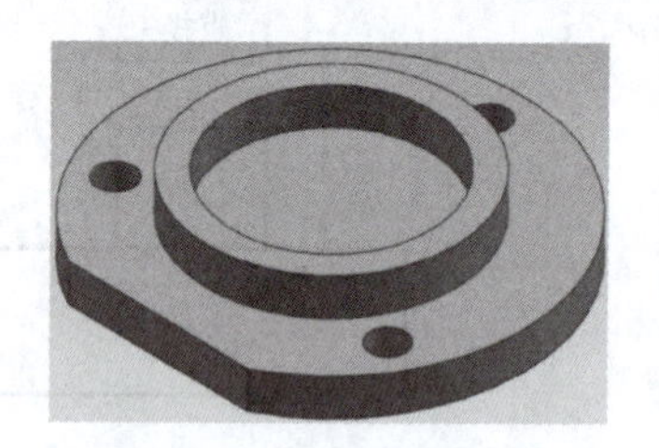

图 1-3-22 创建孔

单击“菜单”“插入”→“设计特征”→“孔”，或单击按钮，弹出“孔”对话框，如图 1-3-23 所示，具体操作如下：

(1) 在“类型”面板下拉列表中选择 常规孔。

(2) 在“成型”面板下拉列表中选择 简单。

(3) 在“尺寸”面板输入直径“28”，深度限制为“值”，孔深度“5”，顶锥角“0”。

(4) 在“布尔”面板下拉列表中选择 求差。

(5) 单击“位置”面板按钮，捕捉凸台上表面的圆心作为指定点，如图 1-3-24 所示。

(6) 单击 <确定> 按钮，即可完成凸台孔的创建，如图 1-3-25 所示。

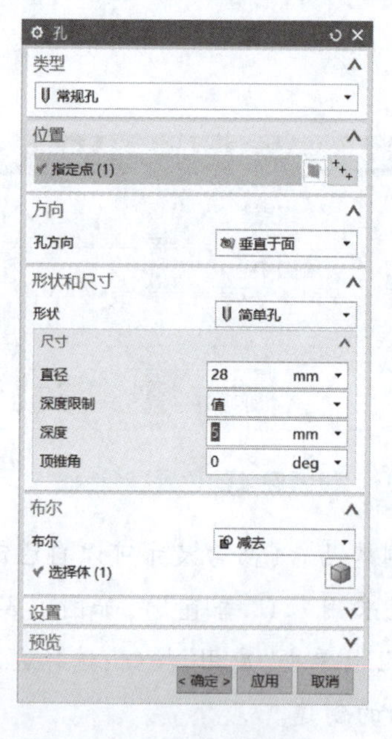

图 1-3-23 “孔”对话框(1)

图 1-3-24 指定点

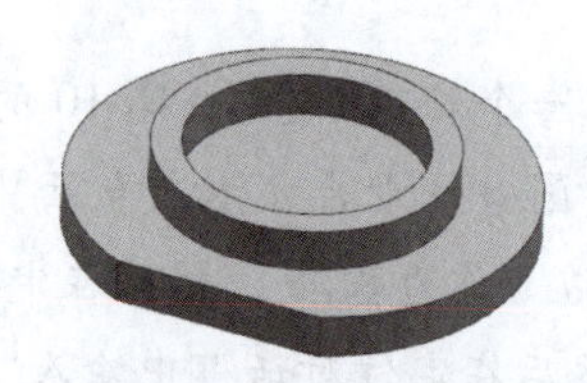

图 1-3-25 创建凸台孔

步骤 2　创建底座孔 1。

单击“菜单”→“插入”→“设计特征”→“孔”，或单击按钮，弹出“孔”对话框，具体操作如下：

（1）在“类型”面板下拉列表中选择 常规孔。

（2）在“成型”面板下拉列表中选择 简单。

（3）在“尺寸”面板输入直径“5”，在深度限制下拉列表中选择“贯通体”。

（4）单击“位置”面板按钮，弹出“孔”对话框，如图 1-3-26 所示。然后选择底座上表面为草图平面。

（5）单击<确定>按钮，进入草图环境，根据零件图上定位尺寸绘制图 1-3-27 所示 $\phi5$ 孔中心点草图，绘制完毕，单击按钮，系统自动返回“孔”对话框。

（6）单击<确定>按钮，即可完成底座孔的创建，如图 1-3-28 所示。

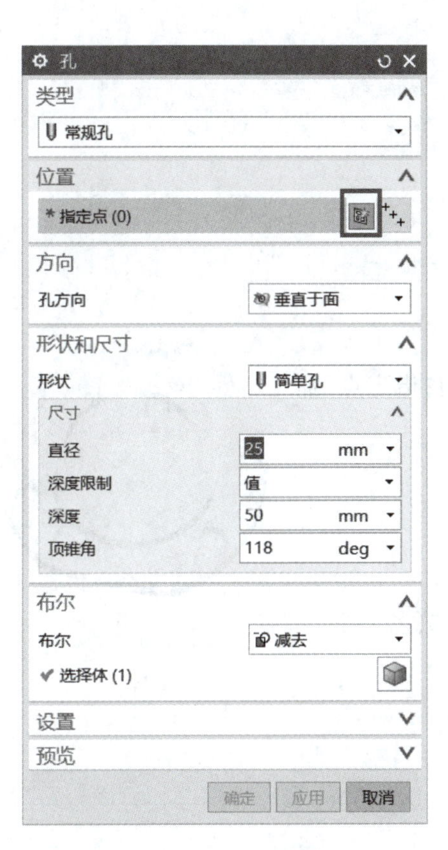

图 1-3-26　“孔”对话框（2）

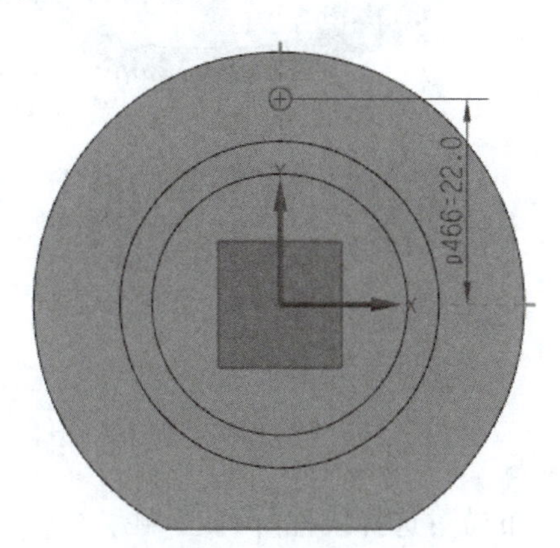

图 1-3-27　打孔中心草图

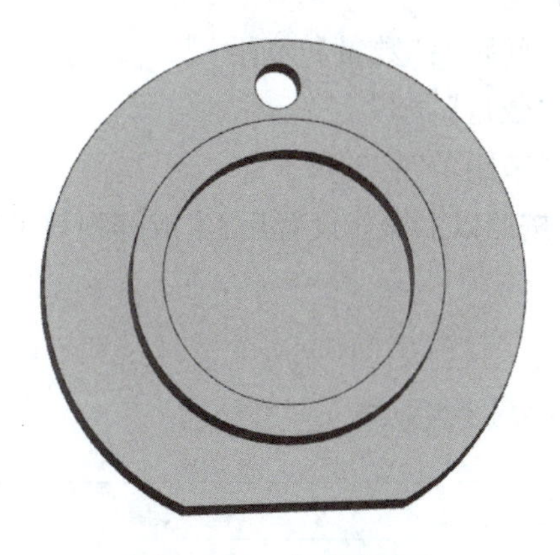

图 1-3-28　创建底座孔

在“主页”→“特征”模块中单击“阵列特征”按钮，弹出图 1-3-29 所示“阵列特征”对话框，参数设置情况如下：

“选择特征”：选中简单孔特征。

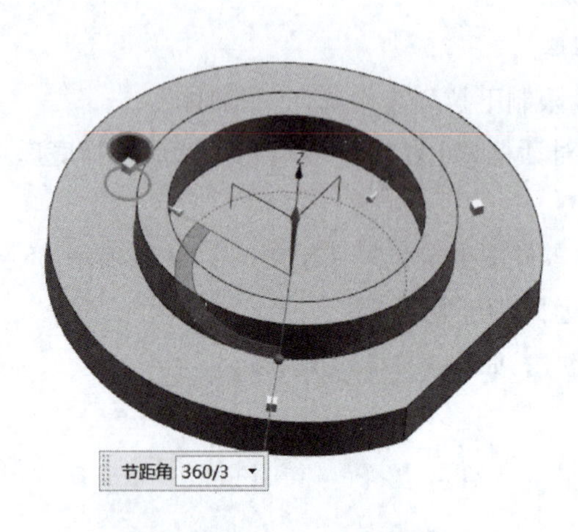

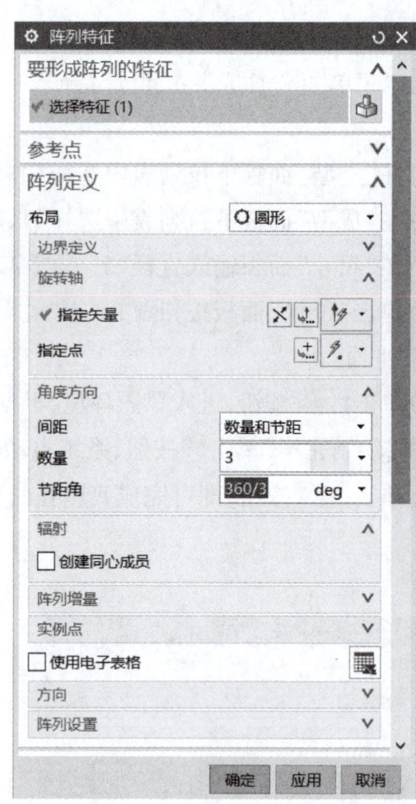

图 1-3-29 “阵列特征”对话框

“布局”:选择线性阵列 圆形。

“旋转轴”:指定矢量,单击圆柱面选中面法向;指定点,捕捉圆心。

“间距”:“数量和节距”。

“数量”:“3”。

“节距角”:“360/3”。

按照以上操作设置后,生成阵列效果如图 1-3-30 所示。

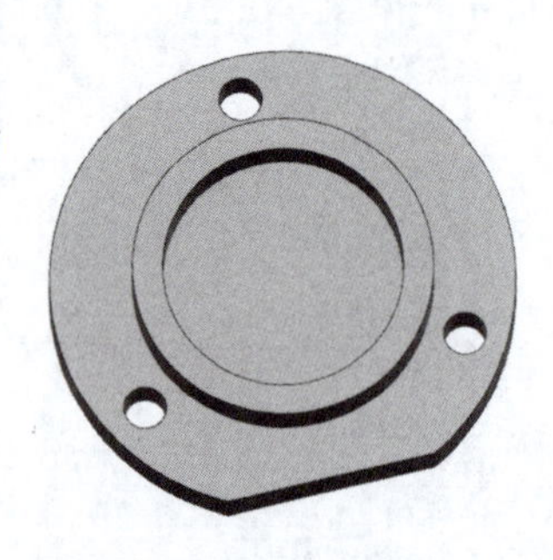

图 1-3-30 阵列孔

学习要点记录

相关知识

孔特征——功能详解

在实体上创建孔的一般步骤为：

单击“菜单”→“插入”→“设计特征”→“孔”，或单击按钮，弹出“孔”对话框，如图 1-3-31 所示，其中的主要面板选项说明如下：

(1)指定孔的类型。

常规孔：创建用户自定义孔参数的简单孔、沉头孔、埋头孔和锥形孔。

锥形孔：以选定的锥形孔标准(AISI、ISO)、尺寸规格(标准规格或用户自定义的尺寸)创建可有起始和终止端倒斜角的孔特征。

螺钉间隙孔：以选定的螺钉标准(含螺钉类型、螺钉尺寸规格、拟合等级)、创建可有起始和终止端倒斜角的简单孔、沉头孔或埋头孔特征。

螺纹孔：以选定的螺纹标准(含螺纹尺寸规格)、创建可有止裂口、起始和终止端倒斜角的螺纹孔特征。

孔系列：以选定的孔标准和孔类型(简单、沉头、埋头)在同部件的多个实体或装配的各个部件上创建相应的孔特征。

图 1-3-31　“孔”对话框

(2)在“成型”面板下拉菜单中指定常规孔的类型：常规孔分为简单孔、沉头孔、埋头孔和锥形孔四类。

(3)设置尺寸参数。

(4)对孔的位置进行定位：指定已有的点为孔中心定位点，通过草图绘孔心位置；

(5)指定孔的方向：垂直于面或沿矢量。

(6)单击“确定”按钮，完成孔的创建工作。

实例特征——功能详解

在建模过程中经常需要建立一些按照一定规律分布且完全相同的特征，如对称体等，对于这种情况可以先建立一个特征，然后通过“实例特征”建立其余的特征，可以提高设计效率，而且这些特征相互关联，修改其中一个，其他都跟着变化。

1. 矩形阵列

在“主页”→“特征”模块单击“阵列特征”，弹出“阵列特征”对话框，参数设置情况如图 1-3-32 所示。

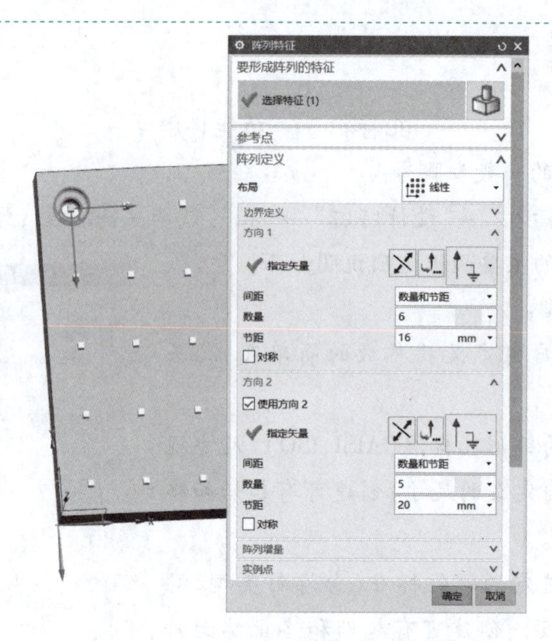

图 1-3-32 “阵列特征”对话框

“选择特征”：选中沉头孔特征。

“布局”：选择线性阵列 线性。

“方向 1”→“指定矢量”：选择 X 轴方向 XC。

“间距”：“数量和节距”。

“数量”：“6”。

“节距”：“16”。

“方向 2”：勾选“使用方向 2”。

“方向 2”→“指定矢量”：选择 Y 轴负方向 -YC。

“间距”：“数量和节距”。

“数量”：“5”。

“节距”：“20”。

按照以上操作设置后，生成阵列效果如图 1-3-33 所示。

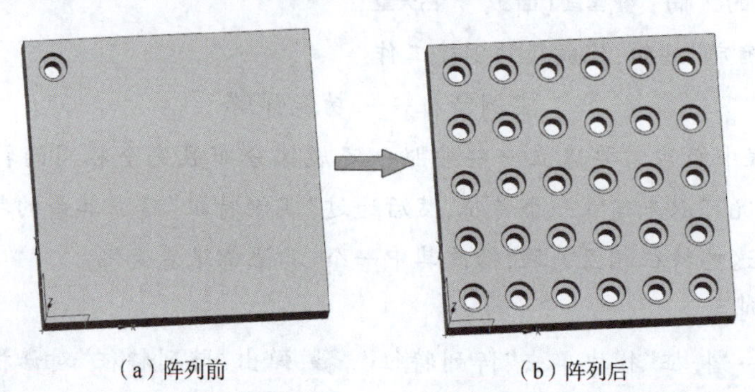

（a）阵列前　　（b）阵列后

图 1-3-33 矩形阵列结果

2. 圆形阵列

在“主页”→“特征”模块中单击“阵列特征”，弹出图1-3-34所示“阵列特征”对话框，参数设置情况如下：

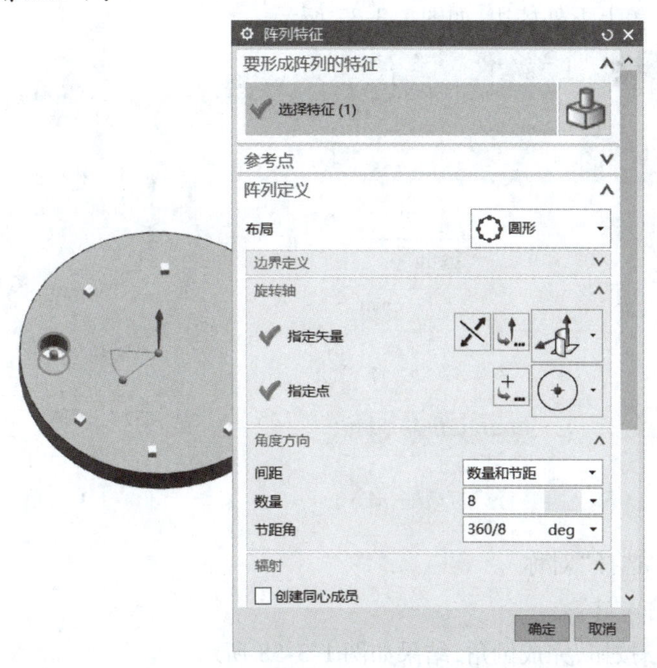

图1-3-34　“阵列特征”对话框(圆形)

“选择特征”：选中简单孔特征。

“布局”：选择线性阵列 圆形。

“旋转轴”：“指定矢量”，单击圆柱面选中面法向；“指定点”，捕捉圆心。

“间距”：“数量和节距”。

“数量”：“8”。

“节距角”：“360/8”。

按照以上操作设置后，生成阵列效果如图1-3-35所示。

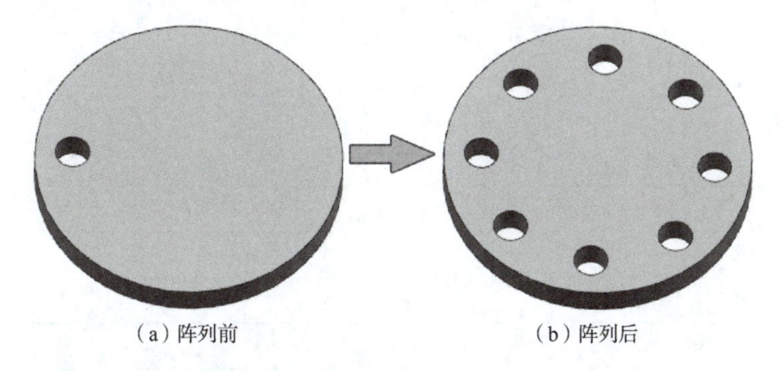

(a) 阵列前　　(b) 阵列后

图1-3-35　圆形阵列

4. 创建倒角

轴承盖上下周边都需要倒 C1 的斜角,完成倒角后的轴承盖如图 1-3-36 所示。

单击“菜单”→“插入”→“细节特征”→“倒斜角”,或单击倒斜角按钮,弹出“倒斜角”对话框,如图 1-3-36 所示,具体操作如下:

(1)选取轴承盖上下外棱边,如图 1-3-37 所示。

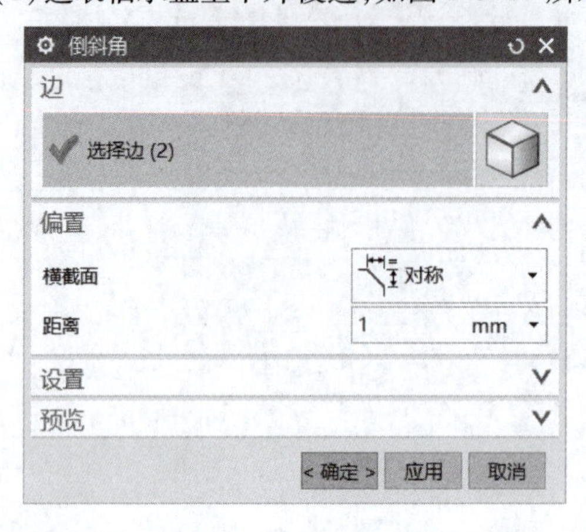

图 1-3-36 “倒斜角”对话框

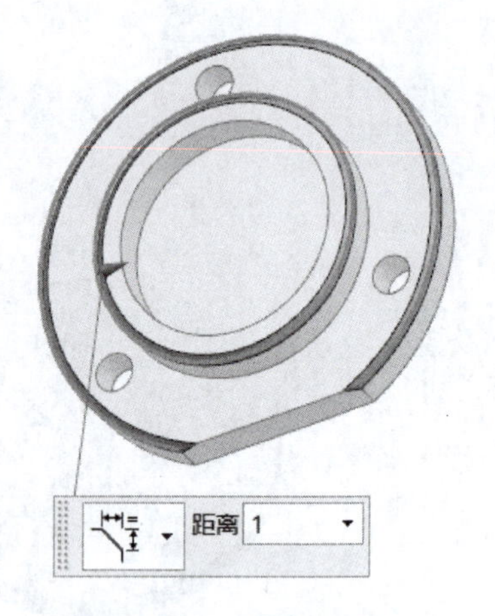

图 1-3-37 倒角边选取

(2)“横截面”选择“对称”。

(3)“距离”输入“1”。

(4)单击< 确定 >按钮,完成倒角,结果如图 1-3-38 所示。

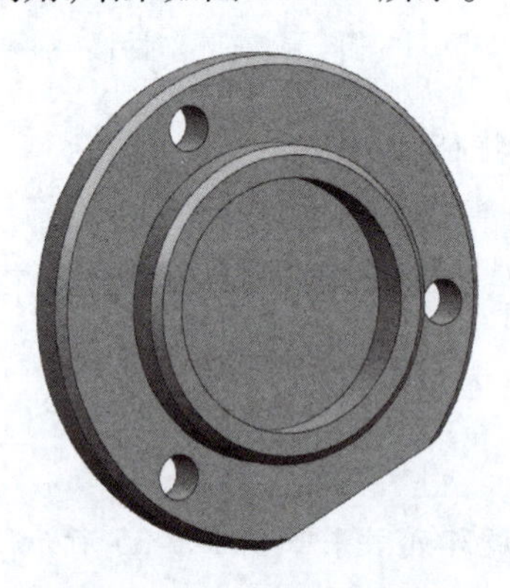

图 1-3-38 完成倒角的轴承盖

学习要点记录

拓展练习

1. 用“拉伸”“孔”“实例”等特征工具完成图 1-3-39 所示图形的实体建模。

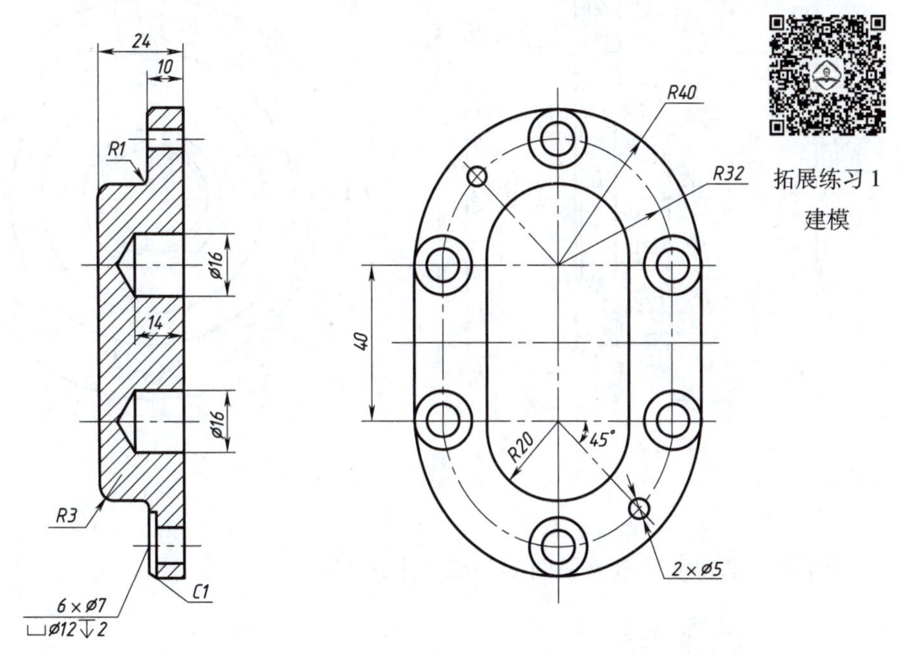

图　1-3-39

2. 用“孔”“实例”等特征工具完成图 1-3-40 所示图形的实体建模。

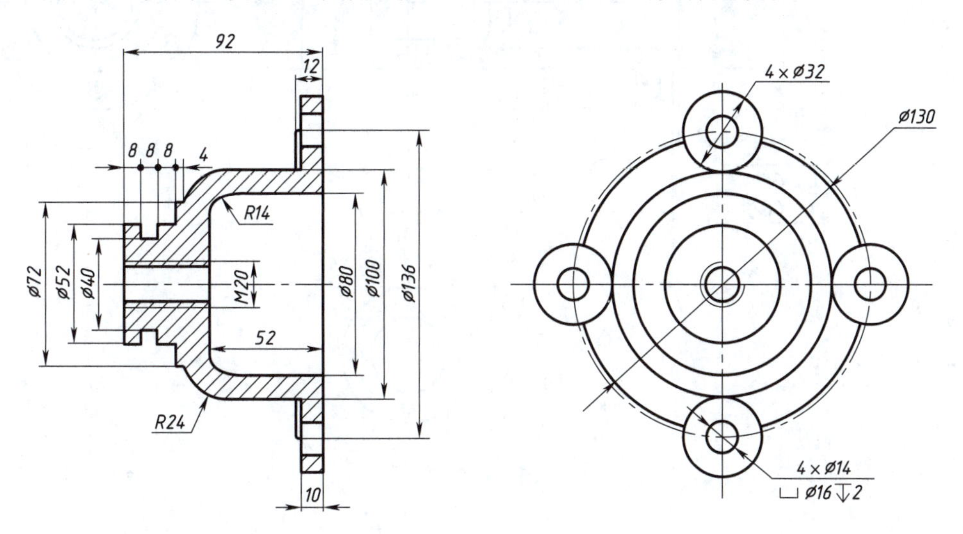

图　1-3-40

3. 用适当的特征工具完成图 1-3-41 所示图形的实体建模。

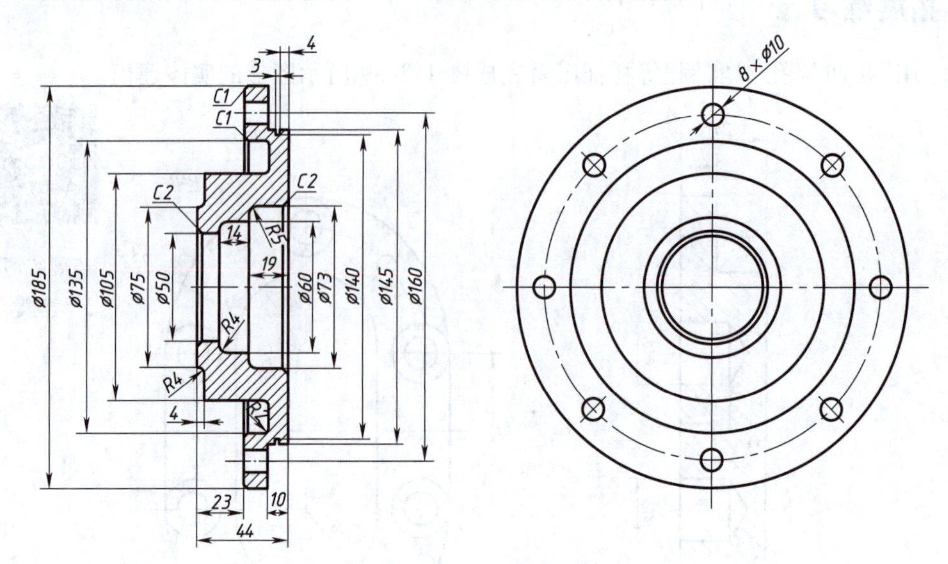

图 1-3-41

4. 用适当的特征工具完成图 1-3-42 实体建模。

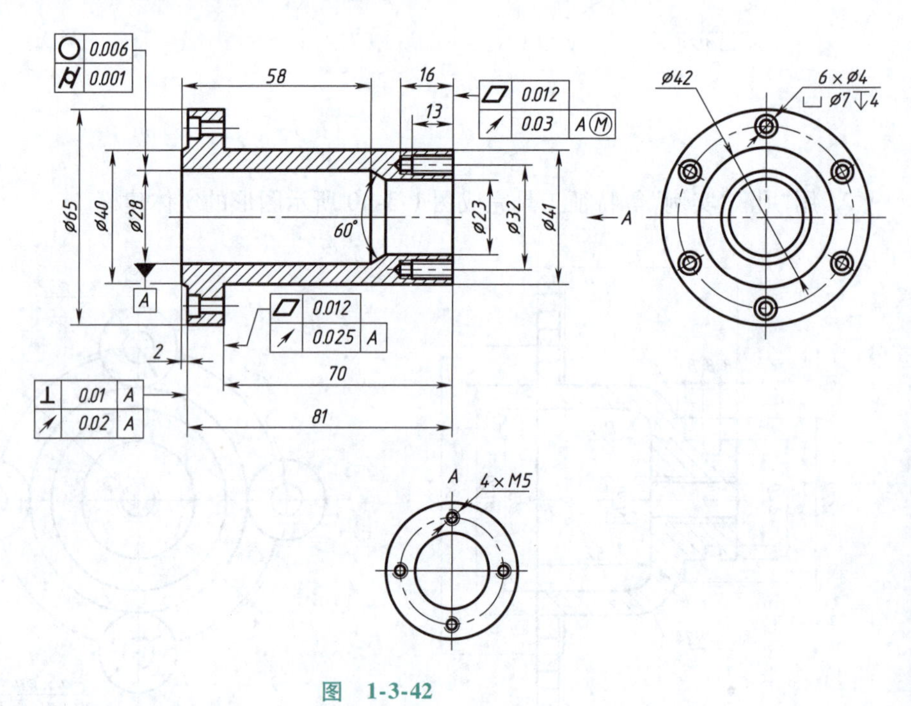

图 1-3-42

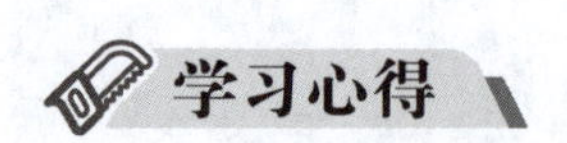

项目四　轮盘类零件——旋钮盖建模

学习目标

知识目标

(1)熟悉建模环境设置。

(2)掌握基本体的创建方法。

(3)了解定位点的选择方法,掌握点定位工具的运用。

(4)掌握回转工具的运用。

(5)初步掌握抽壳工具的运用。

旋钮盖建模

能力目标

(1)具有根据建模需要设置建模基本环境的能力。

(2)能够运用基本体工具进行组合建模。

(3)能够正确选择机械结构的定位点,并运用点定位工具创建定位点。

(4)能够运用回转工具进行回转体建模。

(5)能够运用抽壳工具创建薄壁零件。

(6)能够根据机械设计的需要创建倒角。

素质目标

(1)培养勤于思考、勇于探索的良好职业素养。

(2)培养团结互助、共同进步的团队精神。

(3)通过建模实战,培养学生举一反三、善于思考问题解决问题的能力。

工作任务

创建轮盘类零件——旋钮盖建模,如图 1-4-1 所示。

项目分析

旋钮盖为由壳体构成的旋钮,壳体上有倒角,因此,创建此传动轴可分四步:(1)创建主体;(2)创建 $R9$ 的圆周凹圆弧;(3)创建凹六角和 $\phi10$ 通孔;(4)倒圆角、抽壳。

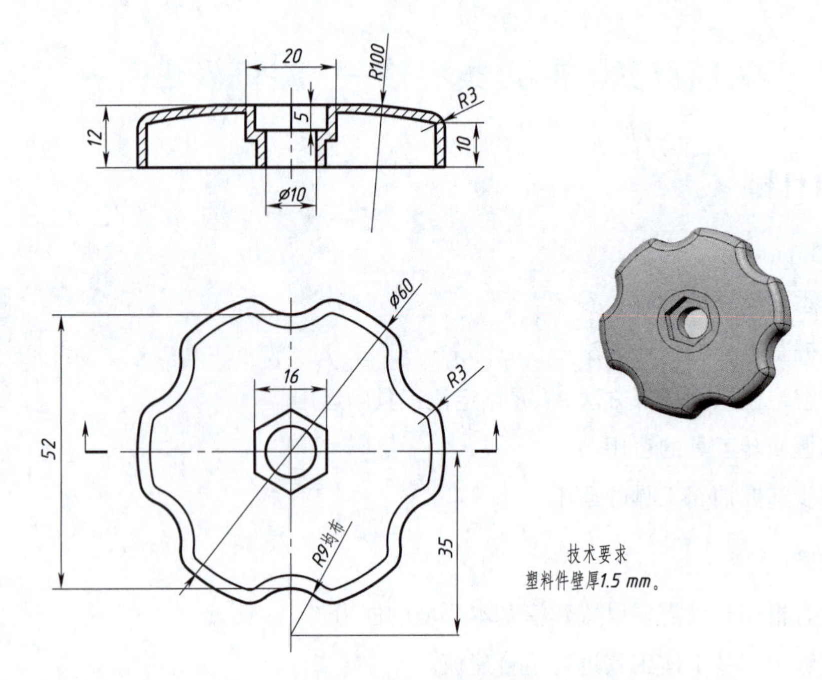

图 1-4-1　旋钮盖

项目分解

名称	内　　容	采用的工具和命令	创建流程	其他工具和命令
1	创建主体	草图、回转		回转
2	创建 *R*9 的圆周凹圆弧	草图，拉伸，阵列，边倒圆		片体裁剪，曲面除料

续上表

名称	内　　容	采用的工具和命令	创建流程	其他工具和命令
3	创建凹六角和 ϕ10 通孔	草图，拉伸		片体裁剪，曲面除料
4	倒圆角、抽壳	边倒圆、抽壳		

想一想：针对这个建模流程你有没有更好的建议，有的话请写下来分享经验。有其他的建模方法的话，请在下方填写。

还可以这么做：

____

____

____

____

项目实施

1. 创建主体

创建由基本体——圆柱体构成的主体，如图 1-4-2 所示。

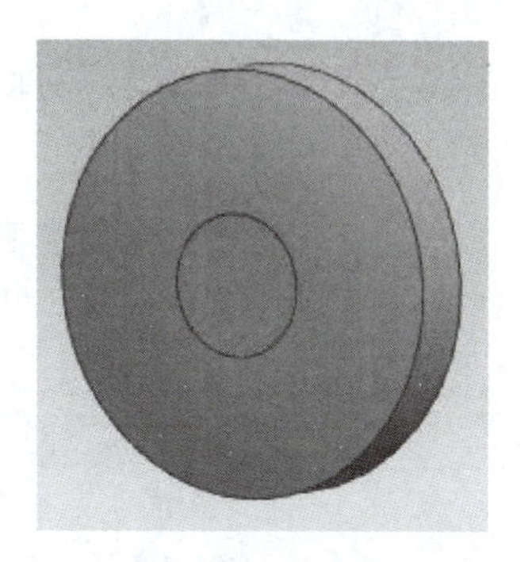

图 1-4-2　旋钮盖

步骤 1　进入建模环境。

双击 UG NX 图标启动程序，单击"菜单"→"文件"→"新建"，在打开的"新建"对话框"模型"选项卡中选择模板，如图 1-4-3 所示，模板名称为"模型"，类型为"建模"，命名新部件文件名称为"xuanniugai"或"旋钮盖"，选择保存文件路径，进入建模模块。

步骤 2　绘草图 1。

单击"草图"按钮，选择"XC-YC"平面作为草图平面，按图 1-4-3 所示尺寸绘制草图（注意：图形中不允许有多余的图元）。

步骤 3　创建回转体。

单击“菜单”菜单(M)，选择“插入”→“设计特征”→“旋转”，或选择“主页”→“特征”，单击下拉按钮，在打开的下拉菜单中单击“设计特征下拉菜单”，在出现的工具图标“旋转”前单击出现一个小勾，调用“旋转”工具，然后回到“特征”工具栏单击“拉伸”右侧下拉按钮，在弹出的工具列中选择“旋转”，打开“旋转”对话框，如图 1-4-4 所示，利用圆柱对话框完成阶梯轴的创建，具体操作如下：

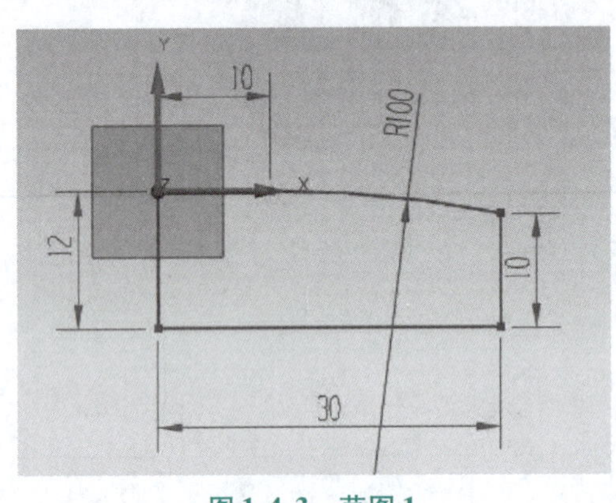

图 1-4-3　草图 1

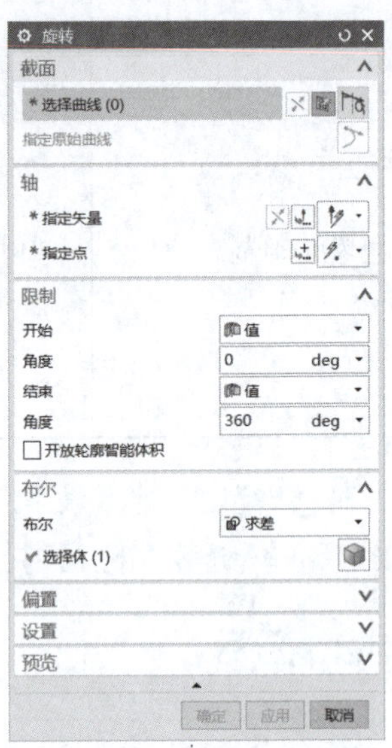

图 1-4-4　“旋转”对话框

（1）在“指定矢量”下拉列表中选择。

（2）单击“指定点”面板按钮，弹出“点”对话框，如图 1-4-5 所示，不做任何修改，直接单击确定按钮。

（3）自动返回“回转”对话框，单击确定按钮，即可完成旋钮盖主体的创建，如图 1-4-6 所示。

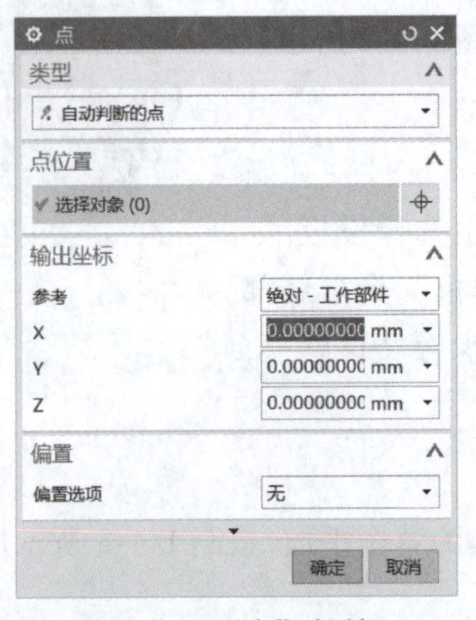

图 1-4-5　“点”对话框

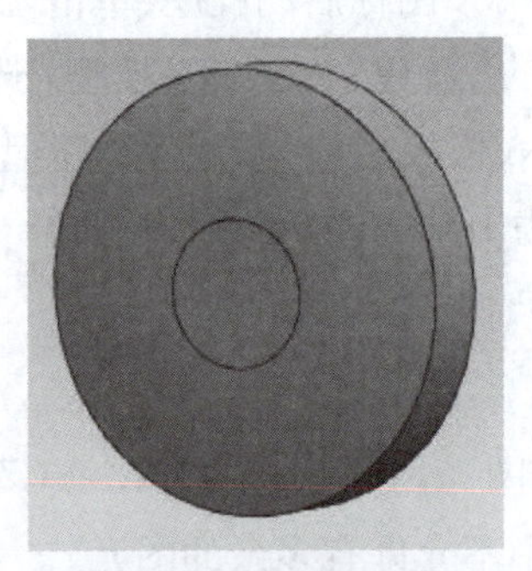
图 1-4-6　旋钮盖主体

相关知识

图层——功能详解

图层操作可以使用户在不同图层上创建数据，可控制部件中对象的可见性和可选择性。图层为组织数据提供了显示管理的备选方法。图层把各种类型的数据分类管理，大大加快了查找、隐藏、显示的速度。图层操作分为：图层设置、图层在视图中可见、移动到图层、图层类别、复制到图层，如图 1-4-7 所示。

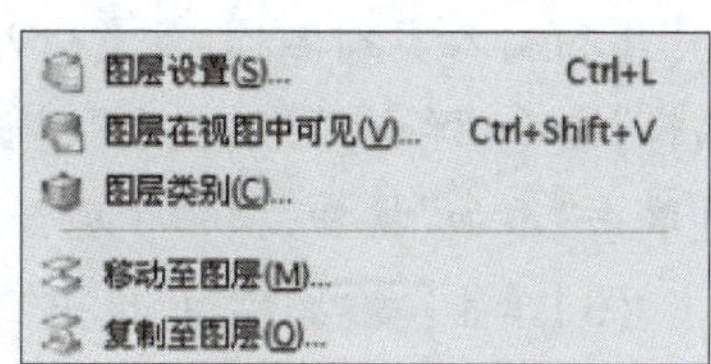

图 1-4-7　图层操作

“图层设置”：一个部件最多可包含 256 个不同的图层。一个图层可以包含部件中的所有对象，或者对象可分布在部件中的任意或所有图层上。图层上对象的数目只受部件中所允许的最大对象数目的限制。单击“菜单”→“格式”→“图层设置”命令，弹出“图层设置”对话框，如图 1-4-8 所示。各参数含义如下：

(1)“查找来自对象的图层”：查找相关对象放置的图层数，单个对象的图层数是唯一的。

(2)“工作图层”：创建的几何体、标示、尺寸等图层。工作图层是唯一的，可以是 1 ~256 其中的任意一个。设置方法是在工作图层文本框中输入图层数。

(3)“仅可见”：不隐藏某个图层，只可见，但不能被编辑。

(4)“显示前全部适合”：设置好图层之后，绘图区将以适合的窗口显示全部的对象。

(5)“类别显示”：“图层”选项卡可以以类别的形式显示类别列表，如图 1-4-9 所示。

可见性或仅可见性操作：单击图层名称或“可见性”的复选框，即可完成操作。

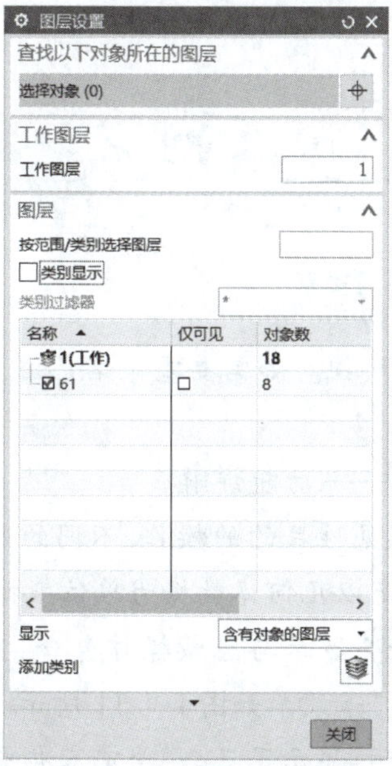

图 1-4-8　“图层设置”对话框

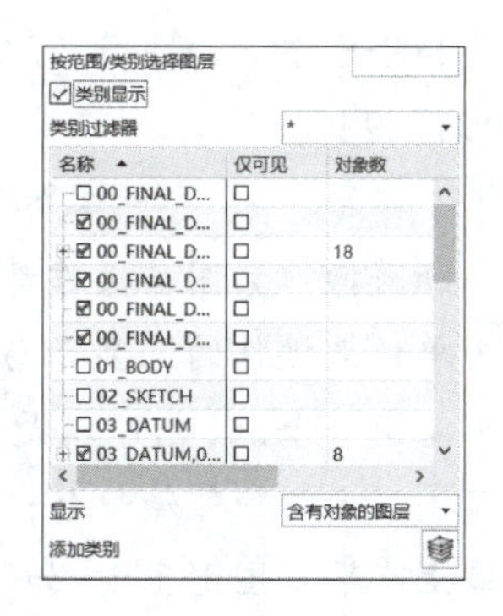

图 1-4-9　类别显示

“图层类别”:图层类别命令的作用是把多个图层分组管理,方便查找。例如 1 ~5(层)可以作为实体图层,21 ~24(层)可作为草图图层等。其中 UG NX 软件默认的类别有:曲线、基准平面等。一个类别可以是一个图层,也可以是多个图层。图层的一般创建操作如下:

(1)单击“菜单”→“格式”→“图层类别”命令,弹出“图层类别”对话框。

(2)输入类别名称,注意输入的是英文或数字,比如“FZX”。单击菜单栏中的“创建/编辑”命令,弹出“图层类别”对话框。单击所需要归类的图层(按住【Shift】键可多选),再单击“添加”按钮,操作步骤如图 1-4-10 所示。

(3)单击 确定 按钮,退出“图层类别”对话框。

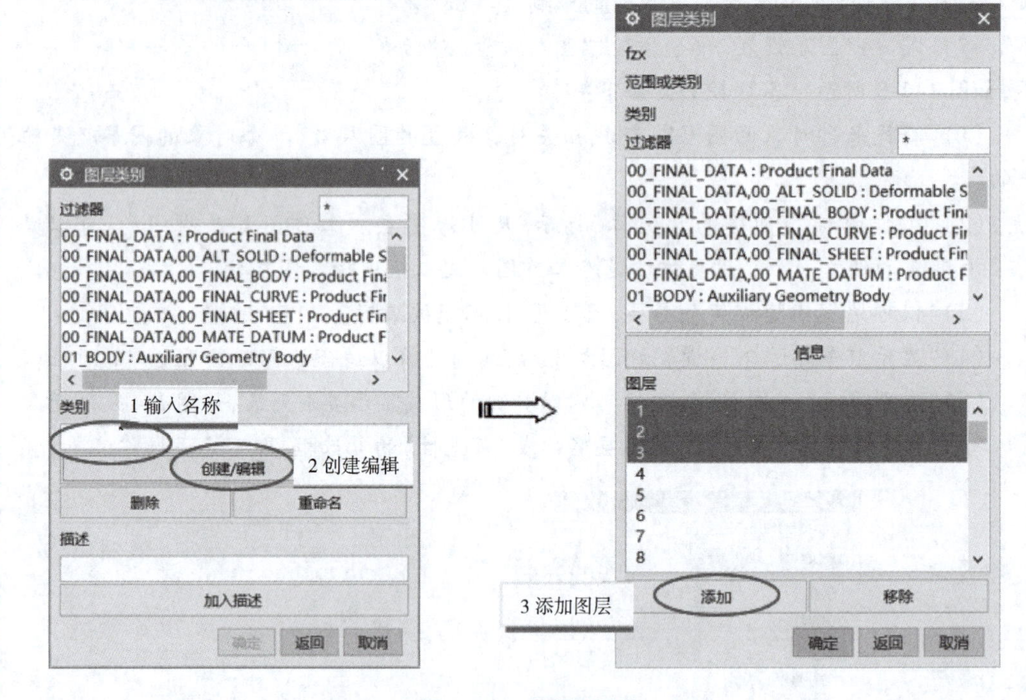

图 1-4-10　图层类别

如需要移除已添加的图层,可单击“移除”按钮。如需要重命名已添加的图层,可以单击“重命名”按钮。

对象的隐藏与显示——功能详解

显示与隐藏操作和图层操作都是为达到可见性目的的操作,不同的是,“图层”命令是以图层为单位来操作的,“显示与隐藏”命令是以几何体数据为单位来操作的。几何体数据对象可以是一个点,也可以是多个实体等。显示与隐藏操作包含:显示与隐藏、隐藏、显示、颠倒显示与隐藏等命令;“显示和隐藏”子菜单如图 1-4-11 所示。

当屏幕上有很多图形元素,如图 1-4-12 所示,显示了三个“固定基准平面”,但这些基准平面又可以删除时,可通过隐藏功能来将其隐藏。

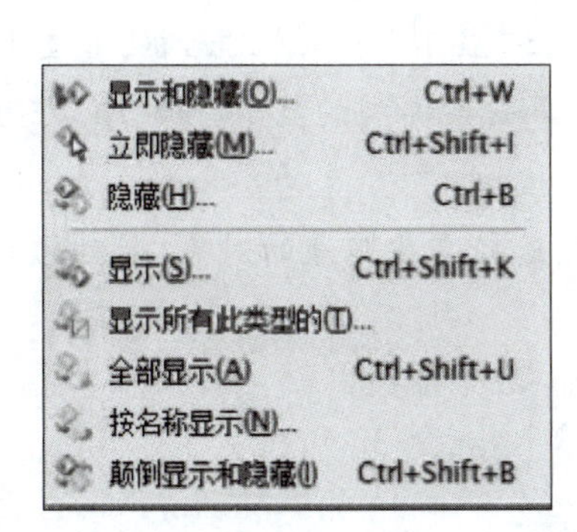

图 1-4-11　“显示和隐藏”子菜单

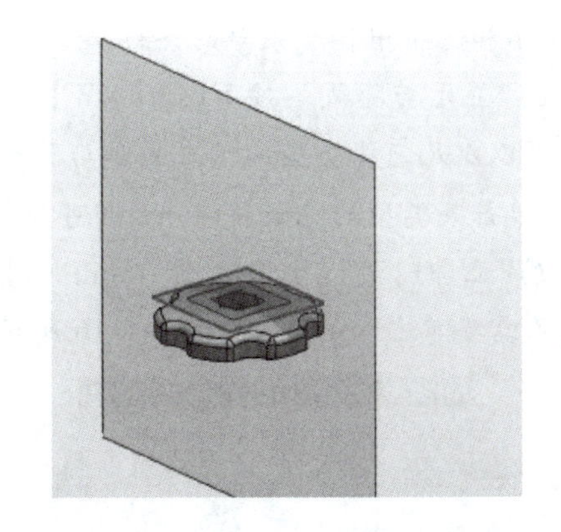
图 1-4-12　显示了三个“固定基准平面”

操作的具体步骤：

(1)单击“菜单”→“编辑”→“显示和隐藏”→“隐藏”，弹出“类选择”对话框，如图 1-4-13 所示。

(2)单击要隐藏的图素(三个固定基准平面)。

(3)单击 确定 按钮，这时三个“固定基准平面”就隐藏了(即可完成三个固定基准平面的隐藏)如图 1-4-14 所示。

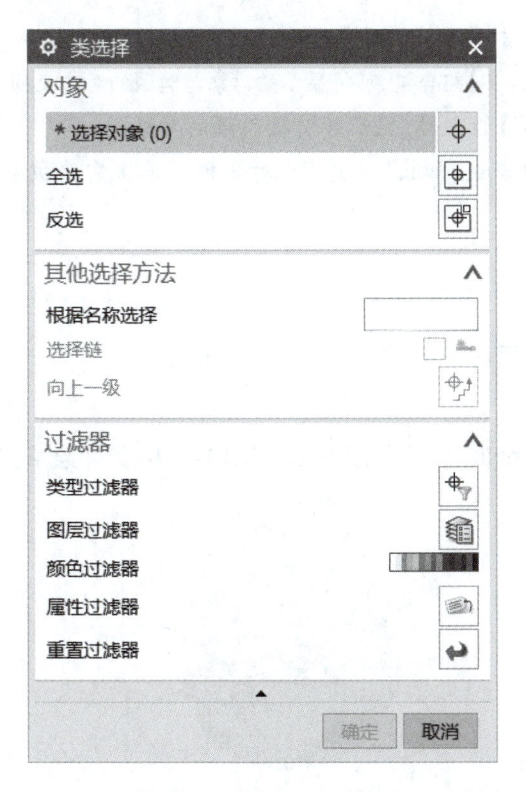

图 1-4-13　“类选择”对话框

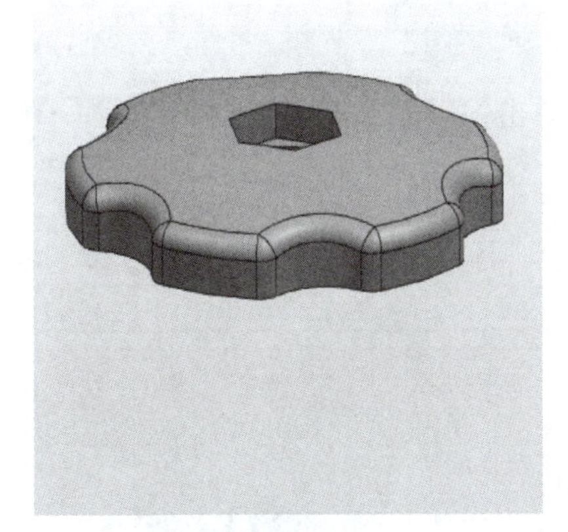
图 1-4-14　隐藏“固定基准平面”

显示和隐藏中各子菜单的详解：

（1）“显示与隐藏”：按下【Ctrl + W】组合键，弹出“显示与隐藏”对话框，如图 1-4-15 所示，可以以几何体类型的形式显示与隐藏对象。单击某类型的显示符号 ➕，即可显示对象。单击某类型的隐藏符号 ➖，即可隐藏对象。

（2）“立即隐藏”：按下【Ctrl + Shift + I】组合键，选择需要隐藏的对象，则对象马上被隐藏，不需要单击“确定”，如图 1-4-16 所示。

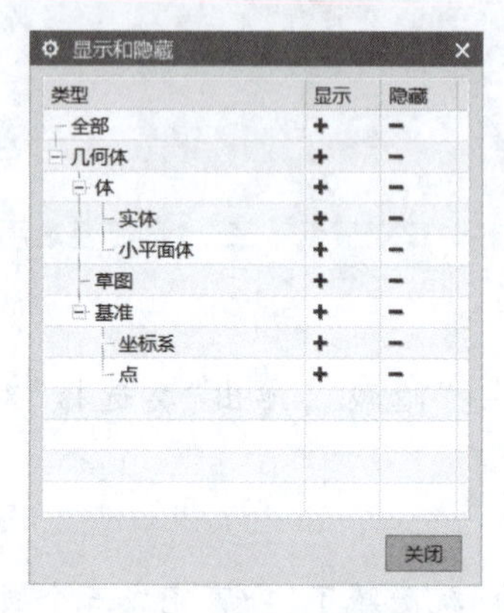

图 1-4-15 “显示和隐藏”对话框

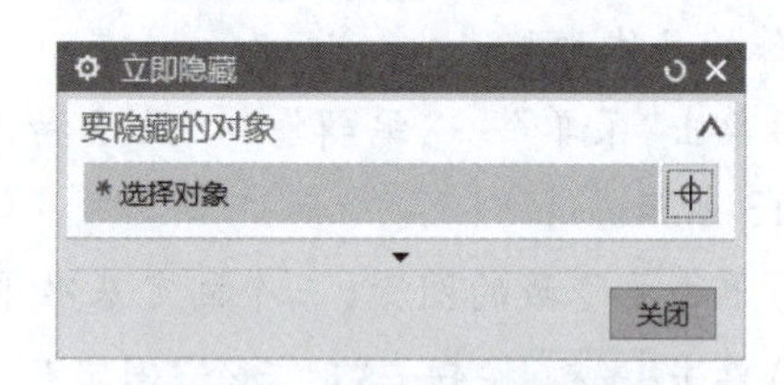

图 1-4-16 “立即隐藏”对话框

（3）“隐藏”：按下【Ctrl + B】组合键，单击要隐藏的对象，单击“确定”后对象被“隐藏”。

（4）“颠倒显示与隐藏”：按下【Ctrl + Shift + B】组合键，可将显示的对象与隐藏的对象交换。

（5）“全部显示”：按下【Ctrl + Shift + U】组合键，显示所有被隐藏的对象。

（6）“显示”：按下【Ctrl + Shift + K】组合键，弹出“类选择”对话框。单击需要被显示的对象就可以显示已经隐藏的对象。

2. 创建 *R*9 的圆周凹圆弧

在主体上创建 *R*9 的圆周凹圆弧，完成后的三维模型如图 1-4-17 所示。

步骤 1 绘草图 2。

单击“草图”按钮，选择“XC-YC 平面”作为草图平面，按图 1-4-18 尺寸绘草图 2。

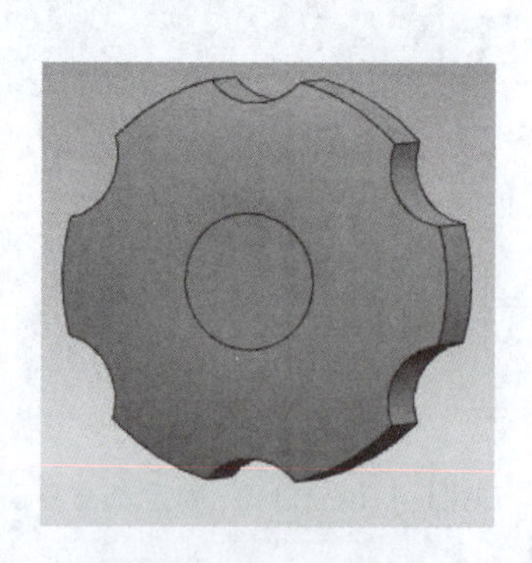

图 1-4-17 圆周凹圆弧

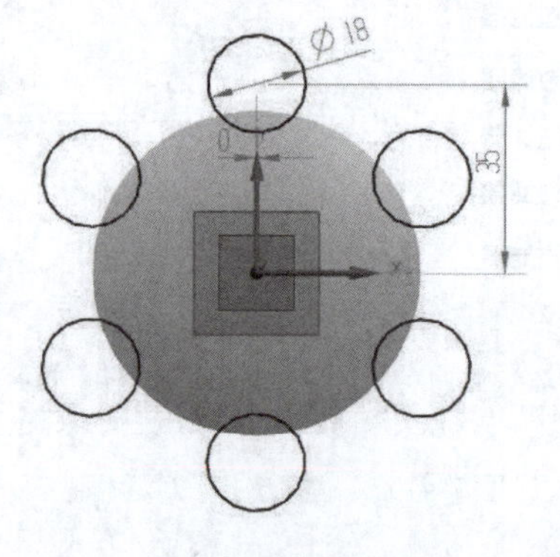

图 1-4-18 草图 2

步骤2　拉伸。

单击“菜单”→“插入”→“设计特征”→“拉伸”，或单击“特征”工具栏“拉伸”工具按钮，弹出“拉伸”对话框，具体操作如下：

(1)选择步骤1所绘制的草图曲线为拉伸截面。

(2)在“限制”面板中输入起始距离“0”，结束距离“30”。

(3)在“布尔”面板下拉列表中选择 求差，单击 <确定> 按钮，即可完成 *R*9 圆周凹圆弧的创建，如图1-4-19所示。

3. 创建凹六角和 ϕ10 通孔

创建正六边形和通孔，完成后的三维模型如图1-4-20所示。

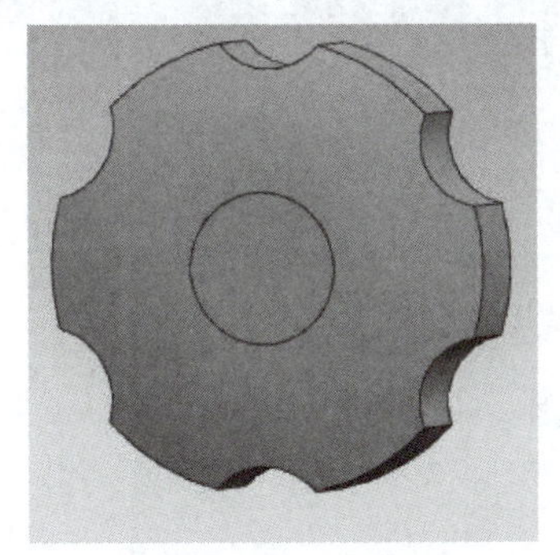

图1-4-19　圆周凹圆弧

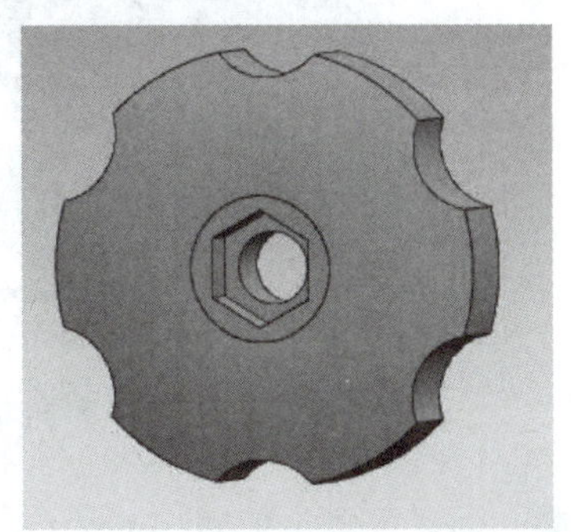

图1-4-20　正六边形和 ϕ10 通孔

步骤1　绘草图3。

单击“草图”按钮，选择“XC-YC”平面作为草图平面，按图1-4-21尺寸绘草图3。

步骤2　创建直径 ϕ10 的通孔。

单击“菜单”→“插入”→“设计特征”→“拉伸”，或单击按钮，弹出“拉伸”对话框，具体操作如下：

(1)选择步骤1所绘制的草图曲线为拉伸截面。

(2)在“限制”面板中输入起始距离“0”，结束为“贯通”。

(3)在“布尔”面板下拉列表中选择 求差，单击 <确定> 按钮，即可完成 ϕ10 通孔的创建，如图1-4-22所示。

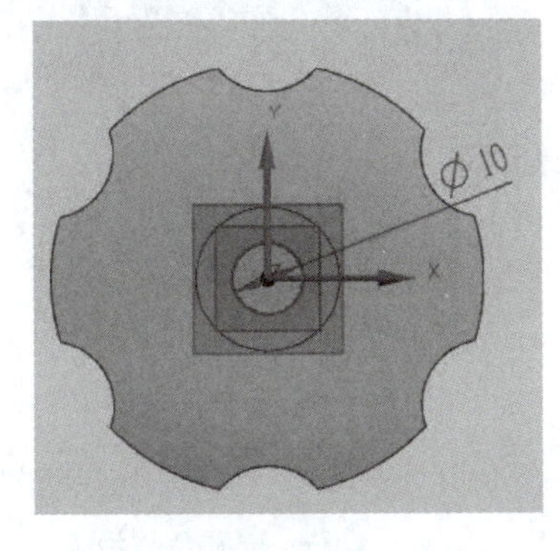

图1-4-21　草图3

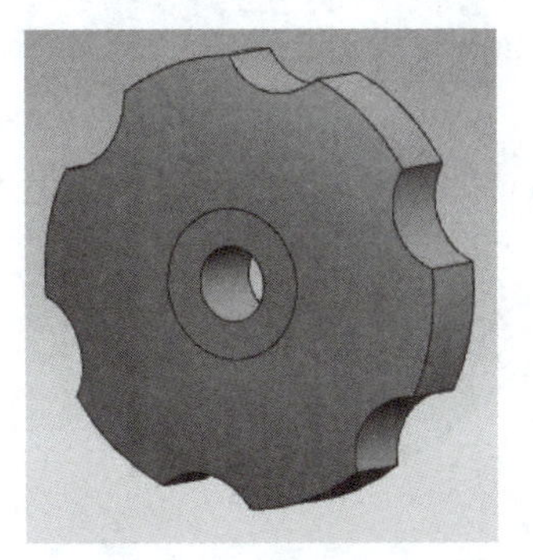

图1-4-22　ϕ10 通孔的创建

步骤 3　绘制草图 4。

单击“草图”按钮，选择“XC-YC”平面作为草图平面，按图 1-4-23 尺寸绘草图 4 内切圆直径为 ϕ14 的正六边形。

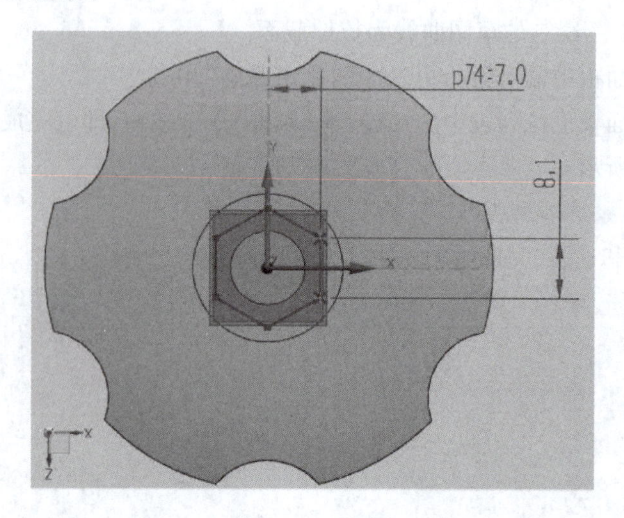

图 1-4-23　草图 4

步骤 4　创建正六边形凹型腔体。

点击“菜单”→“插入”→“设计特征”→“拉伸”，或单击按钮，弹出“拉伸”对话框，具体操作如下：

(1)选择步骤 3 所绘制的草图曲线为拉伸截面。

(2)在“限制”面板中输入起始距离“0”，结束距离“5”。

(3)在“布尔”面板下拉列表中选择 求差，单击<确定>按钮，即可完成正六边形腔体的创建，如图 1-4-24 所示。

4. 倒圆角、抽壳

对三维模型倒圆角抽壳，完成后的主体如图 1-4-25 所示。

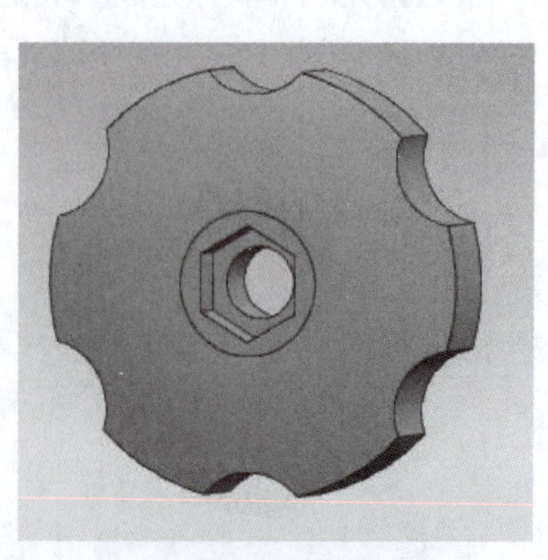

图 1-4-24　正六边形腔体

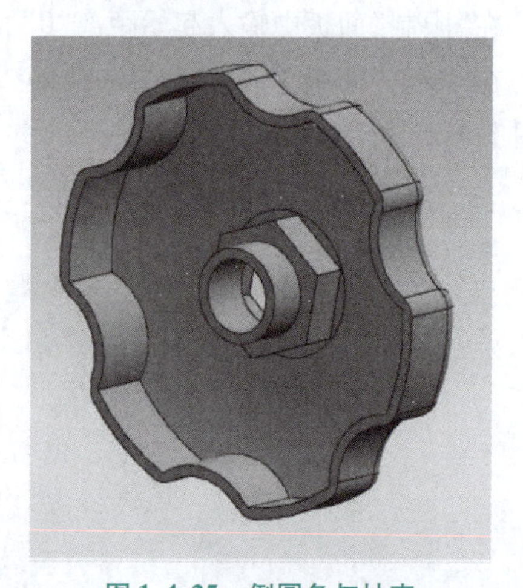

图 1-4-25　倒圆角与抽壳

步骤 1　倒圆角。

单击“菜单”→“插入”→“细节特征”→“倒圆角”，或单击工具按钮，弹出“边倒圆”对话框。

(1)“输入半径”：“3”，选择图 1-4-26 所示各边。

(2)单击 应用 → 取消，即可完成边倒圆。

步骤 2　创建壳体。

单击“菜单”→“插入”→“偏置/缩放”→“抽壳”，或单击按钮，弹出“抽壳”对话框，如图 1-4-27 所示，具体操作如下：

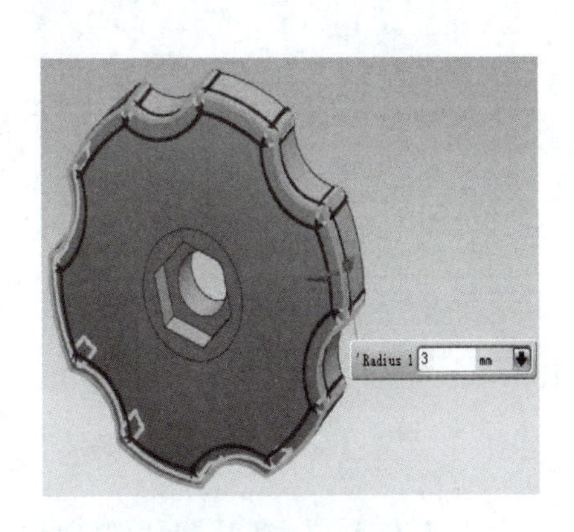

图 1-4-26　边倒圆

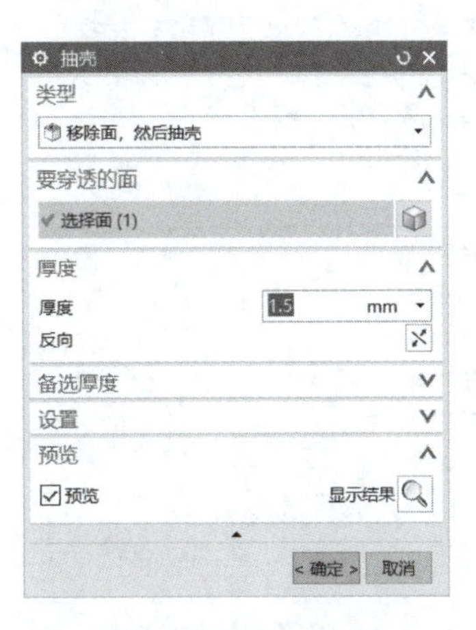

图 1-4-27　“抽壳”对话框(1)

(1)在“厚度”面板中输入壳厚度“1.5”。

(2)选择下底面为要移除的面，如图 1-4-28 所示。

(3)单击 < 确定 > 按钮，即可完成壳体的创建。最终完成的旋钮盖建模，如图 1-4-29 所示。

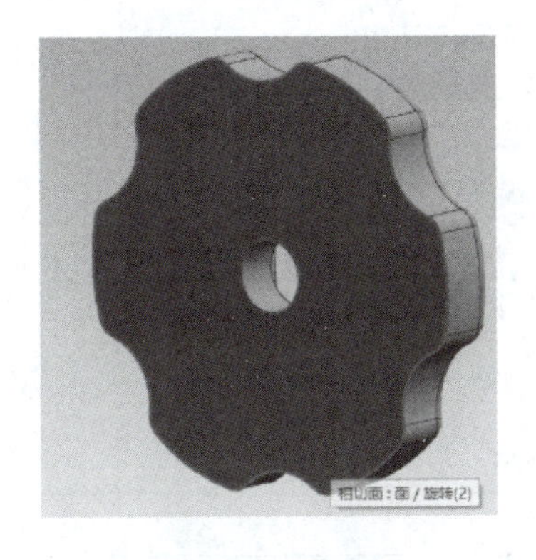

图 1-4-28　抽壳

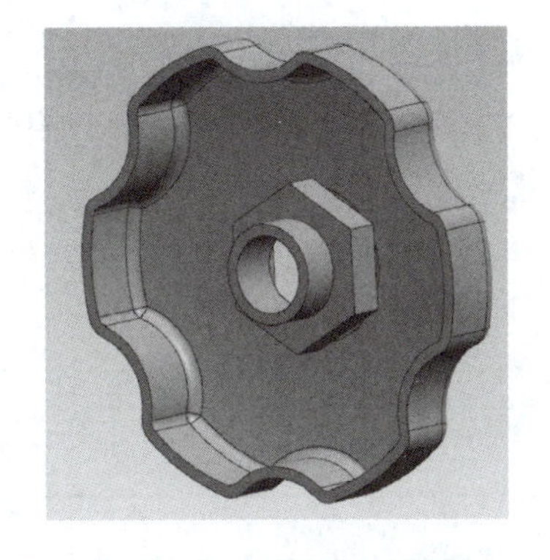

图 1-4-29　完成后的旋钮盖

5. 设计外观造型

旋钮盖建模完成后，可通过“对象显示”命令修改几何体外观，具体操作如下：

(1)单击“菜单”→“编辑”→“对象显示”，弹出“类选择”对话框，如图 1-4-30 所示。

(2)选取旋钮盖,单击 确定 按钮。

(3)弹出“编辑对象显示”对话框,如图 1-4-31 所示。

(4)单击“颜色”面板颜色块,弹出“颜色”对话框如图 1-4-32 所示,在该对话框中选择洋红(ID 值为 181)。

(5)单击 确定 按钮,即可完成外观造型的设计。

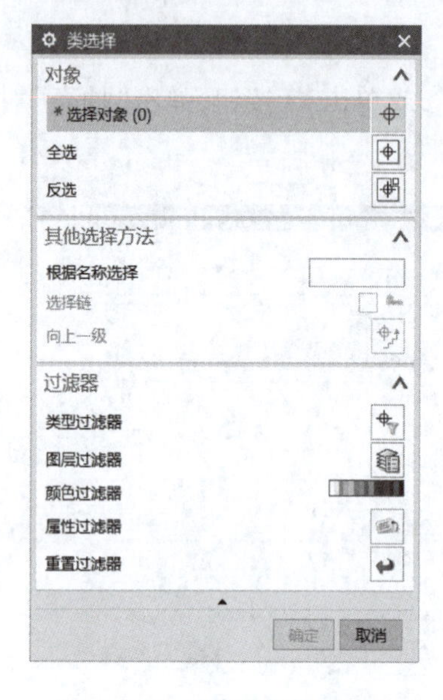

图 1-4-30 “类选择”对话框

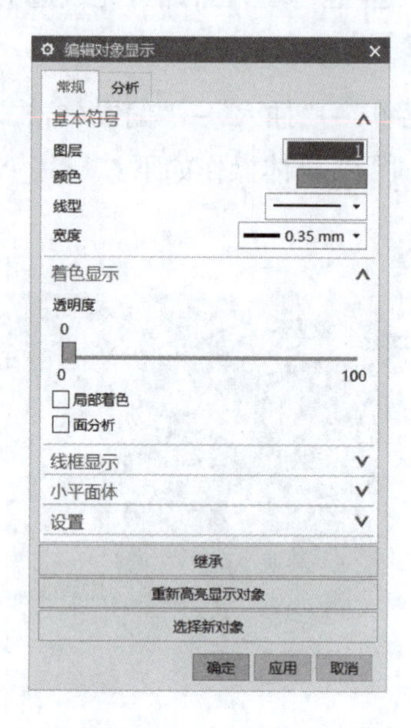

图 1-4-31 “编辑对象显示”对话框

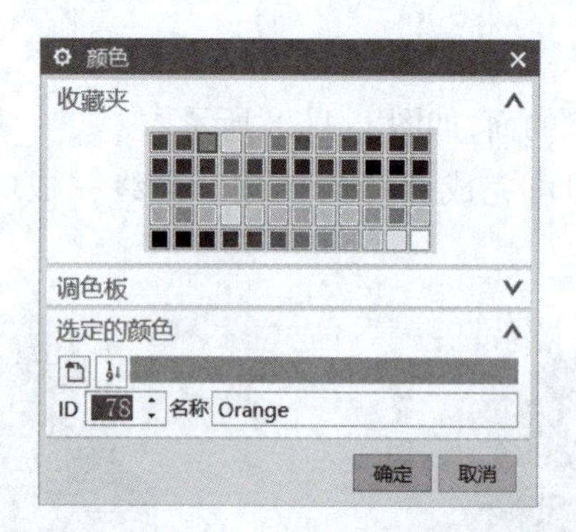

图 1-4-32 “颜色”对话框

相关知识

抽壳——功能详解

抽壳是指按指定厚度将一个实体变成一个薄壳体类零件，如图 1-4-33 所示。

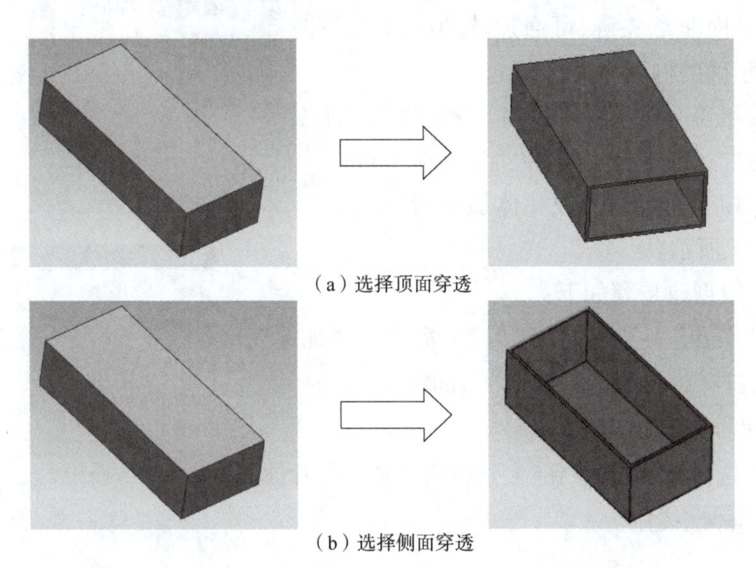

（a）选择顶面穿透

（b）选择侧面穿透

图 1-4-33 抽壳

单击按钮，弹出“抽壳”对话框，如图 1-4-34 所示，对话框中各选项的功能介绍如下：

图 1-4-34 “抽壳”对话框(2)

1. 类型

(1)“移除面，然后抽壳”：指定在执行抽壳操作之前移除要抽壳的某些面。

(2)“抽壳所有面”：对选择的实体进行抽壳。操作时只需要选择需要抽壳的实体即可，抽壳后的实体内部被挖空。

2. 厚度

(1)“厚度”：在“厚度”面板中输入需要抽壳的厚度值。

(2)“反向”：单击该按钮，可以切换抽壳的方向，使抽壳后的实体在原有实体的外表面朝外长出材料。

(3)“备选厚度”：当用户在抽壳操作中需要设置不同抽壳壁厚时，可以单击“选择面”面板按钮，然后选择需要设置不同厚度的曲面即可。

知识拓展

本项目建模主要采用“组合体”和“切割体”的方法来进行，即通过“求差”或“求和”来建模；建模时，选择构图平面非常关键，可通过转动图形来观察，确保选择正确的构图平面。

本项目旋钮盖的建模还可以由片体（曲面）加厚与修剪体的方式来进行。使用“加厚”命令可以将一个或多个相互连接的面或片体加厚为一个实体，如图 1-4-35 所示。

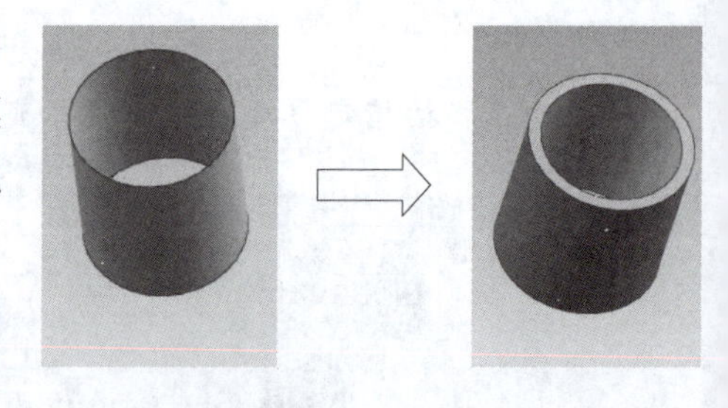

图 1-4-35　片体加厚

扫掠的一般创建步骤如下：

（1）单击“菜单”→“插入”→“偏置/缩放”→“加厚”，或单击工具按钮弹出“加厚”对话框，如图 1-4-36 所示。

（2）在厚度面板输入偏置值。

（3）单击“选择面”面板按钮，选择需要加厚的片体。

（4）单击确定按钮。

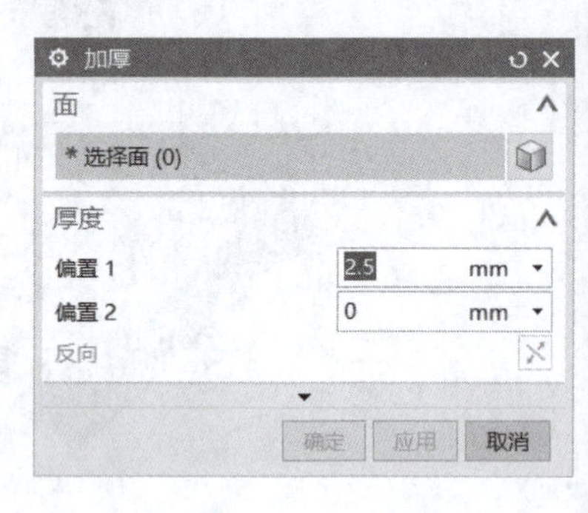

图 1-4-36　“加厚”对话框

拓展练习

1. 运用“拉伸”“抽壳”“倒角”特征等命令进行建模，具体尺寸如图 1-4-37 所示。

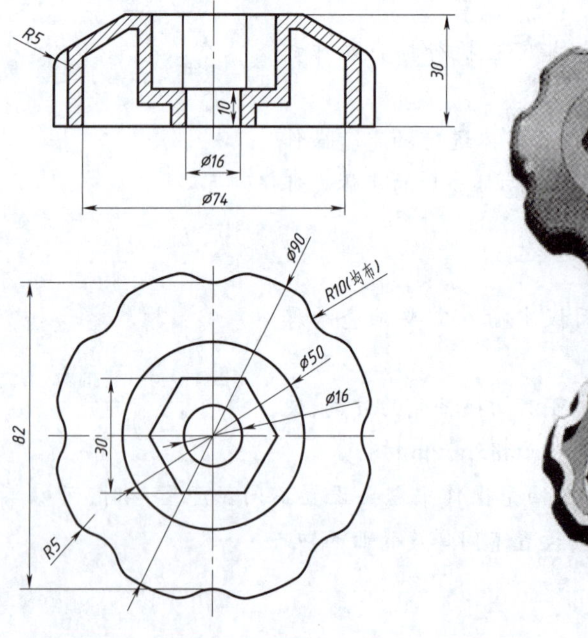

图　1-4-37

2. 运用“旋转”“拉伸”“抽壳”“倒角”等特征命令进行建模,具体尺寸如图 1-4-38 所示。

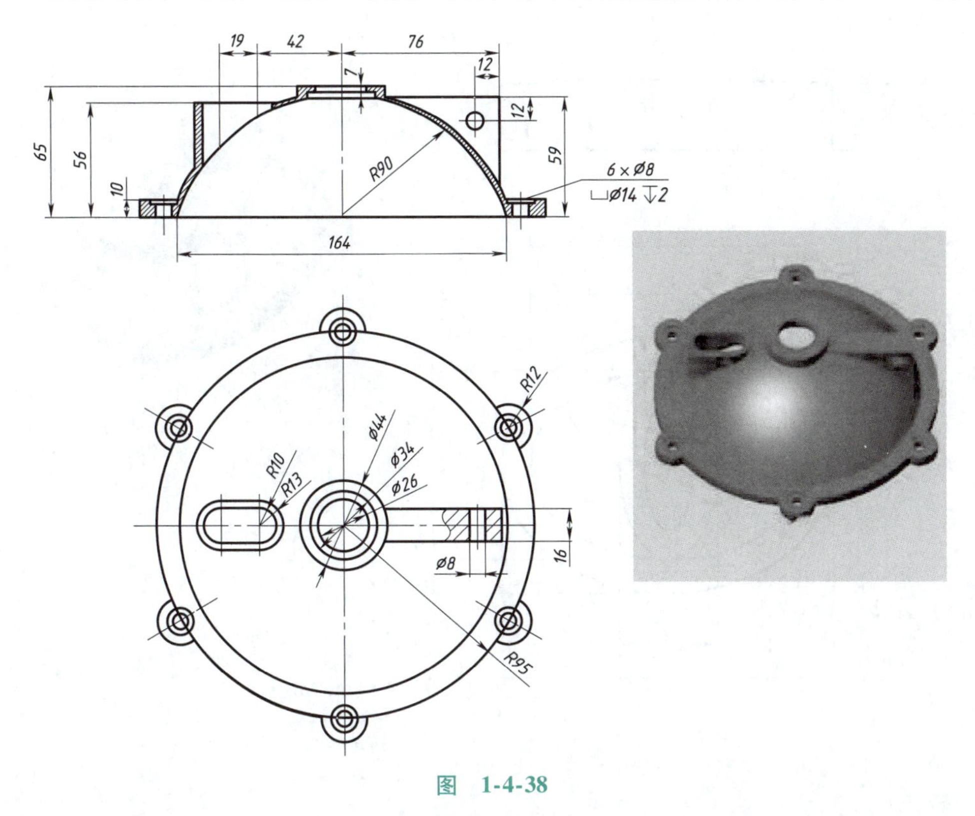

图　1-4-38

3. 运用“旋转”“拉伸”“抽壳”“倒角”等特征命令进行实体建模,具体尺寸如图 1-4-39 所示。

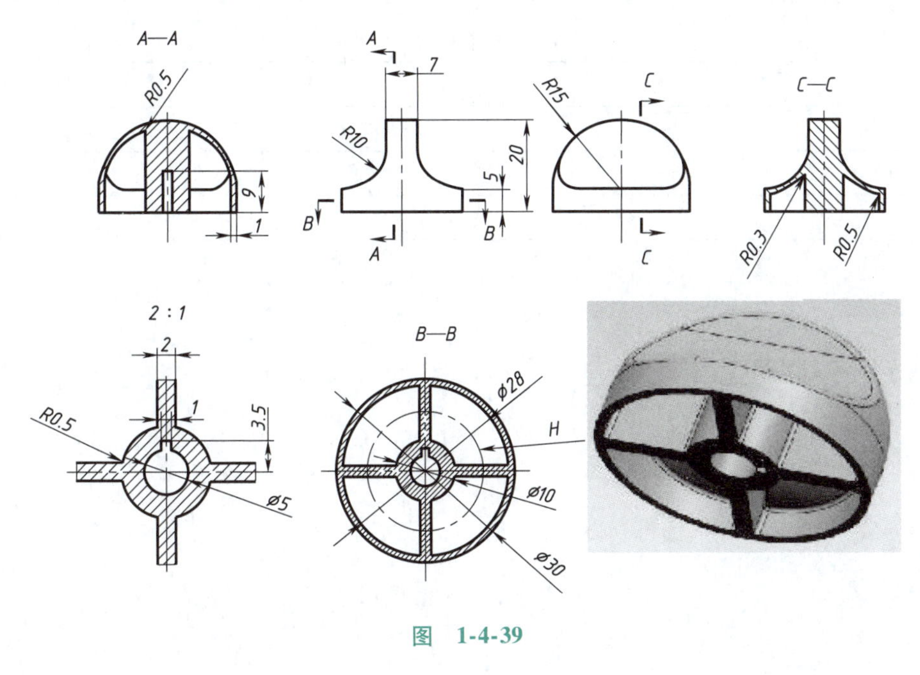

图　1-4-39

4. 运用“旋转”“拉伸”“抽壳”“倒角”等特征功能进行实体建模，具体尺寸如图 1-4-40 所示。

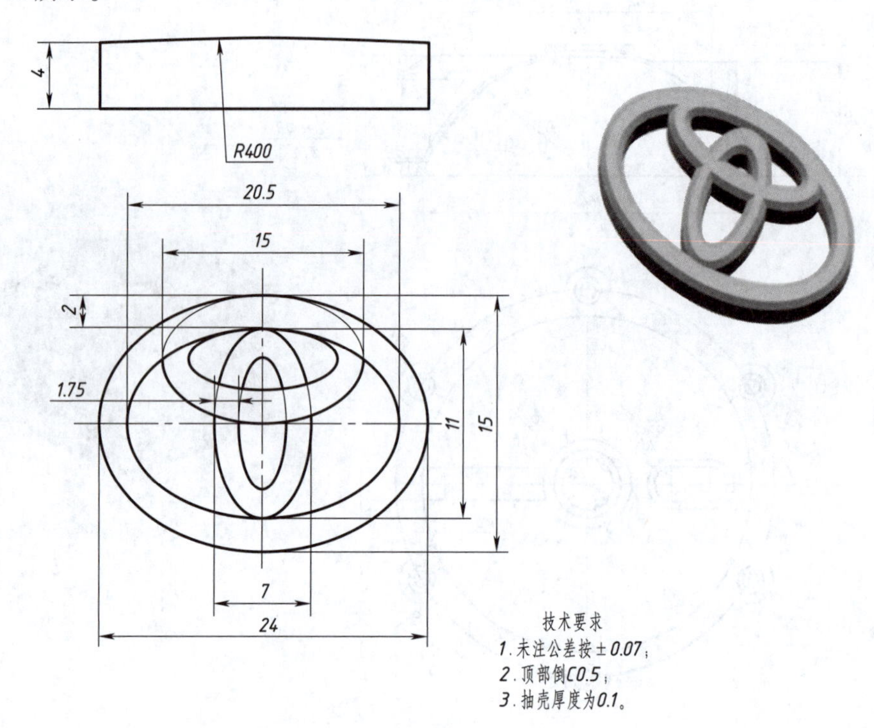

图　1-4-40

学习心得

项目五　箱体叉架类零件——台虎钳钳座建模

学习目标

知识目标

(1)掌握布尔运算实体组合方法。
(2)掌握腔体特征工具的使用方法。
(3)掌握螺纹、边倒圆等细节特征工具使用方法。
(4)理解镜像特征的步骤原理。

台虎钳钳座建模

能力目标

(1)熟练运用草图工具绘制截面。
(2)能够运用长方体、垫块特征工具建模。
(3)能够根据机械设计的需要修正模型。
(4)能正确运用镜像特征工具创建特征。

素质目标

(1)培养认真细致、勇于探索的职业素养。
(2)培养爱国敬业、勤奋进取的爱国主义情操。
(3)通过建模实操,培养学生分析问题、解决问题的能力。
(4)倡导互学互助,培养学生团结协作、互相关心、互相帮助的良好品质。

工作任务

创建箱体叉架类零件——台虎钳钳座,如图 1-5-1 所示。

项目分析

台虎钳钳座由主体腔体、耳座、孔、螺纹及沟槽组成,因此创建此台虎钳钳座可分五步:①创建主体;②创建腔体;③创建耳座;④创建孔、螺纹;⑤创建沟槽。

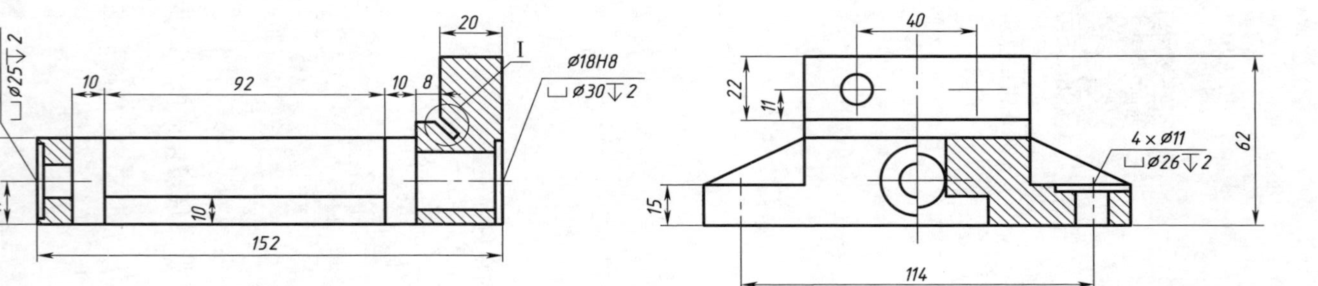

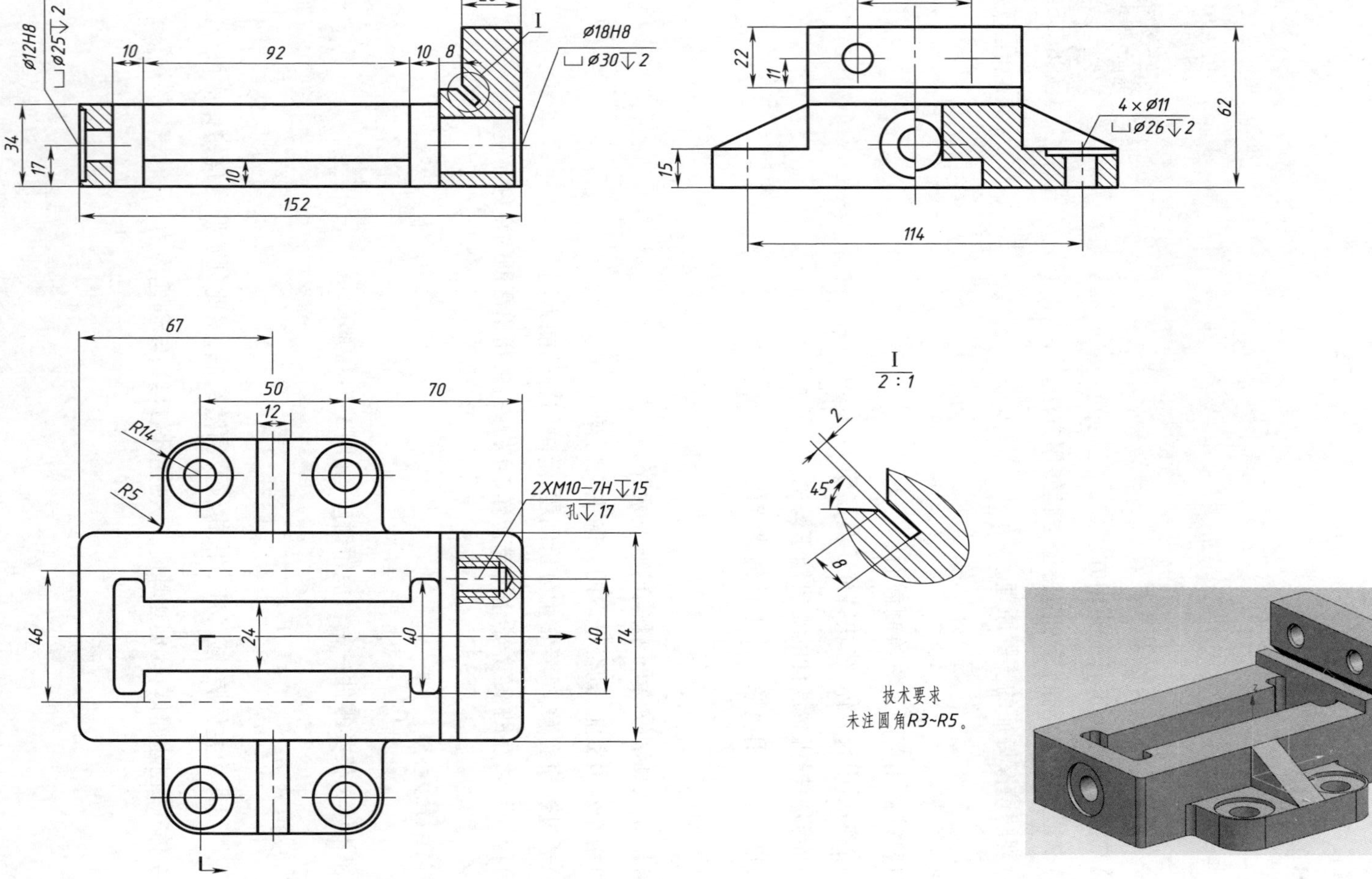
Ø12H8
⌴Ø25↧2
Ø18H8
⌴Ø30↧2
4×Ø11
⌴Ø26↧2
2XM10-7H↧15
孔↧17
R14
R5
I
2:1
技术要求
未注圆角R3~R5。

图 1-5-1 台虎钳钳座

项目分解

名称	内 容	采用的工具和命令	创建流程	其他工具和命令
1	创建主体	块,垫块	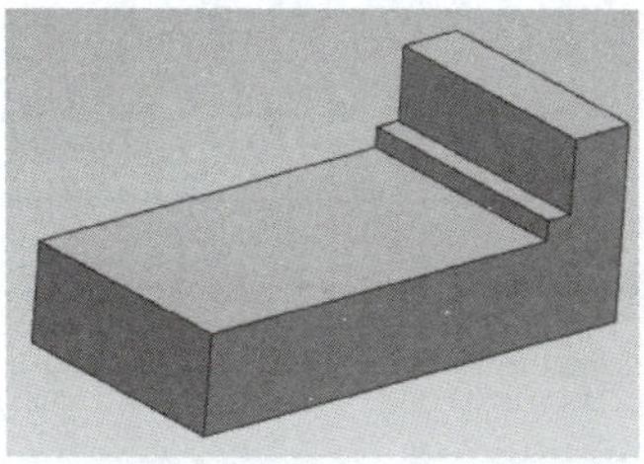	草图,拉伸
2	创建腔体	草图,拉伸,布尔运算(求差),腔体	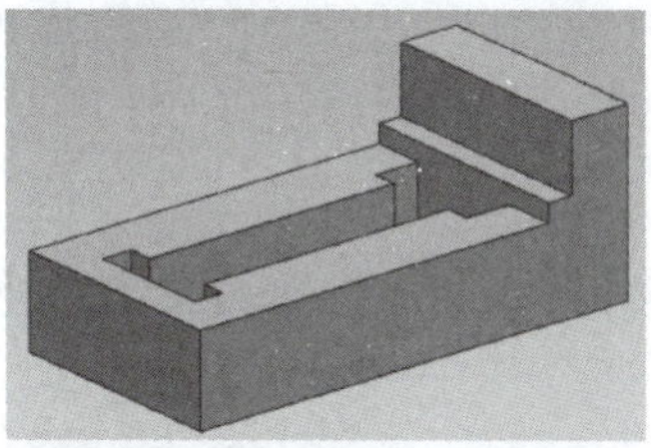 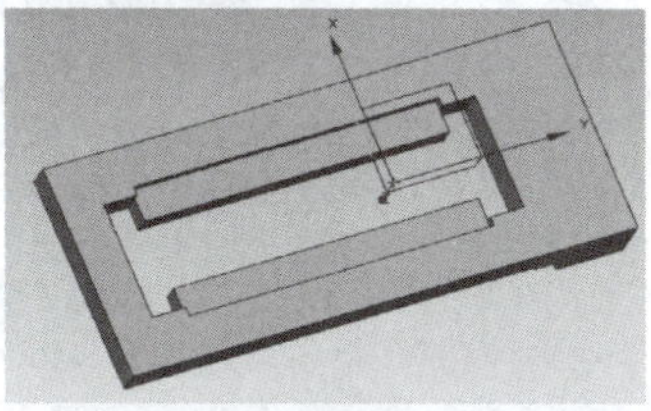	草图,拉伸,求差
3	创建耳座	草图,拉伸,镜像体,孔布尔运算(求和)	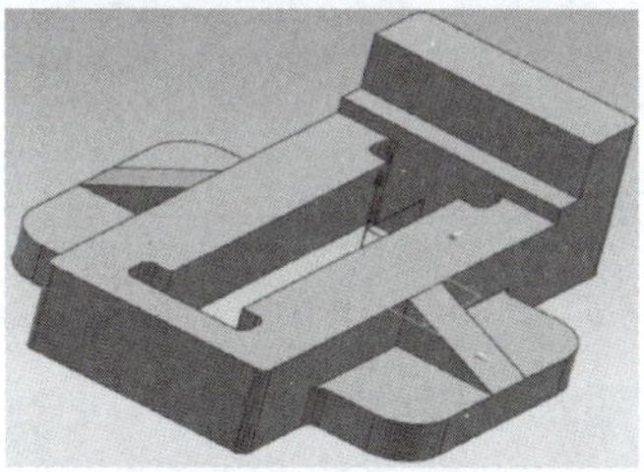	
4	创建孔、螺纹	孔,螺纹,镜像特征	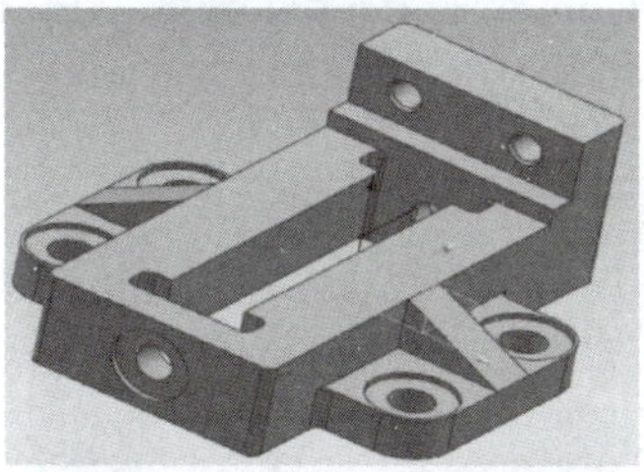	
5	创建沟槽	草图,拉伸,求差	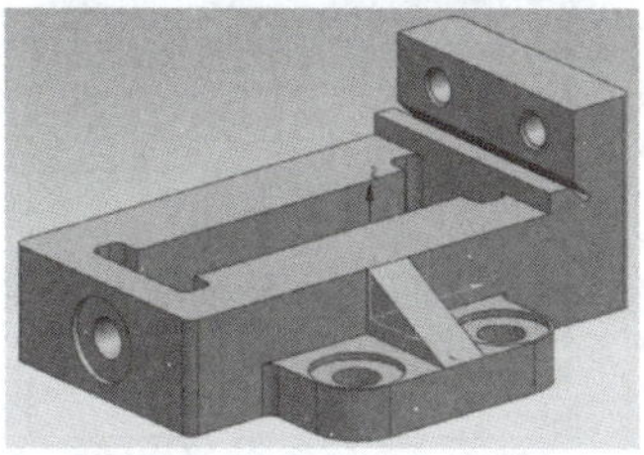	

想一想：这个建模流程你有没有更好的建议，有的话请写下来分享经验。有其他的建模方法的话，请在下方填写。

还可以这么做：

____

____

____

____

____

项目实施

1. 创建主体

创建由长方体和两个凸垫构成的主体，如图 1-5-2 所示。

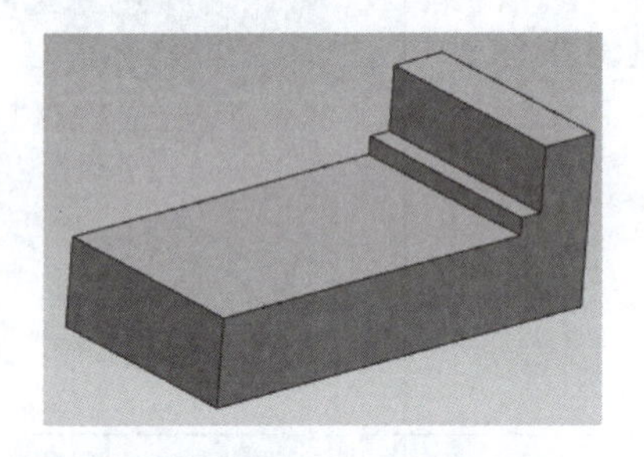

图 1-5-2　底座

步骤 1　启动 UG NX 软件。

新建一个名称为“qianzuo”的部件文件，选择保存文件路径，进入建模模块。

步骤 2　创建长方体。

单击“菜单”→“插入”→“设计特征”→“长方体”，如图 1-5-3 所示，弹出“块”对话框中，如图 1-5-4 所示，具体操作如下：

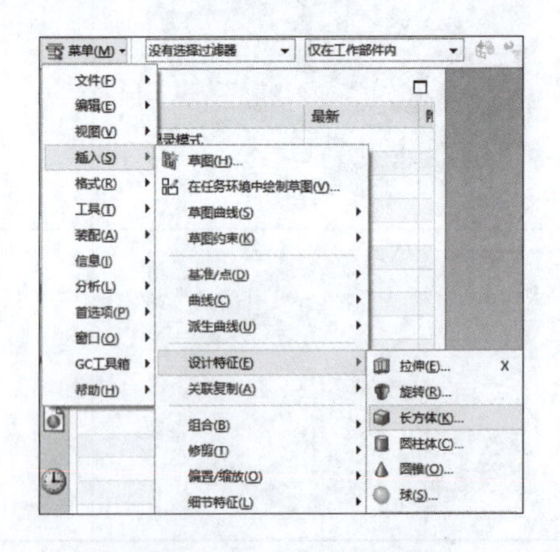

图 1-5-3　“插入”菜单

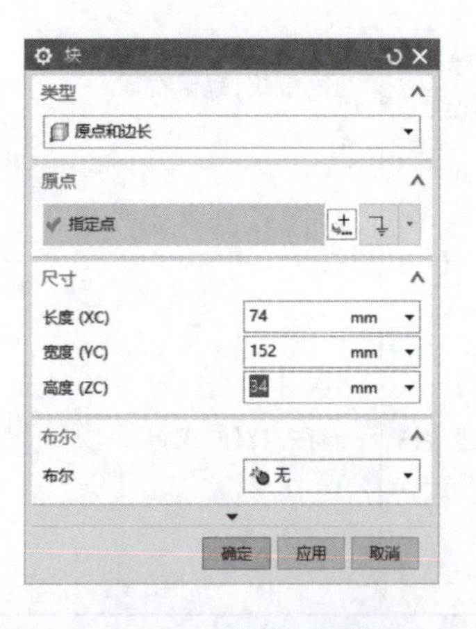

图 1-5-4　“块”对话框

（1）在“尺寸”面板中分别输入“XC”（长度）：“74”，“YC”（宽度）：“152”，“ZC”（高度）：“34”。

（2）单击“原点”面板按钮，弹出“点”对话框，如图 1-5-5 所示，在坐标面板中分别输入“XC”：“－74/2”，“YC”：“－152/2”，“ZC”：“0”。

（3）单击确定按钮，系统自动返回“块”对话框，单击确定按钮，即可完成长方体的创建，如图 1-5-6 所示。

图 1-5-5　“点”对话框

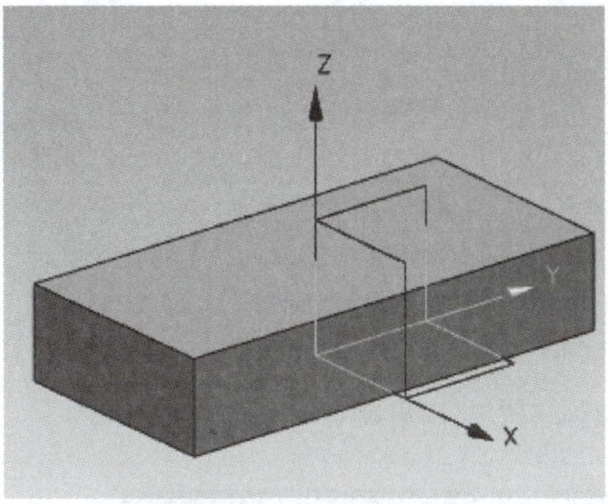

图 1-5-6　长方体建模

步骤 3　创建垫块 1。

单击“菜单”→“插入”→“设计特征”→“垫块”，或单击按钮，弹出“垫块”对话框，如图 1-5-7 所示，具体操作如下：

（1）单击矩形按钮。

（2）弹出“矩形垫块”对话框 1，如图 1-5-8 所示，选择步骤 2 创建的长方体的上表面作为放置面。

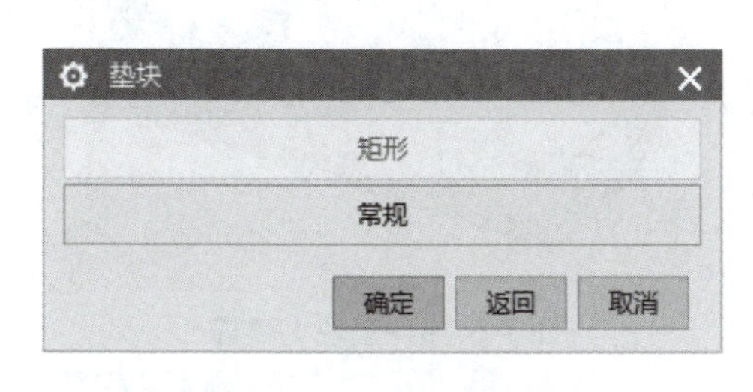

图 1-5-7　“垫块”对话框

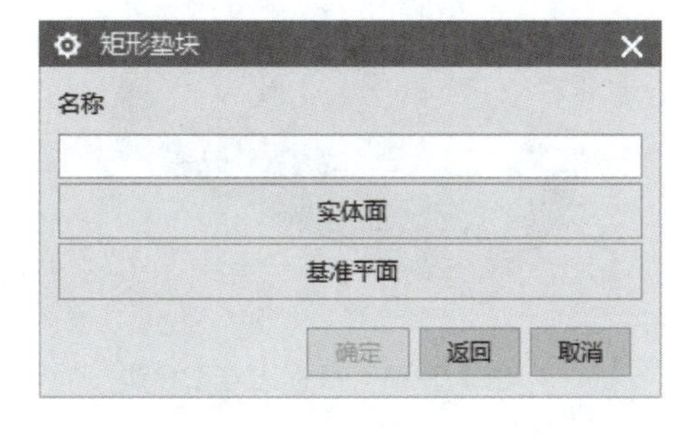

图 1-5-8　“矩形垫块”对话框 1

（3）弹出“水平参考”对话框，如图 1-5-9 所示，单击基准轴按钮。

（4）弹出“选择对象”对话框，如图 1-5-10 所示，选择“XC 轴”为基准轴。

（5）弹出“矩形垫块”对话框 2，如图 1-5-11 所示，输入长度“74”，宽度“20＋8”，高度“6”，单击确定按钮。

(6)弹出“定位”对话框，如图 1-5-12 所示，单击“线落到线上”按钮，先选择目标边 1，再选择工具边 1，如图 1-5-13 所示。

(7)系统自动返回“定位”对话框，再次单击“线落到线上”按钮，先选择目标边 2，再选择工具边 2，如图 1-5-13 所示。

(8)单击 取消 按钮，即可完成垫块 1 的创建。如图 1-5-14 所示。

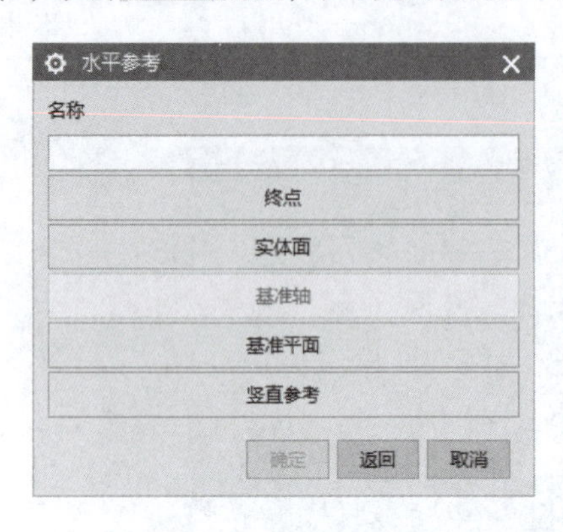

图 1-5-9 “水平参考”对话框

图 1-5-10 “选择对象”对话框

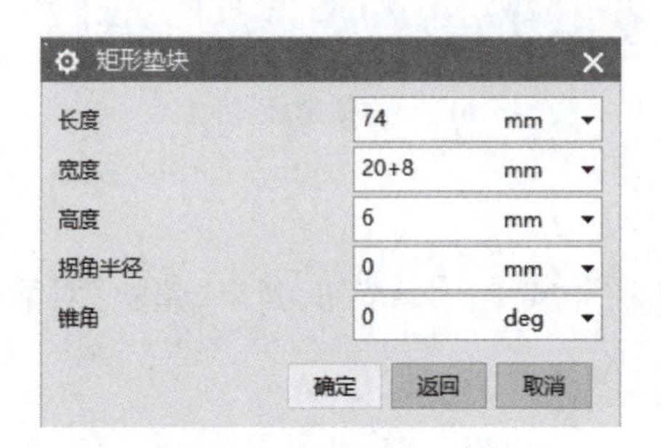

图 1-5-11 “矩形垫块”对话框 2

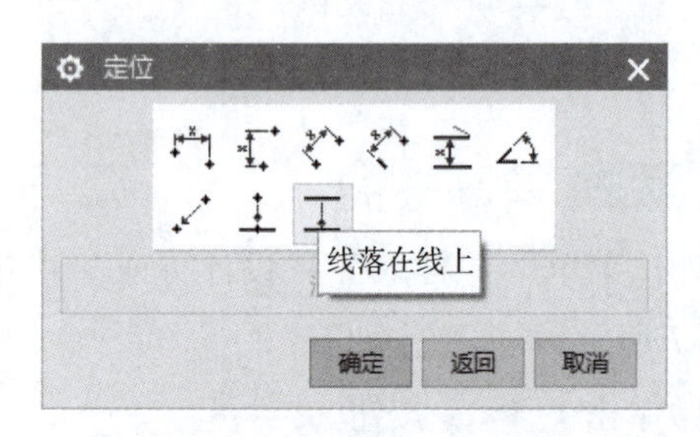

图 1-5-12 “定位”对话框

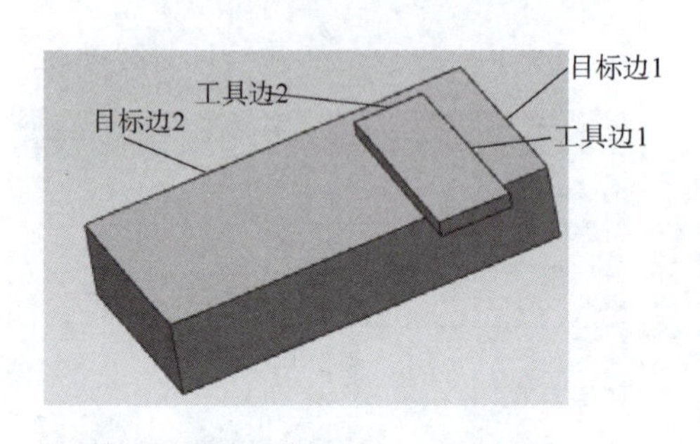

图 1-5-13 目标边与工具边

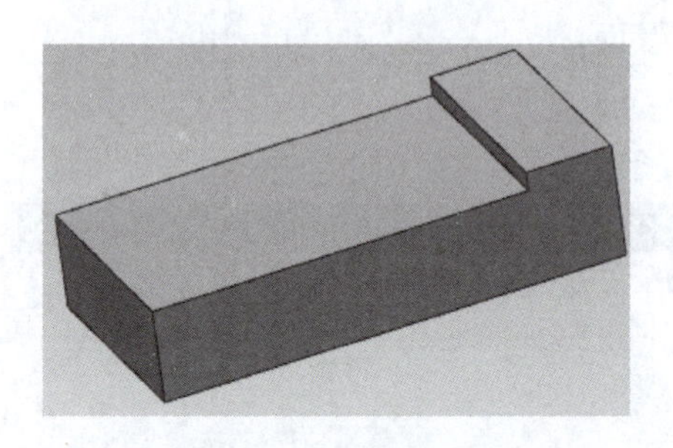

图 1-5-14 垫块 1 建模

步骤 4 创建垫块 2。

重复上述步骤 3，创建垫块 2，其中放置面为垫块 1 上表面，水平参考为“XC 轴”“垫块参数”中输入长度“74”，宽度“20”，高度“22”。创建的垫块如图 1-5-15 所示。

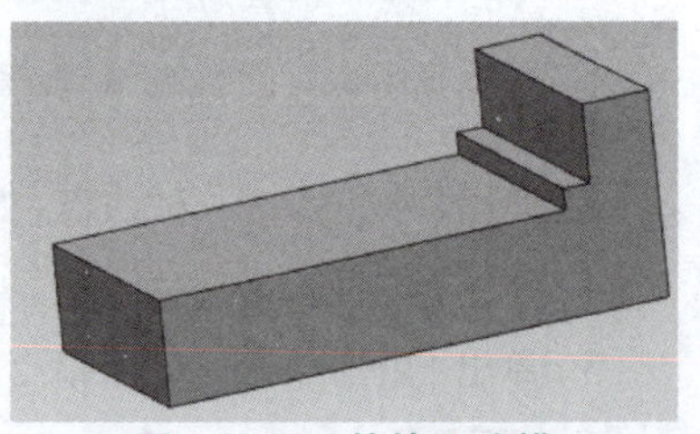

图 1-5-15 垫块 2 建模

相关知识

长方体——功能详解

长方体主要用于创建长方体形式的实例特征，其各边的边长通过给定具体参数来确定。

在长方体对话框中，系统提供了三种长方体创建方式："原点、边长度""两个点、高度""两个对角点"。在""面板下拉列表中选择一种长方体创建方式后，对话框下部的可变显示区域中就会出现相应的长方体设置选项，其中的主要面板选项说明如下：

（1）"原点、边长"：在对话框中输入长方体在"XC""YC""ZC"方向的长度后，再确定长方体的左下角点在空间的位置来创建长方体。

（2）"两个点、高度"：在对话框中输入长方体在"ZC"轴上的高度，再指定其在底面上的两个对角点的位置来创建长方体。

（3）"两个对角点"：通过指定长方体两个对角点的位置来创建长方体。两个对角点连线分别为"XC""YC"和"ZC"的投影，确定了长方体的长度、宽度和高度，也确定了长方体的坐标。

垫块——功能详解

使用垫块可以在一个已存在的实体上建立一矩形或常规垫块。如图 1-5-16 所示 UG NX 系统提供两种类型的垫块：矩形垫块和常规垫块，下面分别介绍。

1）矩形凸垫块

矩形垫块创建的步骤如下：

（1）单击"垫块"，弹出"垫块"对话框，单击 矩形 按钮，弹出"矩形垫块"对话框，选择垫块的放置面。

（2）弹出"水平参考"对话框，选择水平参考。水平参考可以是实体的边、面或基准轴等对象。制定参考方向后，系统会出现一个箭头，即水平参考方向，同时也是矩形腔体的长度方向。

（3）弹出"矩形垫块"对话框，如图 1-5-17 所示。输入腔体参数，长度、宽度、高度、拐角半径和锥角等，单击 确定 按钮。

（4）弹出"定位"对话框，确定放置位置后，单击 确定 按钮。

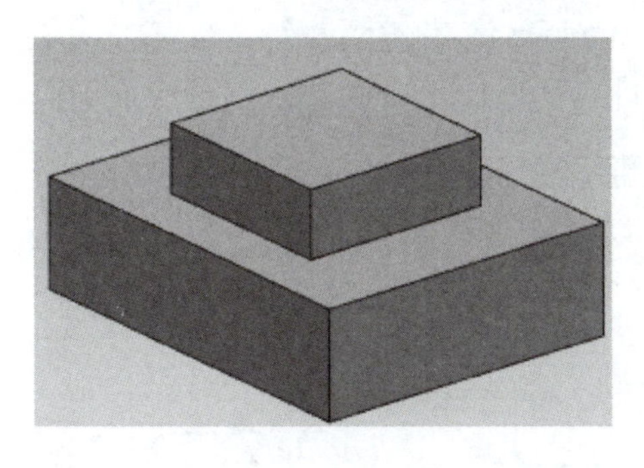

图 1-5-16　矩形垫块

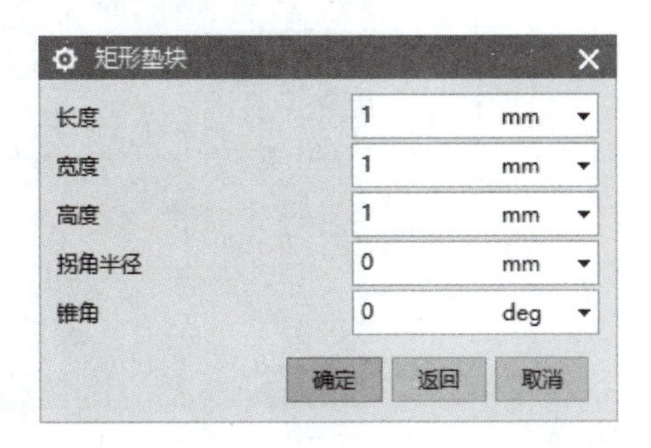

图 1-5-17　"矩形垫块"对话框

2）常规垫块

常规垫块在形状和控制方面具有更强的灵活性，创建方法与常规类型腔体的操作方法相似，相见项目 2 中的相关知识——创建腔体。

学习要点记录

2. 创建腔体

创建钳座的腔体包括：上表面贯穿的工字形腔体及下表面矩形腔体，上表面工字形腔体可通过绘制草图拉伸获得，下表面腔体可直接采用腔体命令创建，如图 1-5-18 所示。

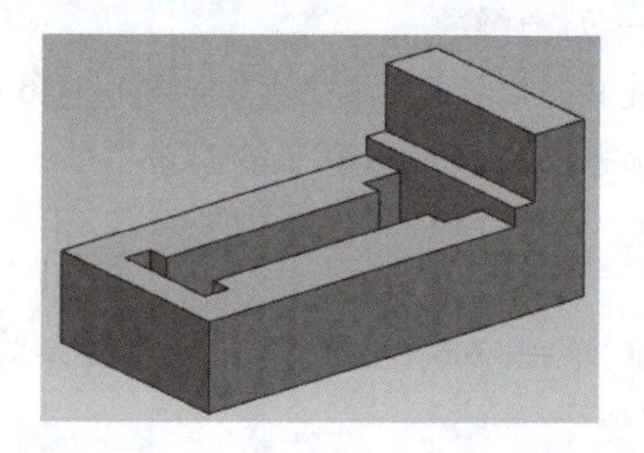
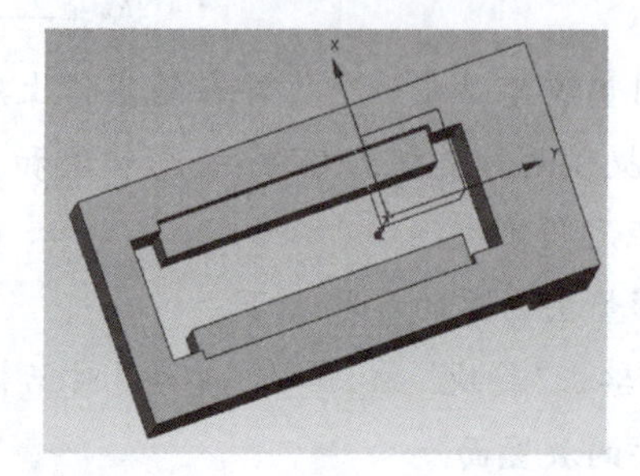

图 1-5-18　创建腔体

步骤 1　绘工字形草图。

单击“草图”按钮，选择“XC-YC”平面作为草图平面，按图 1-5-19 尺寸绘工字形草图。

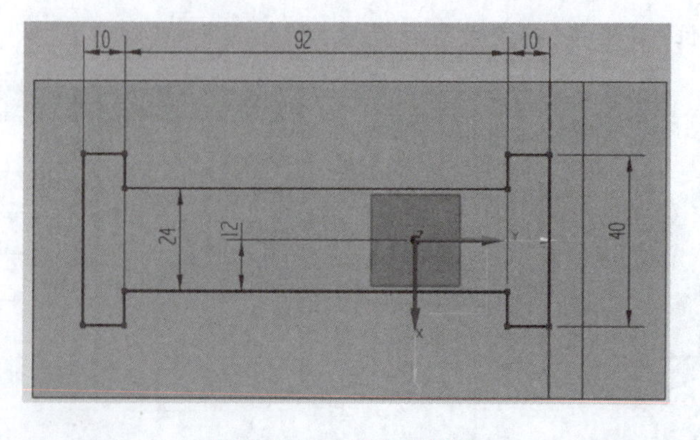

图 1-5-19　工字形草图

步骤 2　创建工字形腔体。

单击“菜单”→“插入”→“设计特征”→“拉伸”，或单击按钮，弹出“拉伸”对话框，具体操作如下：

(1)选择工字形草图曲线为拉伸截面。

(2)在“限制”面板中输入起始距离“0”，结束距离“34”。

(3)在“布尔”面板下拉列表中选择“求差”，单击< 确定 >按钮，即可完成工字形腔体的创建，如图 1-5-20 所示。

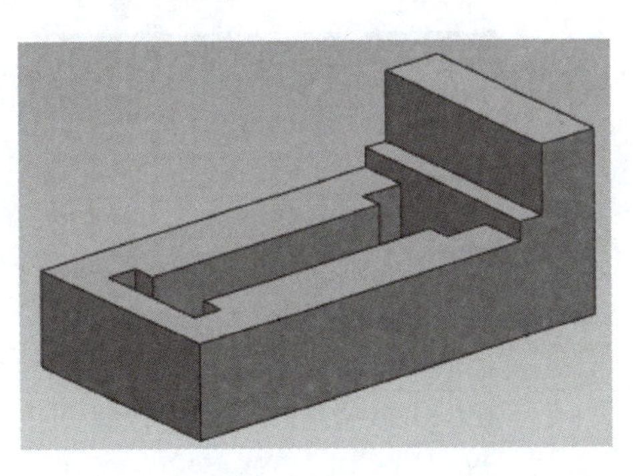

图 1-5-20　“工字型腔体”创建

步骤 3　创建矩形腔体。

单击“菜单”→“插入”→“设计特征”→“腔体”，或单击按钮，弹出“腔体”对话框，如图 1-5-21 所示，具体操作如下：

(1)单击矩形按钮。

(2)弹出“矩形腔体”对话框，如图 1-5-22 所示，选择钳座下表面为放置面。

(3)弹出“水平参考”对话框，如图 1-5-23 所示，单击基准轴按钮。

(4)弹出“选择对象”对话框，如图 1-5-24 所示，选择“XC 轴”为基准轴。

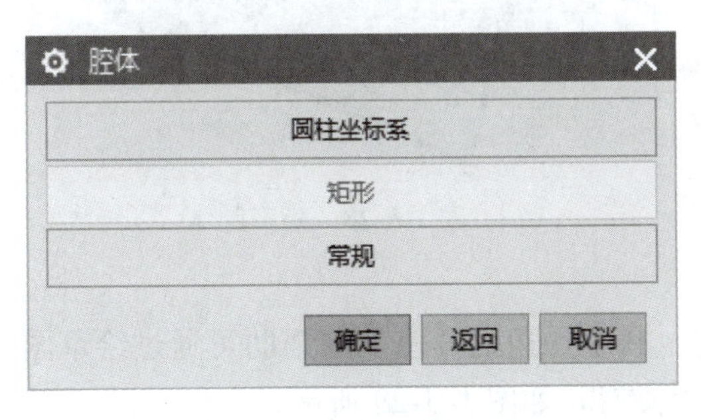

图 1-5-21　“腔体”对话框

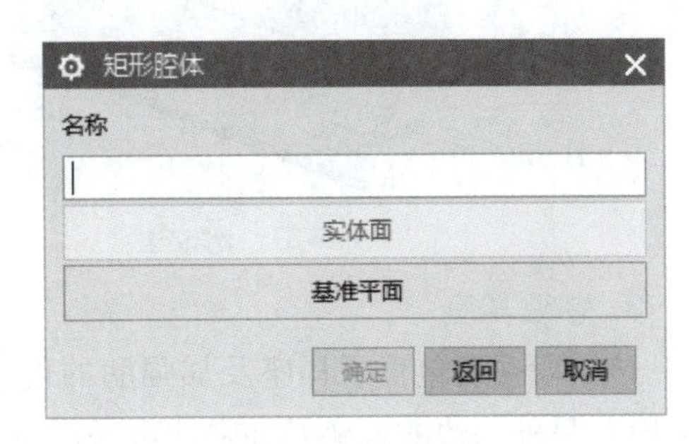

图 1-5-22　“矩形腔体”对话框(1)

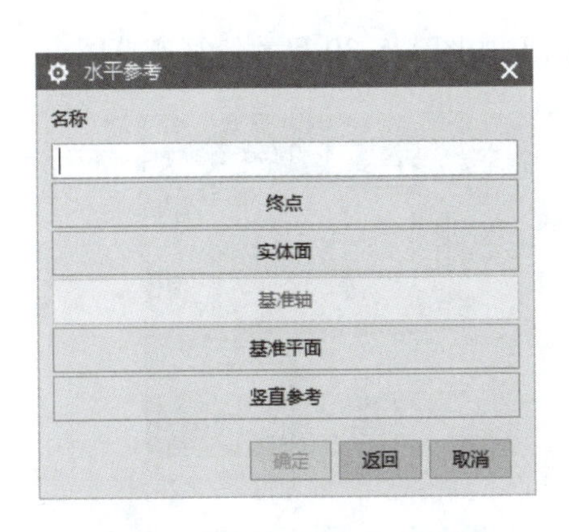

图 1-5-23　“水平参考”对话框

图 1-5-24　“选择对象”对话框

（5）弹出“矩形腔体”对话框 2，如图 1-5-25 所示，输入长度“46”，宽度“92”，高度“10”，单击确定按钮。

（6）弹出“定位”对话框，如图 1-5-26 所示，单击“线落在线上”按钮，先选择目标边 1（“YC”轴），再选择工具边 1（“YC”轴向的虚线），如图 1-5-27 所示。

（7）系统自动返回“定位”对话框，单击“线落在线上”按钮，先选择工字槽左侧槽拐角处竖棱边为目标边 2，再选择矩形腔体左侧棱边为工具边 2，如图 1-5-27 所示。

（8）单击取消按钮，即可完成矩形腔体的创建，如图 1-5-28 所示。

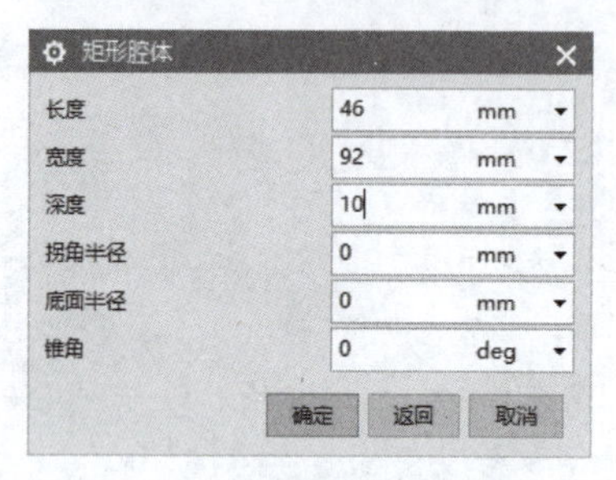

图 1-5-25　“矩形腔体”对话框（2）

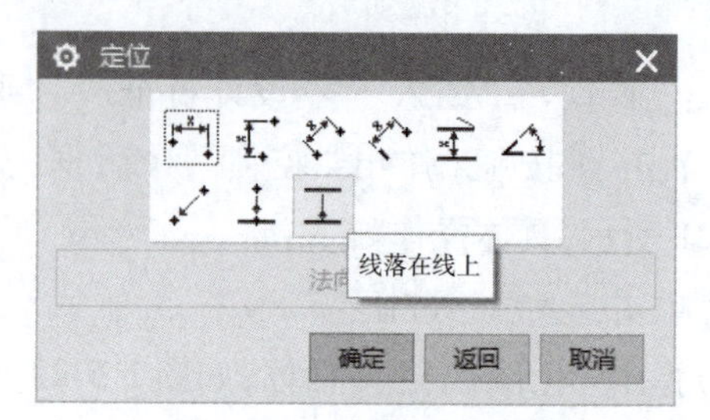

图 1-5-26　“定位”对话框

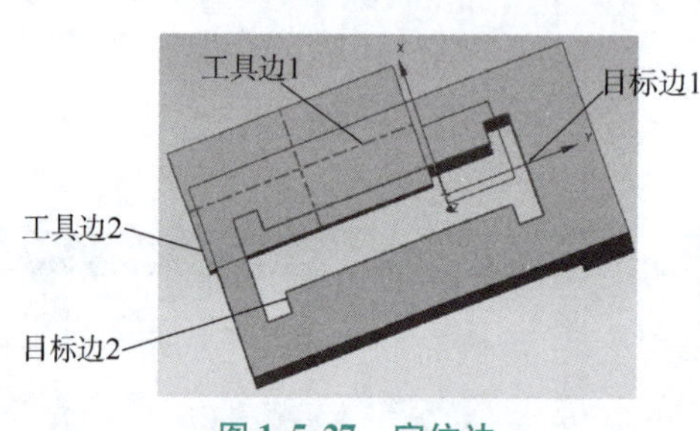

图 1-5-27　定位边

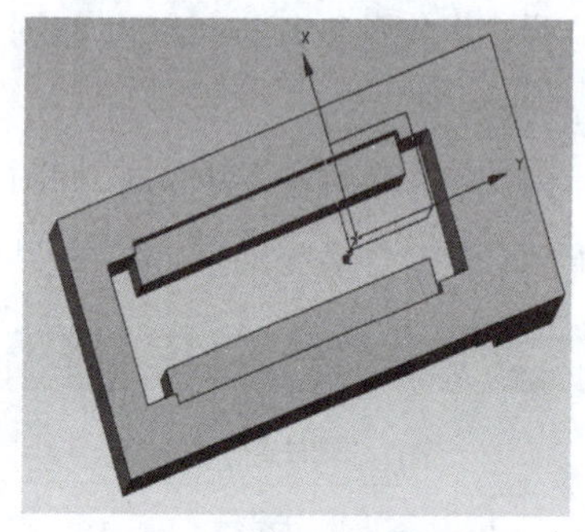

图 1-5-28　矩形腔体

3. 创建耳座

该阶段主要包含了耳座及加强肋的创建。其中一边的耳座及加强肋可通过绘草图拉伸获得，另外一边的耳座及加强肋可通过镜像体获得，如图 1-5-29 所示。

步骤 1　绘耳座草图。

单击按钮，选择“XC-YC”平面作为草图平面，按图 1-5-30 尺寸绘耳座草图。

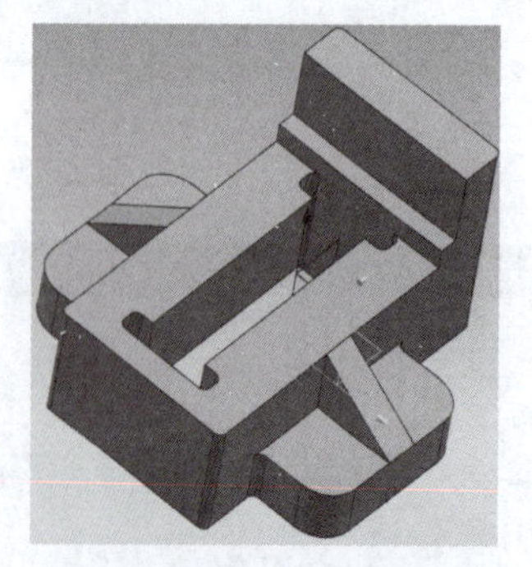

图 1-5-29　加强肋及耳座

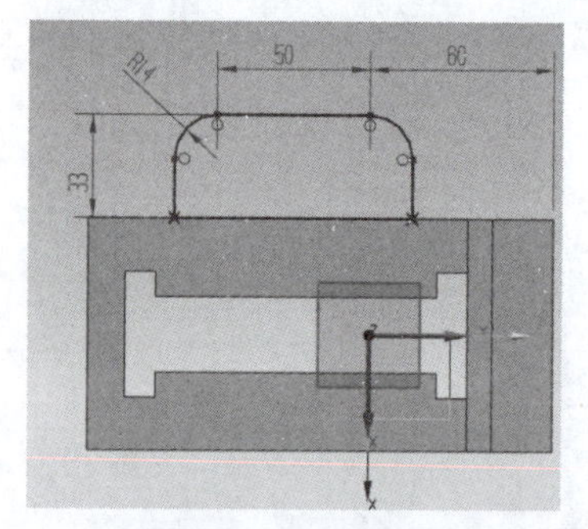

图 1-5-30　耳座草图

步骤 2　拉伸耳座。

单击“菜单”→“插入”→“设计特征”→“拉伸”,或单击按钮,弹出“拉伸”对话框,具体操作如下:

(1)选择耳座草图曲线为拉伸截面。

(2)在“限制”面板中输入起始距离“0”,结束距离“15”。

(3)在“布尔”面板下拉列表中选择“无”,单击“确定”按钮,即可完成耳座的创建,如图 1-5-31 所示。

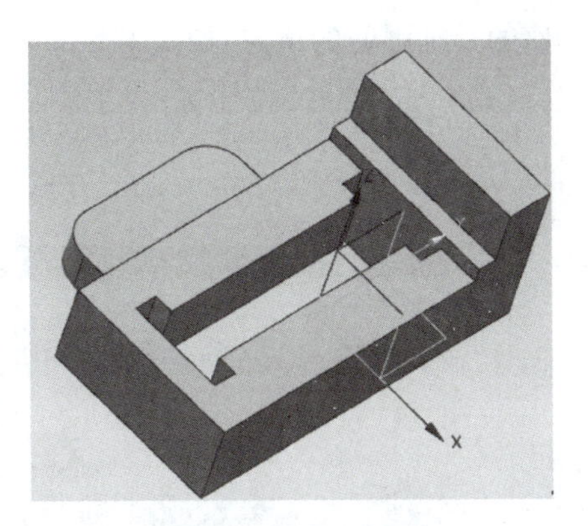

图 1-5-31　“耳座”创建

步骤 3　绘加强肋草图。

单击按钮,选钳座前表面 C 平面作为草图平面,按图 1-5-32 尺寸绘加强肋草图。

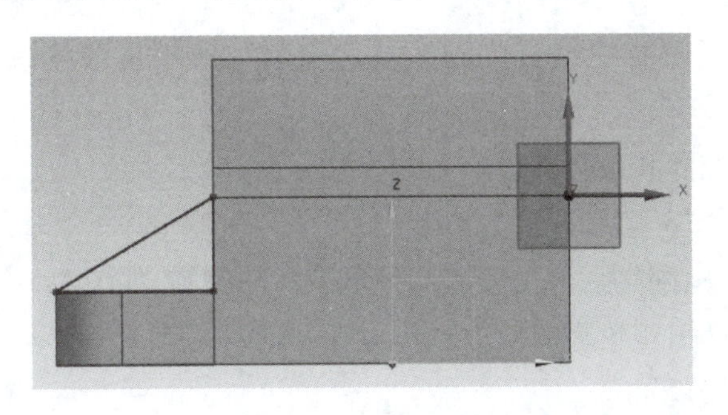

图 1-5-32　加强肋草图

步骤 4　拉伸加强肋。

单击“菜单”→“插入”→“设计特征”→“拉伸”,或单击按钮,弹出“拉伸”对话框,具体操作如下:

(1)选择加强肋曲线为拉伸截面。

(2)在“限制”面板中输入起始距离“61”,结束距离“61 + 12”。

(3)在“布尔”面板下拉列表中选择“无”,单击“确定”按钮,即可完成加强肋的创建,如图 1-5-33 所示。

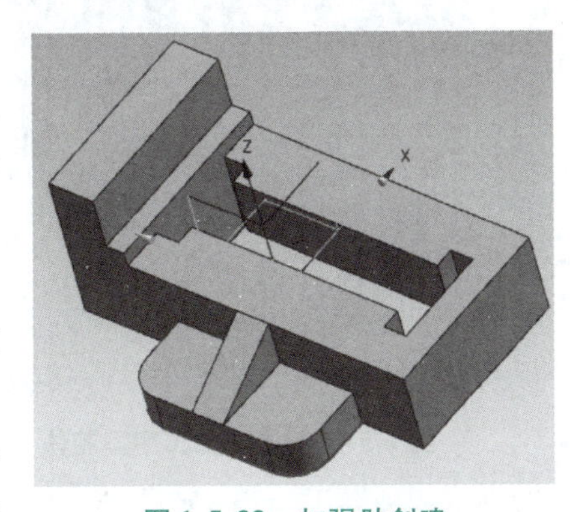

图 1-5-33　加强肋创建

步骤 5　镜像耳座及加强肋。

单击“菜单”→“插入”→“关联复制”→“镜像几何体”,弹出“镜像几何体”对话框,如图 1-5-34 所示,具体操作如下。

(1)在绘图区直接选取耳座及加强肋作为要镜像的体;

(2)单击按钮,到绘图区选择“YC-ZC”平面为镜像平面,单击“确定”按钮,即可完成耳座的及加强肋的镜像，如图 1-5-35 所示。

(3)单击“合并”按钮，将主体、耳座及加强肋合并。

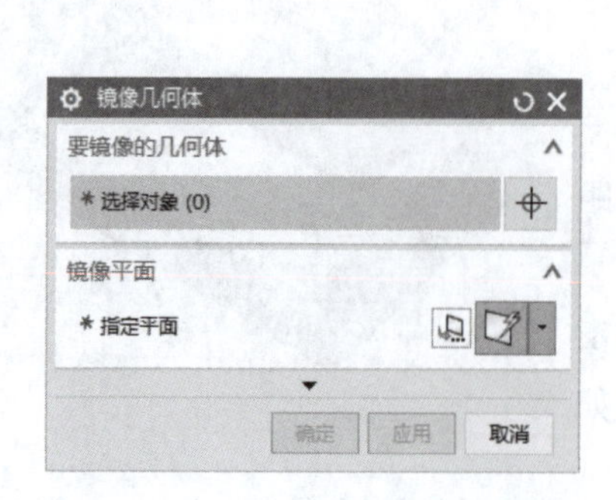

图 1-5-34 “镜像几何体”对话框

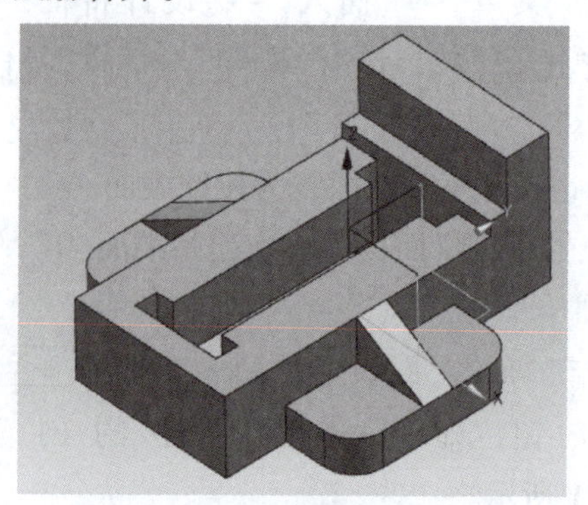

图 1-5-35 加强肋及耳座镜像

步骤 6 创建倒角。

单击“菜单”→“插入”→“细节特征”→“边倒圆”，或单击按钮，弹出“边倒圆”对话框，具体操作如下：

(1)选择工字形腔体 8 条竖直边。

(2)输入圆角半径“3”。

(3)单击应用→取消，即可完成工字形腔体的倒圆，如图 1-5-36 所示。

(4)按零件图选择钳座轮廓的锐边。

(5)输入圆角半径“5”。

(6)单击应用→取消，即可完成钳座边倒圆，如图 1-5-37 所示。

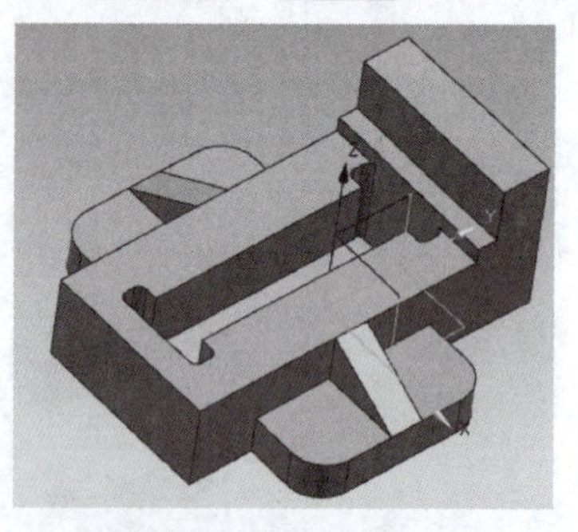

图 1-5-36 边倒圆工字型腔体

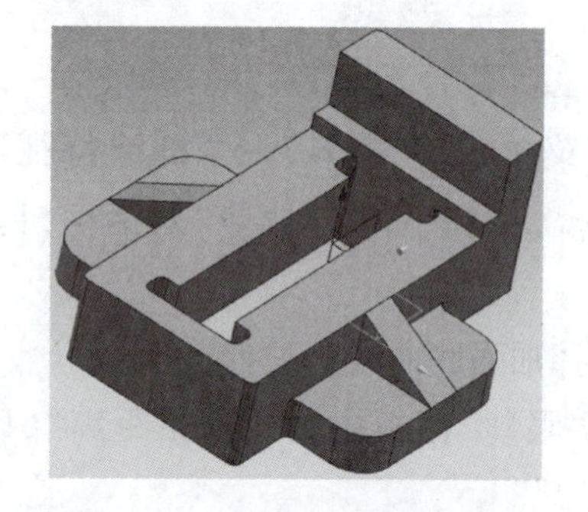

图 1-5-37 边倒圆钳座轮廓锐边

学习要点记录

相关知识

腔体——功能详解

腔体特征是从实体模型中按一定形状切除对象的某一部分。腔体的创建方法和垫块基本一致,但功能相反,腔体是去除材料,而垫块则是增加材料。UG NX 系统提供三种类型的腔体:圆柱形、矩形和常规,下面分别介绍。

1. 圆柱形腔体

该类型的腔体与孔特征有些类似,都是从实体上去除一个圆柱体如图 1-5-38 所示。但是,圆柱形腔体能够更好地控制底面半径的参数,可以生成底面呈半球面的圆柱形腔体。而且不需要制定贯穿平面。

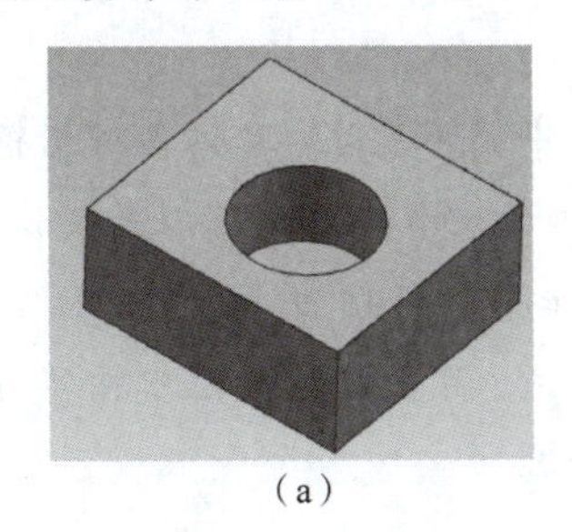
(a)

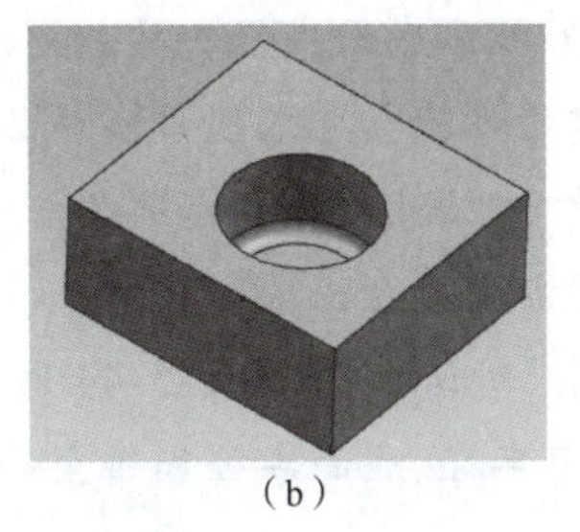
(b)

图 1-5-38　圆柱形腔体

圆柱形腔体创建的步骤如下:

(1)单击"腔体"，弹出"腔体"对话框,如图 1-5-39 所示,单击 圆柱坐标系 按钮。弹出"圆柱形腔体"对话框,如图 1-5-40 所示,选择腔体放置的平面。

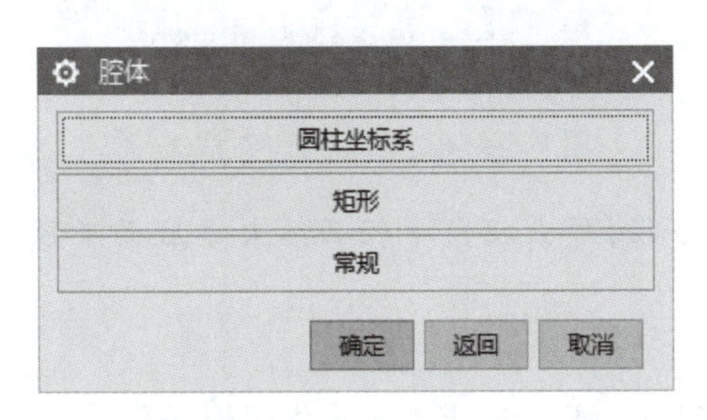

图 1-5-39　"腔体"对话框

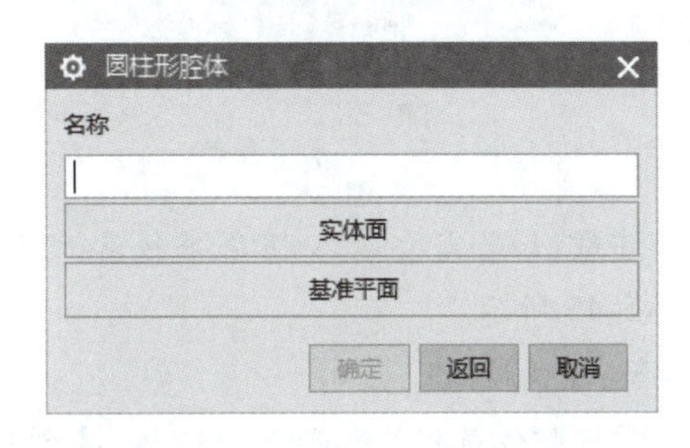

图 1-5-40　"圆柱形腔体"对话框

(2)弹出参数对话框,如图 1-5-41 所示。输入腔体直径,深度,底面半径,锥角等的数值,单击 确定 按钮。

(3)弹出"定位"对话框,如图 1-5-42 所示,确定放置的位置后,单击 确定 按钮。

注意:输入腔体参数时,底面半径值必须在 0 和设定的深度值之间。锥角用于设置圆柱形腔体的拔模角度,拔模角度值不能为负值。

2. 矩形腔体

该类型的腔体是从实体上去除一个矩形方块。矩形的尺寸参数由长度、宽度、深度、

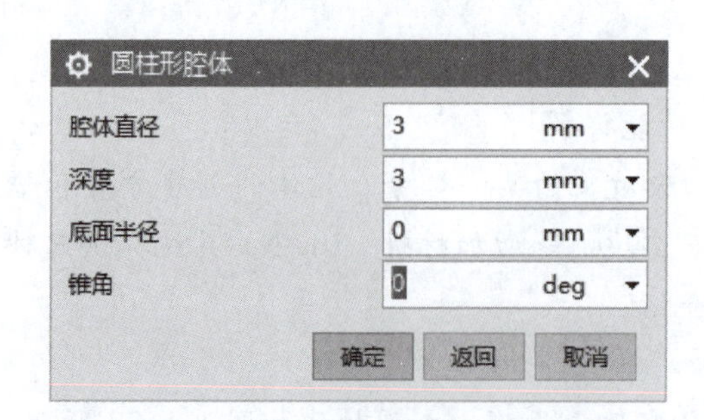

图 1-5-41 “圆柱形腔体”对话框

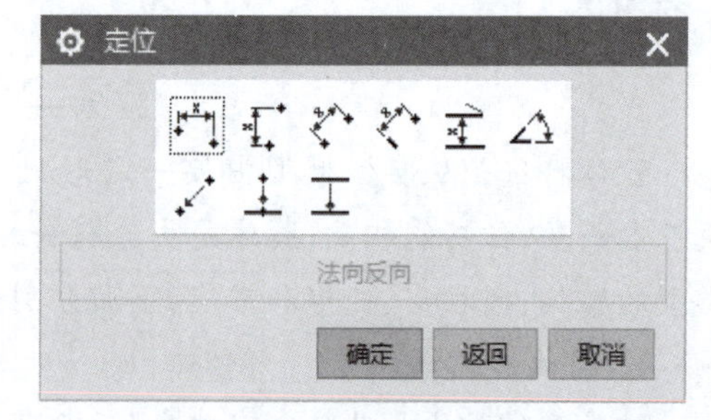

图 1-5-42 “定位”对话框

拐角半径、底面半径和拔模角组成。其中，拐角半径是指矩形腔体四周棱边的倒圆角半径，底面半径与圆形腔体底面半径含义相同。

矩形腔体创建的步骤相见本项目实施 2 中的步骤 4。具体各对话框说明如下：

(1)“水平参考”对话框，用于选择水平参考。水平参考可以是实体的边、面或基准轴等对象。指定参考方向后会出现一个箭头，如图 1-5-43 所示，即矩形腔体的长度方向。

(2)“矩形腔体”对话框，如图 1-5-44 所示。可在该对话框中按实际建模需要输入长度、宽度、深度、拐角半径、底面半径和锥角等。

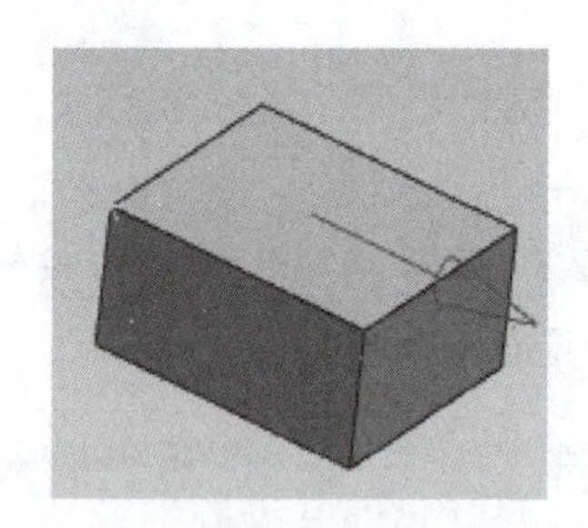

图 1-5-43 水平参考

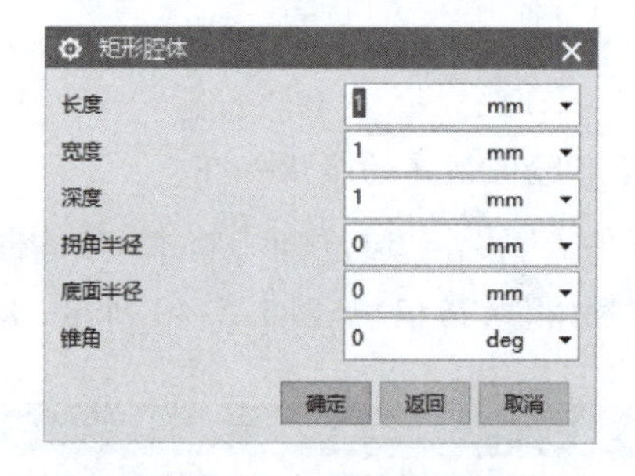

图 1-5-44 “矩形腔体”对话框

注意：如果需要输入拐角半径和底面半径，那么拐角半径必须大于底面半径，如图 1-5-45 所示。

3. 常规腔体

常规腔体是指特殊形状的腔体，要创建腔体，就必须先创建腔体的轮廓草图。单击 常规 按钮，弹出“常规腔体”对话框，如图 1-5-46 所示。对话框中主要面板选项说明如下：

“选择步骤”面板：

“放置面”：用于选择一般腔体的放置面。放置面可以是实体的任何一个表面，该面是即将创建的腔体顶面。

“放置面轮廓”：用于定义在放置面上的顶面轮廓。可以直接从模型中选择曲线或边缘来定义放置面轮廓，也可用转换底面轮廓线的方式来定义放置面轮廓。

“底面”：用来定义一般腔体的底面。

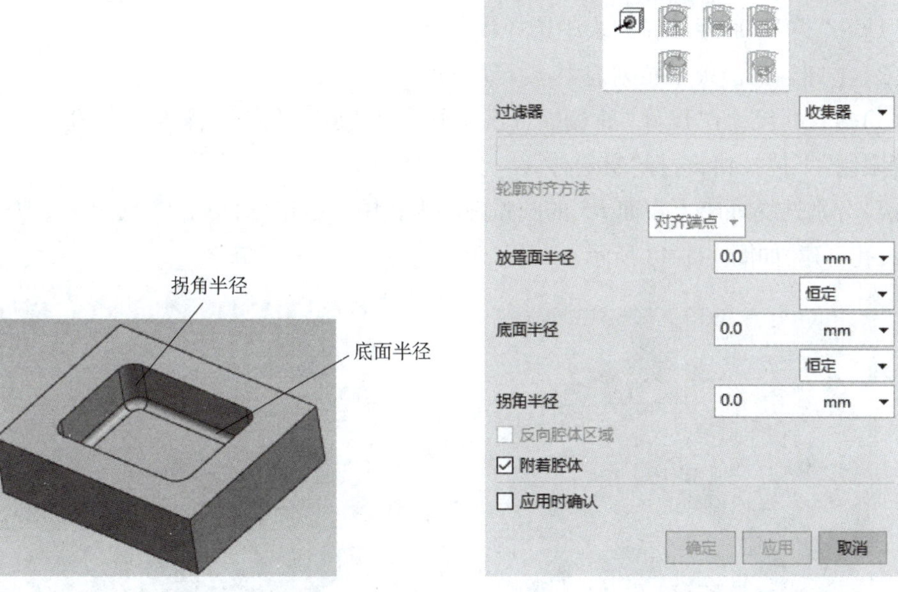

图 1-5-45　拐角半径与底面半径　　　　图 1-5-46　“常规腔体”对话框

“底面轮廓线”：用来定义一般腔体的底面轮廓线，可以直接从模型中选择曲线或边缘来定义底面轮廓曲线，也可用转换放置面轮廓线的方式来定义底面轮廓曲线。

“目标体”：用于选择目标体，即一般腔体将在所选择的实体上创建。当目标体不是放置面所在的实体或片体时，应单击该按钮以制定放置一般腔体的目标体。当定义面时，如果选择的第一个面为基准平面，则必须制定目标体。

(1)放置面半径：用于定义腔体侧面与放置面的倒圆角半径，也可以利用下拉列表中的选项：“常规控制”或“规则控制”来决定腔体的底面半径，其值必须大于或等于0。

(2)底面半径：用于定义腔体侧面与底面的倒圆角半径，也可以利用下拉列表中的选项：“常规控制”或“规则控制”来决定腔体的底面半径，其值必须大于或等于0。

(3)拐角半径：用于定义腔体侧面顶点的倒圆角半径。

(4)附着腔体：勾选该复选项，若目标体是片体，则创建的一般腔体为片体，并与目标体自动缝合；若目标体是实体，则创建的一般腔体为实体，并从实体中删除一般腔体。取消该复选项，则创建的一般腔体为一个独立实体。

4. 创建孔、螺纹

需要创建的孔包括：耳座上的沉头孔，钳座前后两个沉头孔，垫块 2 前表面的螺纹底孔。螺纹在垫块 2 的螺纹底孔上创建。孔和螺纹的创建可以通过“孔”特征和“螺纹”特征实现，如图 1-5-47 所示。

步骤 1 创建耳座沉头孔。

单击“菜单”→“插入”→“设计特征”→“孔”,或单击按钮,弹出“孔”对话框,具体操作如下:

(1)在“类型”面板下拉列表中选择 常规孔。

(2)在“形状”面板下拉列表中选择 沉头。

(3)输入孔尺寸:“尺寸”面板输入沉头孔直径“26”,沉头孔深度“2”,孔径“11”,单击“深度限制”下拉按钮,选择“贯通体”。

(4)分别选择耳座上表面 *R*5 的圆弧圆心为孔中心指定点,单击<确定>按钮,即可完成耳座沉头孔创建,如图 1-5-48 所示。

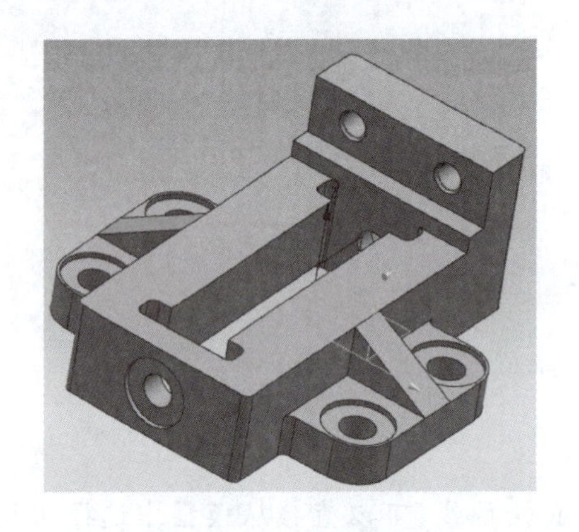

图 1-5-47 孔及螺纹

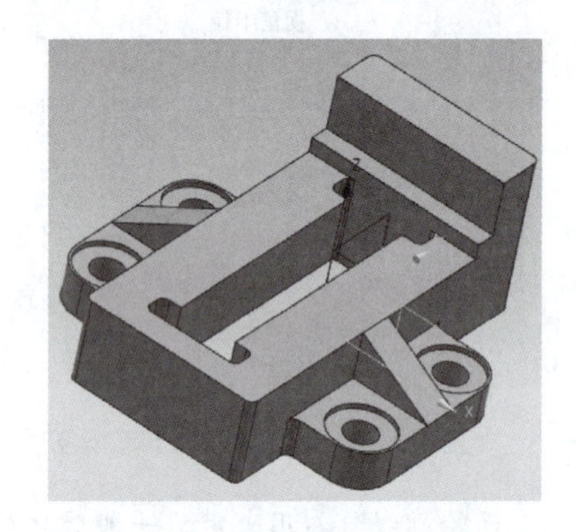

图 1-5-48 耳座沉头孔创建

步骤 2 创建钳座前面沉头孔。

(1)重复上述步骤 1,根据零件图输入沉头孔直径“25”,沉头孔深度“2”,孔径“12”,单击“深度限制”下拉按钮,选择高亮曲面。

(2)单击“位置”面板按钮,绘孔心草图,孔心指定点草图如图 1-5-49 所示。

(3)单击<确定>按钮,即可完成钳座前面沉头孔的创建,如图 1-5-50 所示。

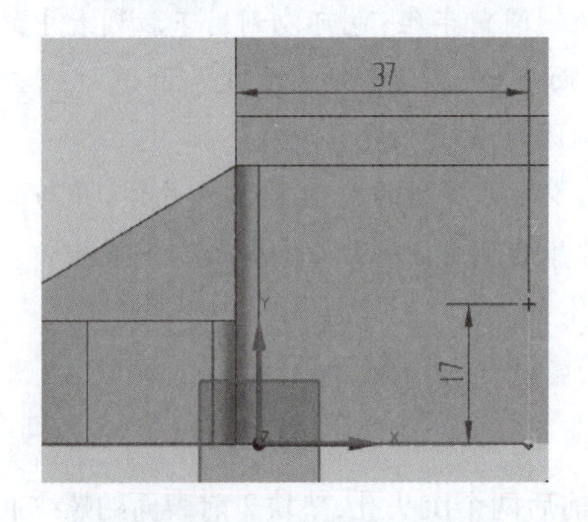

图 1-5-49 孔心指定点草图 1

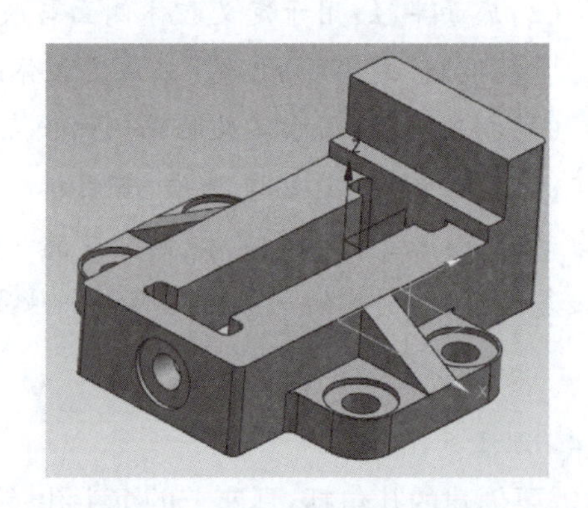

图 1-5-50 钳座前面沉头孔

步骤 3　创建钳座后面沉头孔。

重复上述步骤 2，根据零件图输入沉头孔直径“30”，沉头孔深度“2”，孔径“18”，深度“28”；孔心指定如图 1-5-51 所示，即捕捉通孔圆心为孔心；孔方向选择“沿矢量”，指定 Y 轴方向，从而完成钳座后面沉头孔的创建，如图 1-5-52 所示。

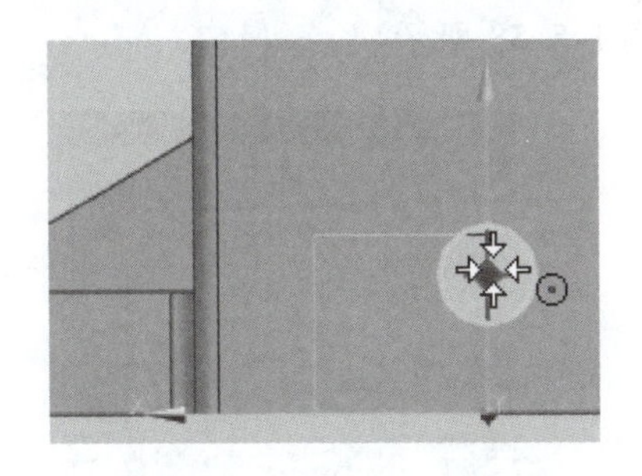

图 1-5-51　孔心指定点草图 2

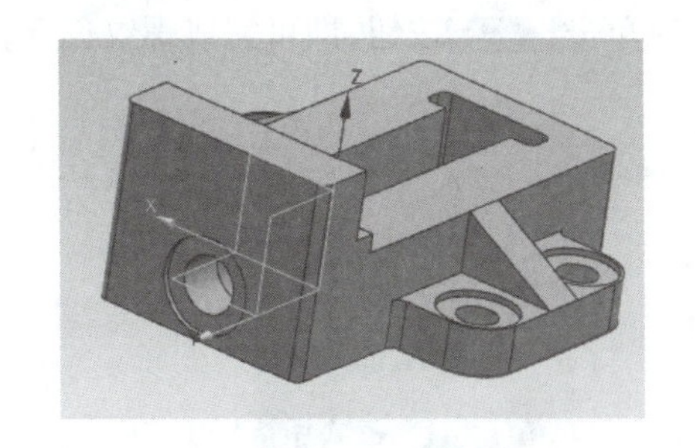

图 1-5-52　钳座后面沉头孔

步骤 4　创建垫块 2 上的螺纹底孔。

（1）单击按钮，弹出“孔”对话框。

（2）在“成型”面板下拉列表中选择 简单。

（3）在“尺寸”面板输入直径“9”，深度“15”，顶锥角“118”。

（4）单击“位置”面板按钮，绘制孔心草图，如图 1-5-53 所示。

（5）单击< 确定 >按钮，即可完成螺纹底孔的创建，如图 1-5-54 所示。

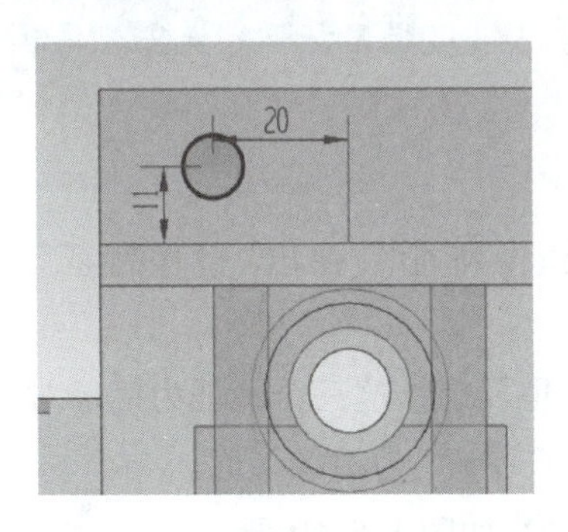

图 1-5-53　孔心指定点草图 3

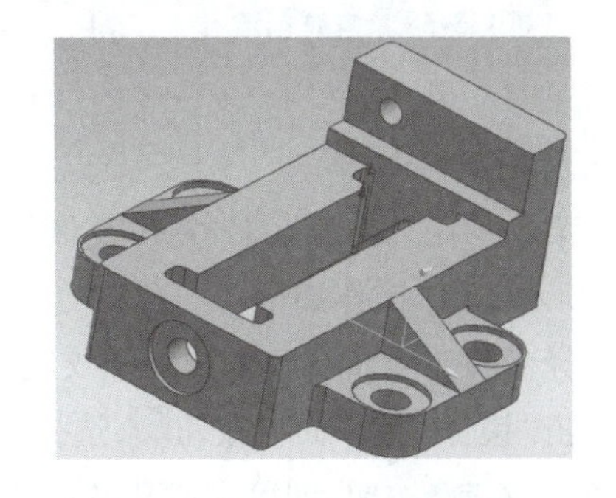

图 1-5-54　垫块 2 螺纹底孔

步骤 5　创建底孔斜角。

单击“菜单”→“插入”→“细节特征”→“倒斜角”，或单击按钮，弹出“倒斜角”对话框，具体操作如下：

（1）斜角距离“1”。

（2）选择底孔边为需要倒斜角的边，单击 确定 按钮，即可完成螺纹的创建，如图 1-5-55 所示。

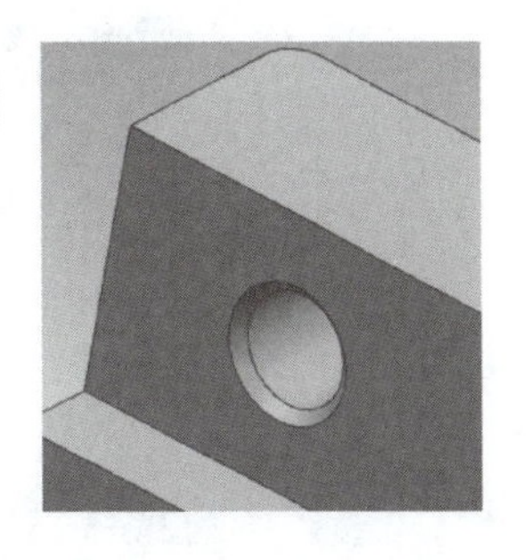

图 1-5-55　底孔倒斜角

步骤 6　创建螺纹。

单击“菜单”→“插入”→“设计特征”→“螺纹”，或单击按钮，弹出“螺纹”对话框，具体操作如下：

（1）选择步骤 4 创建的螺纹底孔，孔表面为起始平面，如图 1-5-56 所示；单击确定按钮。

（2）系统自动返回“螺纹”对话框。勾选☑手工输入复选项，输入大径“10”，长度“15”，即可完成螺纹的创建，如图 1-5-57 所示。

（3）单击确定按钮，即可完成螺纹创建，如图 1-5-58 所示。

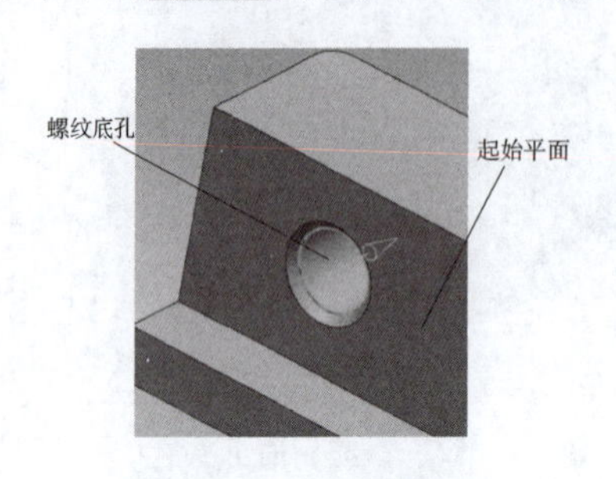

图 1-5-56　选择螺纹底孔

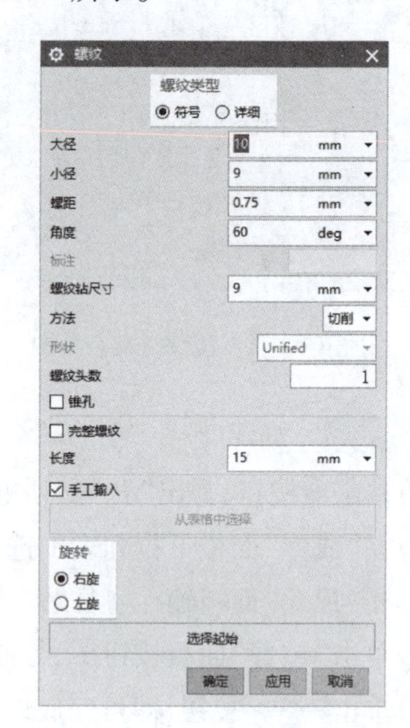

图 1-5-57　“螺纹”对话框

图 1-5-58　螺纹创建

步骤 7　镜像螺纹。

单击“菜单”→“插入”→“关联复制”→“镜像特征”，弹出“镜像特征”对话框，如图 1-5-59 所示，具体操作如下：

（1）选择步骤 4 至步骤 6 创建的螺纹底孔、斜角及螺纹这三个特征为镜像对象。

（2）单击“镜像平面”面板按钮，选择“YC-ZC 平面”为镜像平面。

（3）单击确定按钮，即可完成孔及螺纹的镜像，如图 1-5-60 所示。

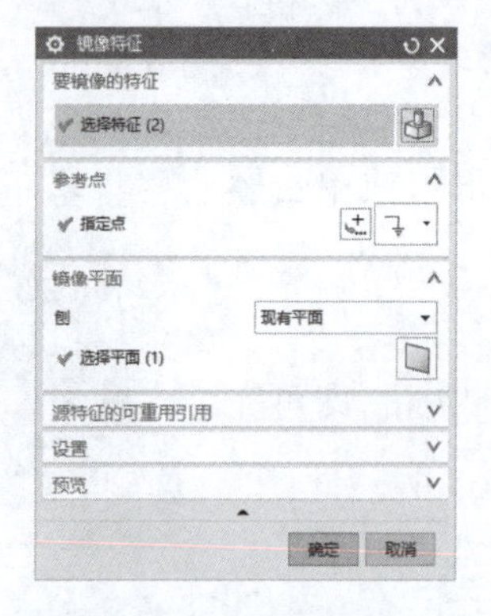

图 1-5-59　“镜像特征”对话框

图 1-5-60　螺纹及孔镜像

相关知识

镜像特征——功能详解

镜像特征是可以通过平面或基准平面来镜像选定的特征，从而创建对称的实体模型，如图 1-5-61 所示。

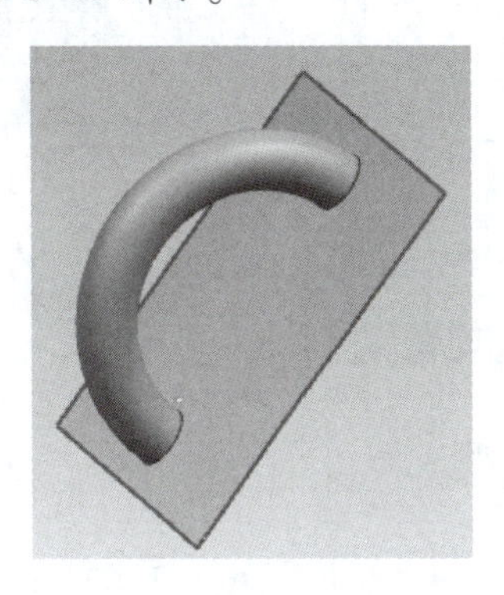
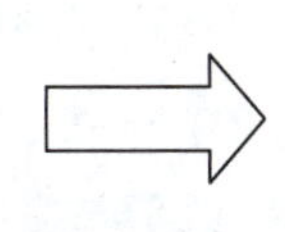
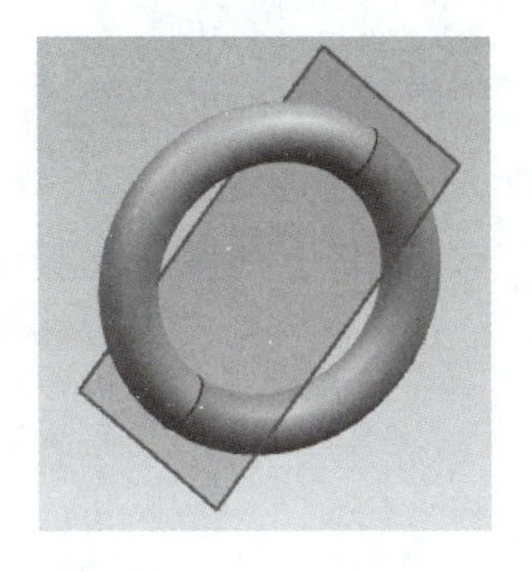

图 1-5-61　镜像特征

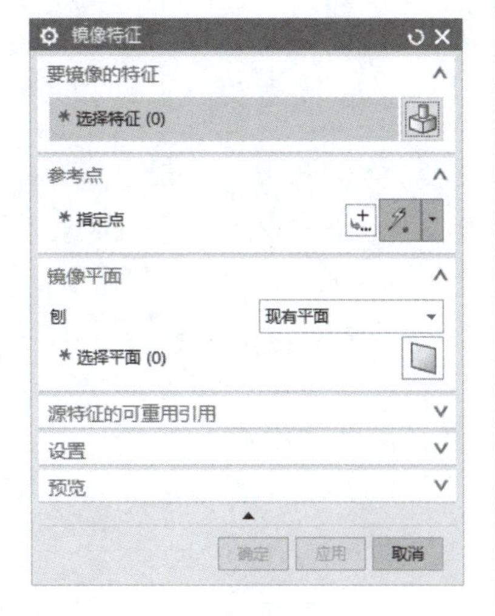

图 1-5-62　“镜像特征”对话框

镜像特征的一般创建步骤如下：

(1)单击按钮，弹出“镜像特征”对话框，如图 1-5-62 所示。

(2)在“相关特征”面板列表框中选择需要镜像的特征。(同时按【Shift】键，可同时选择多个特征)，也可直接在模型中选择需要镜像的特征。

(3)单击按钮，选择镜像平面。(镜像平面可以是现有的平面，也可以是定义的新平面)

(4)单击 应用 → 取消。

对话框中各选项的功能介绍如下：

1)“特征”面板

(1)“选择特征”按钮：单击该按钮，可以选择已有的特征来镜像。

(2) 添加相关特征，勾选该复选框后，包括所选特征的相关特征将一起被镜像。

(3) 添加体中的全部特征，勾选该复选框后，包括所选特征的原体上的所有特征将一起被镜像。

2)“镜像平面”面板

(1)“现有平面”：允许选择现有的平面。

(2)“新平面”：允许定义新平面。

镜像体——功能详解

镜像体可以用基准平面镜像整个部件，如图 1-5-63 所示。

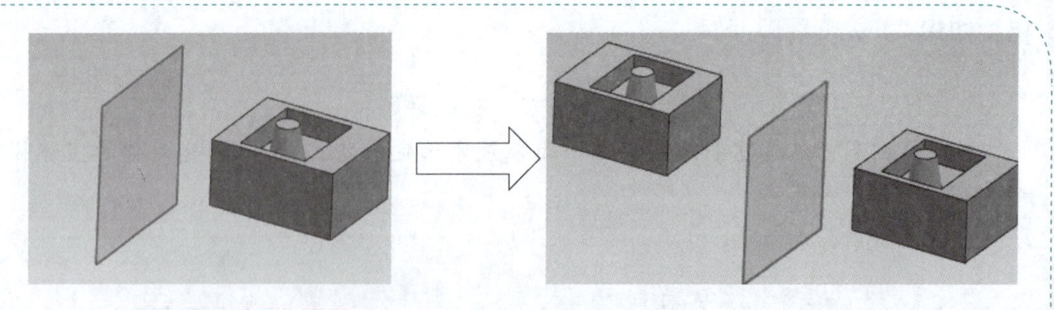

图 1-5-63 镜像体

“镜像几何体”对话框如图 1-5-64 所示。

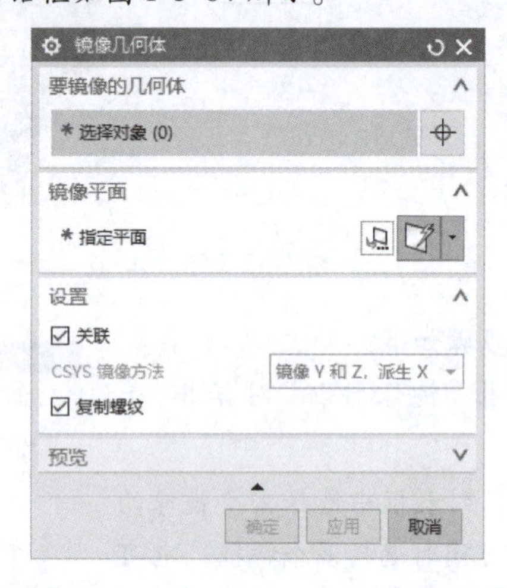

图 1-5-64 “镜像几何体”对话框

学习要点记录

5. 创建沟槽

沟槽可通过绘制沟槽截面草图，拉伸后再求差来创建，如图 1-5-65 所示。

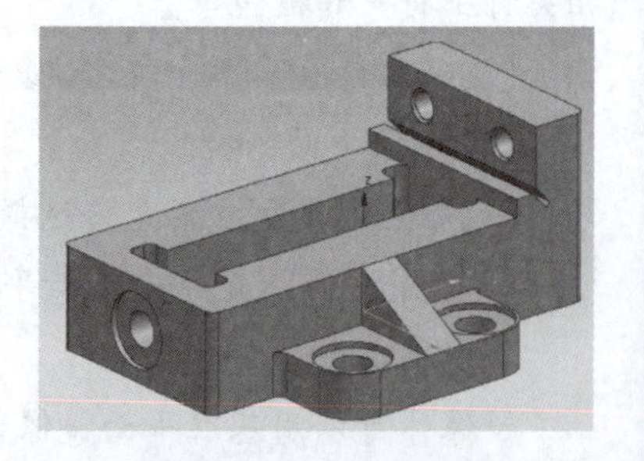

图 1-5-65 沟槽创建

步骤 1 绘制沟槽截面草图。

单击按钮，选择“YC-ZC 平面”作为草图平面，按图 1-5-66 所示尺寸绘草图。

步骤 2　拉伸草图。

（1）单击按钮，弹出“拉伸”对话框。

（2）选择步骤 1 绘制的草图作为拉伸截面对象。

（3）“限制”面板中输入起始距离“74/2”，结束距离“ －74/2”。

（4）在“布尔”面板下拉列表中选择“求差”，单击< 确定 >按钮，即可完成沟槽的创建，如图 1-5-67 所示。

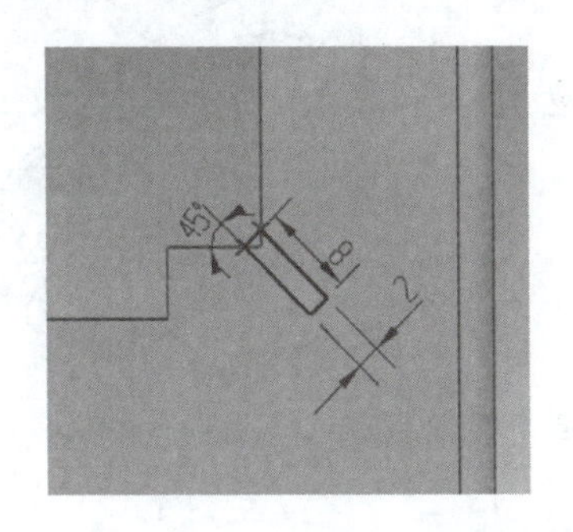

图 1-5-66　沟槽截面草图

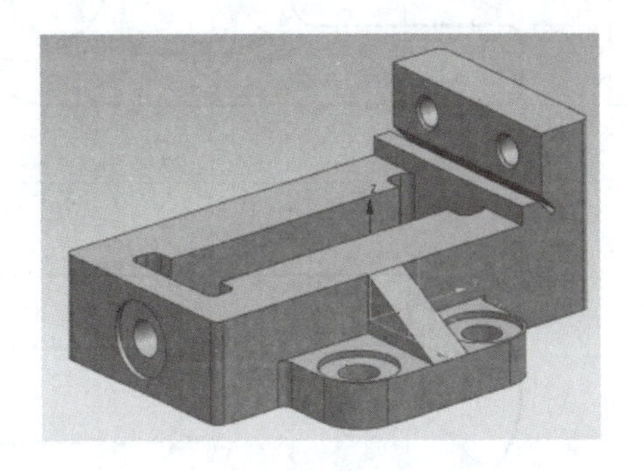
图 1-5-67　沟槽创建

学习要点记录

拓展练习

1. 用回转、布尔运算等特征工具完成图 1-5-68 所示图形实体建模。

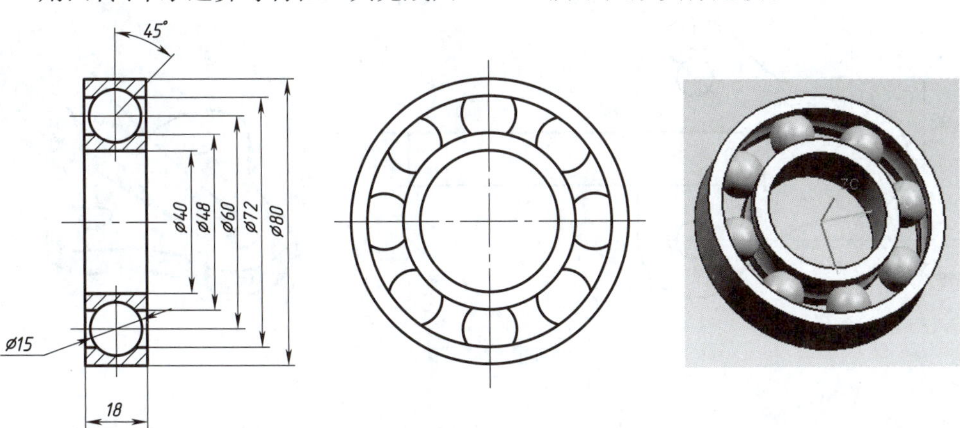

图　1-5-68

2. 用“拉伸”“布尔运算”“边倒圆”等特征工具完成图 1-5-69 所示图形的实体建模。

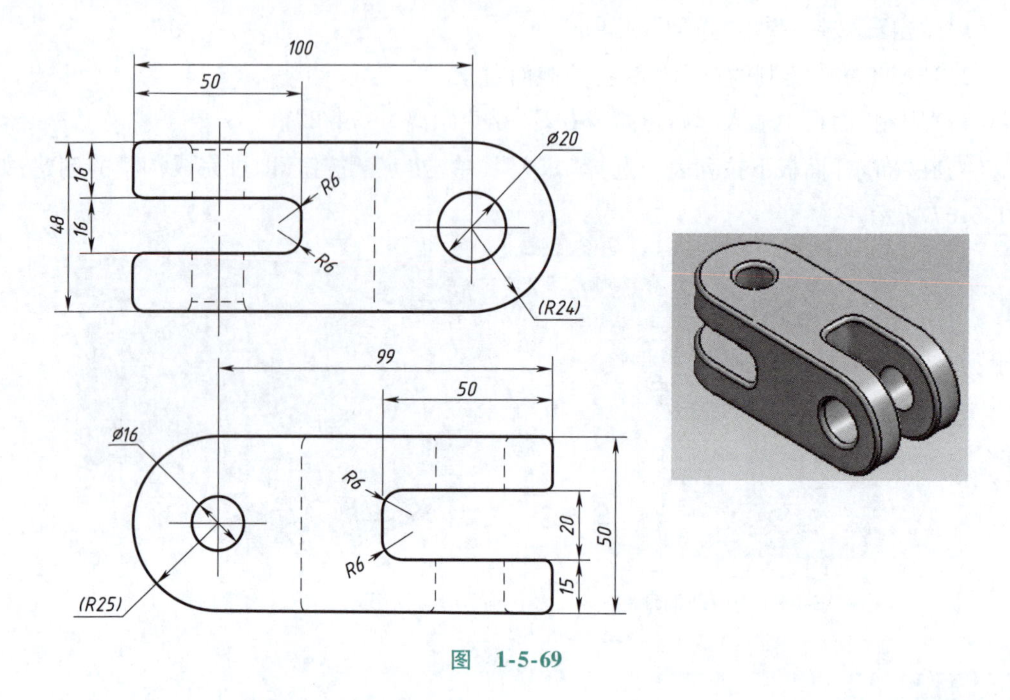

图 1-5-69

3. 用拉伸、布尔运算等特征工具完成图 1-5-70 实体建模。

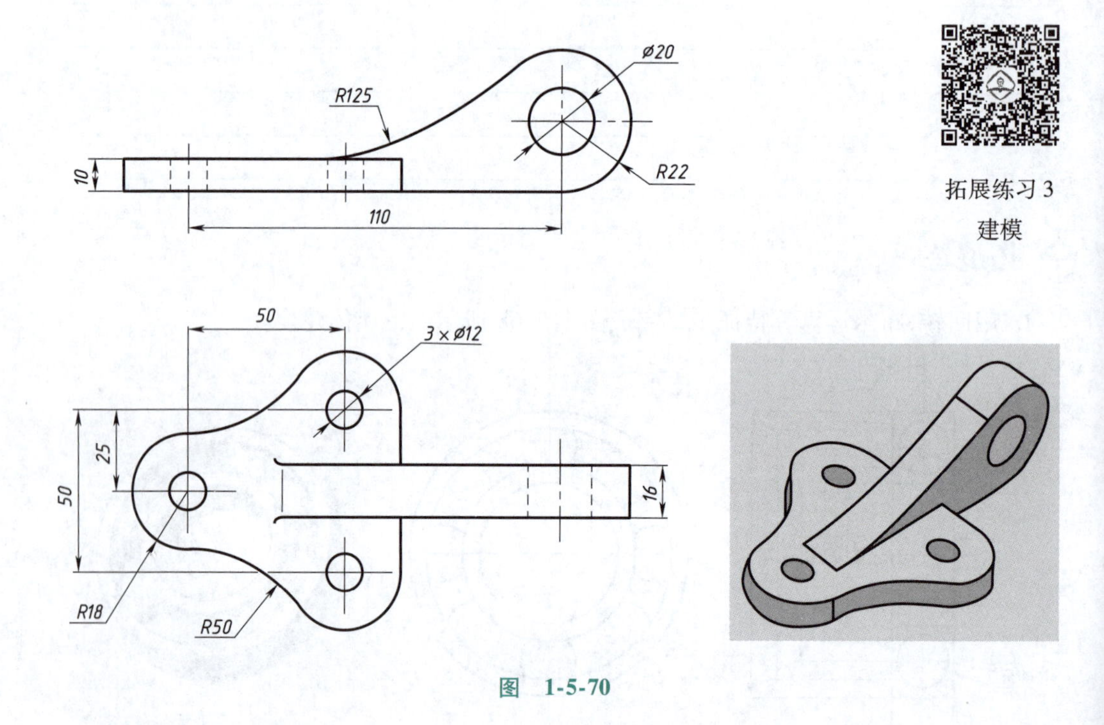

拓展练习 3
建模

图 1-5-70

4. 采用适当的特征工具完成图 1-5-71 所示图形的实体建模。

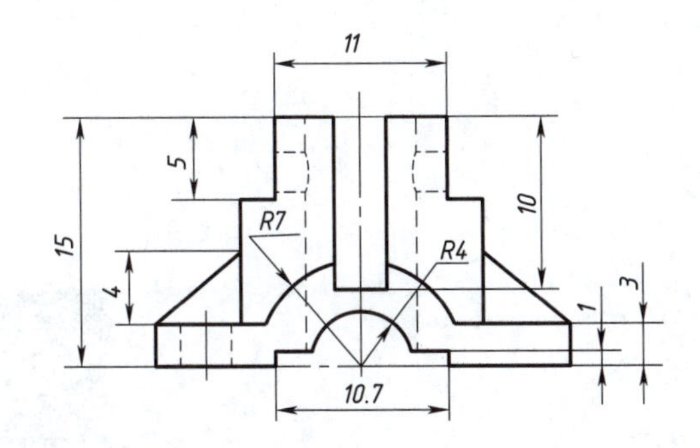

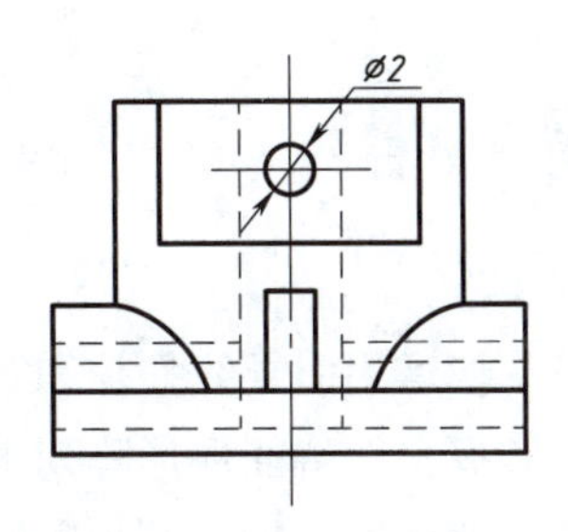

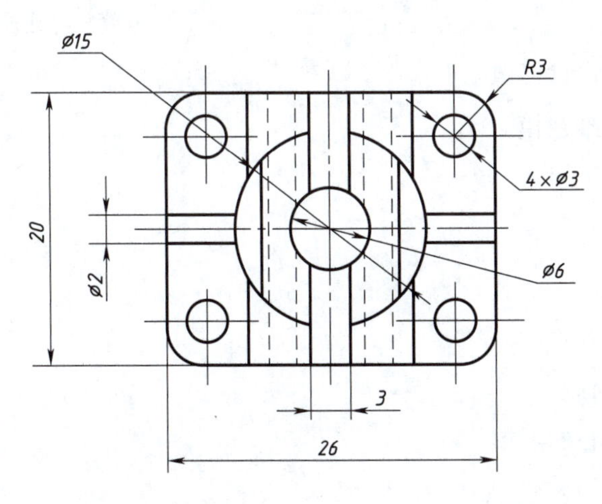

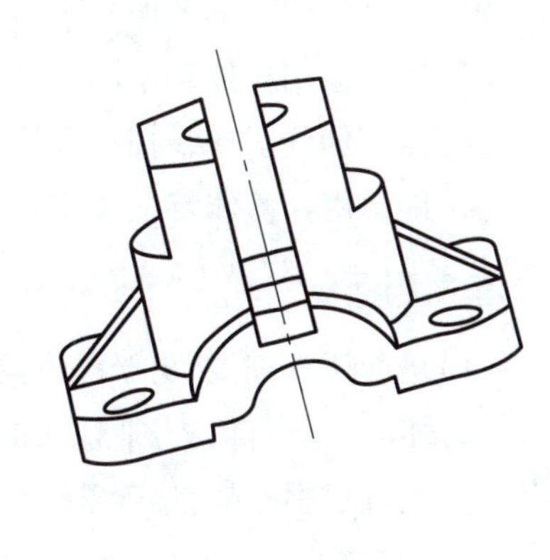

图　1-5-71

学习心得

项目六　箱体叉架类零件——阀管零件建模

学习目标

知识目标

阀管零件建模

(1)掌握运用引导线扫掠和管道操作方法。
(2)掌握实例特征环形阵列工具的使用方法。
(3)理解修建体特征的步骤原理。

能力目标

(1)熟练运用基准平面和定位点进行设计修改。
(2)能够运用拉伸和草绘工具进行三维建模。
(3)能够创建引导线扫掠和管道。
(4)能运用修剪体特征操作修剪特征。

素质目标

(1)培养认真细致、勇于探索的良好职业素养。
(2)培养专业自信、专业认可的职业品质。
(3)通过建模实战,培养学生细心、耐心的习惯。

工作任务

创建箱体叉架类零件——阀管,如图 1-6-1 所示。

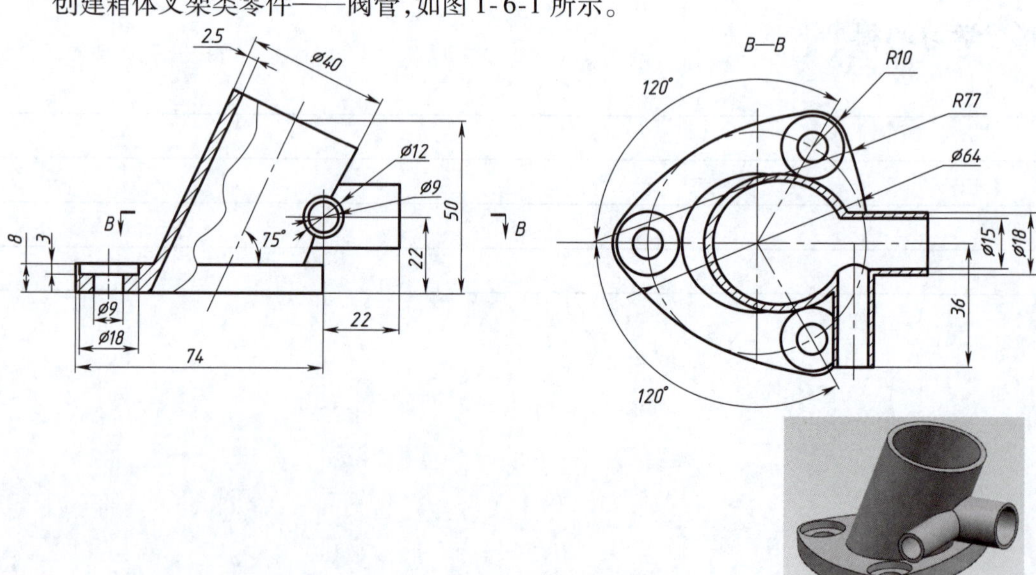

图 1-6-1　阀管

项目分析

阀管由底座和不同方向的管道构成，底座上有沉头孔，因此，创建此阀管可分四步：①创建底座 ；②创建主管道；③创建分管道；④创建沉头孔。

项目分解

名称	内　　容	采用的工具和命令	创建流程	其他工具和命令
1	创建底座	草图，拉伸	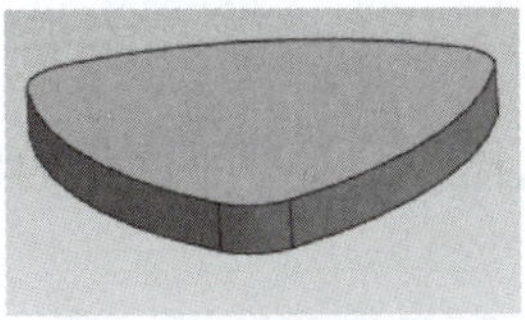	
2	创建主管道	建立基准平面，草图，布尔运算求和，沿引导线扫掠，修剪体		管道
3	创建分管道	建立基准平面，草图，投影，点，管道，拉伸，布尔运算求差	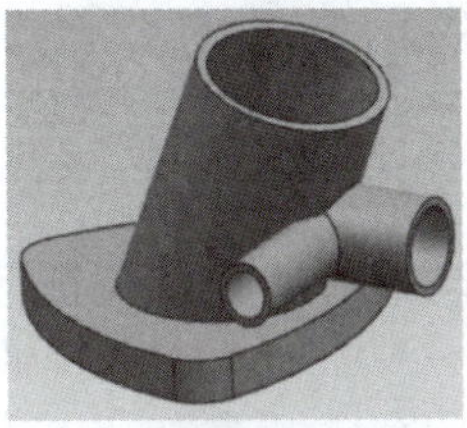	沿引导线扫掠
4	创建沉头孔	孔，阵列特征	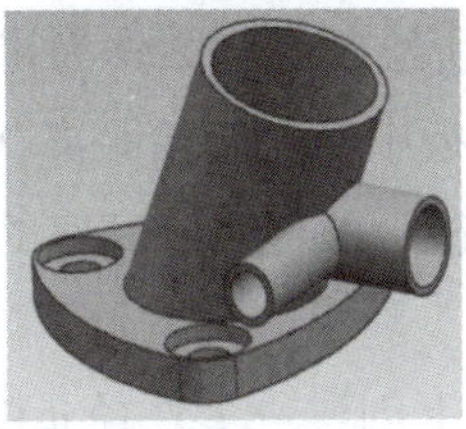	

想一想：这个建模流程你有没有更好的建议，有的话请写下来分享经验。有其他的建模方法的话，请在下方填写。

还可以这么做：

____

____

____

____

____

项目实施

1. 创建底座

创建底座,如图 1-6-2 所示。

步骤 1　启动 UG NX 软件,新建一个名称为“faguan”的部件文件,选择保存文件路径,进入建模模块。

步骤 2　绘底座草图。

单击按钮,选择“XC-YC”平面作为草图平面,按图 1-6-3 尺寸绘草图。

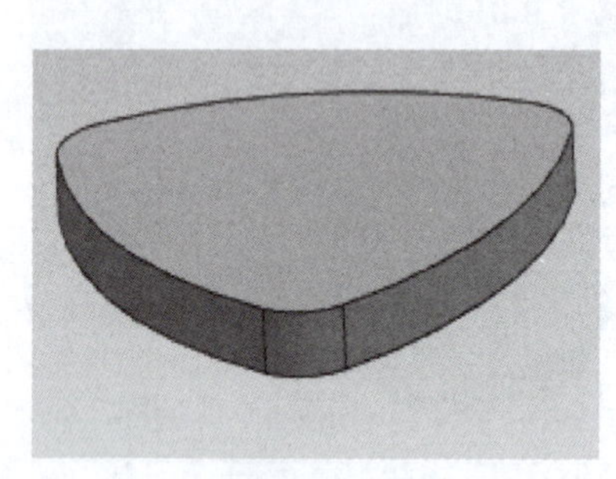

图 1-6-2　底座

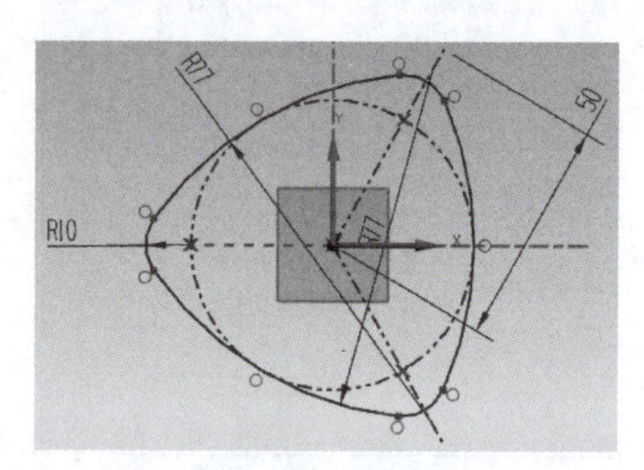

图 1-6-3　底座草图

步骤 3　底座建模——拉伸。

单击“菜单”→“插入”→“设计特征”→“拉伸”,或单击按钮,弹出“拉伸”对话框,具体操作如下:

(1)单击“过滤器”在下拉列表中选择相连曲线,如图 1-6-4 所示。

(2)选择步骤 2 所绘制的草图作为拉伸截面对象。

(3)在“限制”面板中输入起始距离“0”,结束距离“8”。

(4)单击应用按钮,即可完成底座的拉伸,如图 1-6-2 所示。

2. 创建主管道

在已创建的底座上创建一个外径 $\phi40$,内径 $\phi35$,与底座平面成 75°的管道,完成后的主管道如图 1-6-5 所示。

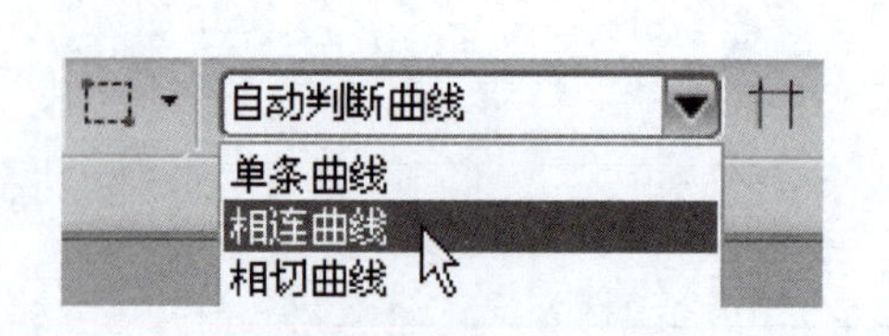

图 1-6-4　过滤器下拉列表

图 1-6-5　创建主管道

步骤1　创建一个与“XC-YC”平面成75°的基准平面1。

单击“菜单”→“插入”→“基准/点”→“基准平面”，或单击□按钮，弹出“基准平面”对话框1，具体操作如下：

（1）在“类型”下拉列表中选择 **成一角度**，如图1-6-6所示。

（2）弹出“基准平面”对话框2，如图1-6-7所示，单击“平面参考”面板⊕按钮，选择“XC-YC”平面。

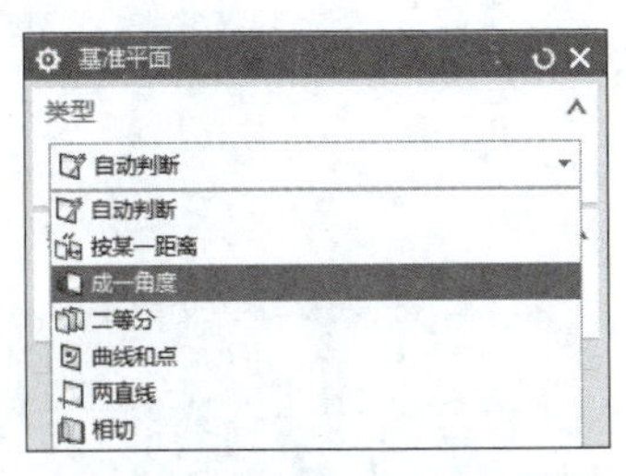

图1-6-6　“基准平面”对话框（1）

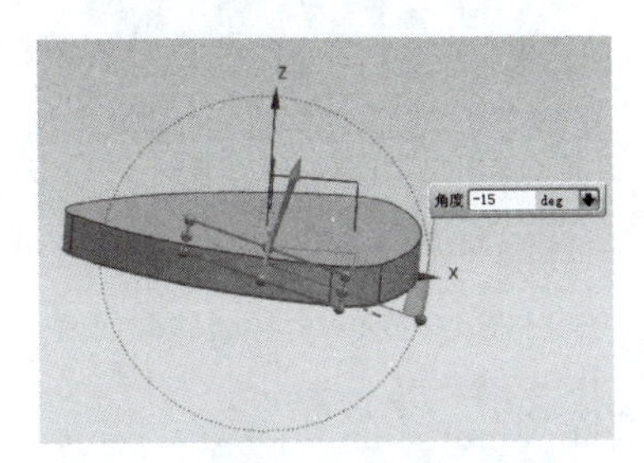

图1-6-8　基准平面1的创建

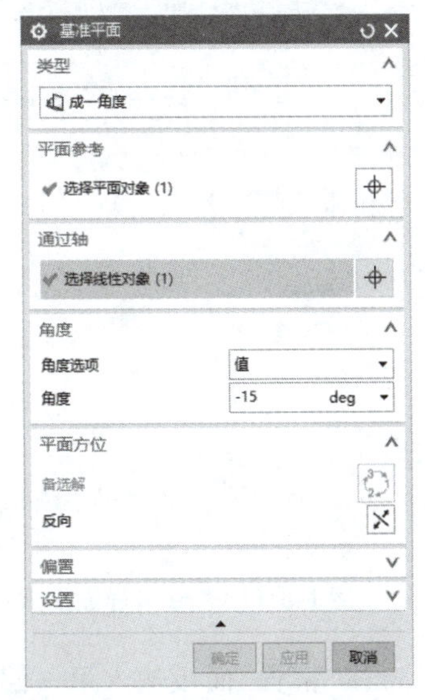

图1-6-7　“基准平面”对话框（2）

（3）单击“通过轴”面板按钮⊕，选择“YC”轴。

（4）在“角度选项”下拉列表中选择“值”，“角度”值输入“－15”，如图1-6-7所示。

（5）单击 应用 → 取消，即可完成基准平面1的创建，如图1-6-8所示。

步骤2　绘引导线草图。

单击按钮，选择“XC-ZC”平面为草图平面，按图1-6-9所示尺寸绘引导线草图。

步骤3　绘截面线草图。

单击按钮，选择步骤1所创建的基准平面1作为草图平面，按图1-6-10所示尺寸绘截面线草图。（注意：绘草图时，将视图渲染方式选择为 静态线框(W)）。

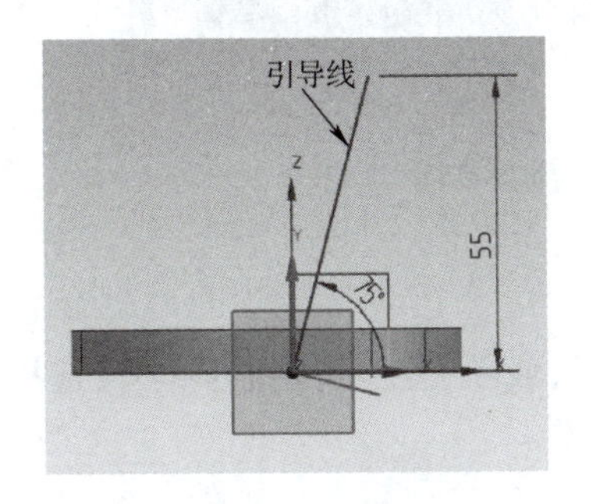

图1-6-9　引导线草图

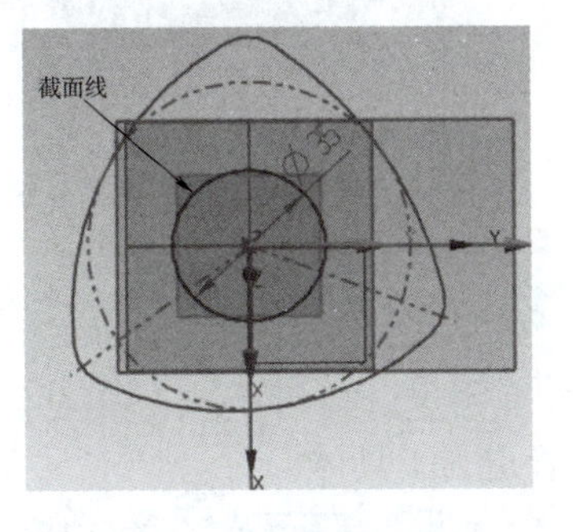

图1-6-10　截面线草图

步骤 4 主管道建模——沿引导线扫掠。

单击“菜单”→“插入”→“扫掠”→“沿引导线扫掠”，弹出“沿引导线扫掠”对话框，如图 1-6-11 所示，具体操作如下：

(1)单击“截面”面板按钮，选择截面线，如图 1-6-12 所示。

(2)单击“引导线”面板按钮，选择引导线；如图 1-6-12 所示。

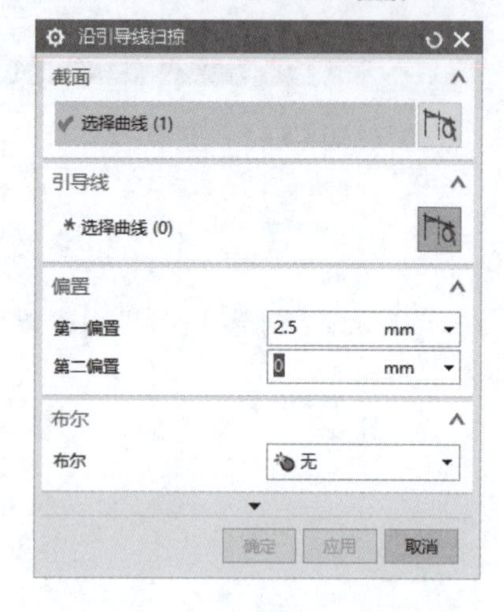

图 1-6-11 “沿引导线扫掠”对话框

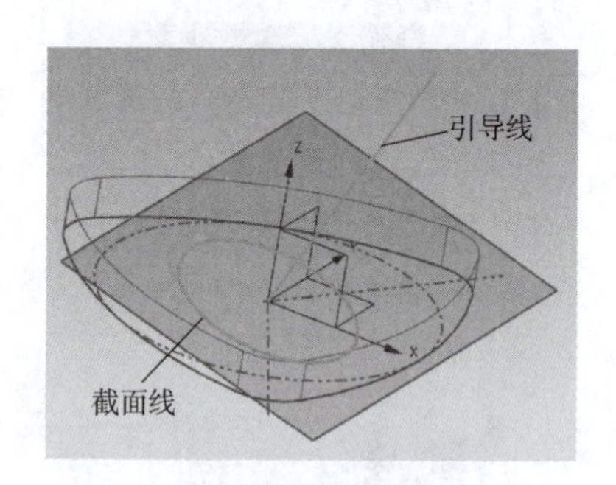

图 1-6-12 引导线和截面线

(3)在“偏置”面板输入第一偏置“2. 5”，第二偏置“0”。

(4)单击 应用 → 取消，即可完成沿引导线扫掠。

(5)单击按钮，在下拉列表中选择 带边着色(A)，扫掠后的管道实体如图 1-6-13(a)所示。

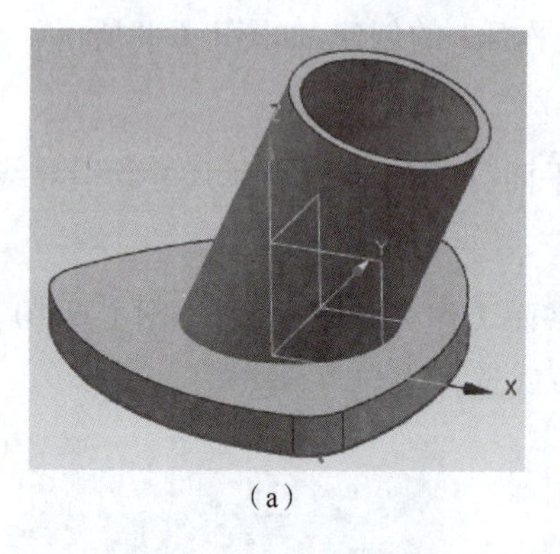

(a)

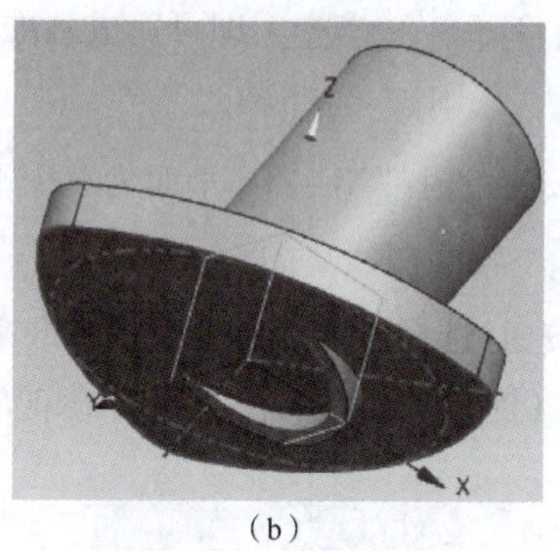

(b)

图 1-6-13 扫掠后的管道实体

步骤 5 底座和主管道合并成整体——合并。

(1)单击“菜单”→“插入”→“组合”→“合并”，或单击工具按钮 合并，选择底座为目标体，选择管道为工具体。

(2)单击 应用 → 确定，合并完毕。

步骤 6　修剪多余管道。

从图 1-6-13(b)可看出，扫掠后的管道有部分伸出基座底部，必须修剪掉。

单击“菜单”→“插入”→“修剪”→“修剪体”，或单击工具按钮，弹出“修剪体”对话框，如图 1-6-14 所示，具体操作如下：

(1)单击“目标”面板按钮，选择步骤 5 合并后的实体。

(2)在“刀具选项”下拉列表中选择新平面。

(3)单击“刀具”面板按钮，选择底座底面作为刀具面，距离为“0”，如图 1-6-15 所示。

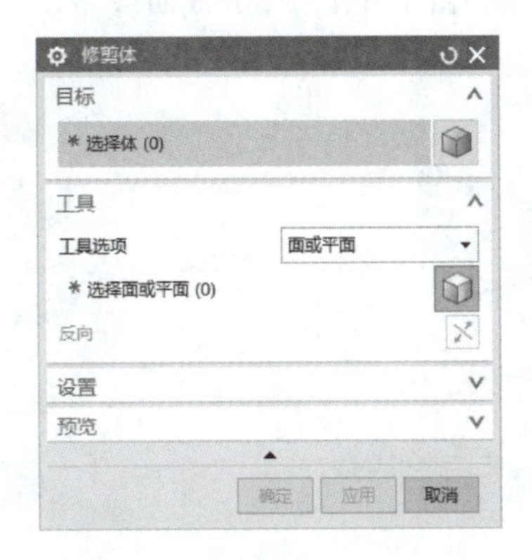

图 1-6-14　“修剪体”对话框

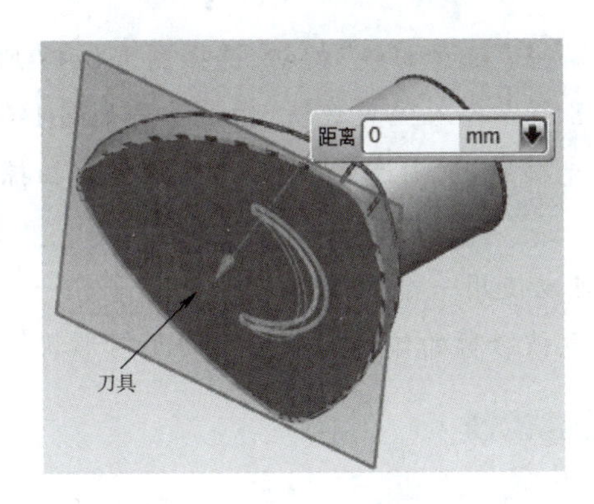

图 1-6-15　刀具面

(4)单击应用→取消，即可完成修剪，如图 1-6-16 所示。

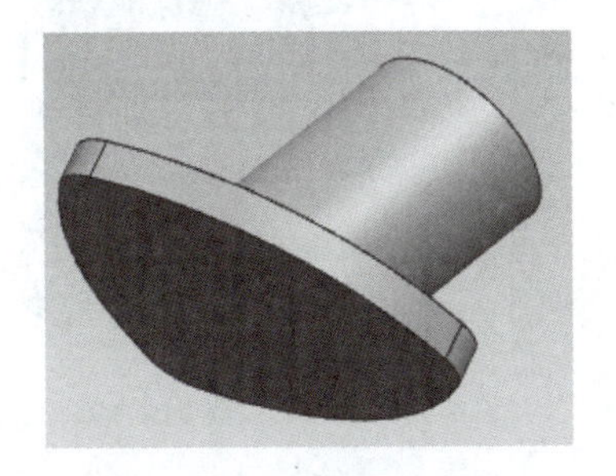

图 1-6-16　修剪后的实体

相关知识

沿引导线扫掠——功能详解

通过一引导线串扫掠一开口或封闭边界草图、曲线、边缘或表面建立一个实体或片体。移动的线称为截面线串，其路径称为引导线串。截面线串和引导线串可以是任何类型的曲线，扫掠的方向是引导线的切线方向，扫掠的距离是引导线的长度。

扫掠的一般创建步骤如下：

(1)选择截面线串。选择如图 1-6-17 所示截面线串。

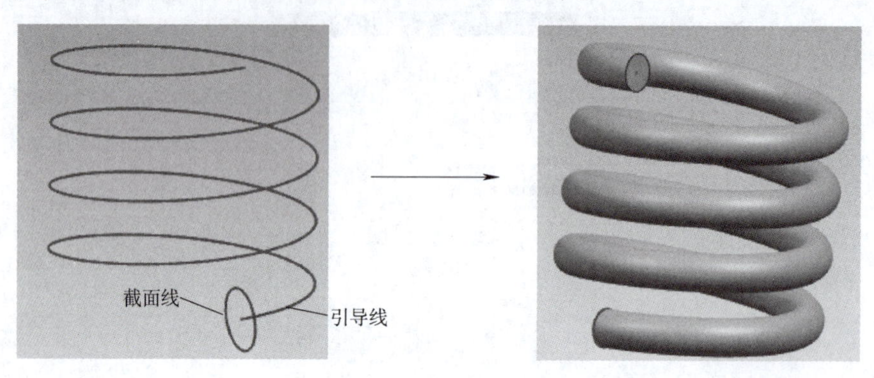

图 1-6-17　沿引导线扫掠

(2)选择引导线串。单击“选择曲线”按钮，选择图 1-6-17 所示引导线串，单击 确定 按钮。也可以按图 1-6-18 所示输入偏置数值，扫掠结果如图 1-6-19 所示。

注意：引导线必须是光顺的、切向连续的，否则无法创建扫掠特征。

修剪体——功能详解

通过“修剪体”命令可以使用一个面或者基准平面修剪一个或者多个目标体。选择要保留的体的一部分，并且被修剪的体具有修剪体的几何形状。

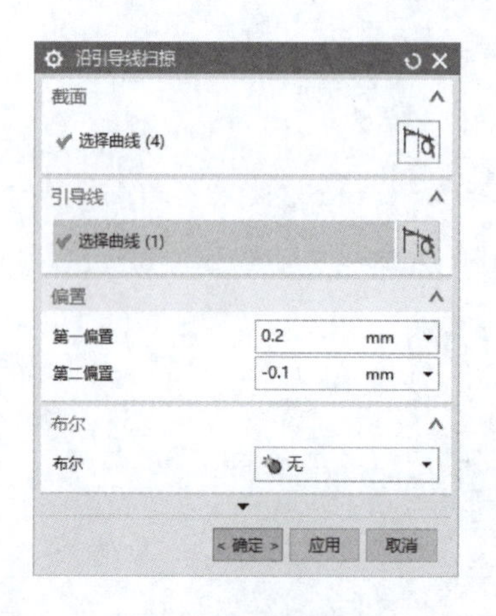

图 1-6-18　偏置设置

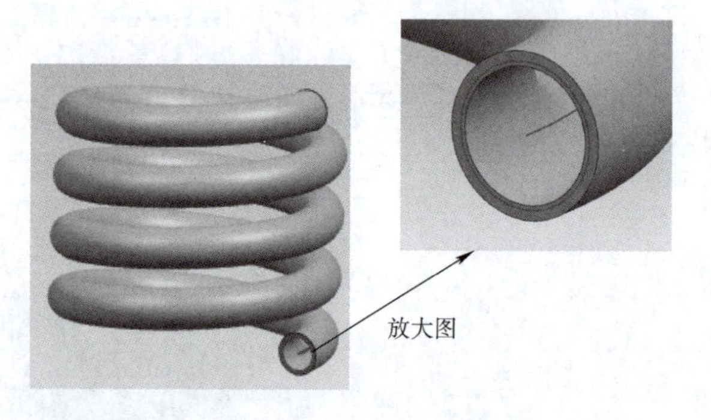

图 1-6-19　偏置设置后的实体

(1) 法矢的方向确定目标体的保留部分。箭头指向远离保留的体的部分，如图 1-6-20 所示。

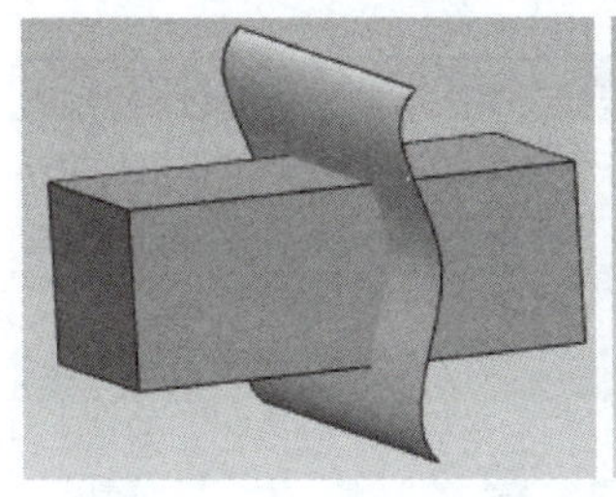
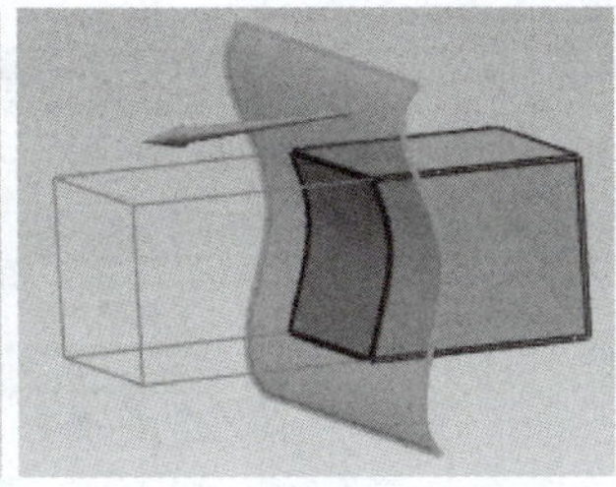
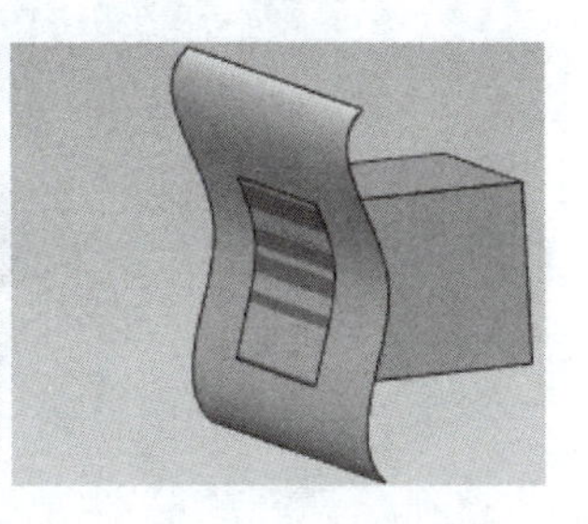

图 1-6-20　矢量指向于保留体

(2) 在执行"修剪体"命令后，弹出如图 1-6-21 所示对话框，对话框中各面板含义具体如下：

①"目标"：用于选择被裁剪的对象。

②"工具"：用于选择裁剪的工具。工具可以是现有的实体面或者基准平面，也可以新建一个平面。

③"反向"：单击按钮，可以改变裁剪的方向。

注意：当使用面修剪实体时，面的大小必须足以完全切过体。

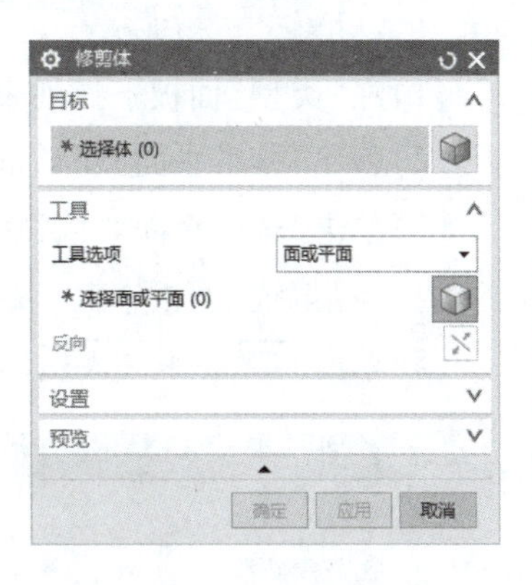

图 1-6-21　"修剪体"对话框

学习要点记录

3. 创建分管道

在完成的主管道上创建两个分管道，具体尺寸如图 1-6-1 所示，完成后的分管道如图 1-6-22 所示。

步骤 1　创建一个与"XC-YC"平面平行，距离为"22"的基准平面 2。

单击"菜单"→"插入"→"基准/点"→"基准平面"，或单击工具按钮，弹出"基准平面"对话框 1，如图 1-6-23 所示，具体操作如下：

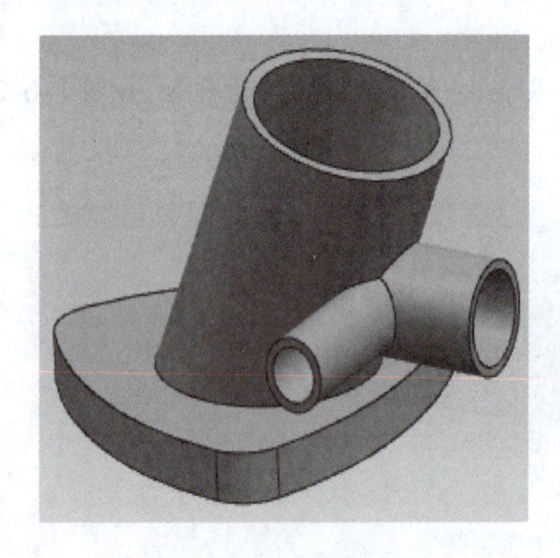

图 1-6-22　创建分管道

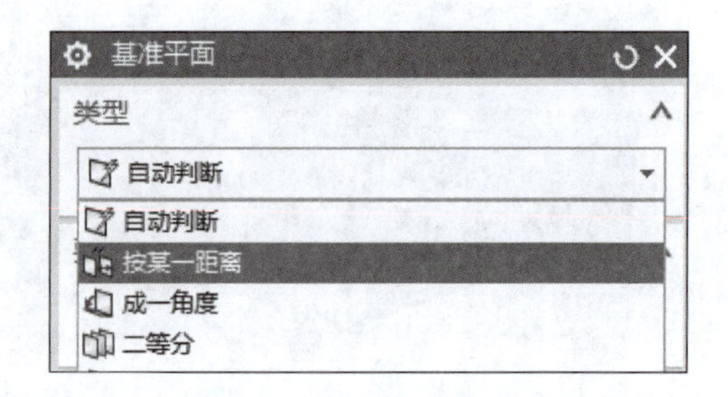

图 1-6-23　基准平面对话框 1

(1)在“类型”面板下拉列表中选择。

(2)弹出“基准平面”对话框 2,如图 1-6-24 所示。

(3)单击“选择平面对象”按钮,选择“XC-YC”平面作为参考平面。

(4)在“偏置”面板中输入距离“22”。

(5)单击 应用 → 取消 ,即可完成基准平面 2 的创建,如图 1-6-25 所示。

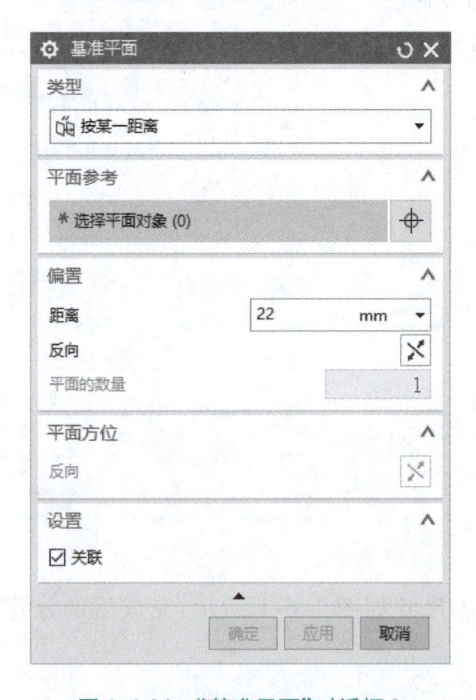

图 1-6-24　“基准平面”对话框 2

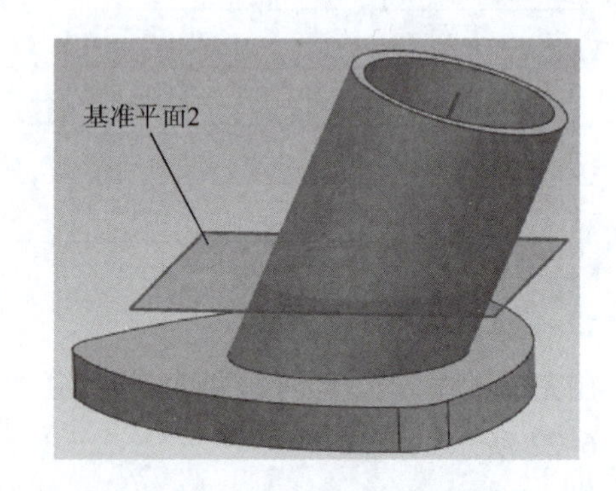

图 1-6-25　基准平面 2

步骤 2　创建两个分管道轴线交点。

单击“菜单”→“插入”→“派生曲线”→“投影”,弹出“投影曲线”对话框,如图 1-6-26 所示,具体操作如下:

(1)选择要投影的直线:单击“要投影的曲线或点”面板工具按钮，选择图 1-6-27 所示的直线作为要投影的直线。

(2)选择要投影的面:单击“要投影的对象”面板“选择对象”按钮，再单击“指定平面”，选择如图 1-6-27 所示的主管道的外表面作为要投影的面。

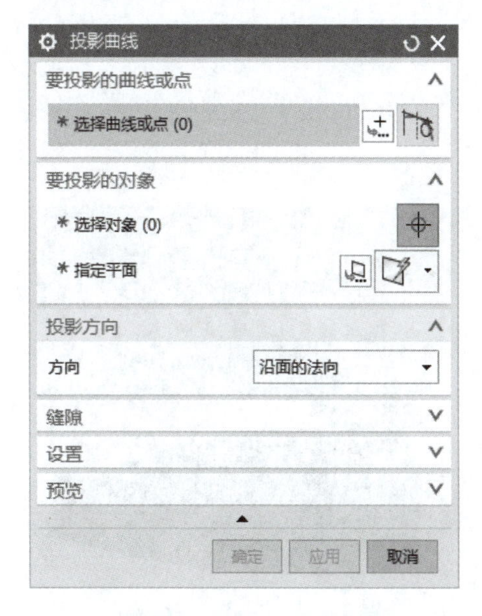

图 1-6-26　“投影曲线”对话框

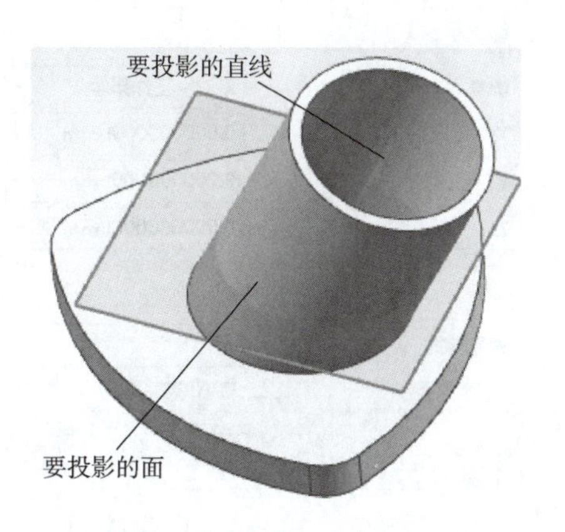

图 1-6-27　投影的直线和面

(3)单击 应用 → 取消 ，即可完成直线的投影，如图 1-6-28 所示。

(4)单击“插入”→“基准/点”→“点”，弹出“点”对话框 1，如图 1-6-29 所示。

图 1-6-28　投影得到的直线

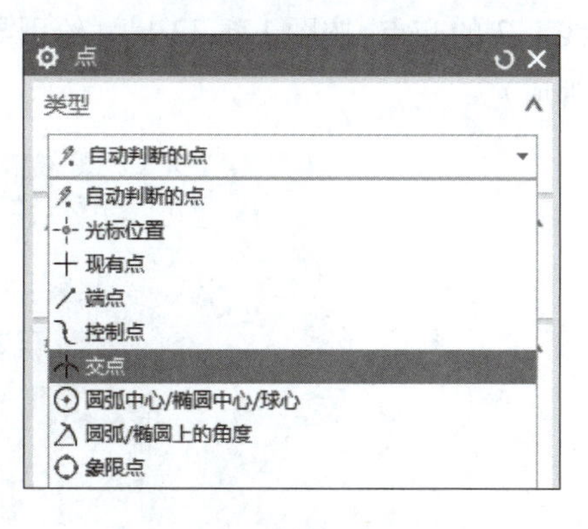

图 1-6-29　“点”对话框(1)

(5)在“类型”面板下拉列表中选择 交点，弹出“点”对话框 2，如图 1-6-30 所示。

(6)单击“曲线、曲面或平面”面板按钮，选择步骤 1 所创建的基准平面 2。

(7)单击“要相交的曲线”面板按钮，选择(3)中投影得到的直线。

(8)单击 应用 → 取消 ，即可得到的直线与平面交点，如图 1-6-31 所示。

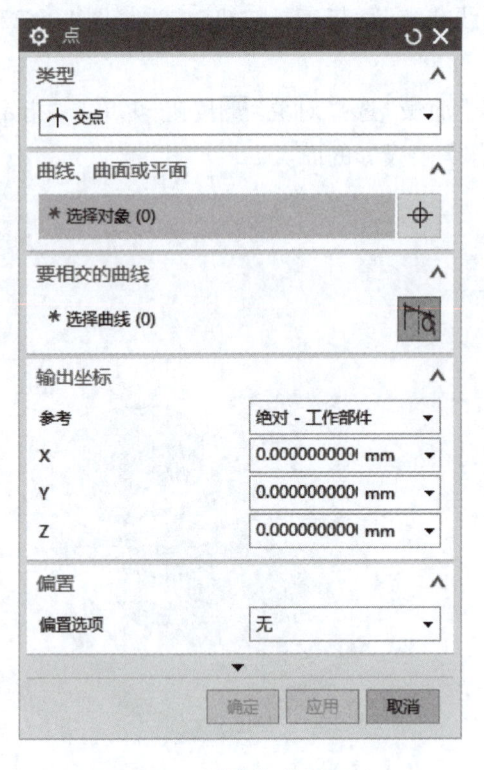

图 1-6-30 “点”对话框(2)

图 1-6-31 直线与平面交点

步骤 3 创建两个分管道引导线 1,2。

单击按钮,选择基准平面 2(步骤 1 中创建)作为草图平面,捕捉步骤 2 创建的交点为两引导线 1、2 的交点,按图 1-6-32 尺寸绘引导线 1,2 的草图(注意将引导线 1 反向延长至穿透主管道)。

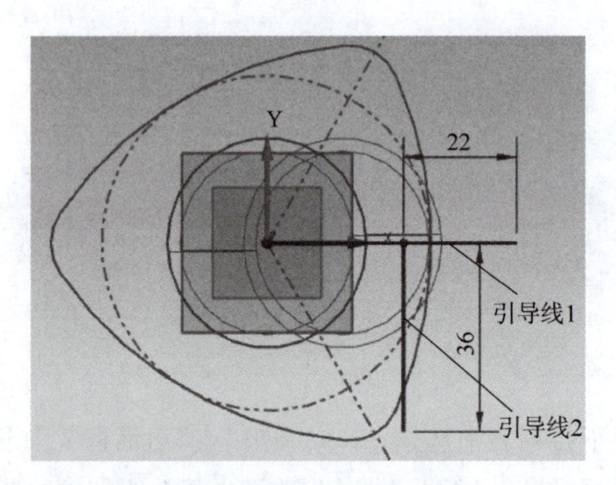

图 1-6-32 引导线 1,2 草图

步骤 4 创建分管道 1。

单击“菜单”→“插入”→“扫掠”→“管道”,弹出“管道”对话框,如图 1-6-33 所示,具体操作如下:

（1）单击“路径”面板按钮，选择步骤 3 所绘制的引导线 1。

（2）在“横截面”面板输入外径“18”，内径“15”。

（3）单击 应用 → 取消，即可完成分管道 1 的扫掠，如图 1-6-34 所示。

步骤 5　创建分管道 2。

重复上述步骤 4，选择引导线 2，在“横截面”面板输入外径“12”，内径“9”，即可完成分管道 2 的扫掠，如图 1-6-34 所示。

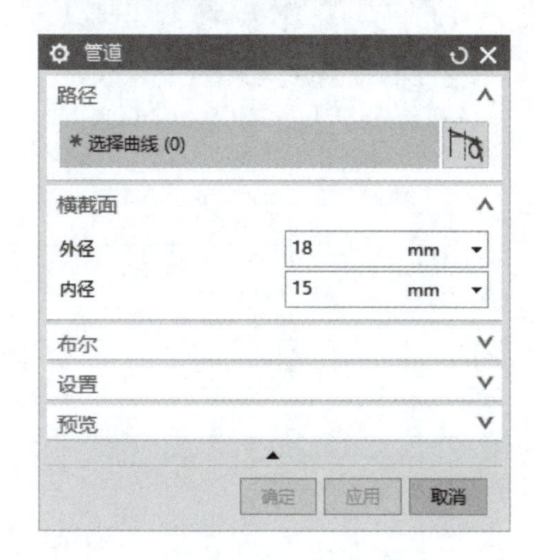

图 1-6-33　“管道”对话框

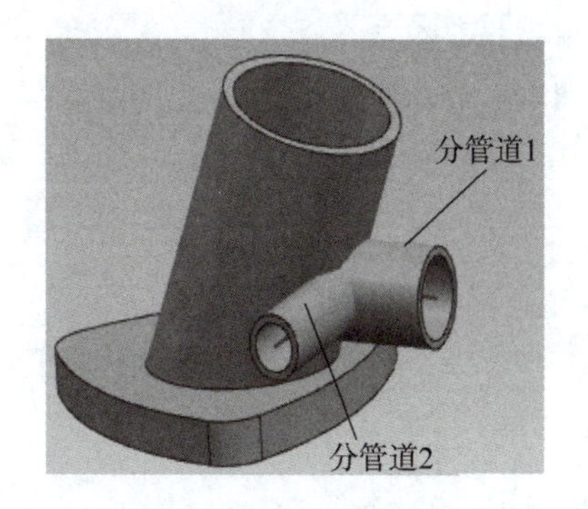

图 1-6-34　分管道图

步骤 6　将分管道和主管道合并成整体——合并。

（1）择菜单“插入”→“组合”→“合并”，或单击 合并按钮，选择底座为目标体，选择分管道 1 和分管道 2 为工具体。

（2）单击 应用 → 确定，合并完毕。

步骤 7　去除多余管道——拉伸。

求和后的实体还存在多余管道，必须去除；主管道和基座尚未连通，主管道中有多余的分管道，分管道 1，2 也尚未连通，去除多余管道和连通管道的具体操作如下：

（1）单击按钮，弹出“拉伸”对话框。

（2）单击“方向”面板按钮，选择主管道轴线，如图 1-6-35 所示。

（3）单击“截面”面板按钮，选择主管道内表面边缘曲线，如图 1-6-35 所示。

（4）在“限制”面板中输入开始距离“0”，结束下拉列表中选择 直至选定对象。

（5）单击“限制”面板按钮，选择基座下底面作为选定对象。

（6）在“布尔”面板下拉列表中选择“求差”。

（7）单击 应用 → 取消，即可完成拉伸，如图 1-6-36 所示。

（8）重复上述步骤（1）～（6），分别选择分管道 1，2 内径边缘为拉伸截面，去除分管道 1、2 中的多余管道。

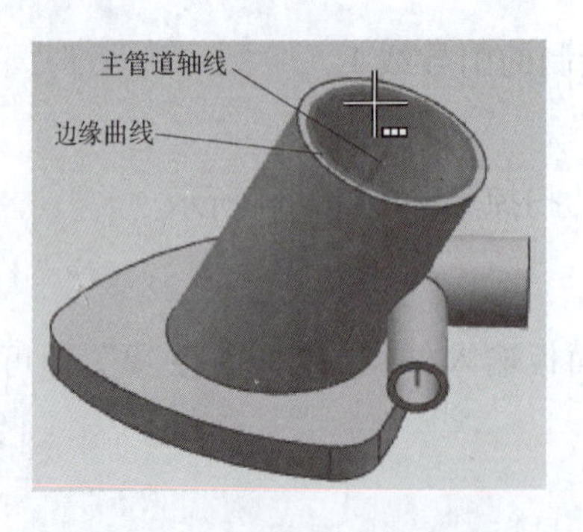

图 1-6-35　拉伸方向和边缘

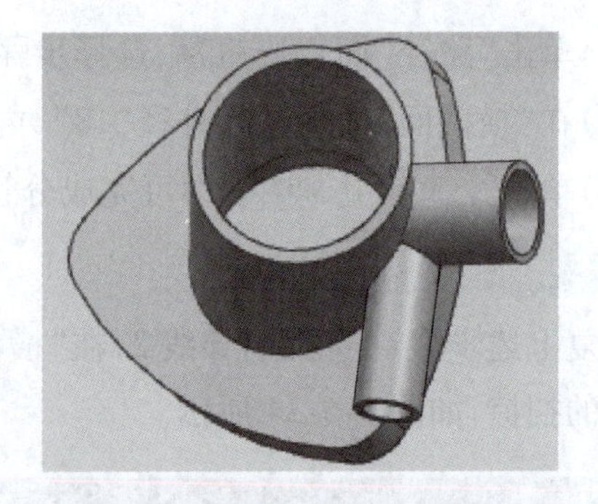

图 1-6-36　拉伸并求差后的主管道

学习要点记录

相关知识

管道——功能详解

使用管道可以通过沿着一个或多个相切连续的曲线或边扫掠一个圆形截面来创建单个实体，如图 1-6-37 所示。

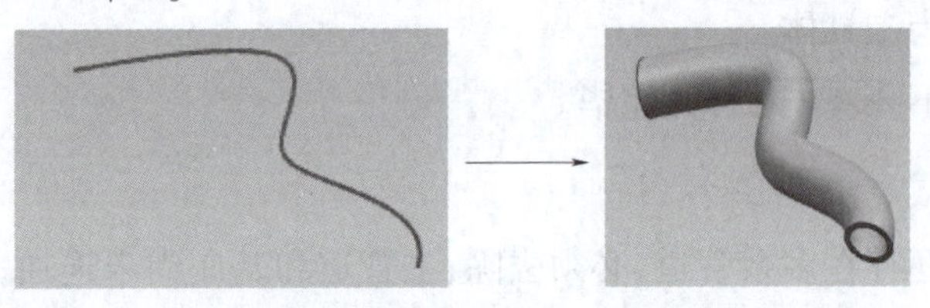

图 1-6-37　管道特征

在执行“管道”命令后，弹出图 1-6-38 所示对话框，部分功能说明如下。

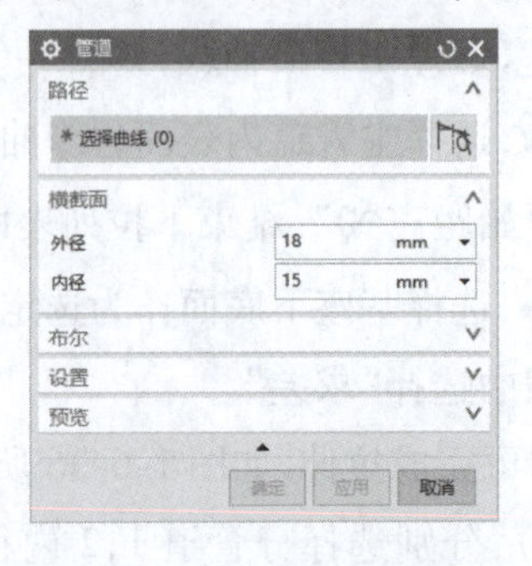

图 1-6-38　“管道”对话框

(1)“路径”：选择管道延伸的路径。

(2)“横截面”：指定管道的外径和内径，内径可以为0。

(3)“布尔”：设置管道与原有实体的关系，包括“无”“合并”“求差”“相交”。

管道输出类型如图1-6-39所示。

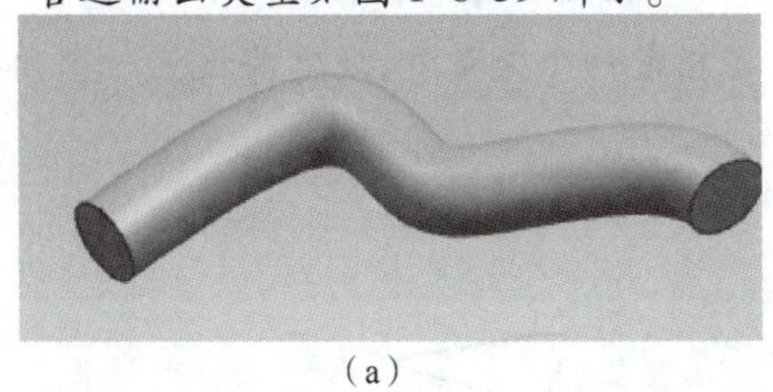

(a)

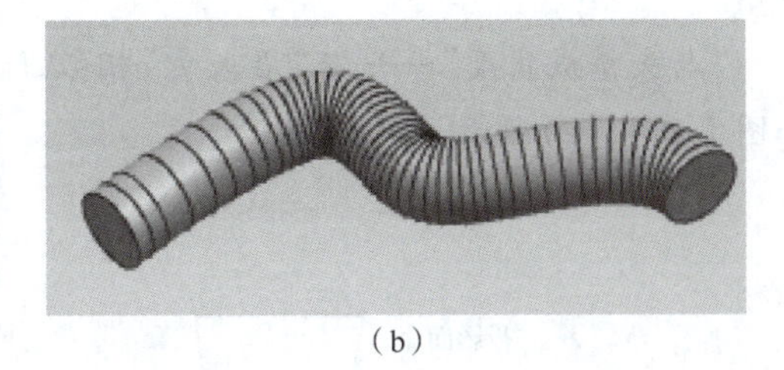

(b)

图1-6-39 管道输出类型

投影曲线——功能详解

投影是将曲线或点投影到曲面上，超出投影曲面的部分将被自动截取。在执行“投影曲线”命令后，弹出图1-6-40所示对话框，其中各项功能说明如下：

(1)“要投影的曲线或点”：用于选择要投影的曲线或点。

(2)“要投影的对象”：用于选择要投影的对象，可以是面、小平面体或者基准平面，也可以是定义的平面。

(3)“投影方向”：可以是“沿面的法向”“朝向点”“朝向直线”“沿矢量”与“矢量成角度”等。投影方向不同，投影结果不同。图1-6-41所示为投影方向为“朝向直线”时得到的投影结果。

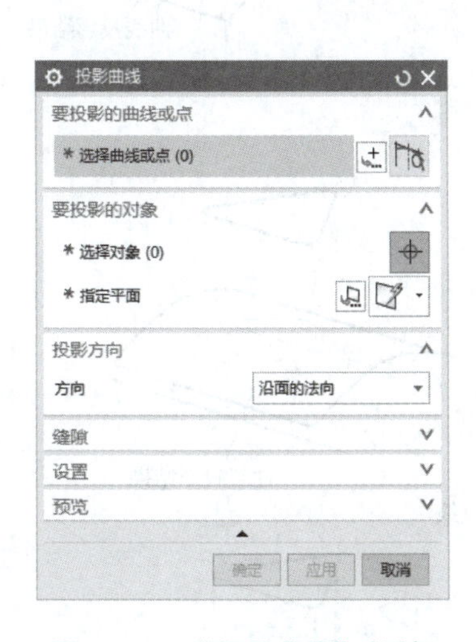

图1-6-40 “投影曲线”对话框

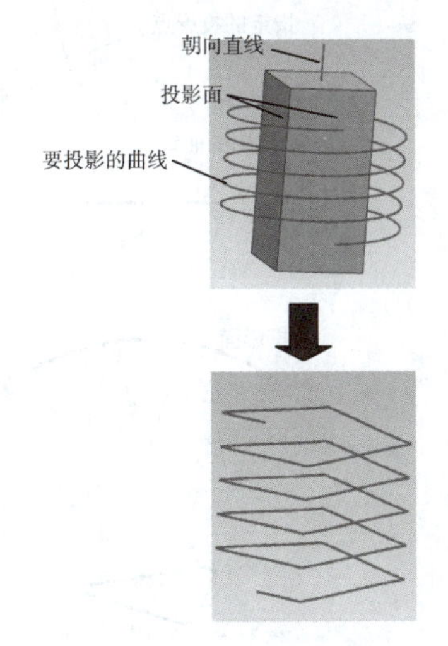

图1-6-41 “朝向直线”投影

“沿面的法向”——将所选点或曲线沿着曲面或平面的法线投影到此曲面或平面上，如图1-6-42(a)所示。

“朝向点”——将所选点或曲线与指定点相连，与投影曲面的交线即为点或曲线在投影面上的投影，如图1-6-42(b)所示。

“朝向直线”——将所选点或曲线向指定线投影，在投影面上的交线即为投影线，如图 1-6-42(c)所示。

“沿矢量”——将所选点或曲线沿指定的矢量方向投影到投影面上，如图 1-6-42(d)所示。

“与矢量成角度”——与“沿矢量”相似，除了指定一个矢量外，还需要设置一个角度，如图 1-6-42(e)所示。

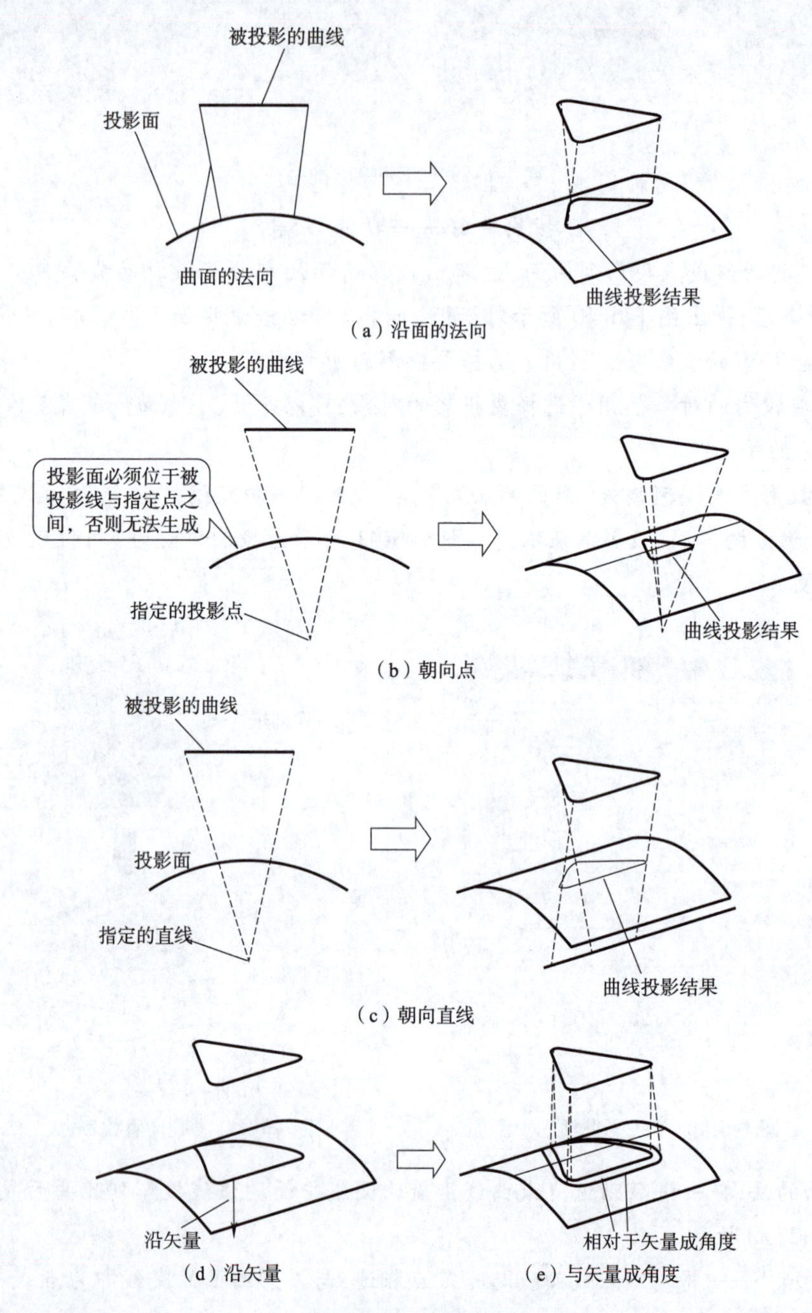

图 1-6-42　投影方向

4. 创建沉头孔

步骤 1 创建沉头孔。

单击“菜单”→“插入”→“设计特征”→“孔”，或单击工具按钮，弹出“孔”对话框，具体操作如下：

(1) 在“形状和尺寸”面板下拉列表中选择 沉头孔。

(2) 在“尺寸”面板输入沉头直径“18”，沉头深度“3”，直径“9”，深度“10”。

(3) 在“布尔”面板下拉列表中选择“求差”。

(4) 单击“位置”面板工具按钮，捕捉基座圆角上圆弧圆心作为指定点。

(5) 单击 应用 → 取消，即可完成孔的创建。

步骤 2 阵列孔——阵列特征。

单击“菜单”→“插入”→“关联复制”→“阵列特征”，或单击按钮，弹出“阵列特征”对话框 1，如图 1-6-43 所示，具体操作如下：

(1)“要形成阵列的特征”选择 沉头孔 (4)。

(2) 在“阵列定义”面板“布局”选择 圆形。

(3)“指定矢量”选择 ZC。

(4)“指定点”选择默认原点。

(5)“数量”和“节距角”，分别输入“3”，“120”。

(6) 单击“确定”按钮即可完成孔的阵列，如图 1-6-44 所示。

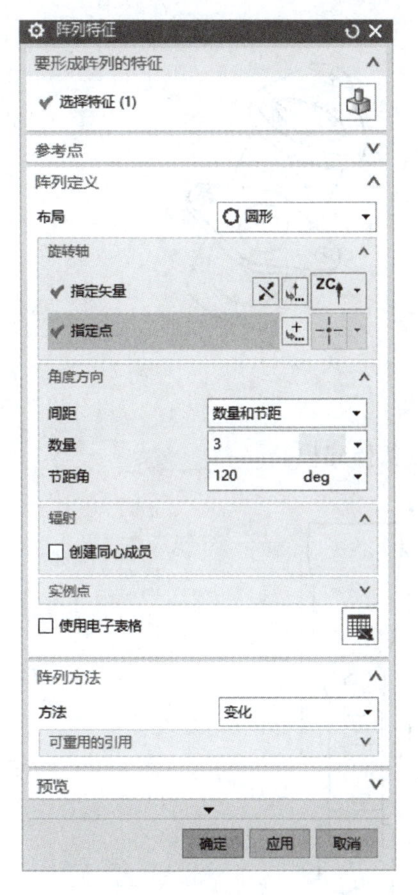

图 1-6-43 “阵列特征”对话框

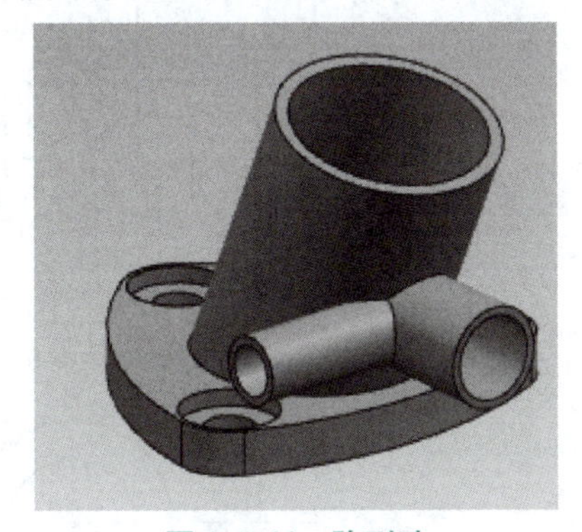

图 1-6-44 阵列孔

知识拓展

两个分管道的建模除了可用“管道”命令外，在 UG NX 软件中，还可运用沿引导线扫掠功能完成。

拓展练习

1. 采用适当的特征工具完成图 1-6-45 实体建模。

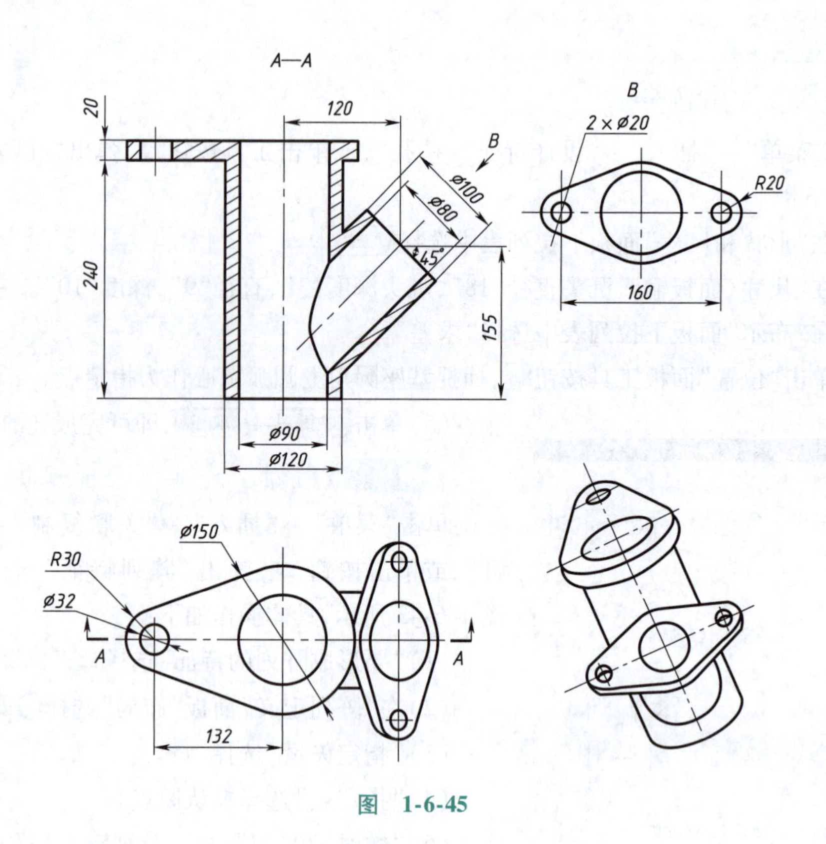

图 1-6-45

2. 采用适当的特征工具完成图 1-6-46 所示零件的实体建模。

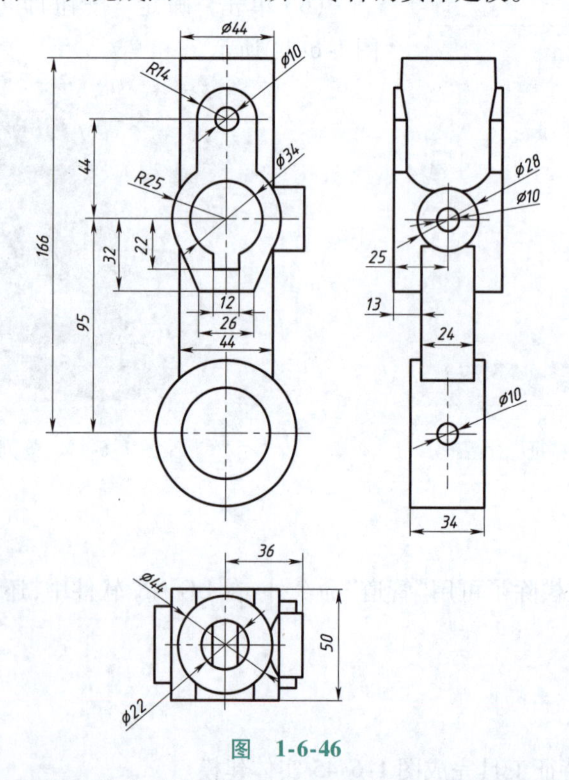

图 1-6-46

3. 采用适当的特征工具完成如图 1-6-47 所示图形的实体建模。

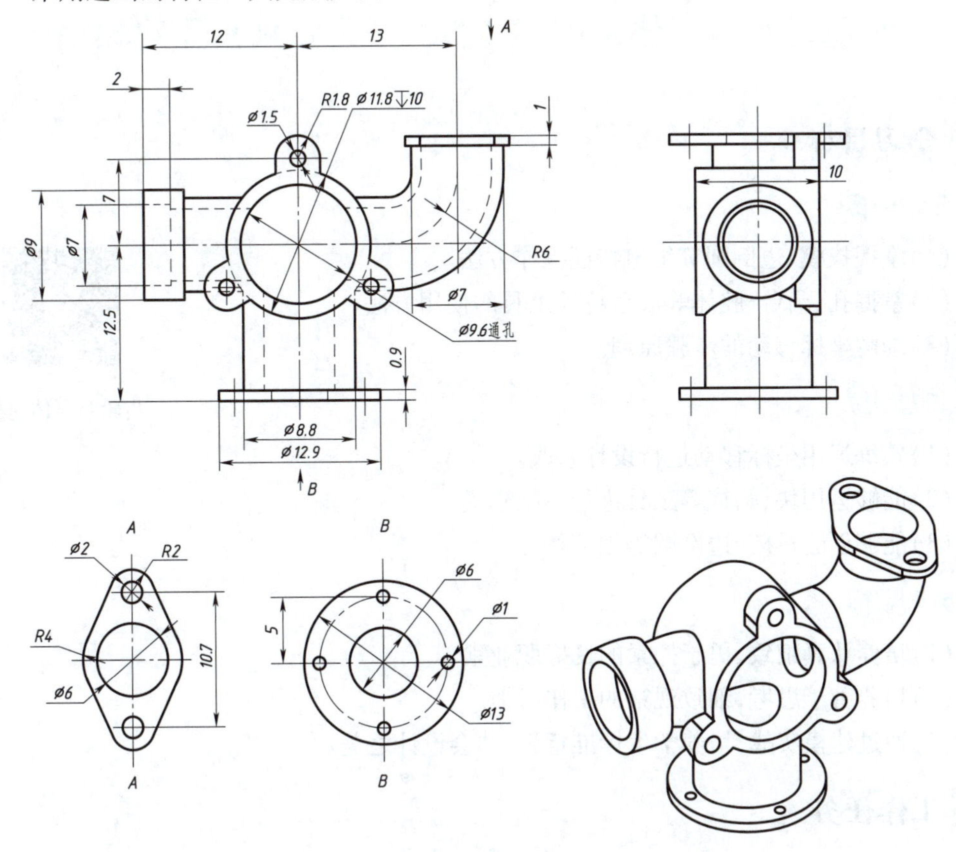

图 1-6-47

学习心得

项目七　箱体叉架类零件——齿轮泵泵体建模

学习目标

知识目标

(1)掌握拔模、边倒圆等细节特征操作方法。

(2)掌握孔、凸台、腔体等成型特征工具的使用方法。

(3)理解坐标移动的步骤原理。

齿轮泵泵体建模

能力目标

(1)熟练运用坐标移动进行设计修改。

(2)能够运用块、圆柱等工具进行三维建模。

(3)能够创建拔模、边倒圆等细节特征。

素质目标

(1)培养认真细致、勇于探索的良好职业素养。

(2)培养善于思考,细致观察的工作习惯。

(3)通过建模实战,培养学生标准意识,体会设计之美。

工作任务

创建箱体叉架类零件——齿轮泵泵体,如图 1-7-1 所示。

项目分析

齿轮泵泵体由主体、密封座、定位销,螺纹和沉头孔等部分组成,主体由底板和泵壳组成,因此,创建此传动轴可分四步:①创建齿轮泵主体;②创建泵壳和和底板通槽;③创建密封座和凸台;④创建孔、螺纹及圆角。

项目分解

名称	内　容	采用的方法和手段	创建流程	其他方法
1	创建齿轮泵主体	块,坐标移动,圆柱体,边倒圆		
2	创建泵壳和底板通槽	孔,腔体		草图,拉伸布尔运算,求差

续上表

名称	内　　容	采用的方法和手段	创建流程	其他方法
3	创建密封座和凸台	草图,拉伸,凸台	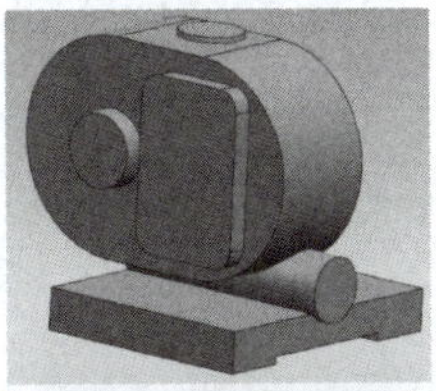	
4	创建孔、螺纹及圆角	孔,螺纹,镜像特征,阵列特征	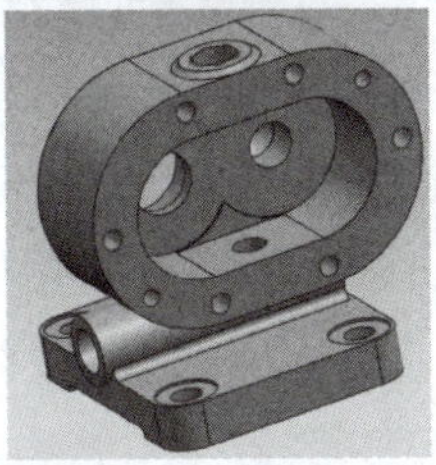	

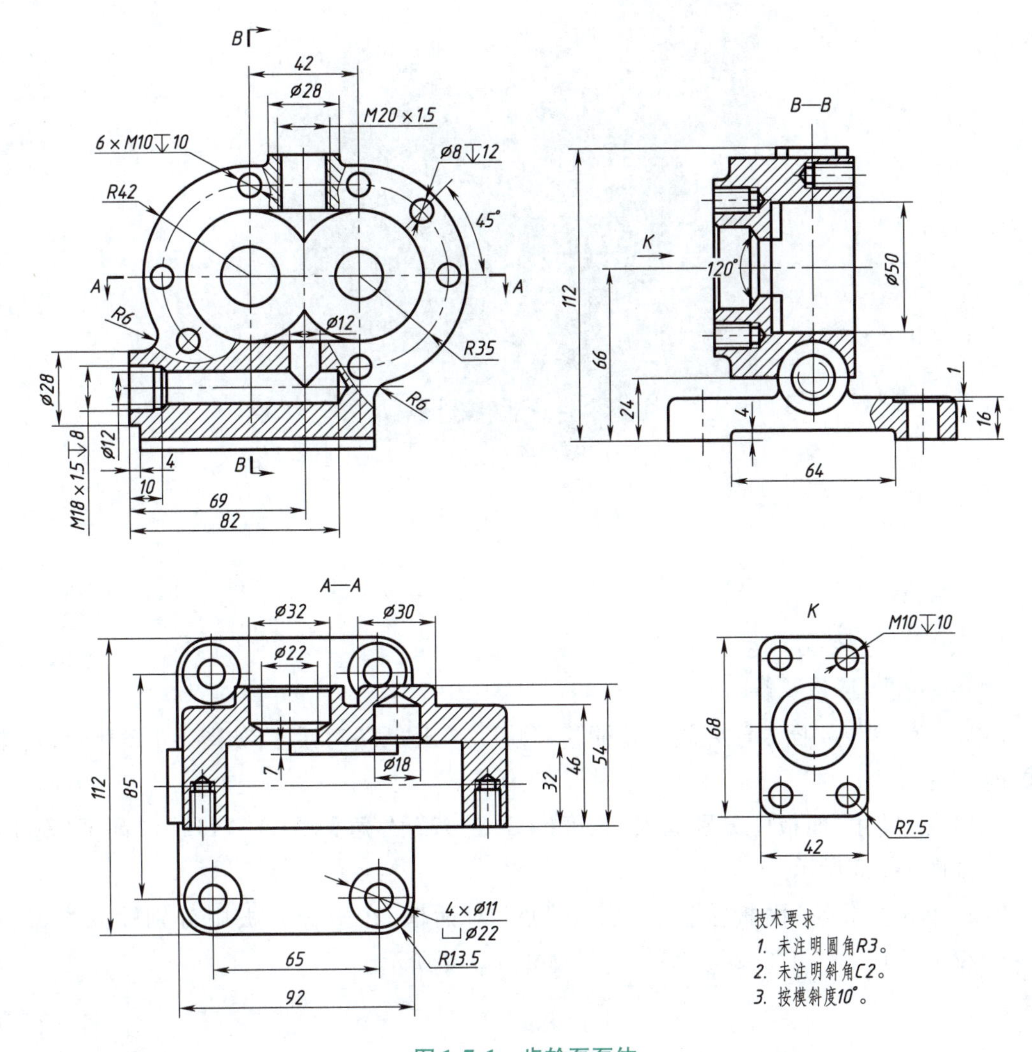

图 1-7-1　齿轮泵泵体

想一想:这个建模流程你有没有更好的建议,有的话请写下来分享经验。有其他的建模方法的话,请在下方填写。

还可以这么做:

项目实施

1. 创建齿轮泵主体

创建由底板、泵壳构成的齿轮泵主体,如图 1-7-2 所示。

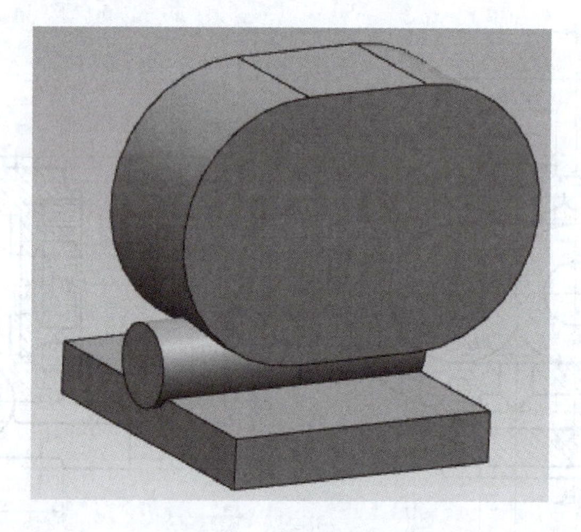

图 1-7-2 齿轮泵主体

步骤 1 启动 UG NX 软件,新建一个名称为"chilunbeng"的部件文件,选择保存文件路径,进入建模模块。

步骤 2 底板建模。

单击"菜单"→"插入"→"设计特征"→"块",弹出"块"对话框,如图 1-7-3 所示,具体操作如下:

(1)在"尺寸"面板中分别输入"长度(XC)""92","宽度(YC)""112","高度(ZC)""16",如图 1-7-3 所示。

(2)单击"原点"面板按钮 ,弹出"点"对话框,在坐标面板中分别输入"XC":"-92/2","YC":"-112/2","ZC":"0",如图 1-7-4 所示。

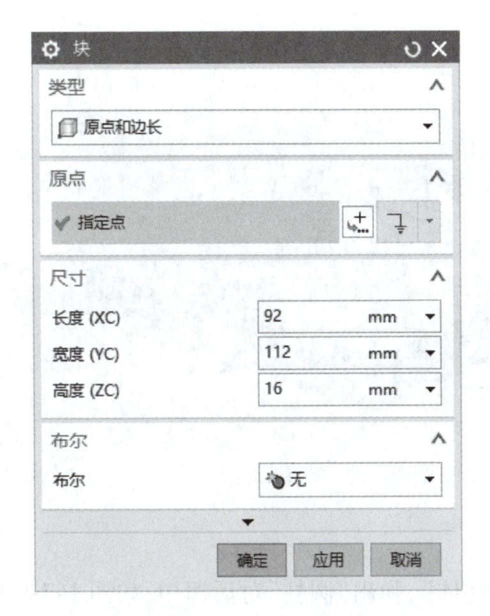

图 1-7-3　“块”对话框

图 1-7-4　“点”对话框

(3)单击[确定]按钮,自动返回“块”对话框,单击[确定],即可完成底板的创建,如图 1-7-5 所示。

步骤 3　移动坐标系。

单击“菜单”→“格式”→“WCS”→“原点”,如图 1-7-6 所示;弹出“点”对话框,如图 1-7-7 所示,具体操作如下:

(1)在“坐标”面板中分别输入“XC”:“ -92/2”,“YC”:“0”,“ZC”:“16”或利用点捕捉功能直接选取底板上表面的“YC”轴方向棱边的中点(见图 1-7-5),以该点来定义新坐标系原点的位置。

(2)单击[确定]按钮,即可完成坐标系的移动操作。(可通过单击“菜单”→“格式”→“WCS”→“显示”,来显示移动后的坐标系,如图 1-7-8 所示,可看出,此时的坐标原点已经移动。)

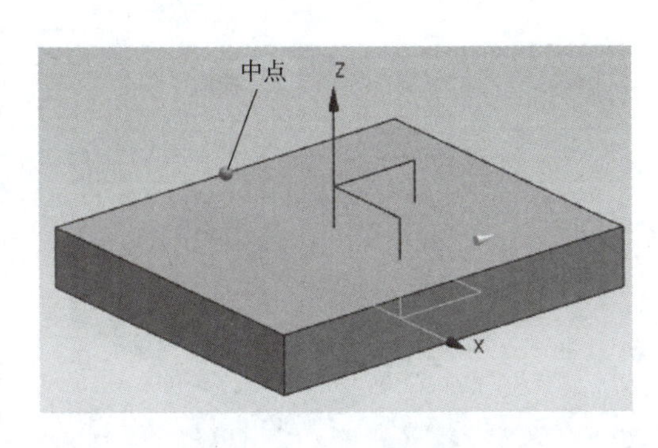

图 1-7-5　底板建模图

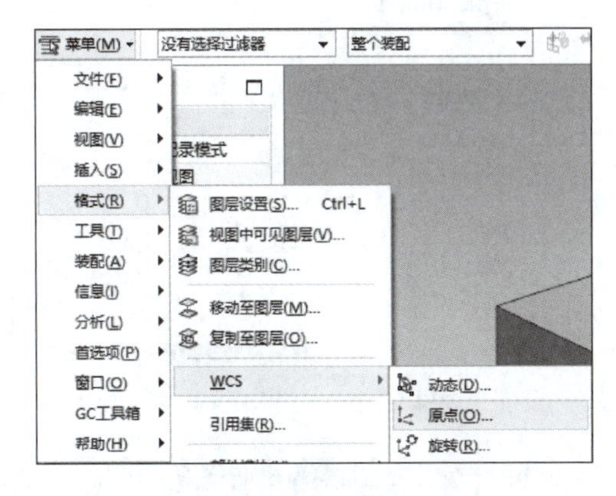

图 1-7-6　“格式”菜单

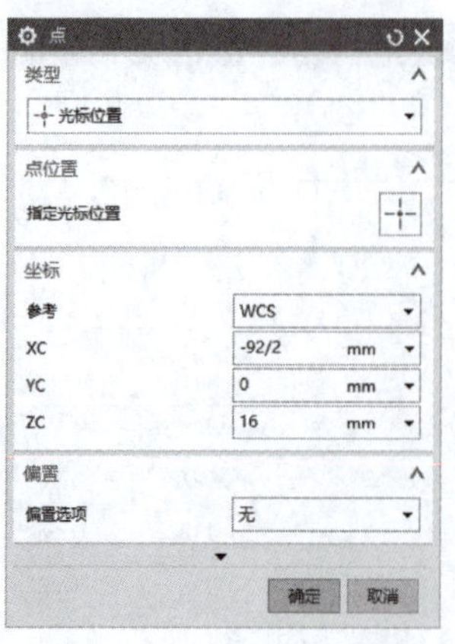

图 1-7-7 “点”对话框

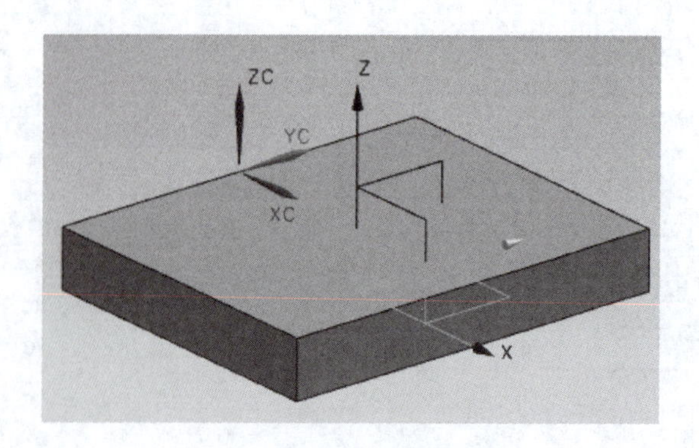

图 1-7-8 坐标显示

步骤 4 创建圆柱体。

单击“菜单”→“插入”→“设计特征”→“圆柱体”，弹出“圆柱”对话框中，如图 1-7-9 所示，具体操作如下：

（1）在“尺寸”面板中输入直径“28”，高度“94”。

（2）在“指定矢量”下拉列表中选择XC，如图 1-7-10 所示。

（3）单击“指定点”面板工具按钮，如图 1-7-10 所示。

（4）弹出“点”对话框，“坐标”面板中输入“XC”：“ −4”，“YC”：“0”，“ZC”：“24-16”，单击确定按钮。

（5）在“布尔”面板下拉列表中选择“合并”。

（6）单击应用→取消即可完成圆柱体的创建，如图 1-7-11 所示。

步骤 5 创建泵体——块。

单击“菜单”→“插入”→“设计特征”→“块”，弹出的“块”对话框，具体操作如下：

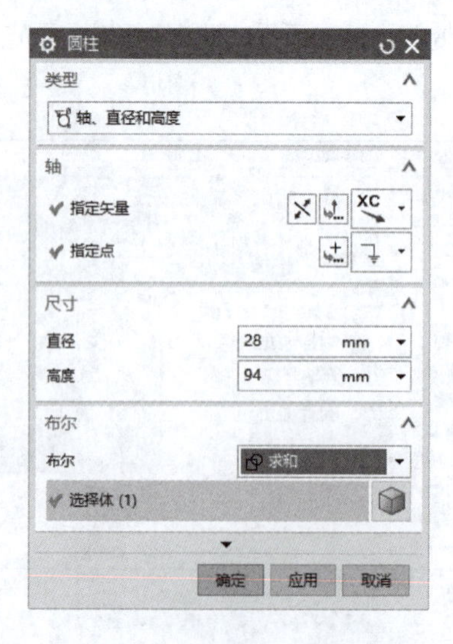

图 1-7-9 “圆柱”对话框

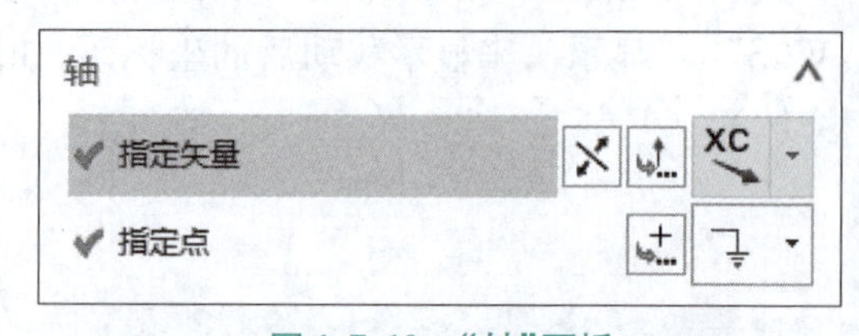

图 1-7-10 “轴”面板

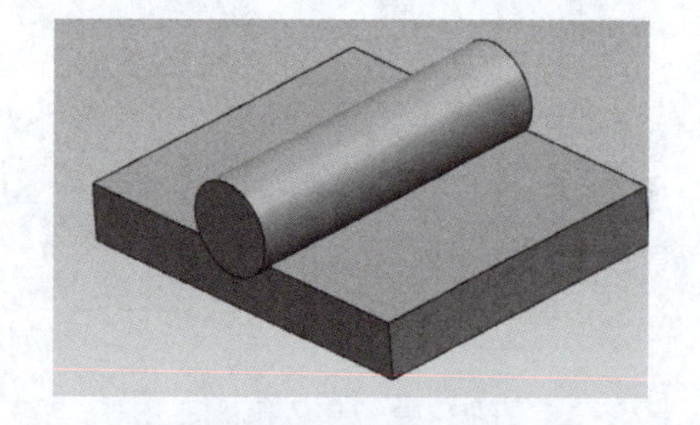

图 1-7-11 “圆柱体”建模

(1)在“尺寸”面板中输入“长度(XC)”“42 * 3”,“宽度(YC)”“46”,“高度(ZC)”“42 * 2”。

(2)单击“原点”面板工具按钮,弹出“点”对话框。

(3)在“输出坐标”面板“参考 WCS”中输入“XC”:“0”,“YC”:“ -32/2”,“ZC”:“24-16”。

(4)单击 确定 按钮,自动返回“块”对话框,单击 确定 。

(5)在“布尔”面板下拉列表中选择“合并”。

(6)单击 应用 → 取消 ,即可完成块的创建,如图 1-7-12 所示。

步骤 6　创建基准平面 1,2。

单击“菜单”→“插入”→“基准/点”→“基准平面”,或单击按钮。

(1)依次选取泵体的上下表面,单击 应用 按钮,完成基准平面 1 的创建,如图 1-7-13 所示。

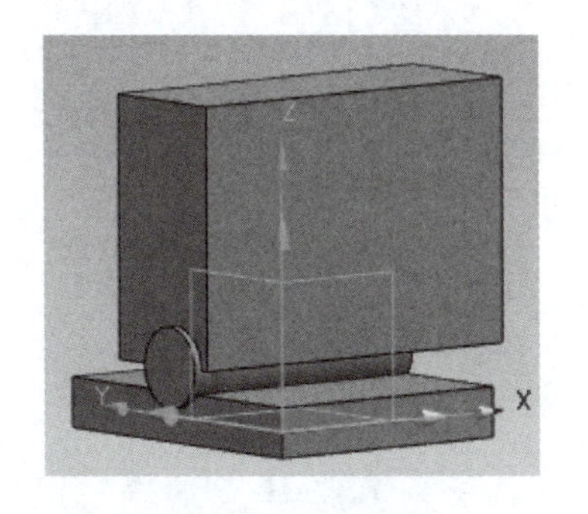

图 1-7-12　泵壳建模

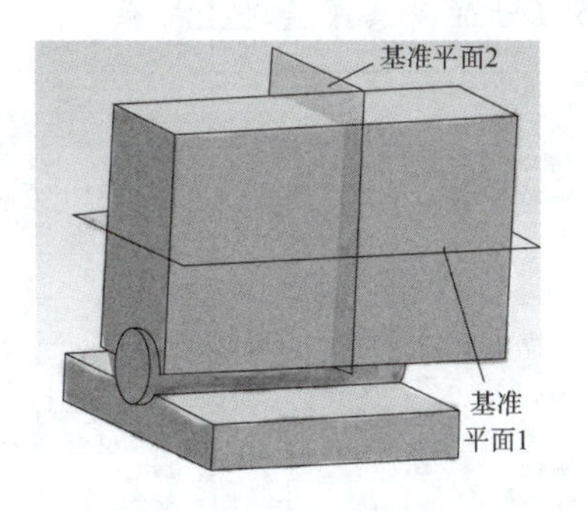

图 1-7-13　基准平面

(2)再依次选取泵体的左右两个侧面,单击 应用 按钮,完成基准平面 1 的创建,如图 1-7-13 所示。

步骤 7　创建圆角。

单击“菜单”→“插入”→“细节特征”→“倒圆角”,或单击工具按钮,弹出“边倒圆”对话框。

(1)输入“Radius”:“42”,选择步骤 5 创建的泵体的四个水平棱边。

(2)单击 应用 → 取消 ,即可完成齿轮泵主体的创建,如图 1-7-14 所示。

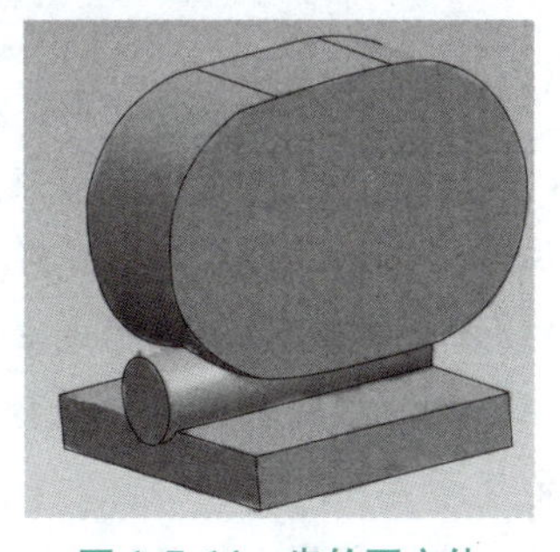

图 1-7-14　齿轮泵主体

学习要点记录

相关知识

坐标系操作——功能详解

UG NX 中有两种坐标系,分别是绝对坐标系(ACS)和工作坐标系(WCS)。绝对坐标系(ACS)是模型空间坐标系,它的原点和方位固定不变。工作坐标系(WCS)是用户当前使用的坐标系,它的原点和位置是可以改变的,在一个部件文件中,坐标系可以有多个,但绝对坐标系只有一个。

在菜单栏选择“格式”→“WCS”,系统会弹出图 1-7-15 所示级联菜单,利用该级联菜单,可对当前的工作坐标系进行原点平移或绕某个坐标轴旋转操作。

(1)在菜单栏选择“格式”→“WCS”→“动态”,或单击工具按钮,绘图区将出现图 1-7-16 所示的动态或旋转坐标系。

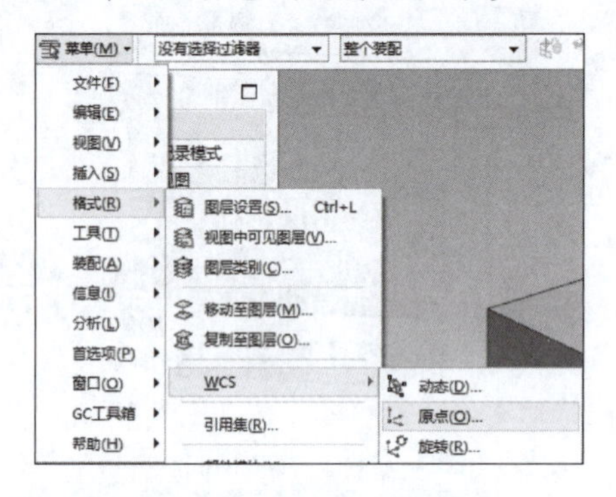

图 1-7-15 “WCS”联级菜单

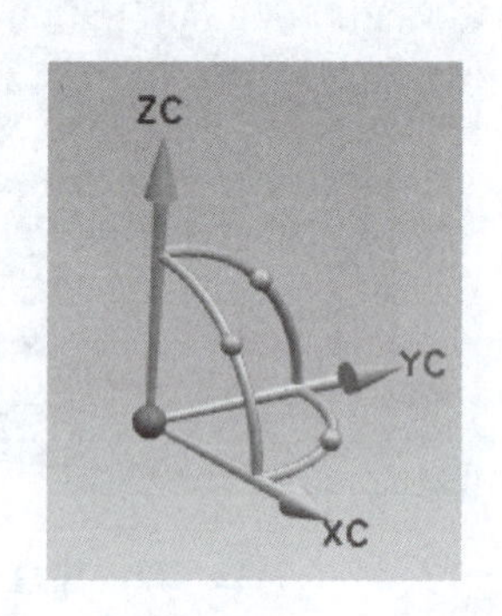

图 1-7-16 动态移动或旋转坐标

①选择坐标原点手柄,可将坐标原点拖动到满意位置,按鼠标中键完成拖动。

②动态移动坐标。选择“XC”“YC”或“ZC”轴的移动手柄,可将坐标原点拖动至满意位置。如选择“ZC”轴,在弹出的距离文本框中输入“5”,按回车键,则坐标轴原点在 XC、YC 方向的位置不变,沿着 ZC 轴向上平移 5,如图 1-7-17 所示。

③动态旋转坐标。选择“XC”“YC”或“ZC”轴之间的旋转手柄,在捕捉文本框中输入角度增量,可实现坐标旋转。如图 1-7-18 所示,选择“ZC”和“XC”轴之间的手柄,在弹出的角度文本框中输入“45”,按回车键,则坐标轴绕着“YC”轴顺时针旋转 45°。

(2)单击“菜单”→“格式”→“WCS”→“原点”,或单击工具按钮,弹出“点”对话框,如图 1-7-19 所示,用户可在对话框中输入具体坐标值,来确定一个工作坐标系。同时也可以通过点捕捉功能来实现。点的坐标系确定后,坐标系的原点将移动至该点,但坐标轴的方向不变。

(3)单击“菜单”→“格式”→“WCS”→“旋转”,或单击工具按钮,弹出“旋转 WCS 绕…”对话框,如图 1-7-20 所示。通过该对话框,可将当前坐标系绕某一轴旋转指定角度,从而定义新的工作坐标系。其中“+ZC 轴:XC→YC”表示绕“+ZC”轴旋转,“XC”轴向“YC”轴方向旋转,旋转角度在“角度”文本框中输入,默认为 90°。系统提供了六种旋转方法。

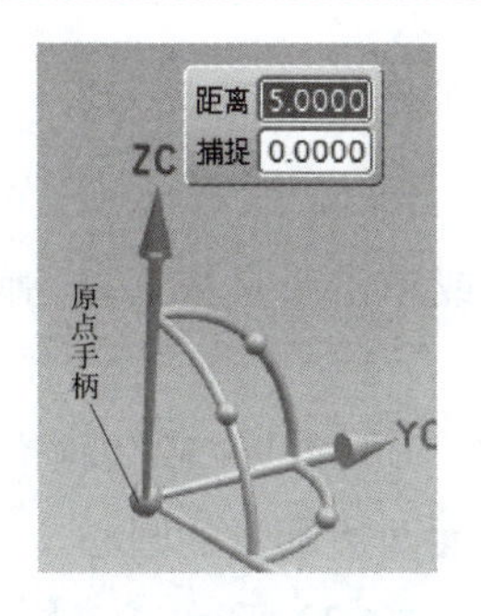

图 1-7-17　动态移动坐标

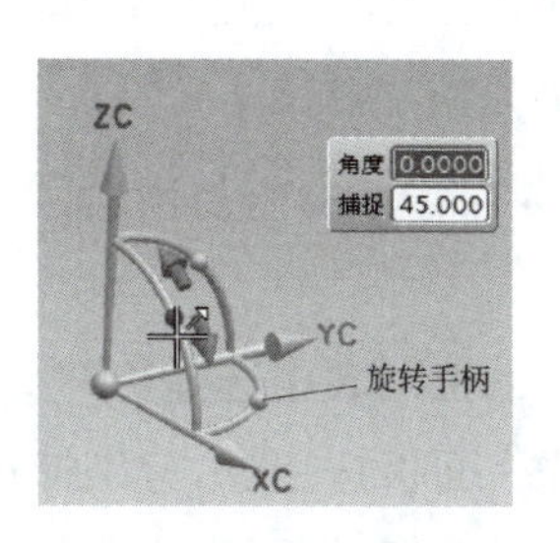

1-7-18　动态旋转坐标

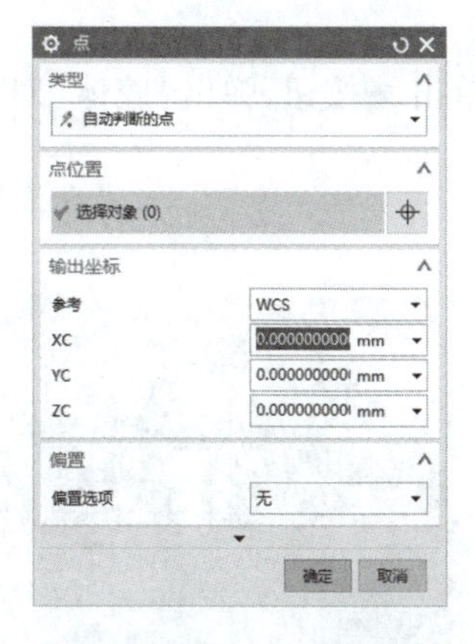

图 1-7-19　“点”对话框

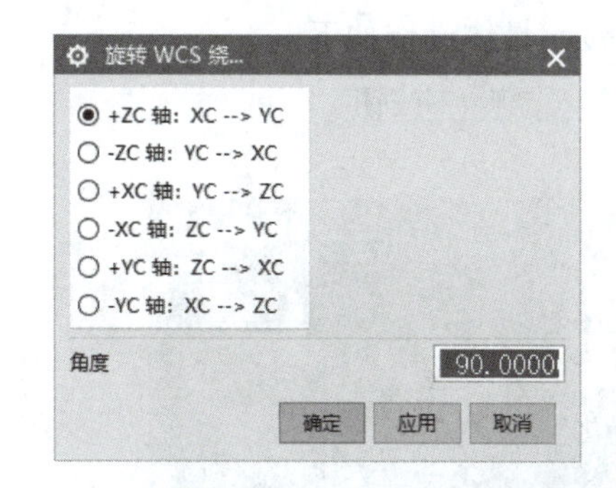

图 1-7-20　“旋转 WCS 绕...”对话框

(4)单击“菜单”→“格式”→“WCS”→“定向”，或单击工具按钮，弹出“WCS”对话框，如图 1-7-21 所示“CSYS”对话框，通过该对话框可以构造需要的坐标系。

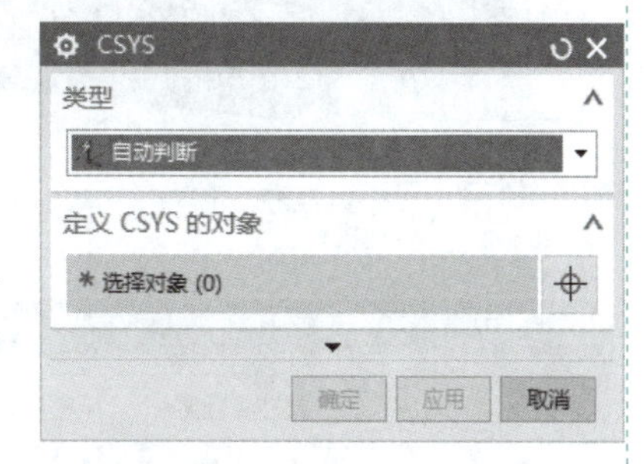

图 1-7-21　“CSYS”对话框

(5)单击“菜单”→“格式”→“WCS”→“设为绝对 WCS”，或单击按钮，将 WCS 移动到绝对坐标系的位置和方位。

(6)单击“菜单”→“格式”→“WCS”→“更改 XC 方向”，或单击按钮，弹出“点”对话框，利用该对话框来创建或选择一个点，系统以原点和该点在 XC-YC 平面上的投影点的联系方向作为新坐标系的“XC”方向，而原坐标系的“ZC”轴方向不变。

(7)单击“菜单”→“格式”→“WCS”→“更改 *YC* 方向”，或单击工具按钮，操作方法及原理同上。

(8)单击“菜单”→“格式”→“WCS”→“显示”，或单击按钮，可使坐标系显示或隐藏。

(9)单击“菜单”→“格式”→“WCS”→“保存”，或单击按钮，可以将当前坐标系保存，使其成为已存坐标系。

2. 创建泵壳和底板通槽

在已创建的泵体主体上创建泵壳和底板腔体,如图 1-7-22 所示。

步骤 1　创建泵壳孔。

单击“菜单”→“插入”→“设计特征”→“孔”,或单击工具按钮,弹出“孔”对话框,具体操作如下:

(1)在“形状”下拉列表中选择简单,输入直径“50”,深度“32”,顶锥角“0”。

(2)单击“位置”面板按钮,分别捕捉泵壳前面两边圆弧的圆心。

(3)单击“确定”按钮,即可完成孔的创建,如图 1-7-23 所示。

步骤 2　创建泵壳腔体。

单击“菜单”→“插入”→“设计特征”→“腔体”,或单击按钮,弹出“腔体”对话框,如图 1-7-24 所示,具体操作如下:

(1)单击矩形按钮。

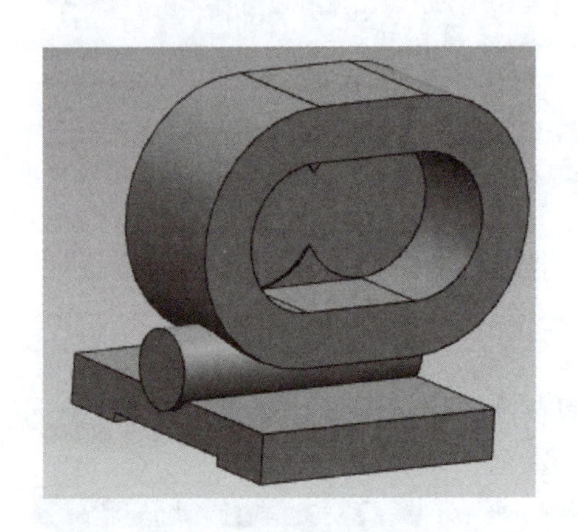

图 1-7-22　泵壳创建

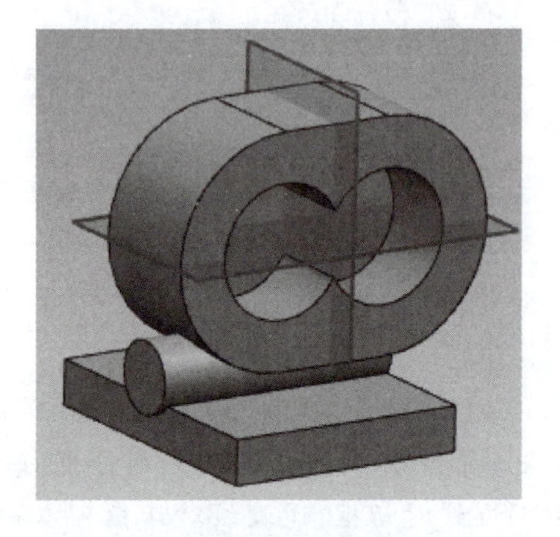

图 1-7-23　泵壳孔的创建

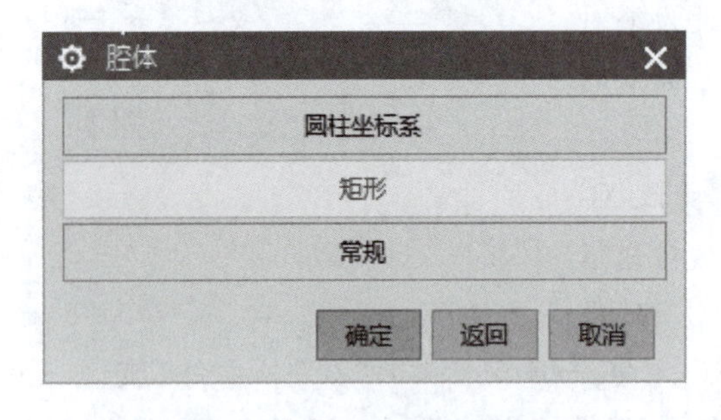

图 1-7-24　“腔体”对话框

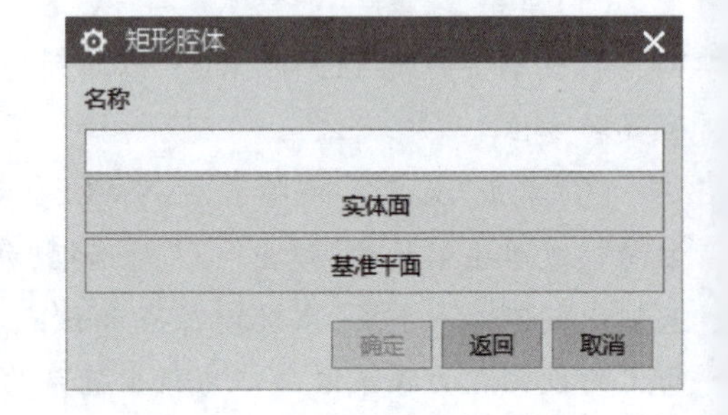

图 1-7-25　“矩形腔体”对话框(1)

(2)弹出“矩形腔体”对话框 1,如图 1-7-25 所示。选择泵壳前表面为矩形放置面,如图 1-7-26 所示。

(3)弹出“水平参考”对话框,单击基准轴,如图 1-7-27 所示;选择“X 轴”为水平参考。

图 1-7-26　放置面

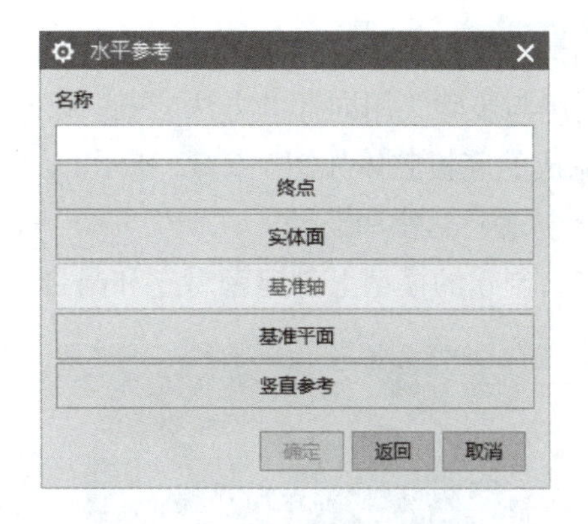

图 1-7-27　“水平参考”对话框

(4)弹出“矩形腔体”对话框,如图 1-7-28 所示,输入长度“42”,宽度“50”,深度“31”,单击“确定”按钮。

(5)弹出“定位”对话框,如图 1-7-29 所示,单击,选择基准平面 1 为目标边,预览腔体在 X 方向的定位线(绿色虚线)为工具边,如图 1-7-30 所示。

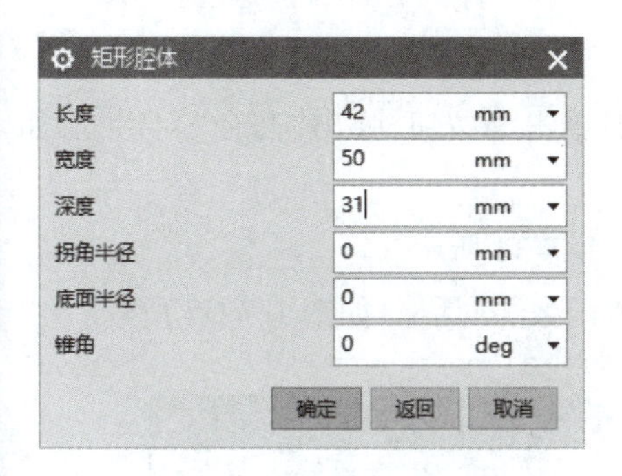

图 1-7-28　“矩形腔体”对话框(2)

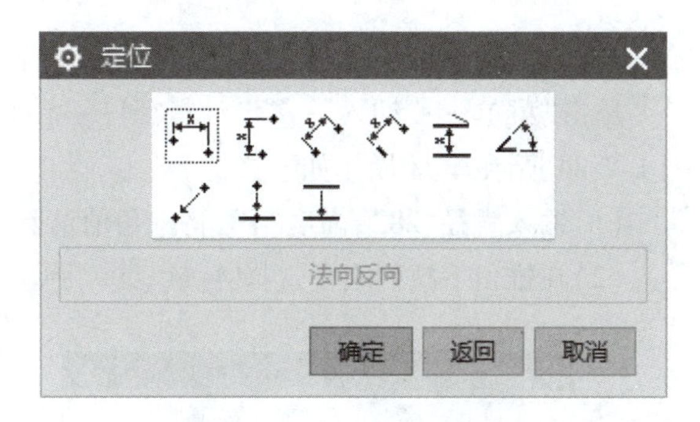

图 1-7-29　“定位”对话框

(6)重复上述操纵,选择基准平面 2 为目标边,以腔体在 Y 方向的定位线(软件中显示为绿色虚线)为工具边,如图 1-7-27 所示,单击取消,即可完成泵壳腔体的创建,如图 1-7-31 所示。

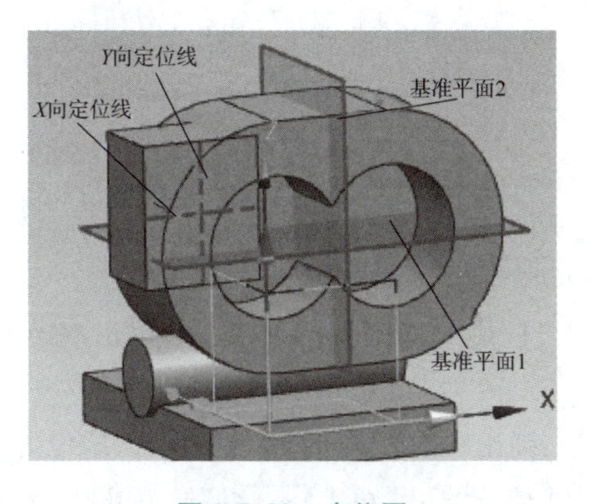

图 1-7-30　定位图

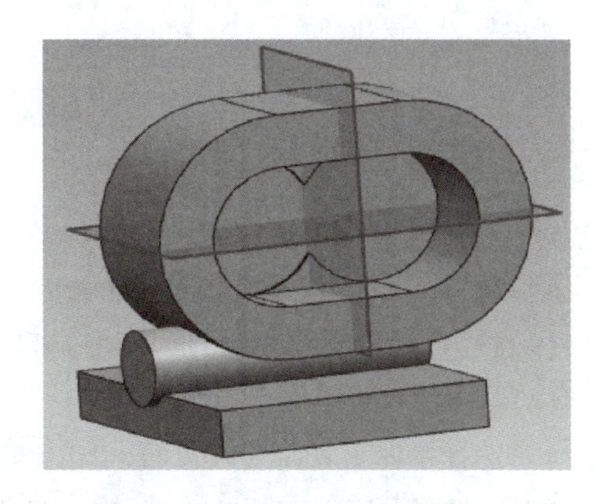
图 1-7-31　创建泵壳腔体建模

步骤3 创建底板腔体。

利用与步骤2用同样的方法，在底板下面创建腔体，腔体的长度“92”，宽度“64”，深度“4”，完成的底板腔体如图1-7-32所示。

3. 创建密封座和凸台

在已创建的模型上创建密封座和凸台，完成后的三维模型如图1-7-33所示。

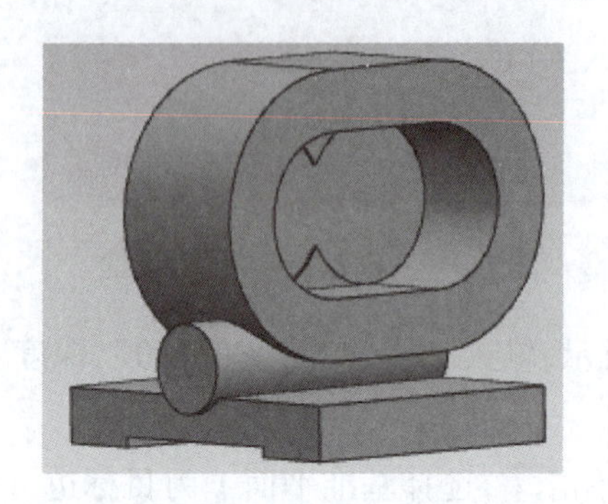

图1-7-32 底板腔体

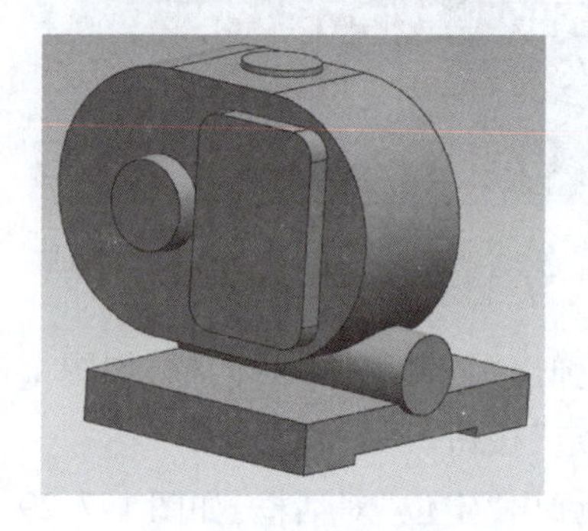

图1-7-33 建密封座和凸台建模

步骤1 创建凸台1。

单击“菜单”→“插入”→“设计特征”→“凸台”，或单击按钮，弹出“凸台”对话框，如图1-7-34所示，具体操作如下：

（1）输入直径“28”，高度“4”，将锥角值清除，如图1-7-34所示。

（2）在锥角下拉列表中选择 f(x) 函数(U)... ，弹出“插入函数”对话框，如图1-7-35所示。

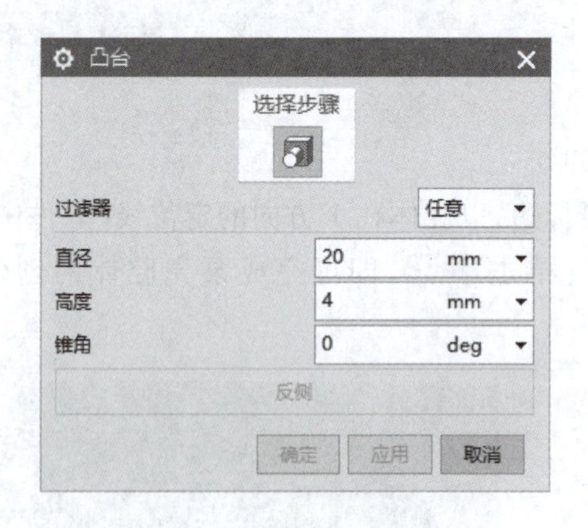

图1-7-34 “凸台”对话框

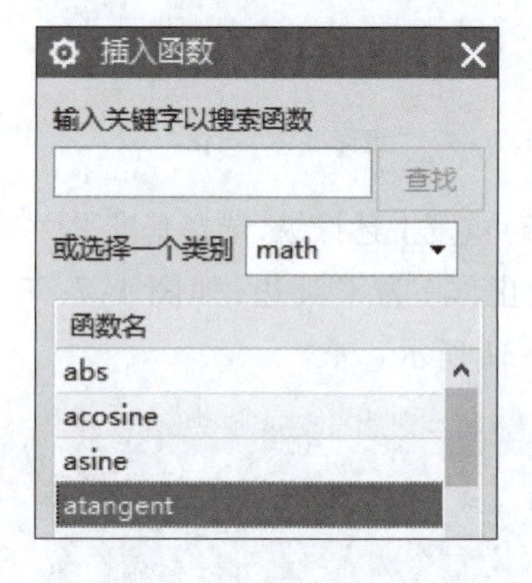

图1-7-35 “插入函数”对话框

（3）在“函数名”列表中选择“atangent”，单击确定按钮。

（4）弹出“函数参数”对话框，在对话框中输入“1/10”，如图1-7-36所示，单击确定按钮，自动返回凸台对话框。

（5）选择泵体上表面为放置面，单击确定按钮，弹出“定位”对话框，系统默认定位方式为按钮，选择泵壳上表面的前棱，输入当前表达式值为“16”，单击确定按钮，如图1-7-37所示。

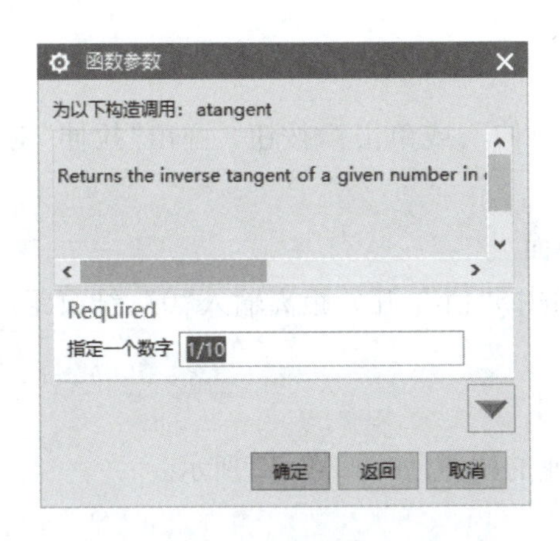

图 1-7-36 “函数参数”对话框

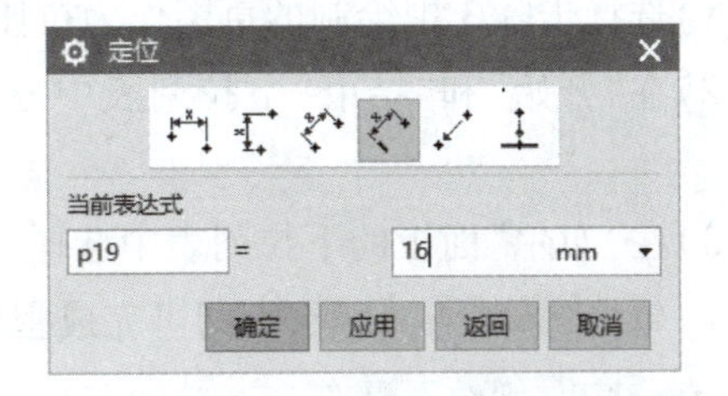

图 1-7-37 “定位”对话框

(6)自动返回“定位”对话框，选择[图标]，选择边基准平面 2，如图 1-7-38 所示；单击[确定]按钮，即可完成凸台 1 的创建，如图 1-7-39 所示。

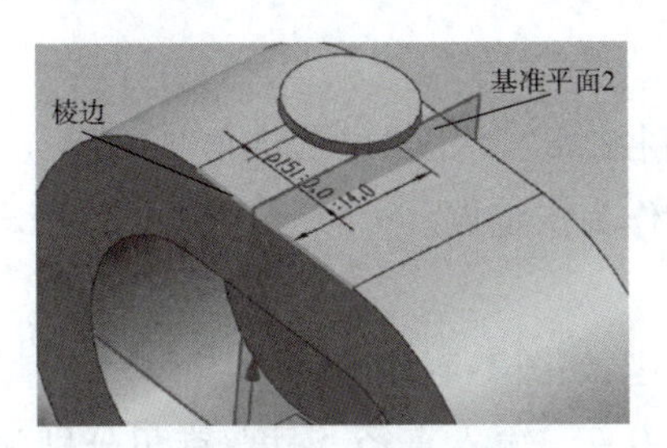

图 1-7-38 定位选择

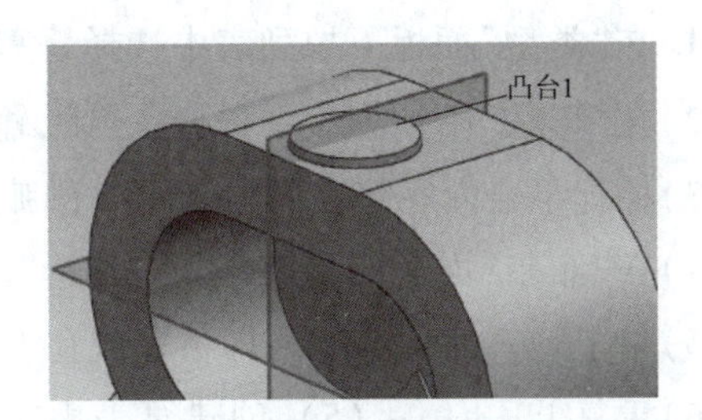

图 1-7-39 凸台 1

步骤 2 创建凸台 2。

(1)利用与步骤 2 相同的方法，在泵壳背面创建凸台 2，凸台 2 直径“28”，高度“8”，锥角“atangent1/10”。

(2)定位方式采用[图标]，单击泵壳后面圆弧，单击“圆弧中心”，单击[确定]按钮，即可完成的凸台 2 的创建，如图 1-7-40 所示。

步骤 3 绘密封座草图。

单击[图标]按钮，选择泵壳后表面为草图平面，按图 1-7-41 所示尺寸绘制密封座草图。

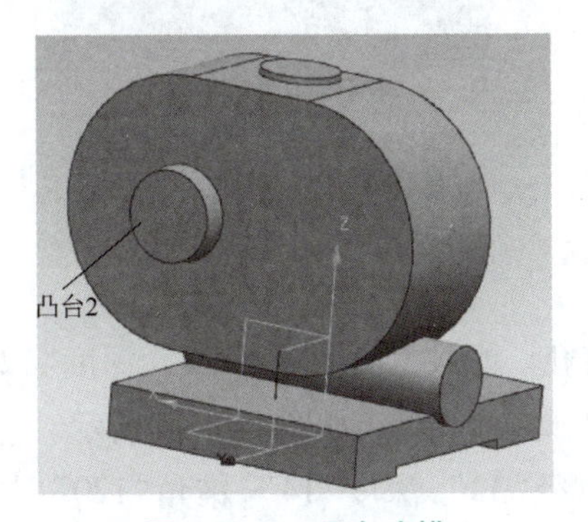

图 1-7-40 凸台建模

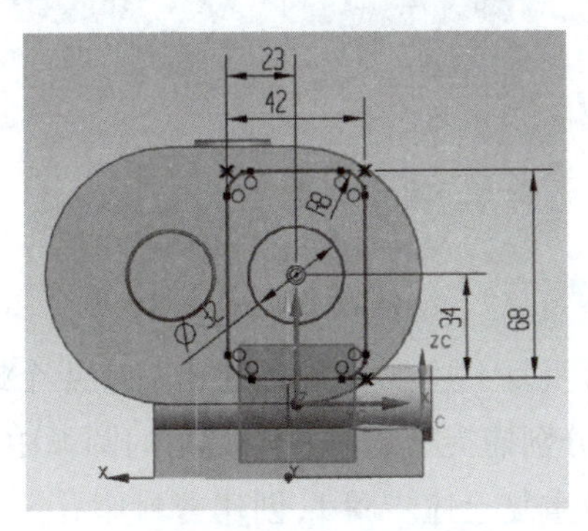

图 1-7-41 密封座草图

步骤 4 拉伸草图。

单击“菜单”→“插入”→“设计特征”→“拉伸”，或单击按钮。弹出“拉伸”对话框，具体操作如下：

(1)选择步骤 3 中绘制的草图作为拉伸截面。

(2)在“开始”和“结束”下拉列表中分别选择“值”，开始距离输入“0”，结束距离输入“9”。

(3)在“布尔”面板的下拉列表中选择“合并”。

(4)单击 应用 → 取消，即可完成密封座的拉伸，如图 1-7-42 所示。

4. 创建孔、螺纹及圆角

步骤 1 创建泵壳内表面孔。

单击“菜单”→“插入”→“设计特征”→“孔”，或单击按钮，弹出“孔”对话框，具体操作如下：

(1)在“类型”面板下拉列表中选择 常规孔。

(2)在“形状”下拉列表中选择 简单，输入直径“18”，深度“14”，锥角“118”。

(3)捕捉泵壳内底部表面右侧 $\phi48$ 圆弧中心作为指定点。

(4)在“布尔”面板的下拉列表中选择“求差”。

(5)单击 应用 → 取消，即可完成孔 1 的创建，如图 1-7-43 所示。

(6)重复上述(1)~(5)，创建泵壳内表面的孔 2。输入直径，深度，锥角分别为：“22”“14”“118”，捕捉泵壳内底部表面左侧 $\phi48$ 圆弧中心作为指定点，即可完成泵壳内孔特征，如图 1-7-43 所示(注：孔的深度超过 8 时，锥角任意角度即可)。

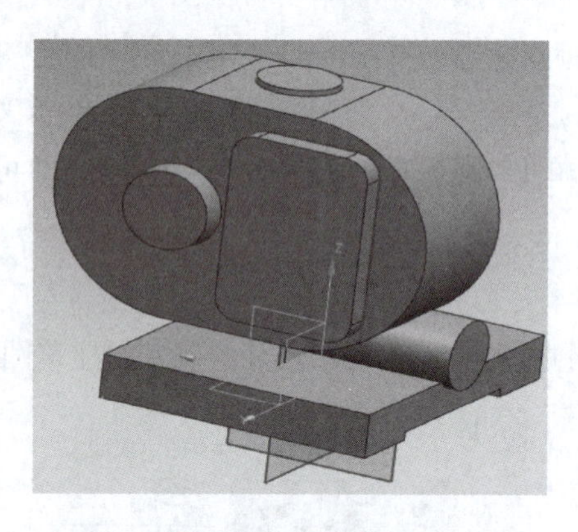

图 1-7-42 密封座

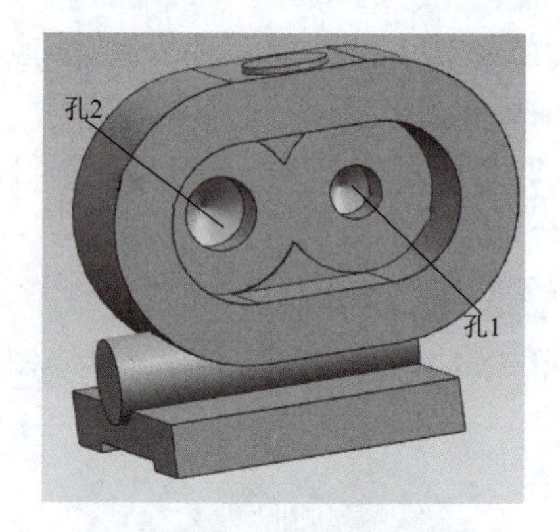

图 1-7-43 泵壳内表面孔

步骤 2 创建密封座孔。

(1)重复上述步骤 1，创建密封座 4 个螺纹底孔。螺纹底孔直径“8.5”，深度“12”，锥角“118”，分别捕捉密封座 4 个圆角的圆弧中心作为圆心指定点，如图 1-7-44 所示。

(2)重复上述步骤 1，创建密封座孔。输入直径“32”，深度“14”，锥角“120”，捕捉孔 2 的中心作为圆心指定点，孔方向指定矢量沿 Y 轴(通过创建圆心和矢量的方式创建孔)，即可完成密封座孔的创建，如图 1-7-45 所示。

步骤 3　创建泵壳顶部孔。

重复上述步骤 1，创建泵壳顶部孔，孔直径“19”，深度穿透泵壳顶部即可，锥角任意角度，捕捉泵壳上表面凸台圆心作为指定点，即可完成创建泵壳顶部孔的创建，如图 1-7-46 所示：

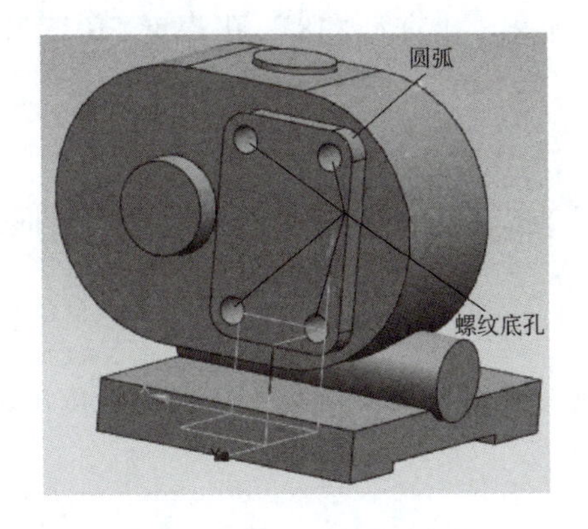

图 1-7-44　密封座螺纹底孔

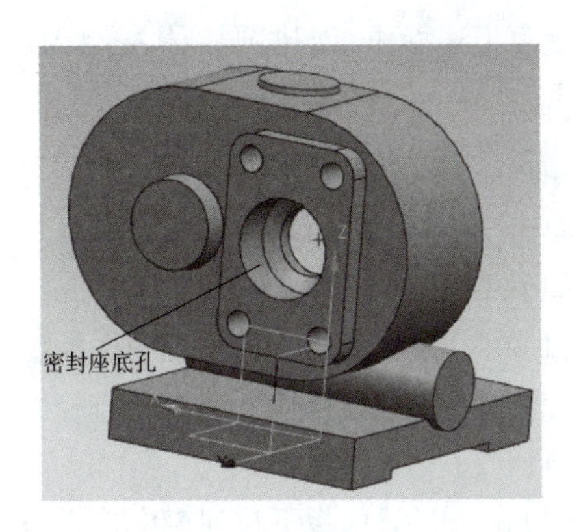

图 1-7-45　密封座底孔

步骤 4　边倒圆角。

单击“菜单”→“插入”→“细节特征”→“边倒圆”，或单击按钮，弹出“边倒圆”对话框，具体操作如下：

(1)选择底板四条竖直棱边，输入圆角半径“15”。

(2)单击 应用 → 取消 。

重复上述(1)(2)，按零件图选择其余需要倒圆的边，输入圆角半径“3”，即可完成边倒圆，如图 1-7-47 所示。

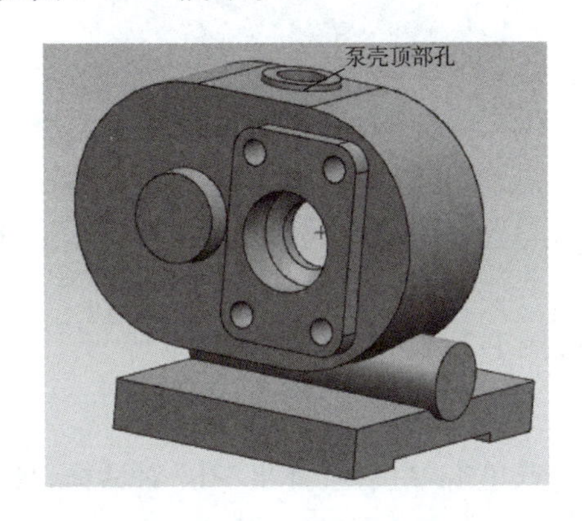

图 1-7-46　泵壳顶部孔

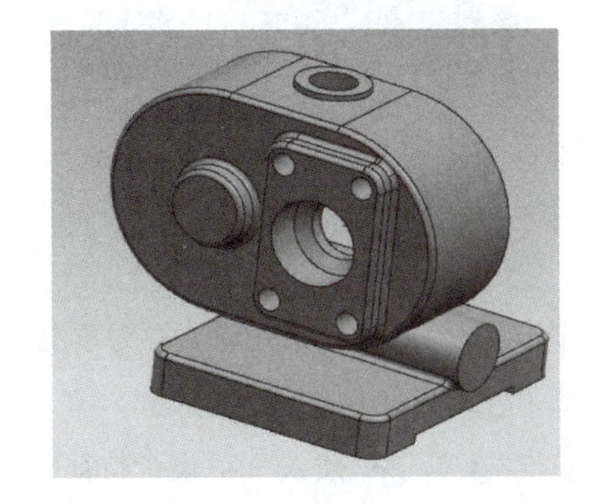

图 1-7-47　边倒圆

步骤 5　创建 ϕ28 圆柱体水平侧孔。

单击“菜单”→“插入”→“设计特征”→“孔”，或单击工具按钮，弹出“孔”对话框，具体操作如下：

(1)在“形状”下拉列表中选择 简单,输入孔直径“14”,孔深度“82”,顶锥角“118”。

(2)捕捉圆柱体左侧端面 ϕ28 圆弧中心作为圆心指定点,如图 1-7-48 所示。

(3)在“布尔”面板下拉列表中选择“求差”。

(4)单击 应用 → 取消 ,即可完成孔的创建。

步骤 6　创建 M18 螺纹底孔。

重复上述操作,创建圆柱体左侧 M18 螺纹底孔,孔直径“18”,孔深度“10”,顶锥角“118”。

步骤 7　创建底板沉头孔。

单击“菜单”→“插入”→“设计特征”→“孔”,或单击工具按钮,弹出孔对话框,具体操作如下:

(1)在“形状”面板下拉列表中选择 沉头。

(2)在“尺寸”面板输入沉头孔直径“22”,沉头孔深度“1”,孔径“13”,孔深度“16”,顶锥角“118”。

(3)在“布尔”面板下拉列表中选择“求差”。

(4)单击“位置”面板按钮,捕捉底板圆角中心作为指定点。

(5)单击 应用 → 取消 ,即可完成底板沉头孔的创建,如图 1-7-49 所示。

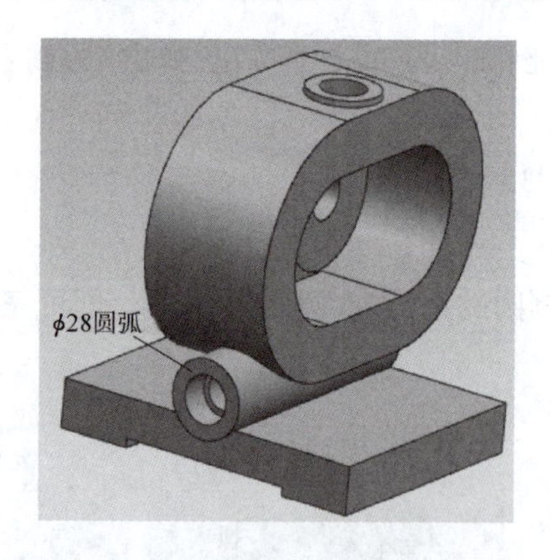

图 1-7-48　沉头孔 1

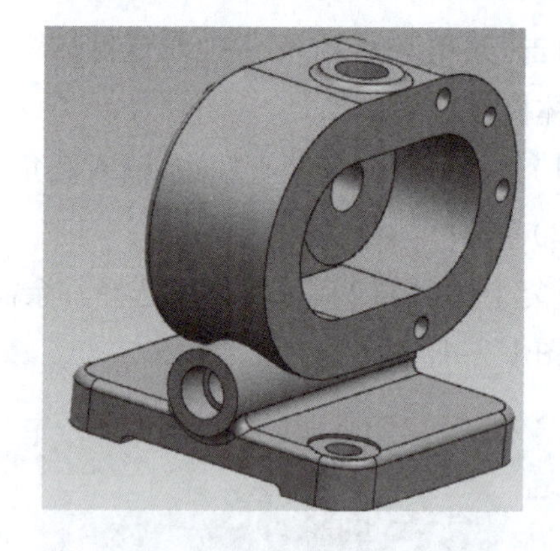

图 1-7-49　底板沉头孔

步骤 8　绘草图。

单击按钮,选择泵壳前表面为草图平面,按图 1-7-50 尺寸绘草图。

步骤 9　创建 3 个螺纹底孔。

单击“菜单”→“插入”→“设计特征”→“孔”,或单击按钮,弹出“孔”对话框,具体操作如下:

(1)在“形状”下拉列表中选择 简单。

(2)在“尺寸”面板输入直径“8. 5”,深度“10”,锥角“118”。

(3)分别捕捉步骤 6 所绘草图 $R35$ 右侧圆弧与水平线的交点 1,右侧圆弧与竖直线的交点 2、交点 3。

(4)在“布尔”下拉列表中选择“求差”。

(5)单击 应用 → 取消 ,即可完成 3 个螺纹底孔的创建,如图 1-7-51 所示。

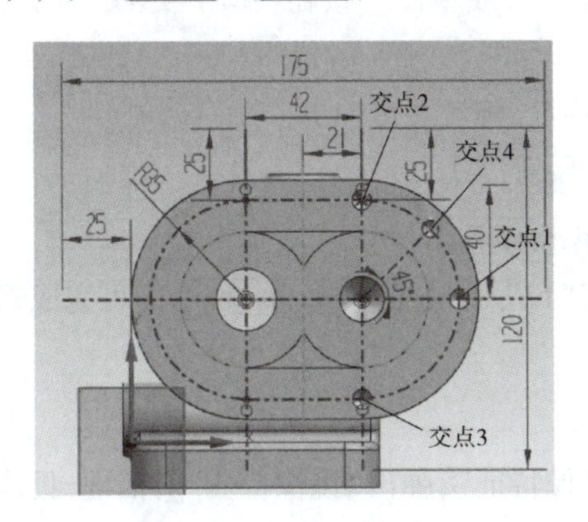

图 1-7-50　草图

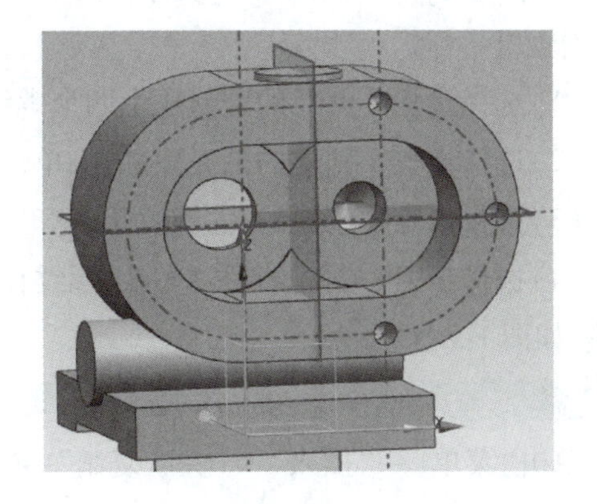

图 1-7-51　螺纹底孔

步骤 10　创建定位销孔。

单击“菜单”→“插入”→“设计特征”→“孔”,或单击按钮,弹出“孔”对话框,具体操作如下。

(1)在“形状”下拉列表中选择 简单。

(2)“尺寸”面板输入直径“8”,深度“12”,锥角“118”。

(3)捕捉步骤 6 所绘草图 *R*35 右侧圆弧和 45°直线的交点 4。

(4)在“布尔”下拉列表中选择“求差”。

(5)单击 应用 → 取消 ,即可完成定位销孔的创建,如图 1-7-52 所示。

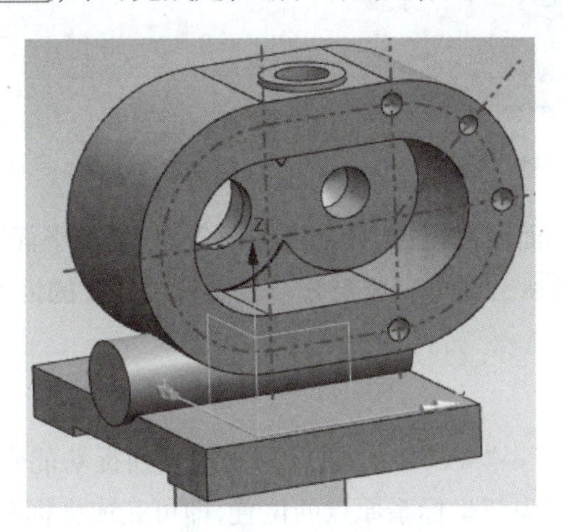

图 1-7-52　定位孔

步骤 11　创建螺纹倒角。

单击“菜单”→“插入”→“细节特征”→“倒斜角”,或单击 倒斜角 按钮,弹出“倒斜角”对话框,横截面选择“对称”,输入距离“1”,依次选取所有螺纹底孔边缘线,创建螺纹倒角。

步骤 12 创建螺纹。

单击“菜单”→“插入”→“设计特征”→“螺纹”，或单击按钮，弹出“螺纹”对话框，具体操作如下：

(1)选择步骤 2 创建的密封座上四个螺纹底孔，螺纹长度“15”，单击应用。

(2)选择步骤 3 创建的泵壳顶部孔，单击应用。

(3)选择步骤 6 创建的孔，螺纹长度“8”，单击应用。

(4)选择步骤 8 创建的螺纹底孔，螺纹长度“12”，单击应用→取消，即可完成螺纹的创建，如图 1-7-53 所示。

步骤 13 镜像泵壳前表面的孔及螺纹。

单击“菜单”→“插入”→“关联复制”→“镜像特征”，弹出“镜像特征”对话框，具体操作如下：

(1)点击“要镜像的特征”，如图 1-7-54 所示。

(2)选择泵壳前表面 3 个螺纹底孔作为镜像特征。

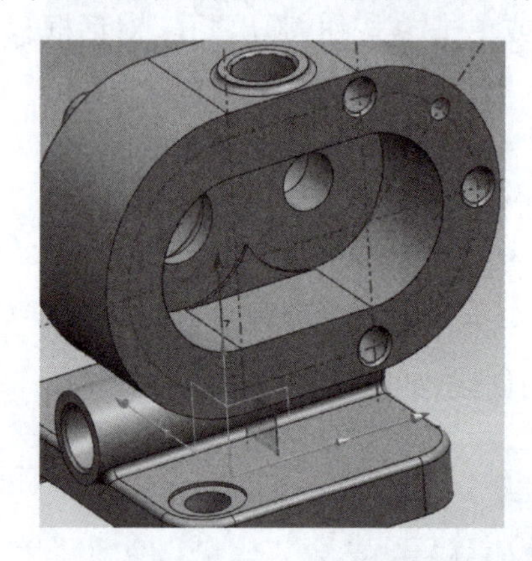

图 1-7-53 螺纹创建

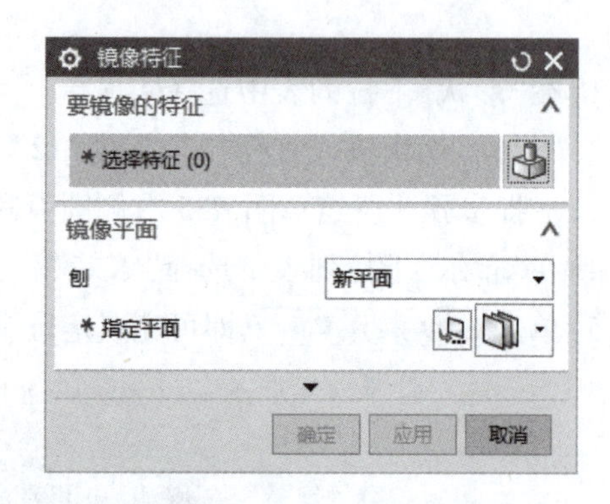

图 1-7-54 “镜像特征”对话框

(3)单击“指定平面”面板按钮，选择基准平面 2 为“镜像平面”，如图 1-7-55 所示。

(4)单击应用→取消，即可完成泵壳前表面螺纹和孔的镜像，如图 1-7-55 所示。

步骤 14 阵列(圆形阵列)定位孔。

1)移动坐标

单击“菜单”→“格式”→“WCS”→“原点”，利用点捕捉功能直接选择图 1-7-55 所示虚线 1 和基准平面 2 的交点为新坐标系原点的位置，即可完成坐标系的移动操作。

2)阵列定位销

单击工具按钮“菜单”→“插入”→“关联复制”→“阵列特征”，或单击按钮，弹出“阵列特征”对话框 1，如图 1-7-56 所示，具体操作如下：

(1)“阵列定义布局”选择 圆形。

(2)在“要形成阵列的特征”选择需要阵列的定位销孔，或直接在模型选择定位销孔。

(3)在“角度方向”面板，输入数量“2”，节距角“180”，如图 1-7-57 所示。

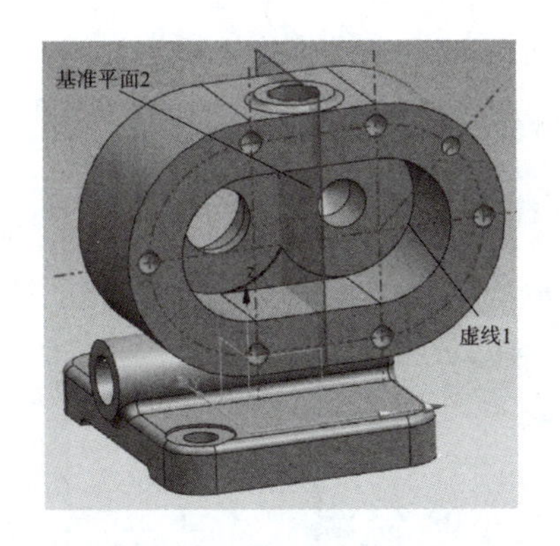

图 1-7-55　镜像孔和螺纹

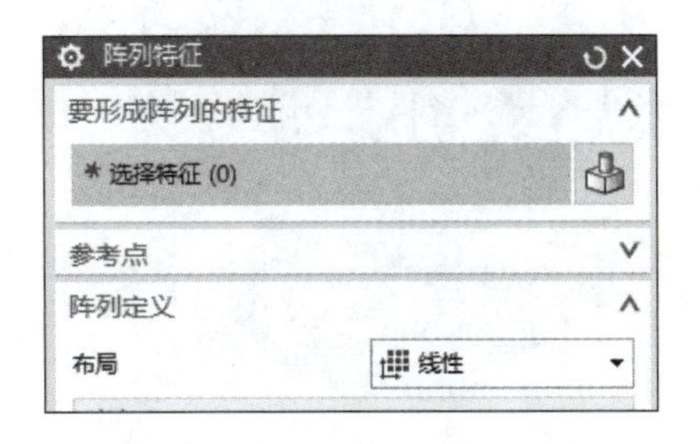

图 1-7-56　“阵列特征”对话框(1)

(4)在“旋转轴”面板,如图 1-7-58 所示,单击“指定矢量”;

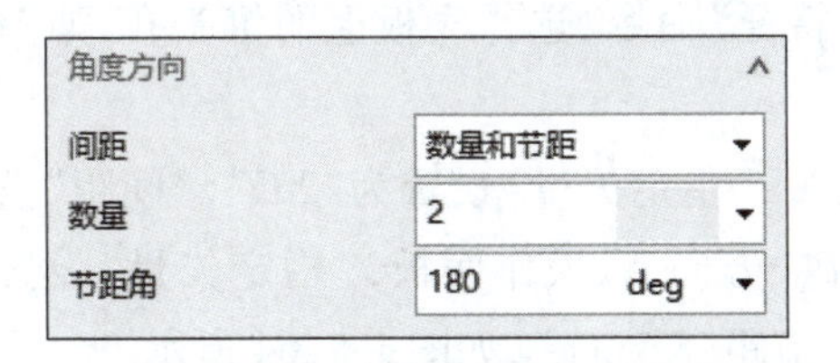

图 1-7-57　“角度方向”面板

图 1-7-58　“旋转轴”面板

(5)弹出“矢量”对话框,如图 1-7-59 所示,在“类型”面板下拉列表中选择“自动判断矢量”,选择 *Y* 轴作为参考矢量,单击“确定”返回阵列特征对话框。

(6)单击“指定点”,弹出“点”对话框,“坐标”面板“参考”设置为“WCS”,如图 1-7-60 所示,单击确定按钮即可完成定位孔特征阵列,如图 1-7-61 所示。

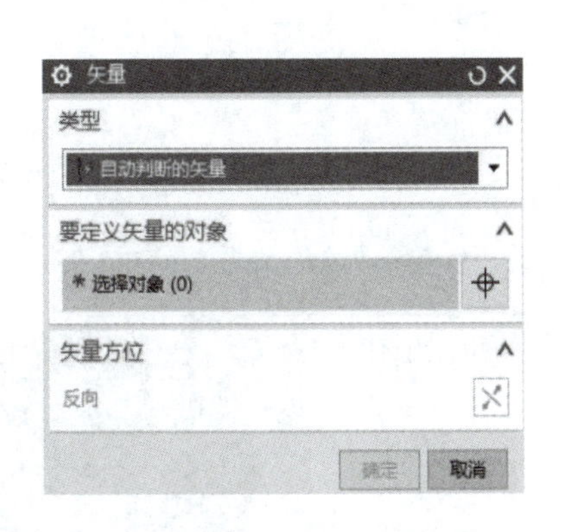

图 1-7-59　“矢量”对话框

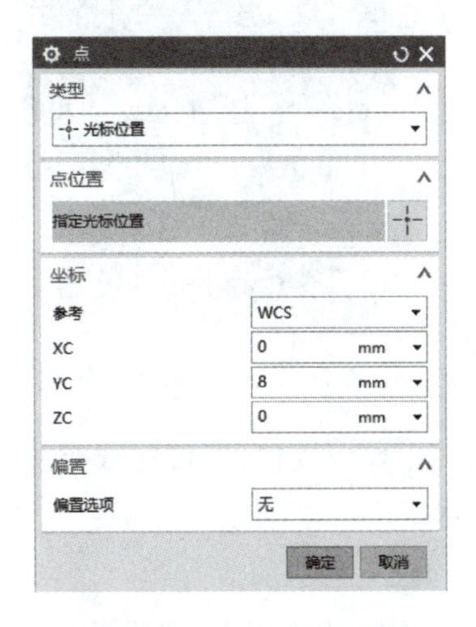

图 1-7-60　“点”对话框

步骤 15　阵列(矩形阵列)沉头孔。

单击“菜单”→“插入”→“关联复制”→“阵列特征”,或单击按钮,弹出“阵列特征”对话框 1,如图 1-7-62 所示,具体操作如下。

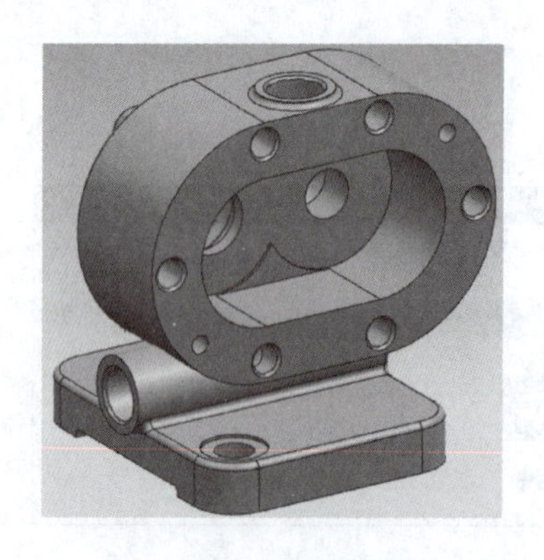

图 1-7-61　定位孔整列

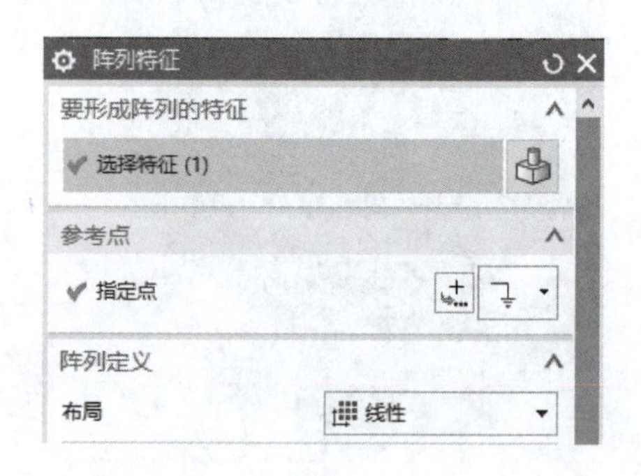

图 1-7-62　“阵列特征”对话框(2)

(1)“阵列布局”选择 线性。

(2)在“要形成阵列的特征”面板执行“选择特征”命令,选择底板上的沉头孔,如图 1-7-63 所示,单击 确定 按钮。

(3)在“阵列特征”对话框中“方向 1”操作面板,“指定矢量”设置为“XC”,“间距”选择“数量和节距”,输入数量“2”,节距“67 mm”。在“方向 2”操作面板,“指定矢量”设置为“YC”,“间距”选择“数量和节距”,输入数量“2”,节距“87 mm”,如图 1-7-64 所示。

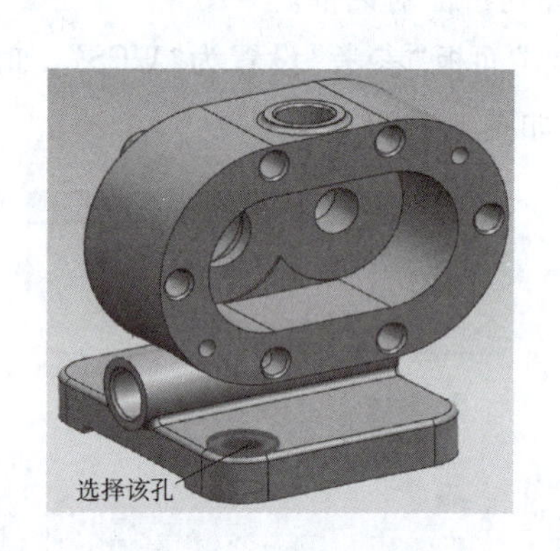

图 1-7-63　选择沉头孔

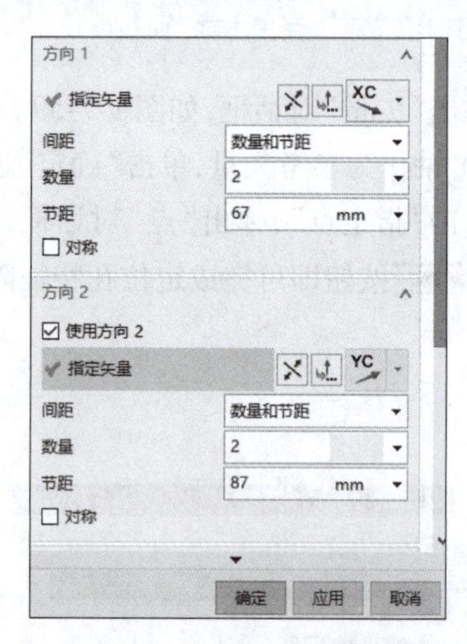

图 1-7-64　需阵列的孔

(4)单击 确定 按钮,即可完成沉头孔特征阵列,如图 1-7-65 所示。

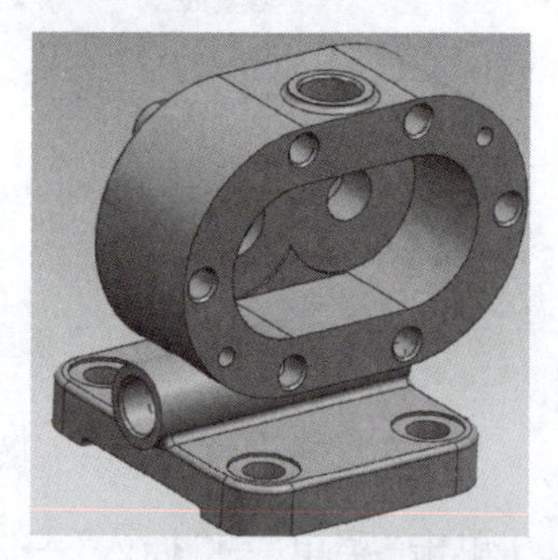

图 1-7-65　沉头孔孔特征阵列

步骤 16　创建加油孔。

单击“菜单”→“插入”→“设计特征”→“孔”,或单击按钮,弹出“孔”对话框,具体操作如下。

(1)在“形状”下拉列表中选择 简单。

(2)在“孔方向”下拉列表中选择“垂直与面”。

(3)“尺寸”面板输入直径“12”,深度“15”,锥角

“118”。

(4)单击“位置”面板按钮，弹出“创建草图”对话框，如图 1-7-66 所示。

(5)单击“创建草图”对话框中按钮，选择泵体底部平面为草图平面，如图 1-7-67 所示。

(6)捕捉泵体顶部凸台圆弧中心，单击完成草图，返回“孔”对话框，如图 1-7-68 所示。

(7)单击应用→取消，即可完成孔的创建，如图 1-7-69 所示。

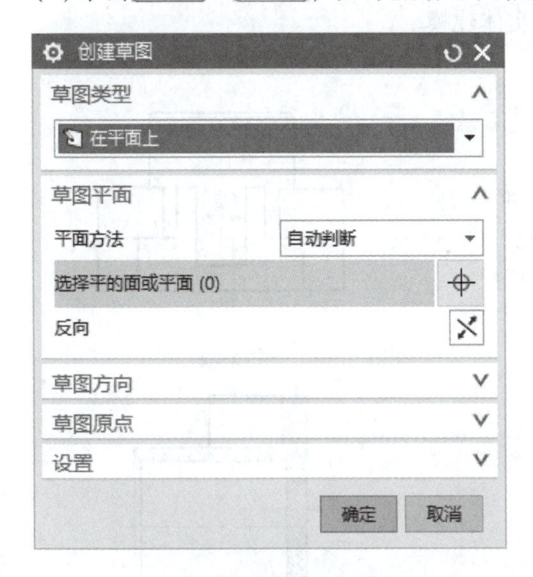

图 1-7-66　“创建草图”对话框

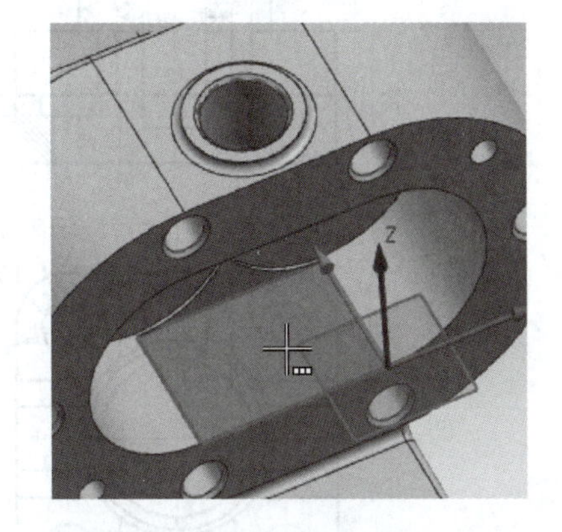

图 1-7-67　草图平面

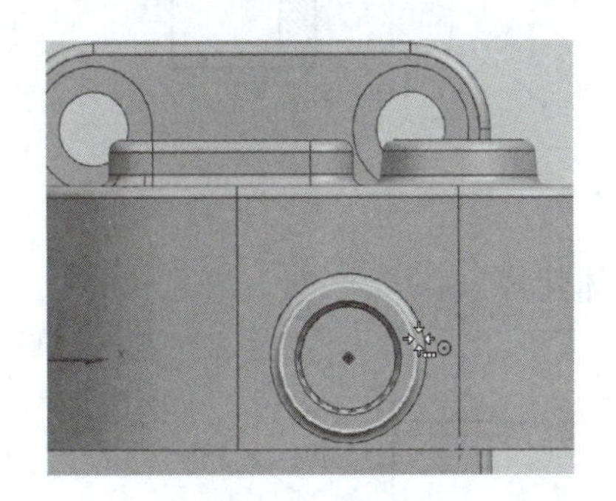

图 1-7-68　孔定位草图

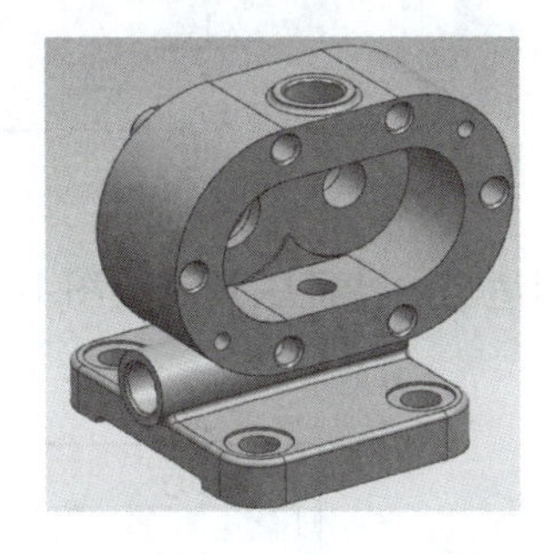

图 1-7-69　加油孔创建

学习要点记录

知识拓展

创建齿轮泵主体、泵壳和底板通槽时，还可通过绘制草图，拉伸/布尔运算的方法来实现。

拓展练习

1. 采用适当的特征工具完成图 1-7-70 实体建模。

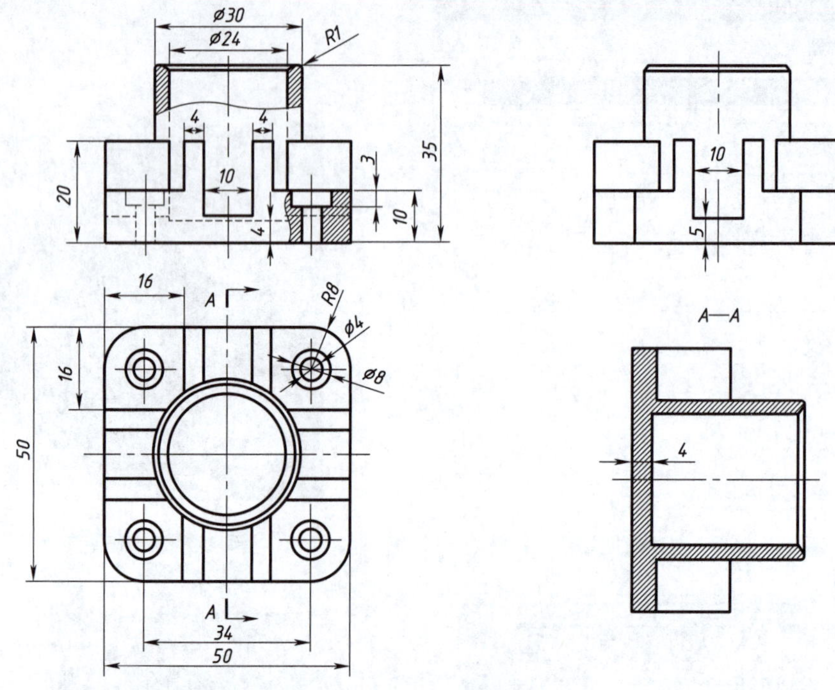

图 1-7-70

2. 采用适当的特征工具完成图 1-7-71 实体建模。

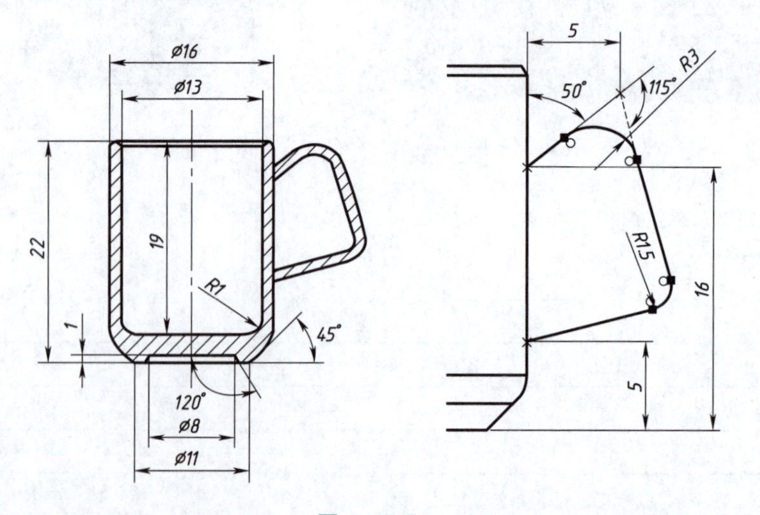

图 1-7-71

3. 采用适当的特征工具完成下图 1-7-72 实体建模。

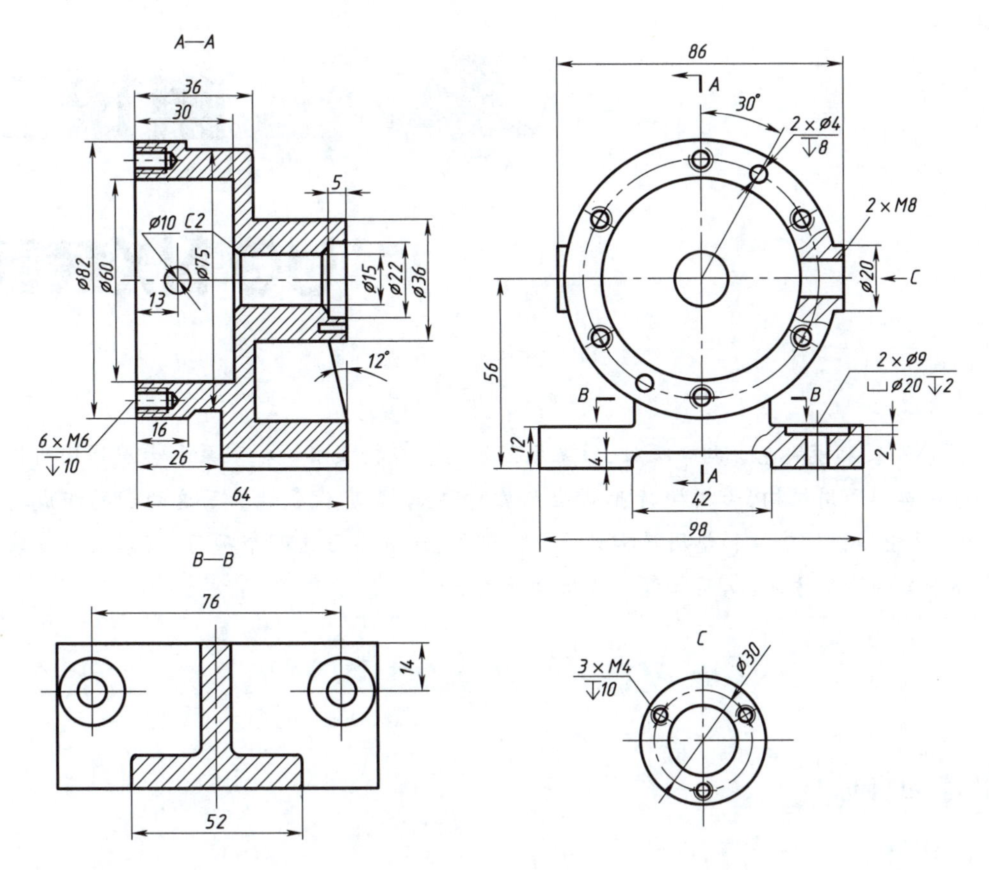

图　1-7-72

模块二

UG NX装配

UG NX 装配模块包含两个项目,柱塞泵装配和台虎钳装配。柱塞泵和台虎钳均为机械制造行业典型通用机构,为机械行业从业人员所熟知,具有代表性。而这两者的组成均包含箱体、螺栓、螺帽、垫片和垫块等常见典型零部件,通过学习这两个项目,可掌握基本装配功能和命令的运用方法,从而掌握一般机构的装配方法。

项目一　柱塞泵装配

学习目标

知识目标

(1)熟悉装配环境。

(2)初步掌握零件装配的方法。

(3)理解装配约束工具的运用。

(4)了解装配导航器的作用。

柱塞泵装配

能力目标

(1)能够装配简单的工件,掌握装配各组件的方法。

(2)能够正确选择装配约束。

素质目标

(1)培养实事求是、独立思考、勇于创造的科学精神。

(2)通过装配实操,培养学生分析问题、解决问题的能力。

(3)培养学生协同合作的团队精神。

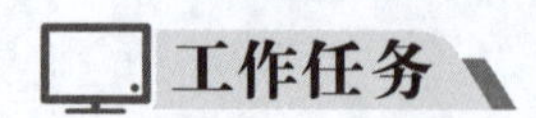

工作任务

创建机械零件的装配体——柱塞泵,如图 2-1-1 所示。

图 2-1-1　柱塞泵

项目分析

柱塞泵由泵体、压盖、阀体等零件组成，因此，创建此装配可分两步：①新建装配文件，导入基础部件；②插入各组件。

项目分解

名称	内　容	采用的方法和手段	创建流程	其他方法
1	新建装配文件，导入基础部件	新建一个装配文件，添加组件	YC ZC	
2	插入各组件	利用“接触”“自动判断中心/轴”等定位方式约束轴向及径向自由度		

想一想：这个装配流程有没有更好的建议，有的话请写下来分享经验。有其他方法的话，请在下方填写。

还可以这么做：

项目实施

1. 新建装配文件，导入基础部件

新建一个名为“zhusaibeng”的空的装配部件，然后将基础部件（泵体）导入到装配件中。

柱塞泵装配源文件

步骤1　新建装配文件。

启动 UG NX 软件，单击“新建”图标或单击“文件”→“新建”选项，打开“新建”对话框，在“模板”选项组中，选择“装配”，确定存盘路径，输入文件名“zhusaibeng”或“柱塞泵”，单位选择“毫米”，单击确定按钮，打开“添加组件”对话框，如图 2-1-2 所示。

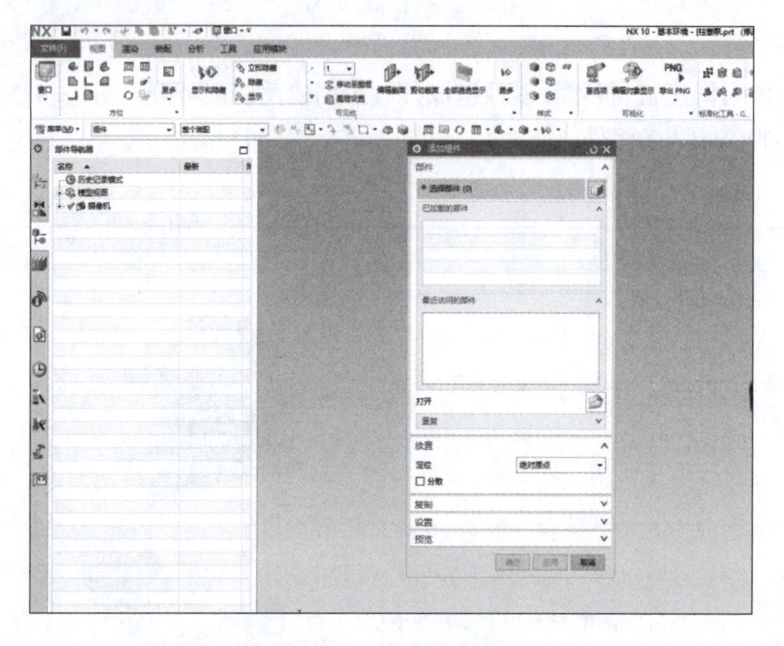

图 2-1-2　新建装配文件

相关知识

装配导航器——功能详解

装配导航器是一种装配结构的图形显示界面，又被称为装配树。在装配树形结构中，每个组件作为一个节点显示。它能清楚反映装配部件中各个组件的装配关系，而且能让用户快速便捷选取和操作各个部件。例如，用户可以在装配导航器中改变显示部件和工作部件、隐藏和显示组件。下面介绍装配导航器的功能及操作方法。

打开装配导航器，装配树形结构图显示如图 2-1-3 所示。

如果将光标定位在树形图中节点处，单击鼠标右键，将会弹出图 2-1-4 所示的快捷菜单。右击“设为显示部件”部件显示，单击“显示父项”即选择要显示的父项。

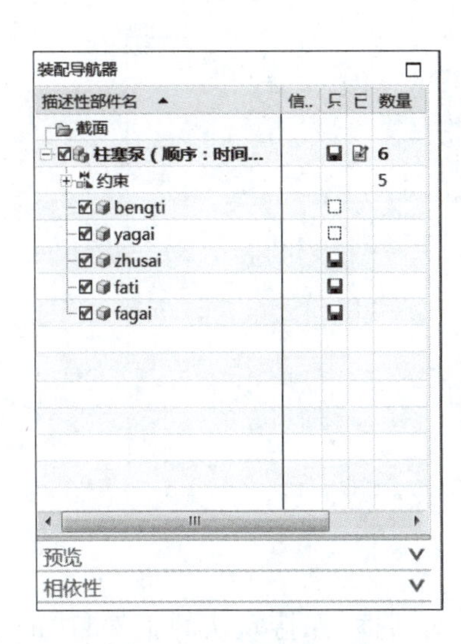

图 2-1-3　装配导航器

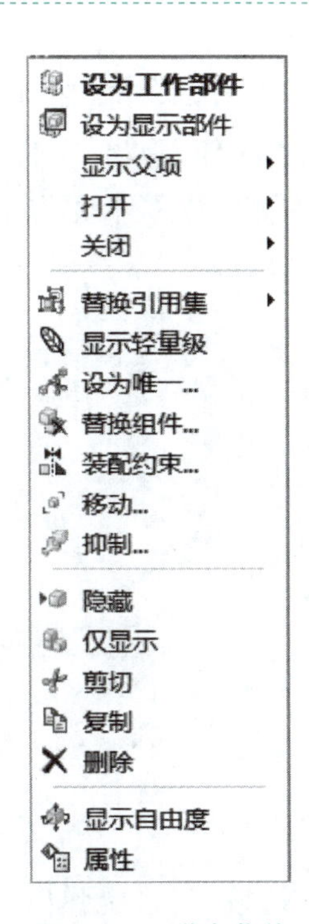

图 2-1-4　弹出菜单

"预览"面板是装配导航器的一个扩展区域，显示装载或未装载的组件。"相依性"面板是装配导航器的特殊扩展，其允许查看部件或装配内选定对象的相关性，包括配对约束等，如图 2-1-5 所示。

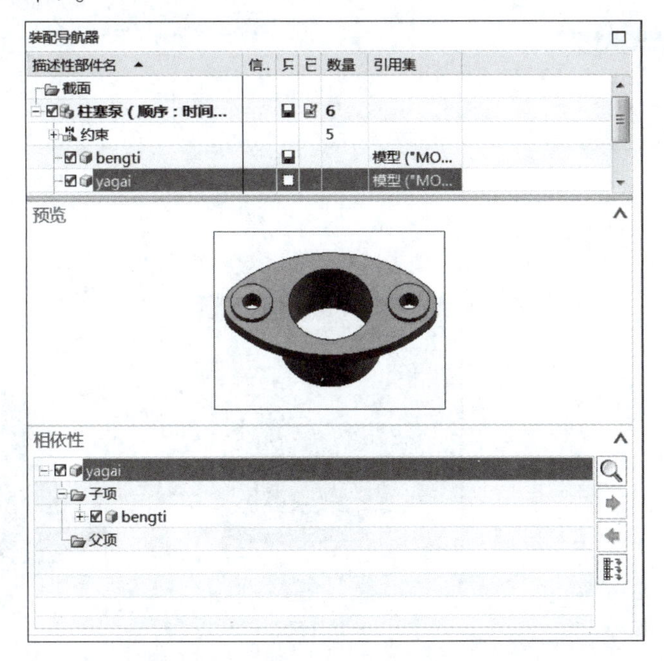

图 2-1-5　"预览"面板和"相依性"面板

步骤 2 添加组件。

（1）在步骤 1 打开的“添加组件”对话框“部件”面板中单击“打开”按钮，或在装配工具条中直接单击按钮，弹出“部件名”对话框，在本地磁盘目录中选择文件“bengti”的零件，并在对话框右侧生成零件预览，如图 2-1-6 所示。

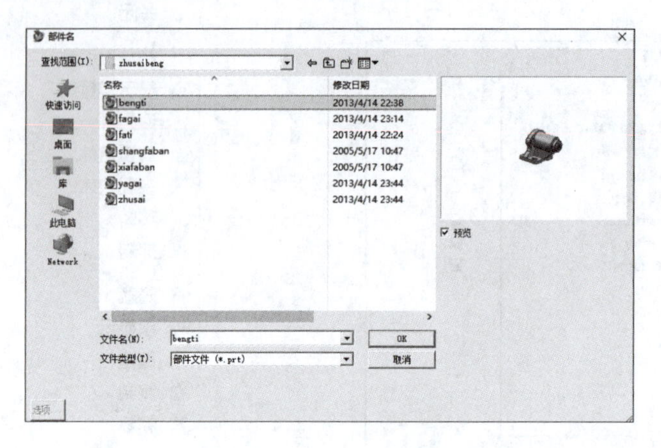

图 2-1-6 “部件名”对话框

（2）单击“OK”按钮，系统弹出“添加组件”对话框，保持默认的组件名“bengti”不变。在放置面板中“定位”下拉列表中选择“绝对原点”选项，系统将按绝对定位方式确定部件在装配中的位置，如图 2-1-7(a)所示。系统同时按照对话框中的设置在“组件预览”区中生成部件的预览，效果如图 2-1-7(b)所示。

（3）单击 应用 按钮，泵体零件被导入到装配文件中，效果如图 2-1-8 所示。

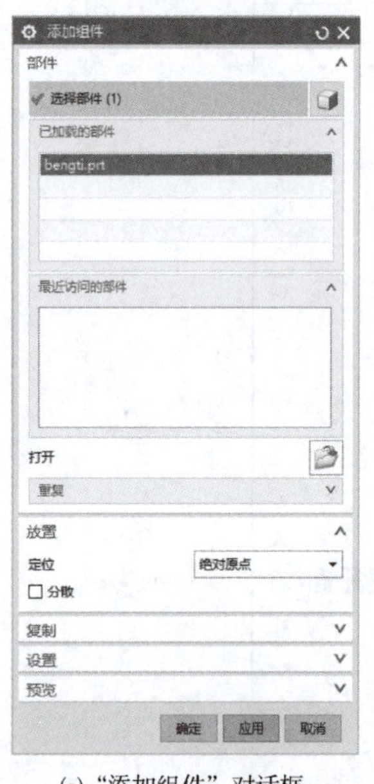

(a)“添加组件”对话框

(b) 组件预览

图 2-1-7 添加组件并预览

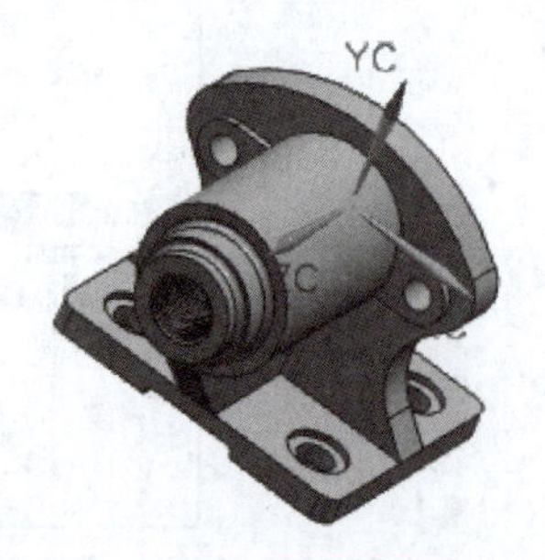

图 2-1-8 导入基础部件

相关知识

装配方法——功能详解

常用的装配方法有以下三种：

(1)自顶向下装配：指在装配级中创建与其他部件相关的部件模型，即在装配部件的顶部向下产生子装配和部件的装配方法。

(2)自底向上装配：指先全部设计好装配中的部件几何模型，再组合成子装配，最后生成装配部件的装配方法。

(3)混合装配：指将自顶向下装配和自底向上装配结合在一起的装配方法。例如，先创建几个主要部件模型，再将其装配在一起，然后在装配中设计其他部件，即为混合装配。在实际设计中，可根据需要在两种模式下切换。

自底向上装配的设计方法是常用的装配方法，即先设计装配中的部件，再将部件添加到装配中，由底向上逐级地进行装配。若要进行装配，单击“新建”→“装配”选项，然后选择“装配”→“组件”，弹出图 2-1-9 所示的“组件”子菜单。

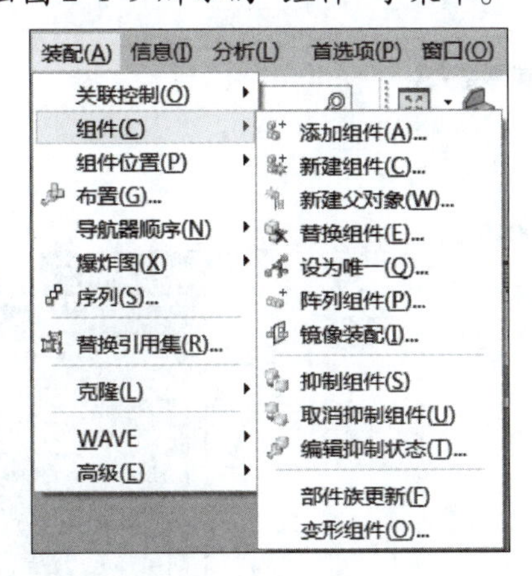

图 2-1-9 “组件”子菜单

采用自底向上装配时，指定组件在装配中的定位方式主要有两种：绝对坐标定位方法和配对定位方法。一般地说，第一个部件采用绝对坐标定位方法添加，其余的部件采用配对定位方法添加。配对定位方法的优点是：部件修改后，装配关系不会改变。

2. 插入各组件

在泵体的基础上插入各组成零件,完成后如图 2-1-10 所示。

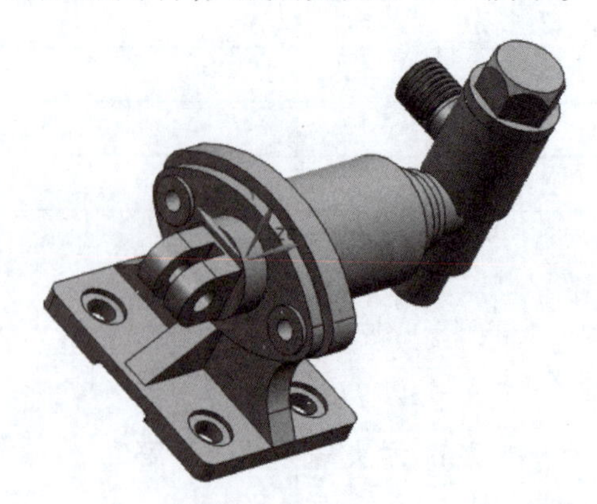

图 2-1-10　装配完成图

步骤 1　安装压盖。

在泵体上的一端面安装压盖,在装配过程中,选择“接触”类型对轴向自由度进行约束,选择“中心对齐”配对类型对径向自由度进行约束。

(1)选择“菜单”→“插入”→“组件”→“添加组件”,或单击“添加组件”按钮,系统弹出“添加组件”对话框,单击按钮,弹出“部件名”对话框,在本地磁盘装配源文件目录中选择文件“yagai”的零件,并在对话框右侧生成零件预览。

(2)单击“OK”按钮,在“添加组件”对话框中,保持默认的组件名“yagai”不变。在“放置”面板“定位”下拉列表中选择“通过约束”选项,如图 2-1-11 所示。部件的预览效果如图 2-1-12 所示。

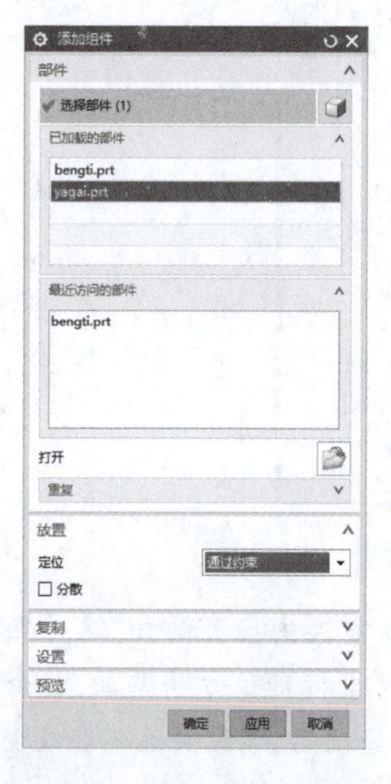

图 2-1-11　“添加组件”对话框

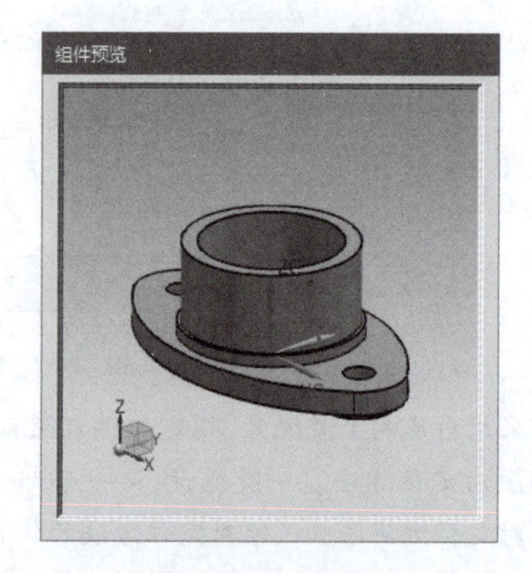

图 2-1-12　组件预览

(3)单击 应用 按钮,系统弹出“装配约束”对话框,如图 2-1-13 所示。

(4)在“装配约束”对话框中的“类型”面板下拉列表中,单击“接触对齐”选项,并在“要约束的几何体”面板“方位”下拉列表中单击“接触”选项。在绘图区分别单击鼠标左键选择相配部件和基础部件相应接触面,如图 2-1-14 和图 2-1-15 所示。

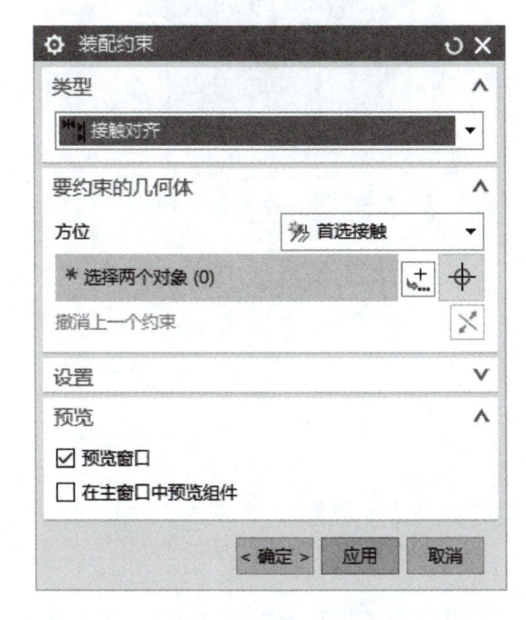

图 2-1-13　“装配约束”对话框

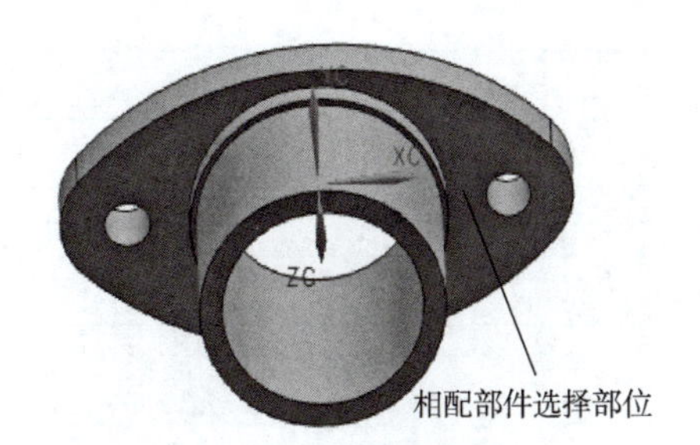

图 2-1-14　相配部件选择部位

(5)再次到“装配约束”对话框中的“类型”面板下拉列表中,单击“接触对齐”选项,在“方位”下拉列表中选择“自动判断中心/轴”选项,在绘图区选择相配部件和基础部件中心线,结果如图 2-1-16 和图 2-1-17 所示。

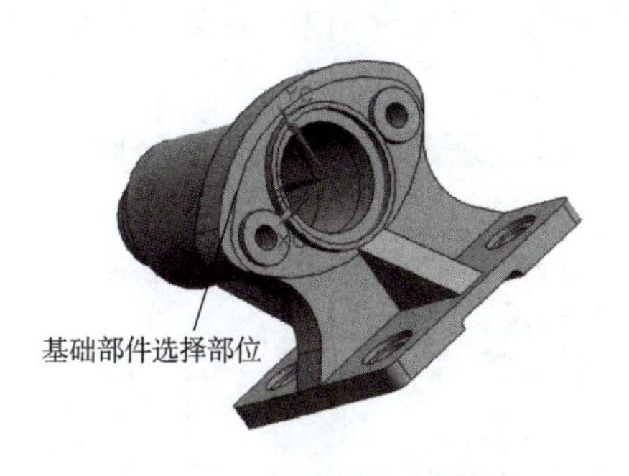

图 2-1-15　基础部件选择部位

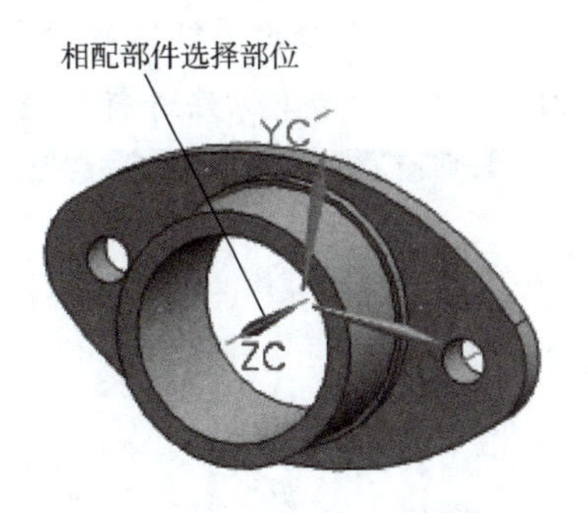

图 2-1-16　相配部件选择部位

(6)为保证“yagai”两侧孔与装配基础件孔对正,继续在“自动判断中心/轴”方式下,分别单击选择基础件对应小孔中心和“yagai”两侧孔中心。

(7)单击 < 确定 > 按钮完成压盖的装配,结果如图 2-1-18 所示。

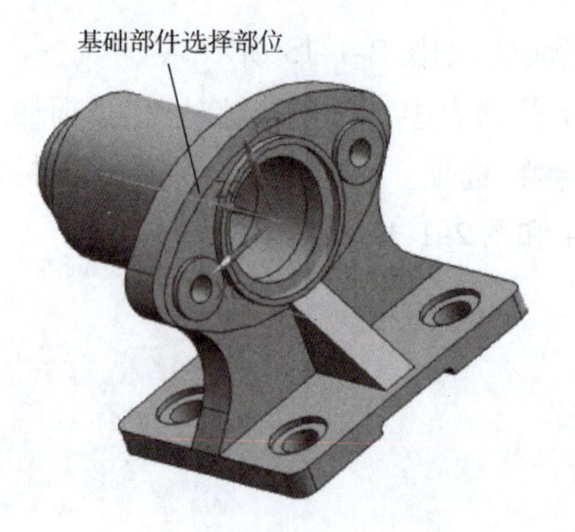

图 2-1-17　基础部件选择部位

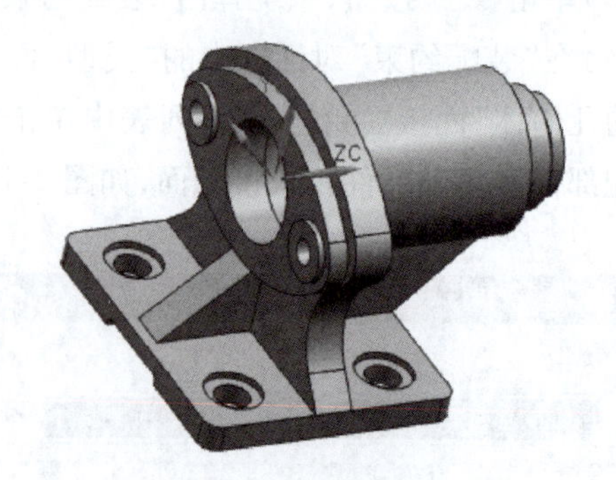

图 2-1-18　完成压盖的装配

学习要点记录

____

____

____

____

____

相关知识

装配约束——功能详解

在“添加组件”对话框中“定位”下拉列表中单击“通过约束”选项，则组件添加到装配文件中后，弹出图 2-1-19 所示的“装配约束”对话框。

单击装配工具条上的图标也会弹出此对话框。以下分别对“类型”下拉列表(见图 2-1-20)中的配对约束方法进行介绍。

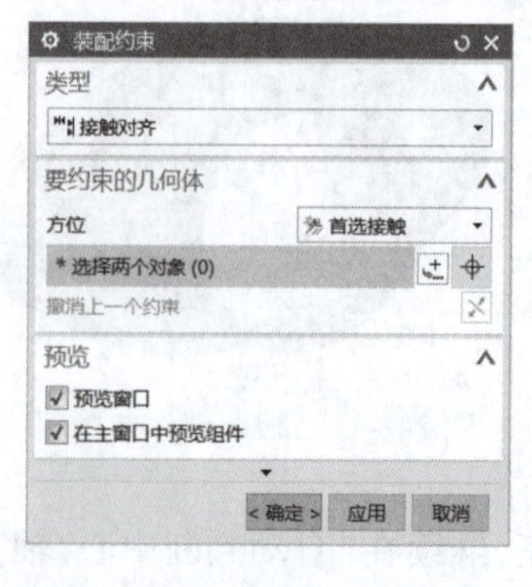

图 2-1-19　“装配约束”对话框

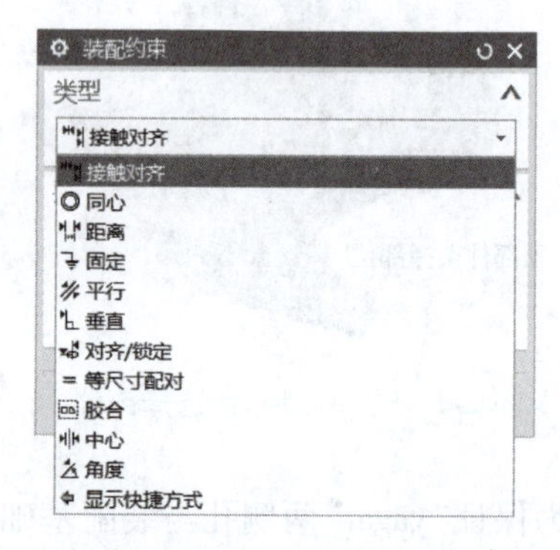

图 2-1-20　“类型”下拉列表

1. 接触对齐

选择“接触对齐”后，“方位”面板出现“接触”和“对齐”两个选项。

(1)“接触”约束：用于定位两个同类对象相一致。对于平面对象，所选平面共面且法线方向相反；对于圆锥面，用“接触”约束时，系统首先检查其角度是否相等，如果相等，则对齐其轴线；对于圆柱面，要求相配组件直径相等才能对齐轴线；对于边缘和线，“接触”类似于“对齐”，如图 2-1-21 所示。配对的组件是指需要添加约束进行定位的组件，基础组件是指已经添加完的组件。

(2)“对齐”约束：用于定位对齐相配对象。当对齐平面时，使两个面共面且法线方向相同；当对齐圆锥、圆柱和圆环面等对称实体时，使其轴线相一致；当对齐边缘和线时，使两者共线，如图 2-1-22 所示。

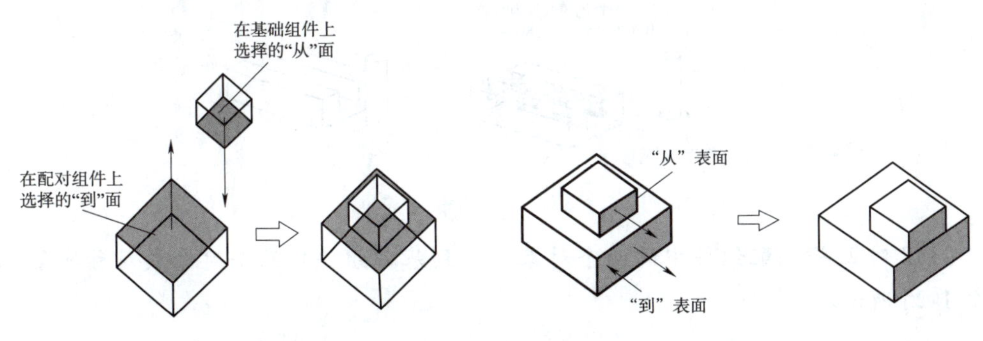

图 2-1-21 接触约束　　图 2-1-22 对齐约束

(3)“自动判断中心/轴”：是指对于选取的两回转体对象，系统将根据选取的参照判断，从而获得接触对齐约束效果。

2. 角度约束

用于在两个对象间定义角度，确定相配组件正确的方位。角度约束可以在两个具有方向矢量的对象间产生，角度是两个方向矢量的夹角，逆时针方向为正。

角度约束有两种类型：平面角度和三维角度，平面角度约束需要一根转轴，两个对象的方向矢量与其垂直，如图 2-1-23 所示。

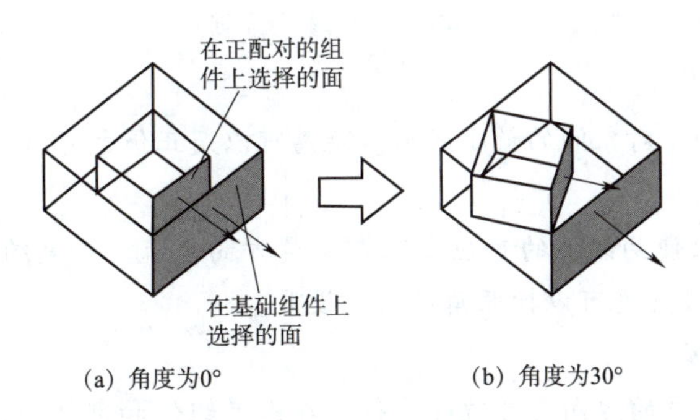

(a) 角度为0°　　(b) 角度为30°

图 2-1-23 角度约束

3. 中心约束

用于约束两个对象的中心，使其中心对齐。当选择中心约束时，中心对象菜单被激活，其选项有以下几种。

(1)1 对 2:将相配组件中的一个对象定位到基础组件中两个对象的中心上,当选择该项时,允许在基础组件上选择第二个对象。

(2)2 对 1:将相配组件中的两个对象定位到基础组件中一个对象上,并与其对称。当选择该选项时,允许在相配组件上选择第二个配对对象,如图 2-1-24 所示。

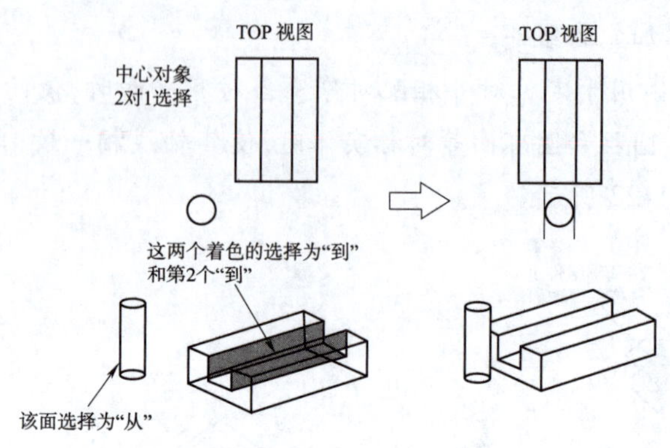

图 2-1-24　中心约束(2 对 1)

(3)2 对 2:将相配组件中的两个对象定位到基础组件中两个对象成对称布置,如图 2-1-25 所示。

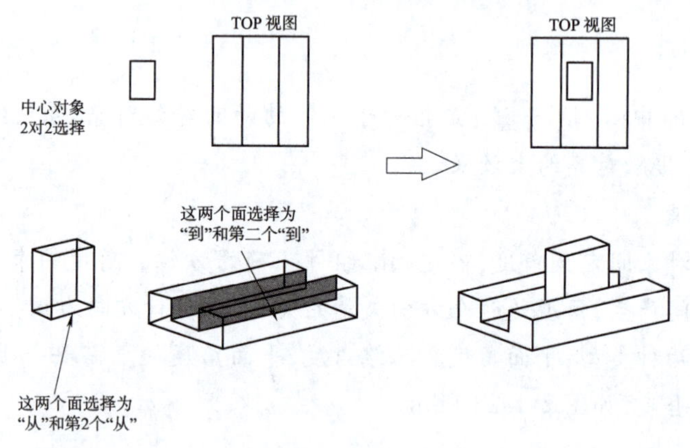

图 2-1-25　中心约束(2 对 2)

4.“距离”约束

用于指定两个相距对象间的最小距离。距离可以是正值也可以是负值。

5.“垂直”约束

设置“垂直”约束使两组件的对应参照在矢量方向垂直。垂直约束是角度约束的一种特殊形式,可单独设置也可以按照角度约束设置。

6.“平行”约束

用于约束两个对象的方向矢量彼此平行。在设置组件和部件、组件和组件之间的约束方式时,为定义两个组件保持平行对立的关系,可选取两组件对应参照面,使其面与面平行;为更准确显示组件间的关系可定义面与面之间的距离参数,从而显示组件在装配体中的自由度。

7.“对齐锁定”约束

“对齐/锁定”约束将两个对象(所选对象类型要一致,如圆柱面对应圆柱面,圆边线对应圆边线、直边线对应直边线等)快速对齐/锁定。例如,使用该约束可以使选定的两个圆柱面的中心线对齐,或者使选定的两个圆共面且中心对齐。

8.“胶合”约束

使用“胶合”约束可将组件胶合在一起,使其作为一个整体移动。选择要胶合的组件,单击“创建约束”按钮完成“胶合”约束。

9.“等尺寸配对”约束

使用“等尺寸配对”约束可以使所选的有效对象实现等尺寸配对。例如,可以将半径相等的两个圆柱面结合在一起。对于等尺寸配对的两个圆柱面,如果半径变为不等,则该“等尺寸配对”约束将变为无效状态。

10.“同心”约束

“同心”约束用于约束两个组件的圆形边或椭圆形边,使两个对象中心重合并共面。采用“同心”约束时,从“装配约束”对话框的“类型”下拉列表框中选择“同心”类型后,分别在添加的组件中选择一个端面圆(圆对象)并在装配体原有组件中选择一个端面圆(圆对象)。

步骤2　安装柱塞。

在压盖内部安装柱塞,在装配过程中,选择“接触”配对类型对轴向自由度进行约束,选择“中心对齐”配对类型对径向自由度进行约束,具体操作如下:

(1)在打开的“添加组件”对话框中单击“打开”按钮,若“添加组件”对话框已关闭则单击“添加组件”,在弹出的“添加组件”对话框中单击“打开”,弹出“部件名”对话框,在相应的装配源文件中选择文件“zhusai”的零件,并在对话框右侧生成零件预览。

(2)单击“OK”按钮,在“添加组件”对话框中,保持默认的组件名“zhusai”不变。在“定位”下拉列表中选择“通过约束”选项,单击应用按钮,打开“装配约束”对话框。

(3)在“装配约束”对话框中的“类型”面板下拉列表中,选择“接触对齐”选项,并在“方位”下拉列表中单击“自动判断中心/轴”选项。在绘图区选择相配部件和基础部件要对应重合的中心线,即两圆柱的中心线,如图2-1-26和图2-1-27所示。

(4)在“装配约束”对话框中的“类型”下拉列表中,单击“距离”选项,在绘图区分别单击选择相配部件和基础部件上要保持距离的两个表面,在弹出的“距离”对话框中输入距离“−6”,单击确定按钮,结果如图2-1-28和图2-1-29所示。

(5)单击确定按钮完成柱塞的装配,结果如图2-1-30所示。

步骤3　安装阀体。

在泵体另一端面安装阀体,在装配过程中,选择“接触”类型对轴向自由度进行约束,选择“中心对齐”配对类型对径向自由度进行约束,具体操作如下。

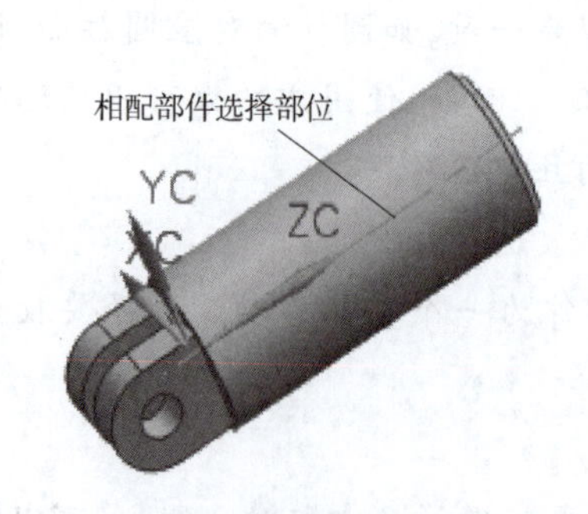

图 2-1-26 相配部件选择部位

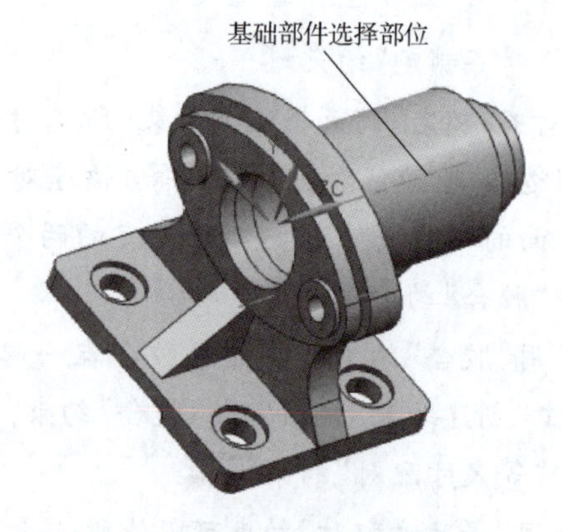

图 2-1-27 基础部件选择部位

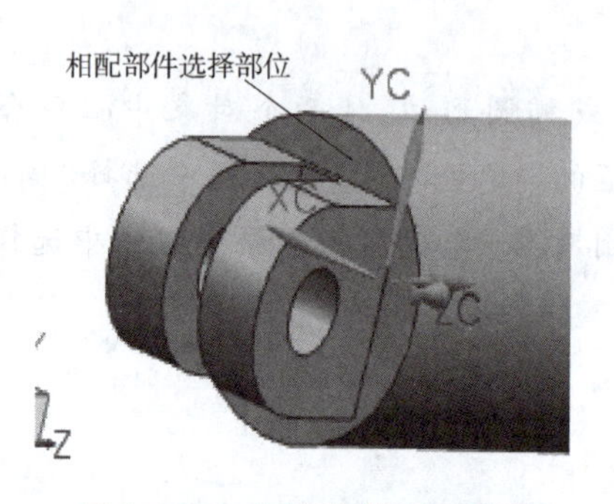

图 2-1-28 相配部件选择部位

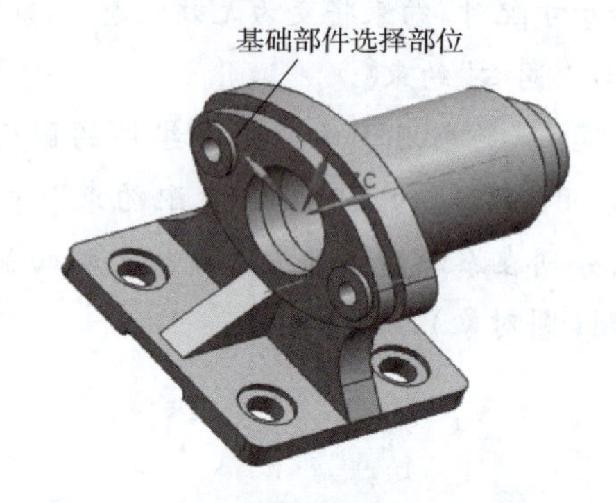

图 2-1-29 基础部件选择部位

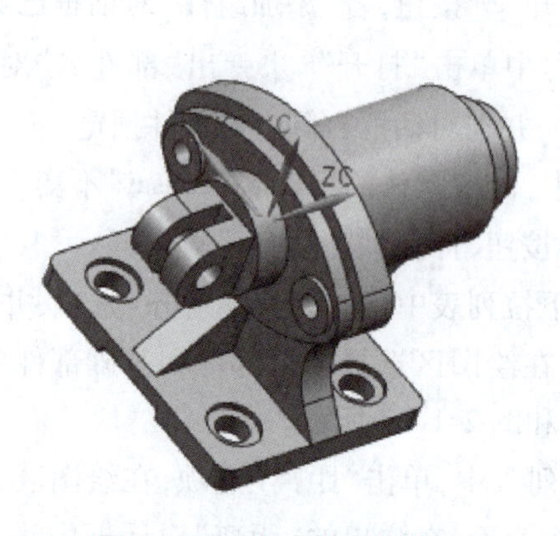

图 2-1-30 完成柱塞的装配

图 2-1-31 相配部件选择部位

(1)在打开的“添加组件”对话框中单击“打开”按钮,弹出“部件名”对话框,在相应的装配源文件路径中选择文件“fati”的零件,并在对话框右侧生成零件预览。

(2)单击“OK”按钮,在“添加组件”对话框中,保持默认的组件名“fati”不变。在“定位”下拉列表中选择“通过约束”选项,单击 应用 按钮,打开“装配约束”对话框。

(3)在“装配约束”对话框中的“类型”下拉列表中，单击“接触对齐”选项，并在“方位”下拉列表中单击“接触”选项。在绘图区选择相配部件和基础部件要接触配合的两表面，如图 2-1-31 和图 2-1-32 所示。

(4)在“装配约束”对话框中的“类型”下拉列表中，单击“接触对齐”选项，并在“方位”下拉列表中单击“自动判断中心/轴”选项。在绘图区选择相配部件和基础部件要对应重合的中心线，即两圆柱的中心线，如图 2-1-33 和图 2-1-34 所示。

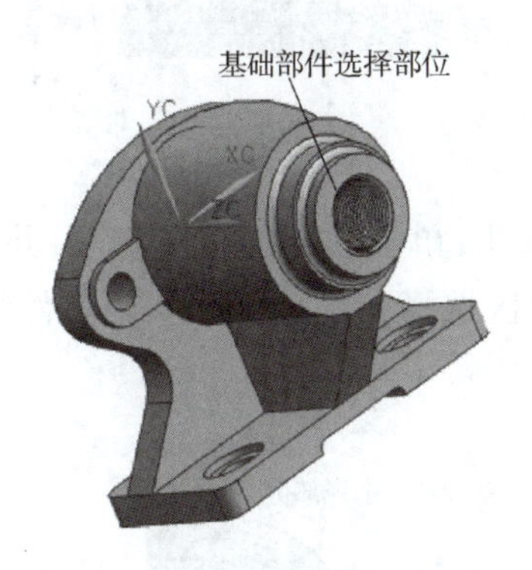

图 2-1-32 基础部件选择部位

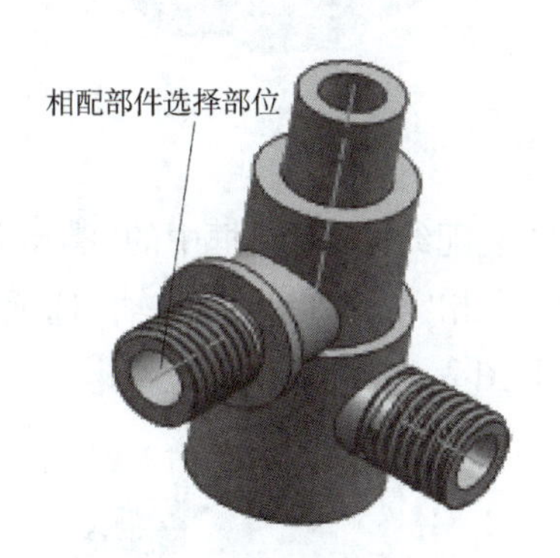

图 2-1-33 相配部件选择部位

(5)单击 < 确定 > 按钮完成阀体的装配，结果如图 2-1-35 所示。

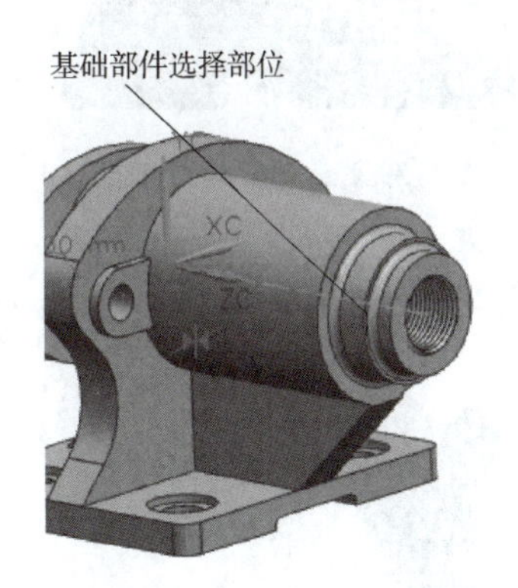

图 2-1-34 基础部件选择部位

图 2-1-35 完成阀体的装配

步骤 4 安装阀盖。

在阀体上端安装阀盖，在装配过程中，选择“接触”类型对轴向自由度进行约束，选择“中心对齐”配对类型对径向自由度进行约束，具体操作如下。

(1)在打开的“添加组件”对话框中单击“打开”按钮，弹出“部件名”对话框，在相应的装配源文件路径中选择文件“fati”的零件，并在对话框右侧生成零件预览。

(2)单击“OK”按钮，在“添加组件”对话框中，保持默认的组件名“fagai”不变。在“定位”下拉列表中选择“通过约束”选项，单击 应用 按钮，打开“装配约束”对话框。

(3)在“装配约束”对话框中的“类型”下拉列表中，单击“接触对齐”选项，并在“方位”下拉列表中单击“接触”选项。在绘图区选择相配部件和基础部件要接触的两表面，如

图 2-1-36 和图 2-1-37 所示。

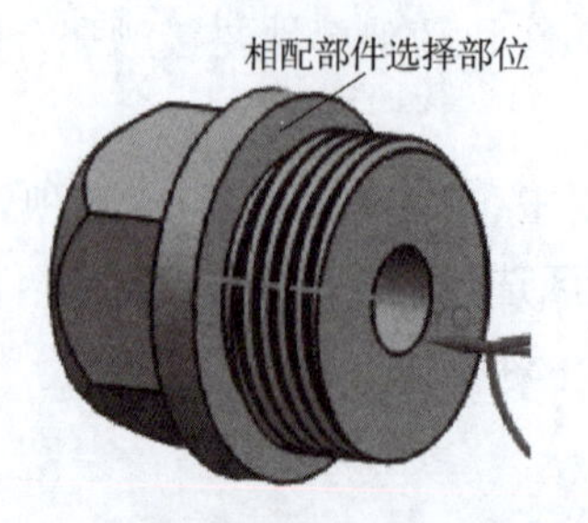

图 2-1-36　相配部件选择部位

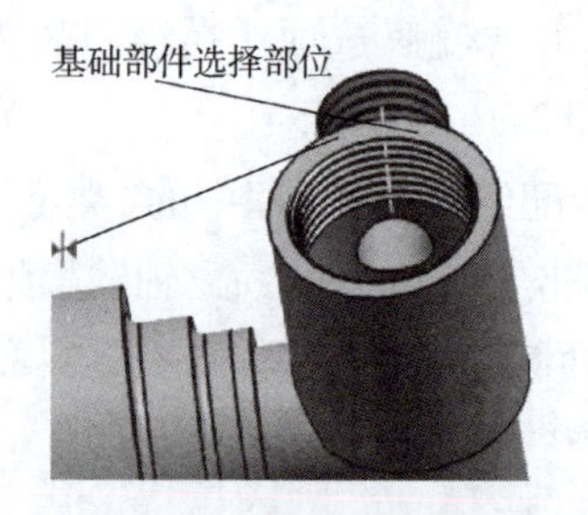

图 2-1-37　基础部件选择部位

(4)在“装配约束”对话框中的“类型”下拉列表中，单击“接触对齐”选项，并在“方位”下拉列表中单击“自动判断中心/轴”选项。在绘图区选择相配部件和基础部件中心线，如图 2-1-38 和图 2-1-39 所示。

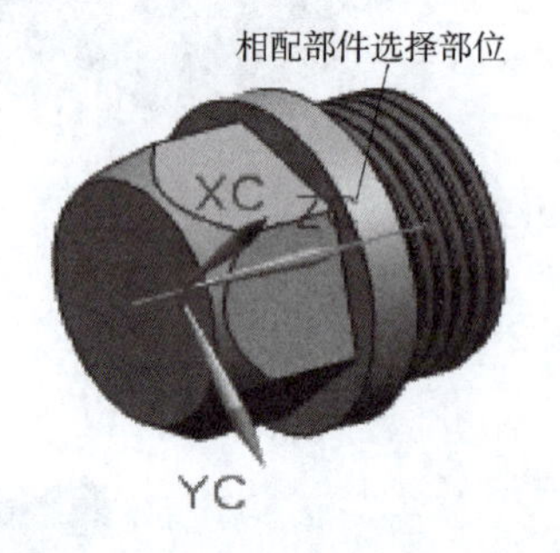

图 2-1-38　相配部件选择部位

2-1-39　基础部件选择部位

(5)单击 确定 按钮完成阀体的装配，结果如图 2-1-40 所示。

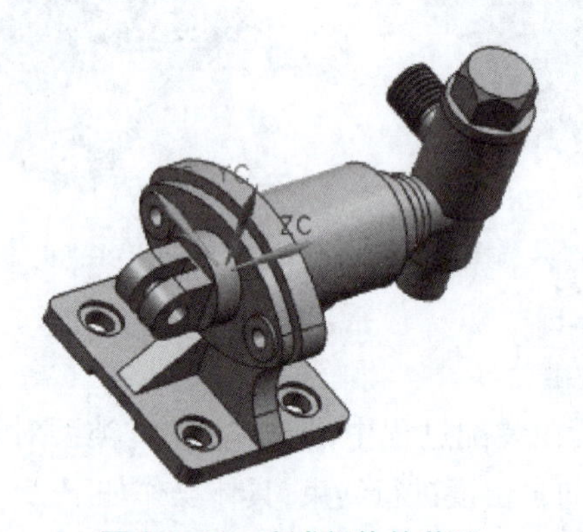

图 2-1-40　完成阀体的装配

知识拓展

在装配完成之后为了更好地观察各个装配组件的相对位置，通常需要创建爆炸图。

相关知识

自动爆炸组件特征——功能详解

首先创建自动爆炸组件特征，然后利用“编辑爆炸图”命令编辑自动爆炸得到的图形，再利用“取消爆炸组件”命令将不需要爆炸的组件返回爆炸前的状态。完成后如图 2-1-41 所示。

1. 打开部件文件

进入 UG NX 软件，单击按钮或单击“文件”→“打开”命令，弹出“打开部件文件”对话框。在本地磁盘目录中选择文件“zhusaibeng”，单击“OK”按钮，进入 NX 主界面。

2. 另存文件

单击“文件”→“另存为”命令，弹出“另存为”对话框。在“文件名”文本框中输入“zhusaibengbaozha”，单击“OK”按钮，进入 UG 主界面。

3. 创建爆炸图

(1) 单击按钮或单击“装配”→“爆炸图”→“新建爆炸图”命令，弹出如图 2-1-42 所示的“新建爆炸图”对话框。

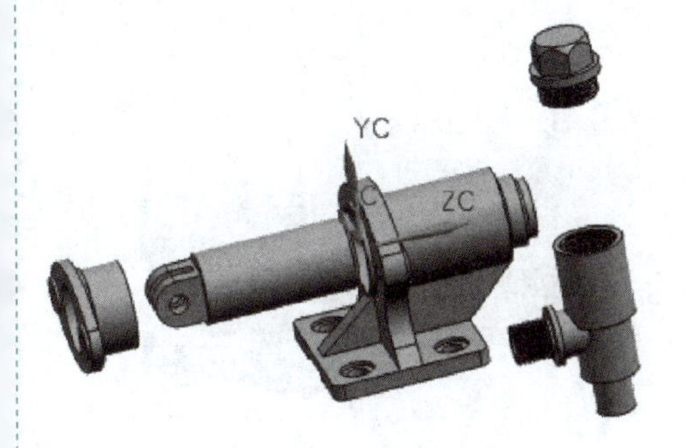

图 2-1-41　创建的爆炸图

图 2-1-42　“新建爆炸图”对话框

(2) 在“名称”文本框中输入“zhusaibengbaozha”。

(3) 单击“确定”按钮，创建柱塞泵爆炸图。

4. 爆炸组件

(1) 单击按钮或单击“装配”→“爆炸图”→“自动爆炸组件”命令，弹出“类选择”对话框，单击“全选”按钮，选中所有的组件。单击“确定”按钮，弹出“爆炸距离”对话框。

(2) 在“距离”文本框中输入“70”，如图 2-1-43 所示，单击“确定”按钮，爆炸组件如图 2-1-44 所示。

5. 编辑爆炸图

(1) 单击按钮或单击“装配”→“爆炸图”→“编辑爆炸图”命令，弹出“编辑爆炸图”对话框，如图 2-1-45 所示。

(2) 在绘图区选择组件“压盖”作为要爆炸的组件。

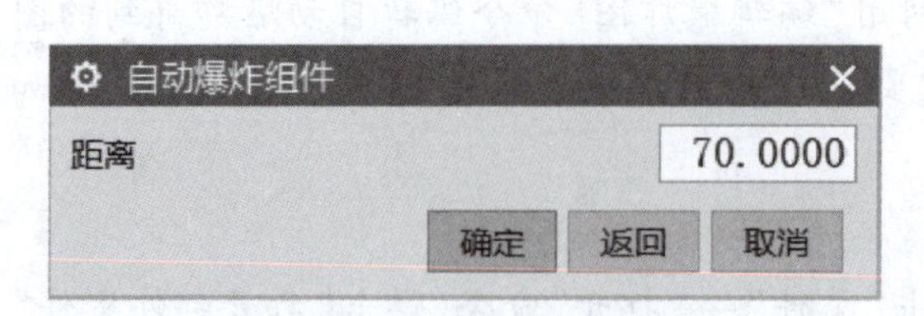

图 2-1-43 “距离”文本框

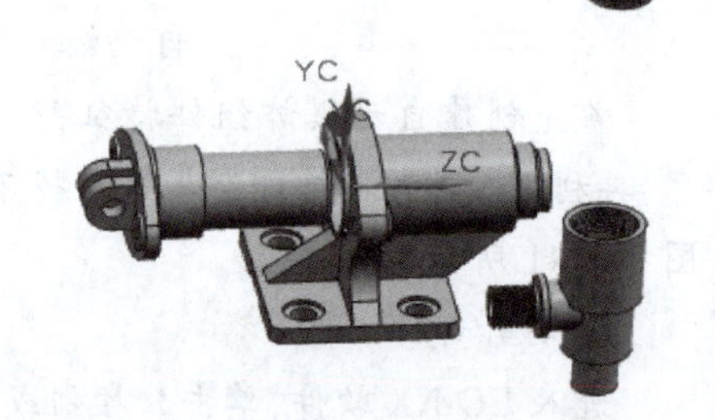

图 2-1-44 爆炸组件

(3)在“编辑爆炸图”对话框中点选“移动对象”单选钮，移动压盖到合适的位置，如图 2-1-46 所示。

(4)单击“确定”按钮，或单击鼠标中键完成操作。

(5)同上步骤，移动其他组件，编辑后的爆炸图如图 2-1-47 所示。

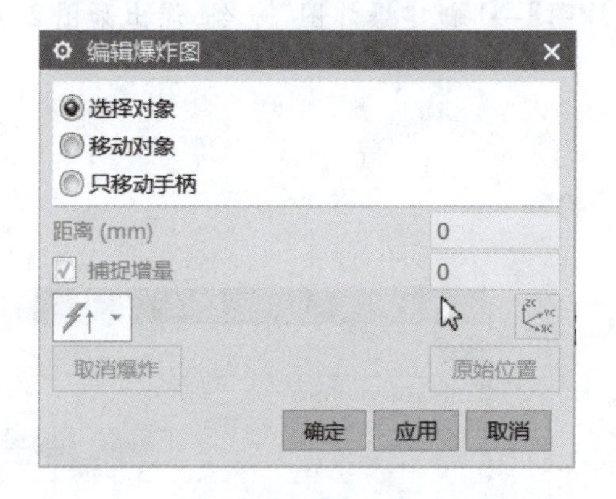

图 2-1-45 “编辑爆炸图”对话框

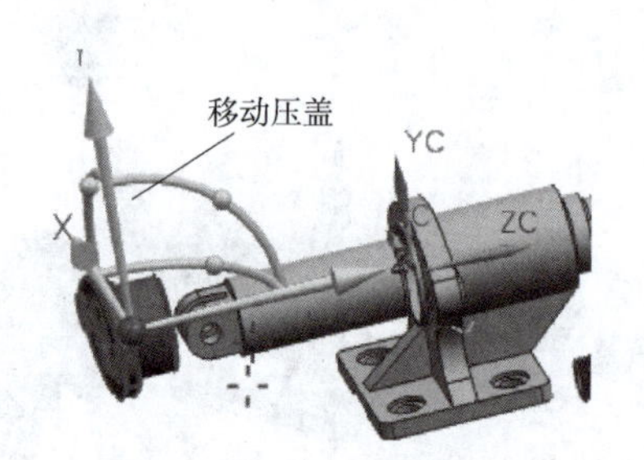

图 2-1-46 移动压盖

6. 组件不爆炸

(1)单击按钮或单击“装配”→“爆炸图”→“取消爆炸组件”命令，弹出“类选择”对话框。

(2)在绘图区选择不进行爆炸的组件，如图 2-1-48 所示。

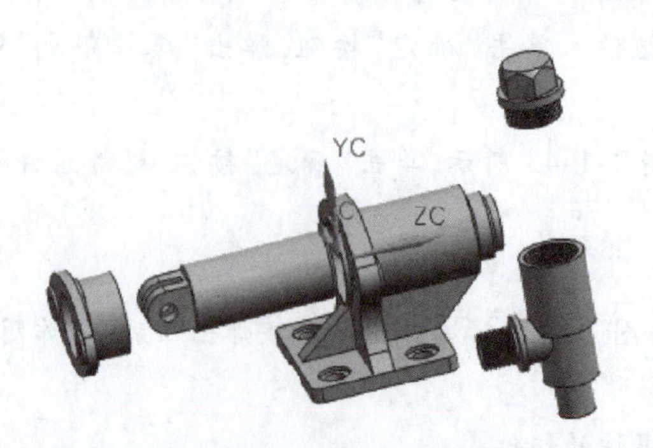

图 2-1-47 编辑后的爆炸图

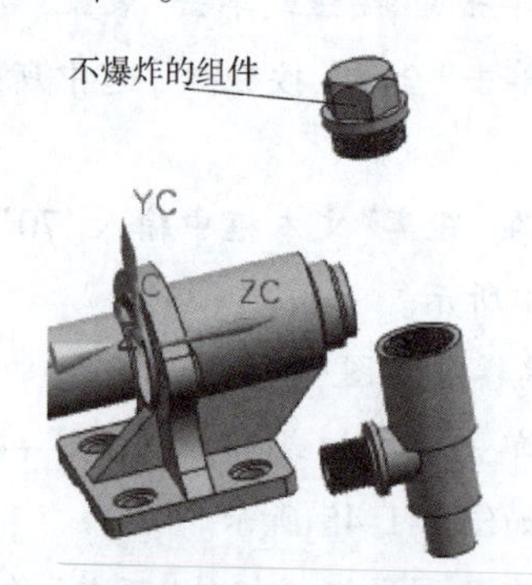

图 2-1-48 选择不进行爆炸的组件

（3）单击“确定”按钮，使已爆炸的组件恢复到原来的位置，如图 2-1-49 所示。

7. 隐藏爆炸

单击“装配”→“爆炸图”→“隐藏爆炸图”命令，则将当前爆炸图隐藏起来，使绘图区中的组件恢复到爆炸前的状态。

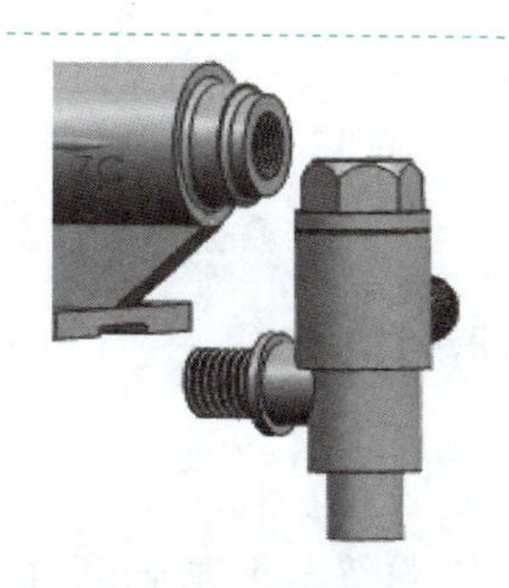

图 2-1-49　恢复已爆炸的组件

拓展练习

1. 装配四杆机构，结果如图 2-1-50 所示。
2. 运用所学的知识装配机械臂，如图 2-1-51 所示。

图　2-1-50

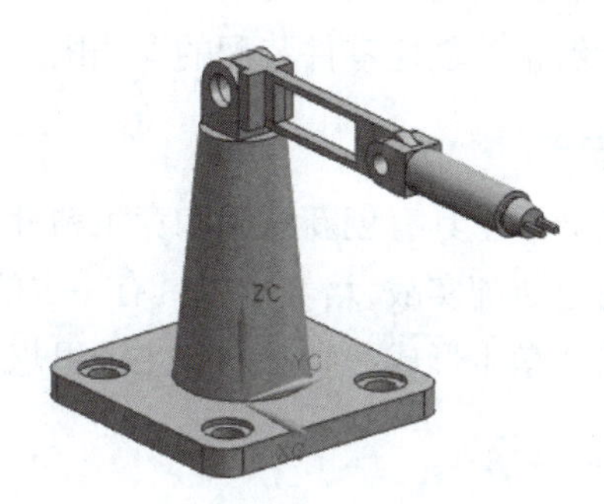

图　2-1-51

学习要点记录

项目二　台虎钳装配

学习目标

知识目标

(1)熟练掌握基础部件的导入方法。

(2)熟练掌握零件装配的方法。

(3)熟练运用装配约束工具。

(4)了解组件阵列的使用方法。

台虎钳装配

能力目标

(1)能够装配较复杂的工件,熟练掌握装配各组件的方法。

(2)能够正确选择装配约束。

(3)能够正确创建零件装配的爆炸图。

素质目标

(1)培养学生具有创新意识和竞争精神。

(2)通过装配实战,培养学生具有一定的理论素养,更有实践动手能力。

(3)培养学生形成一种独立自主的思想意识和判断能力。

工作任务

创建典型机械零部件的装配——台虎钳装配,装配结果如图 2-2-1 所示。

图 2-2-1　台虎钳

项目分析

台虎钳由钳座、护口板、螺杆等零件组成,因此,创建此装配可分三步:①导入基础部件;②插入各组件;③创建爆炸图。

项目分解

名称	内　　容	采用的方法和手段	创建流程	其他方法
1	新建装配文件，导入基础部件	新建文件，添加组件		
2	插入各组件	利用“接触”“自动判断中心/轴”等定位方式约束轴向及径向自由度		
3	创建爆炸图	利用“编辑爆炸图”命令编辑自动爆炸得到图形，再利用“取消爆炸组件”命令返回爆炸前的状态		

想一想：这个装配流程有没有更好的建议，有的话请写下来分享经验。有其他的建模方法的话，请在下方填写。

还可以这么做：

项目实施

1. 新建装配文件，导入基础部件

新建一个名为“huqian”的空的装配部件，然后将基础部件（钳座）导入到装配件中。

台虎钳装配源文件

步骤1　新建装配文件。

启动 UG NX 软件，单击图标或单击“文件”→“新建”选项，打开“添加组件”对话框，在“模板”选项组中，选择“装配”，确定存盘路径，输入文件名

“huqian”，单位选择“毫米”，单击 确定 按钮，打开“添加组件”对话框，如图 2-2-2 所示。

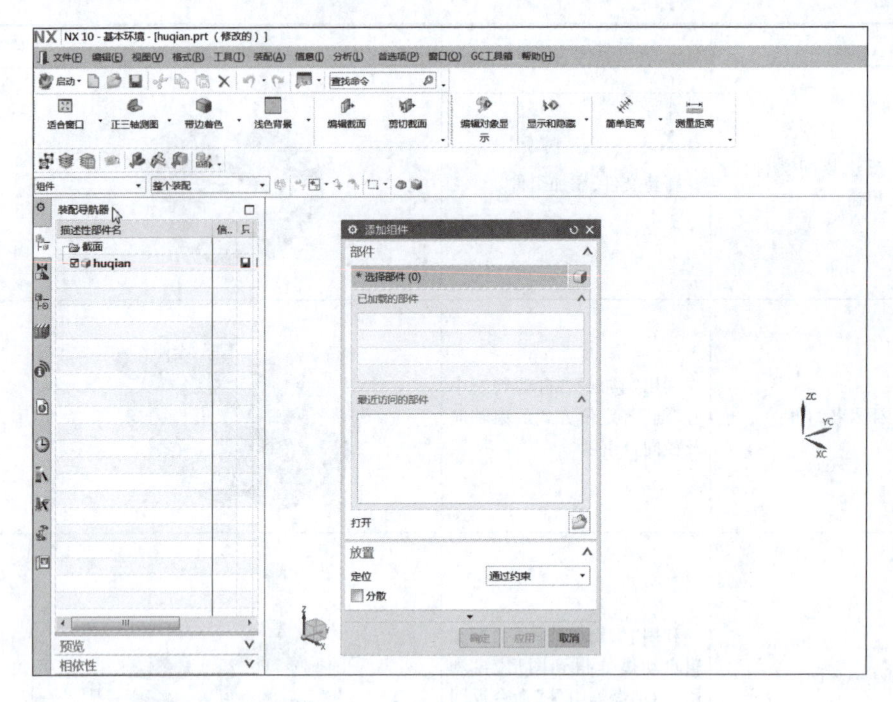

图 2-2-2 “添加组件”对话框(1)

步骤 2 添加组件。

(1)单击按钮，在图 2-2-2 所示的“添加组件”对话框中单击按钮，弹出“部件名”对话框，在本地磁盘目录中选择文件“qianzuo”的零件，并在对话框右侧生成零件预览，如图 2-2-3 所示。

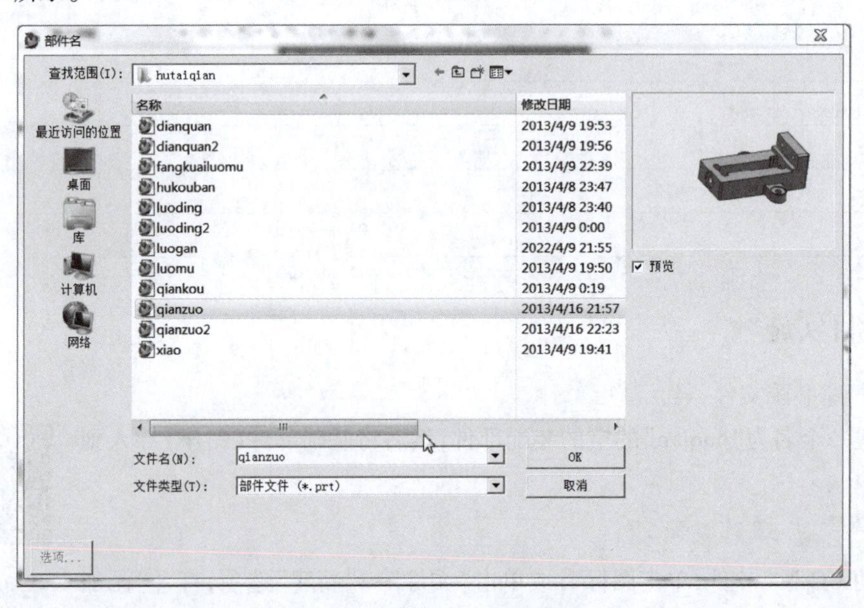

图 2-2-3 “部件名”对话框

（2）单击“OK”按钮，系统弹出“添加组件”对话框，保持默认的组件名“qianzuo”不变。在“定位”下拉列表中选择“绝对原点”选项，系统将按绝对定位方式确定部件在装配中的位置，如图 2-2-4（a）所示。系统同时按照对话框中的设置在“组件预览”区中生成部件的预览，效果如图 2-2-4（b）所示。

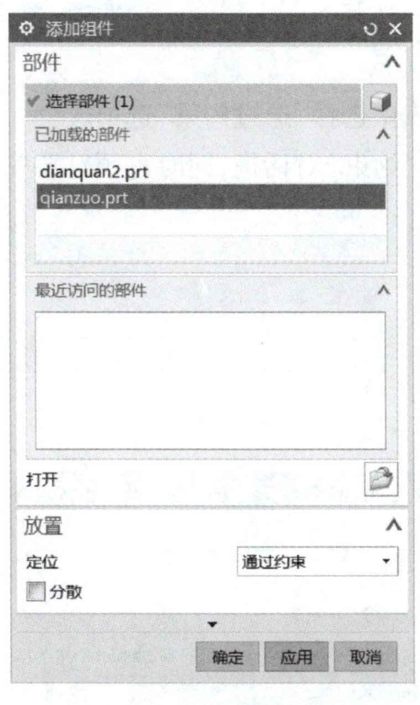

（a）“添加组件”对话框（1）

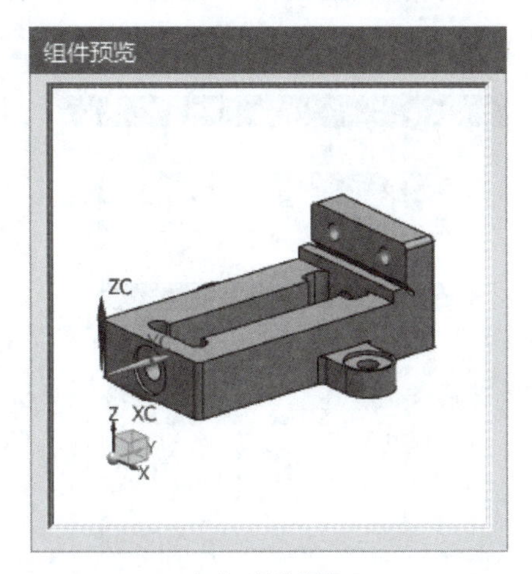

（b）“组件预览”

图 2-2-4　添加组件

（3）单击 确定 按钮，钳座零件被导入到装配体中，效果如图 2-2-5 所示。

2. 插入各组件

在钳座的基础上插入各组成零件，装配完成后效果如图 2-2-6 所示。

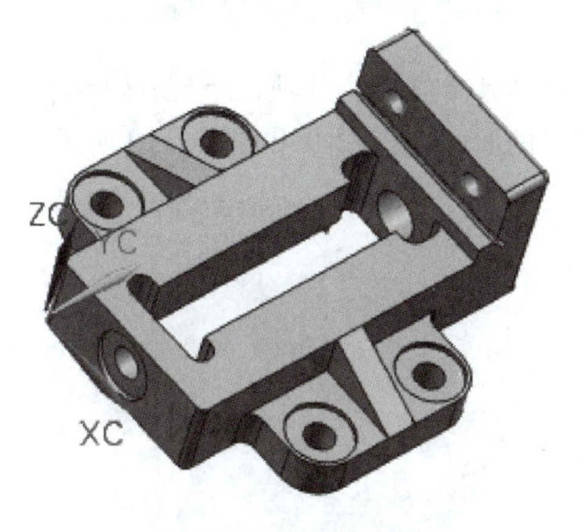

图 2-2-5　导入效果图

图 2-2-6　完成装配的虎钳

步骤1 安装方块螺母。

(1)单击“标准”工具栏中的“启动”按钮启动,在弹出的下拉菜单中单击“装配”命令,进入装配模式。选择菜单“装配”→“组件”→“添加组件”,或者单击按钮,弹出“添加组件”对话框,如图2-2-7所示。

(2)单击“打开”按钮,弹出“部件名”对话框,选择“fangkuailuomu”选项,单击“OK”按钮,载入该文件。

(3)返回“添加组件”对话框,在“定位”下拉列表中选择“通过约束”选项。

(4)单击确定按钮弹出如图2-2-8所示的“装配约束”对话框,同时可预览要安装的部件文件。

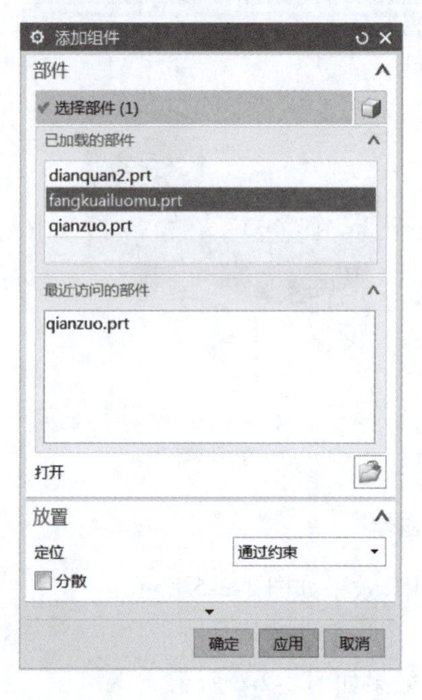

图2-2-7 “添加组件”对话框(2)

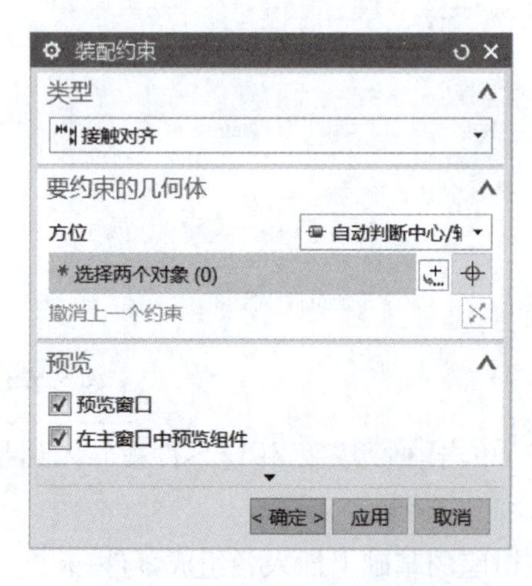

图2-2-8 “装配约束”对话框

(5)选择“接触对齐”类型,在“方位”下拉列表中选择“接触”选项,在绘图区分别选择装配基础部件和相配部件方头螺母上将要对应接触的面,如图2-2-9和图2-2-10所示。

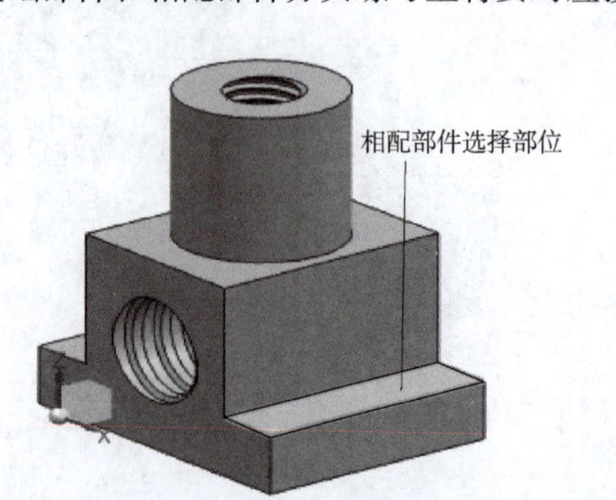

图2-2-9 相配部件选择部位

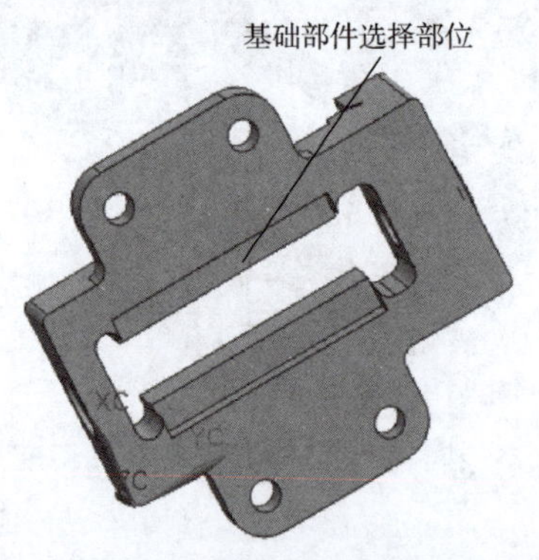

图2-2-10 基础部件选择部位

(6)继续选择“接触对齐”类型,在“方位”下拉列表中选择“接触”选项,在绘图区选择相配部件和基础部件另一对将要对应接触的面,如图 2-2-11 和图 2-2-12 所示。

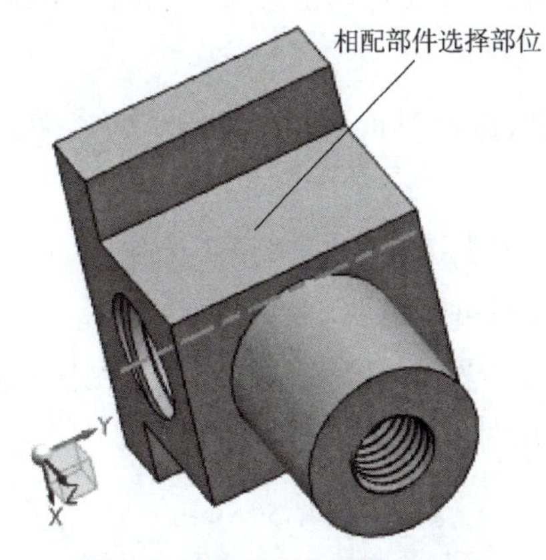

图 2-2-11　相配部件选择部位

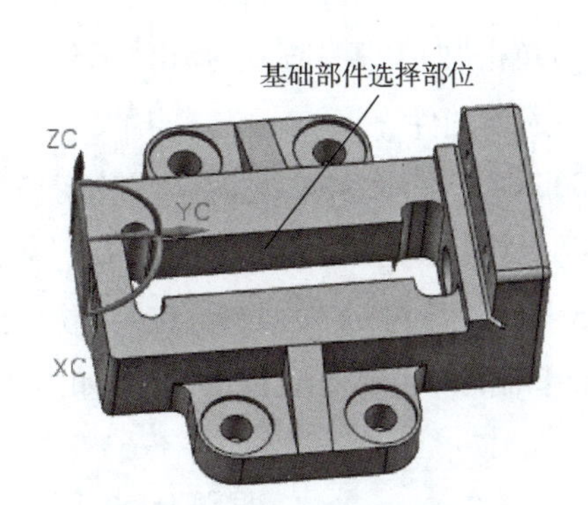

图 2-2-12　基础部件选择部位

(7)选择“距离”类型,在绘图区选择相配部件和基础部件,如图 2-2-13 和图 2-2-14 所示。

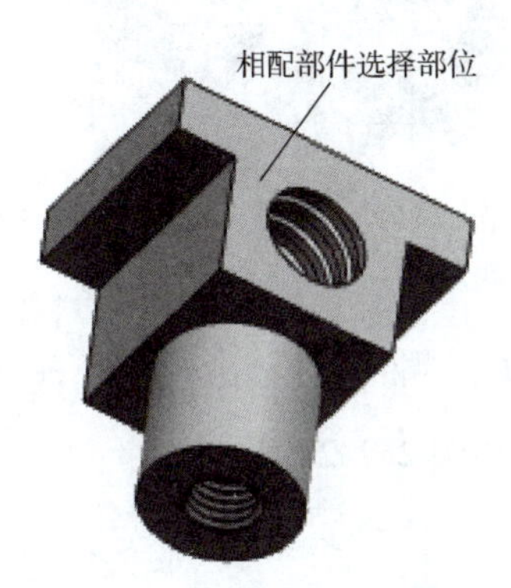

图 2-2-13　相配部件选择部位

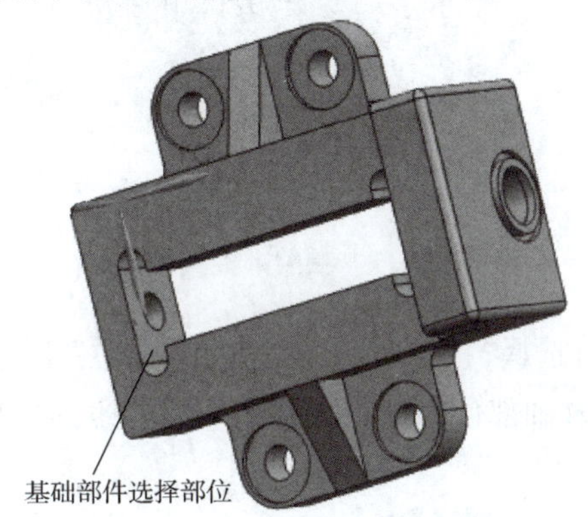

图 2-2-14　基础部件选择部位

(8)单击 确定 ,弹出图 2-2-15 所示的“装配约束”对话框,输入距离“20”。

(9)单击 确定 ,完成方块螺母的装配,结果如图 2-2-16 所示。

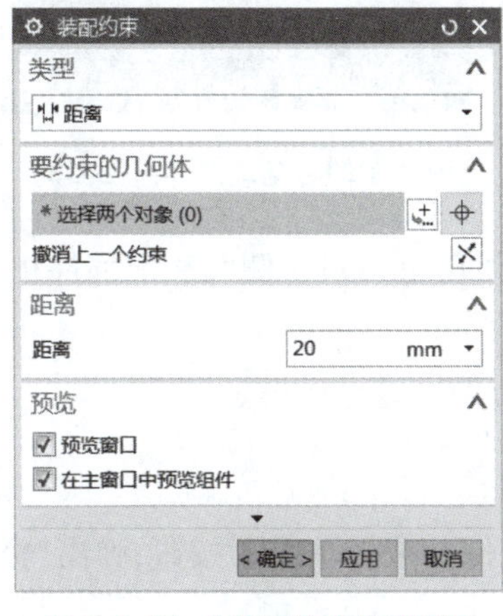

图 2-2-15　“装配约束”对话框

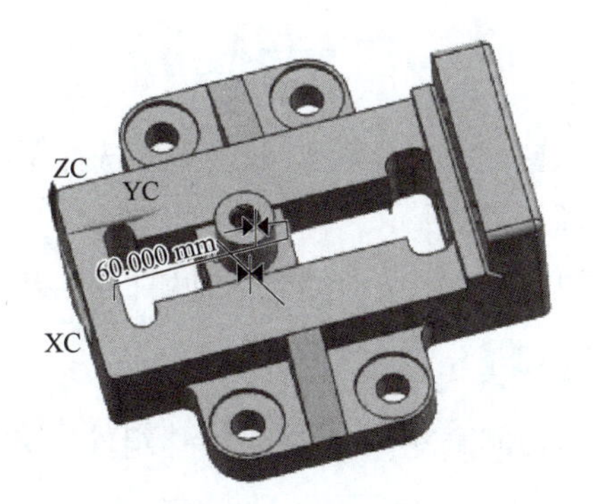

图 2-2-16　装配方块螺母

步骤2 安装活动钳口。

(1)单击“菜单”→“装配”→“组件”→“添加组件”,或者单击按钮,弹出“添加组件”对话框。

(2)单击“打开”按钮,弹出“部件名”对话框,选择“huodongqiankou”选项,单击“OK”按钮,载入该文件。

(3)返回“添加组件”对话框,在“定位”下拉列表中选择“通过约束”选项。

(4)单击确定按钮弹出“装配约束”对话框,同时可预览要安装的部件文件。

(5)选择“接触对齐”类型,在“方位”下拉列表中选择“接触”选项,在绘图区选择相配部件和基础部件将要对应接触的面,如图 2-2-17 和图 2-2-18 所示。

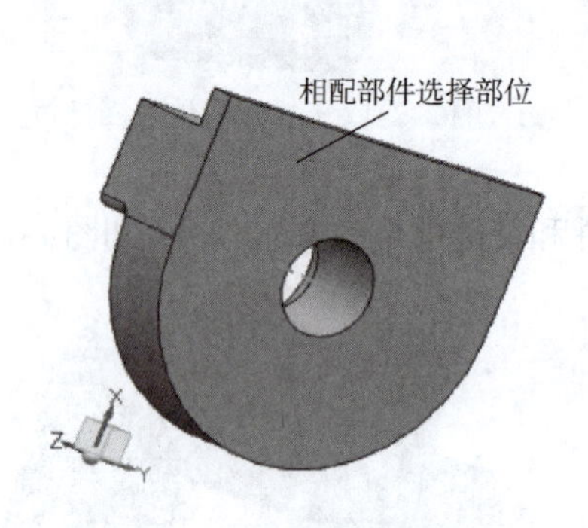

图 2-2-17　相配部件选择部位

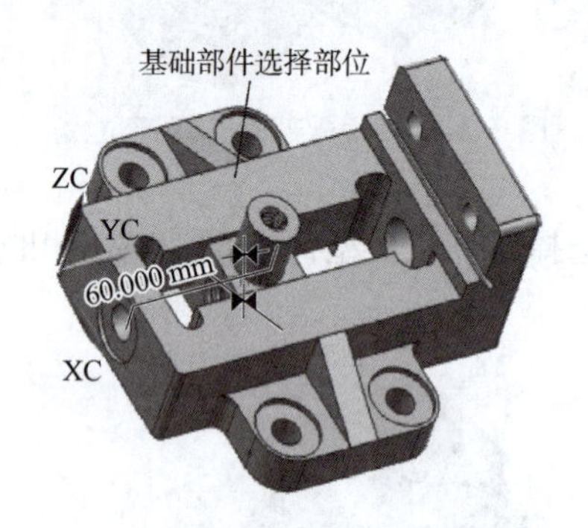

图 2-2-18　基础部件选择部位

(6)选择“接触对齐”类型,在“方位”下拉列表中选择“自动判断中心/轴”选项,在绘图区选择基础部件和相配部件相应中心线,如图 2-2-19 和图 2-2-20 所示。

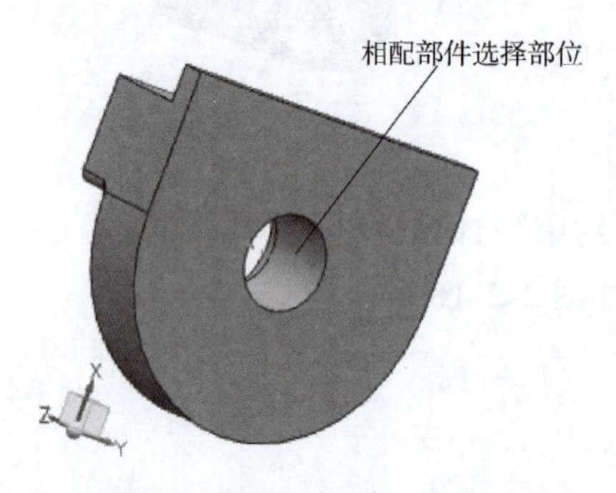

图 2-2-19　相配部件选择部位

图 2-2-20　基础部件选择部位

(7)选择“平行”类型,在绘图区选择基础部件钳座上钳口一侧和相配部件相应平行表面,如图 2-2-21 所示。

(8)单击确定按钮完成活动钳口的装配,结果如图 2-2-22 所示。

步骤3 安装螺钉。

(1)选择“菜单”→“装配”→“组件”→“添加组件”,或者单击按钮,弹出“添加组件”对话框。

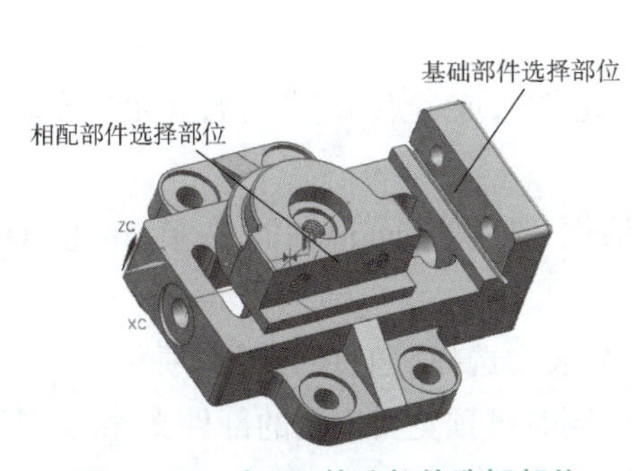

图 2-2-21　相配、基础部件选择部位

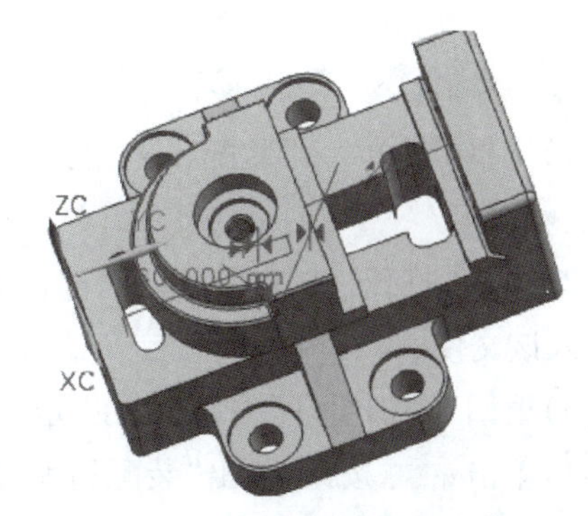

图 2-2-22　完成活动钳口的装配

(2)单击“打开”按钮，弹出“部件名”对话框，选择“luoding”选项，单击“OK”按钮，载入该文件。

(3)返回“添加组件”对话框，在“定位”下拉列表中选择“通过约束”选项。

(4)单击按钮，弹出“装配约束”对话框，同时可预览要安装的部件文件。

(5)选择“接触对齐”类型，在“方位”下拉列表中选择“接触”选项，在绘图区选择相配部件和基础部件相应接触表面，如图 2-2-23 和图 2-2-24 所示。

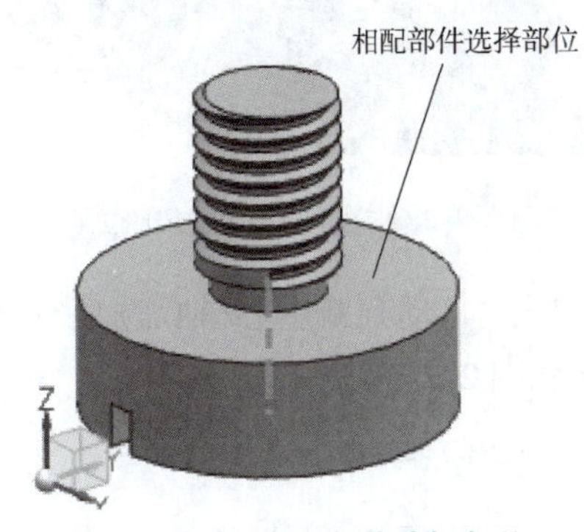

图 2-2-23　相配部件选择部位

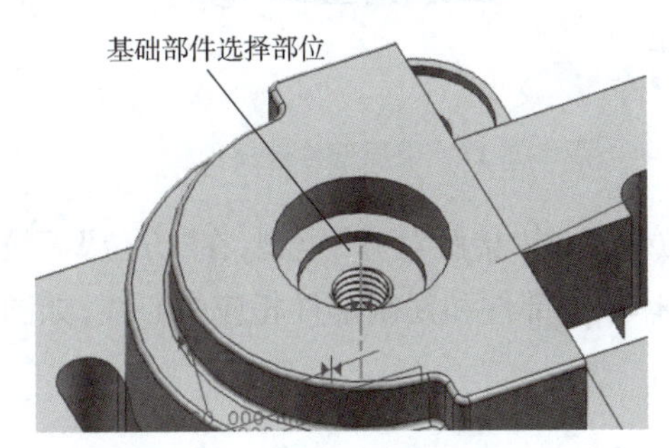

图 2-2-24　基础部件选择部位

(6)选择“接触对齐”类型，在“方位”下拉列表中选择“自动判断中心/轴”选项，在绘图区选择相配部件和基础部件相应中心线，如图 2-2-25 所示。

(7)单击 确定 按钮，完成螺钉的装配，结果如图 2-2-26 所示。

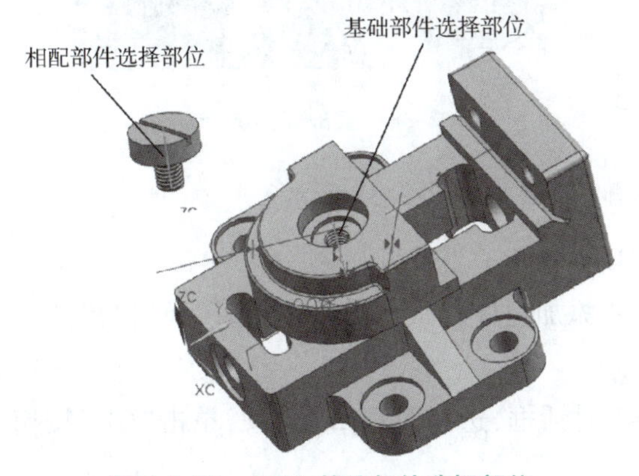

图 2-2-25　相配、基础部件选择部位

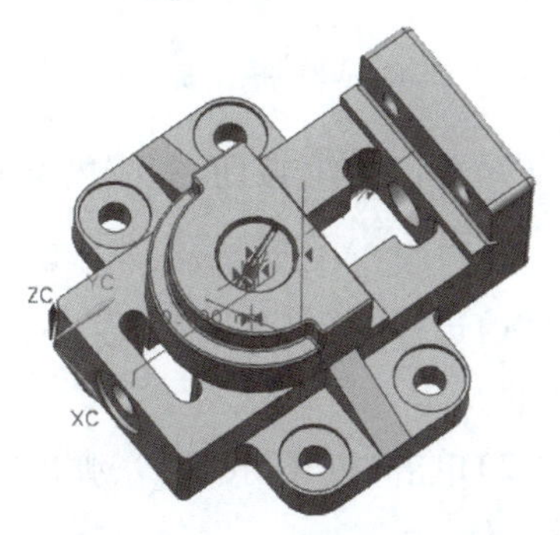

图 2-2-26　完成螺钉的装配

步骤4 安装垫圈12。

(1)选择"菜单"→"装配"→"组件"→"添加组件",或者点击按钮,弹出"添加组件"对话框。

(2)单击"打开"按钮,弹出"部件名"对话框,选择"dianquan12"选项,单击"OK"按钮,载入该文件。

(3)返回"添加组件"对话框,在"定位"下拉列表中选择"通过约束"选项。

(4)单击 确定 按钮,弹出"装配约束"对话框,同时可预览要安装的部件文件。

(5)选择"接触对齐"类型,在"方位"下拉列表中选择"接触"选项,在绘图区选择相配部件和基础部件相应接触表面,如图2-2-27和图2-2-28所示。

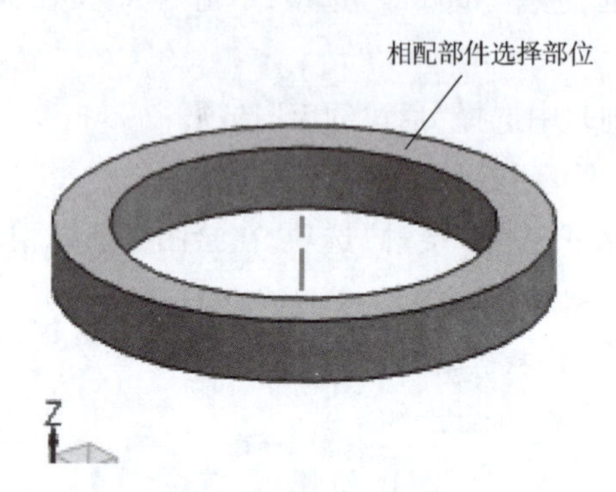

图2-2-27 相配部件选择部位

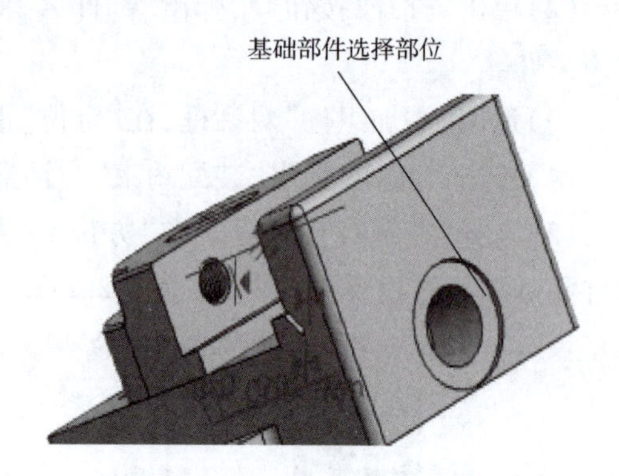

图2-2-28 基础部件选择部位

(6)选择"接触对齐"类型,在"方位"下拉列表中选择"自动判断中心/轴"选项,在绘图区选择相配部件和基础部件相应中心线,如图2-2-29和图2-2-30所示。

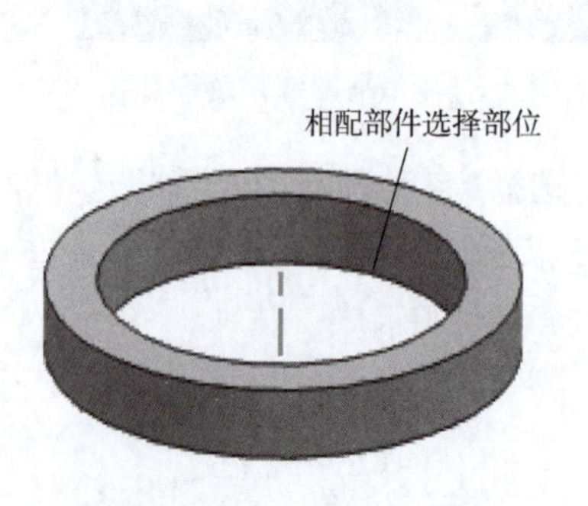

图2-2-29 相配部件选择部位

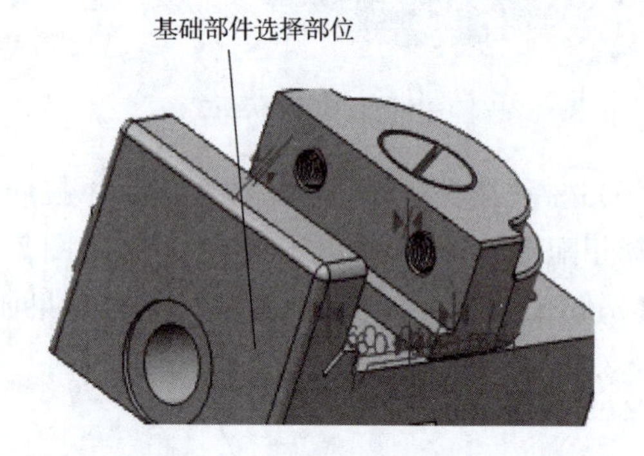

图2-2-30 基础部件选择部位

(7)单击 确定 按钮,完成垫圈12的装配,结果如图2-2-31所示。

步骤5 安装螺杆。

(1)选择"菜单"→"装配"→"组件"→"添加组件",或者单击按钮,弹出"添加组件"对话框。

(2)单击"打开"按钮,弹出"部件名"对话框,选择"luogan"选项,单击"OK"按钮,载入该文件。

(3)返回"添加组件"对话框,在"定位"下拉列表中选择"通过约束"选项。

(4)单击 确定 按钮弹出"装配约束"对话框,同时可预览要安装的部件文件。

(5)选择"接触对齐"类型,在"方位"下拉列表中选择"接触"选项,在绘图区选择相配部件和基础部件相应接触表面,如图 2-2-32 和图 2-2-33 所示。

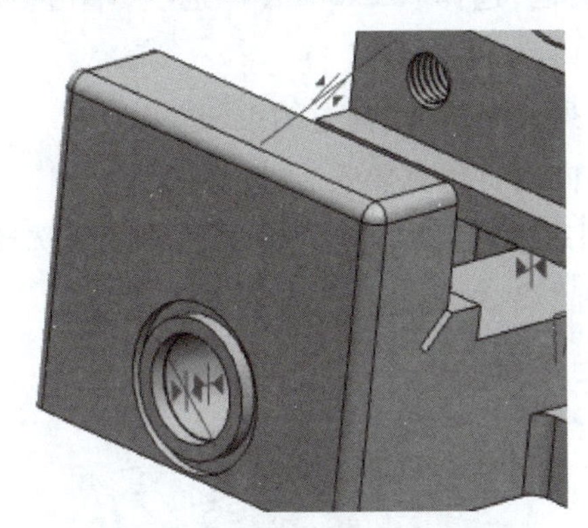

图 2-2-31　完成垫圈 12 的装配

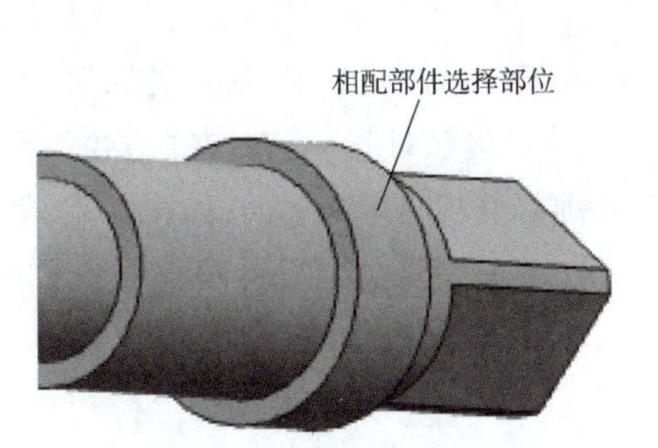

图 2-2-32　相配部件选择部位

(6)选择"接触对齐"类型,在"方位"下拉列表中选择"自动判断中心/轴"选项,在绘图区选择相配部件和基础部件相应接触表面,如图 2-2-34 和图 2-2-35 所示。

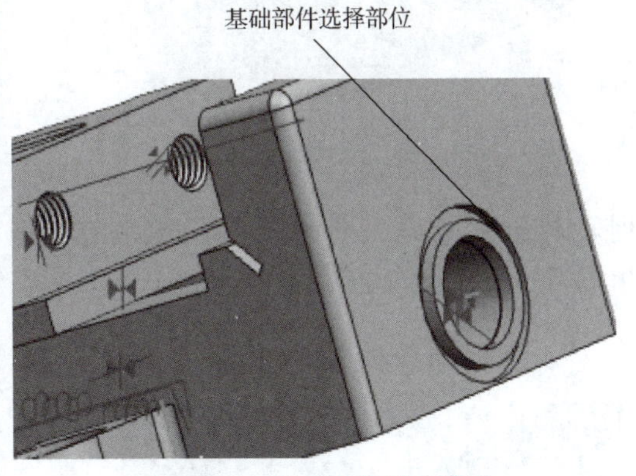

图 2-2-33　基础部件选择部位

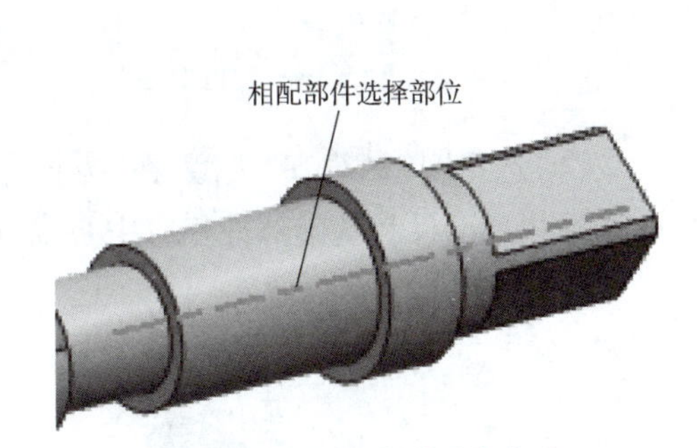

图 2-2-34　相配部件选择部位

(7)单击 确定 按钮,完成螺杆的装配,结果如图 2-2-36 所示。

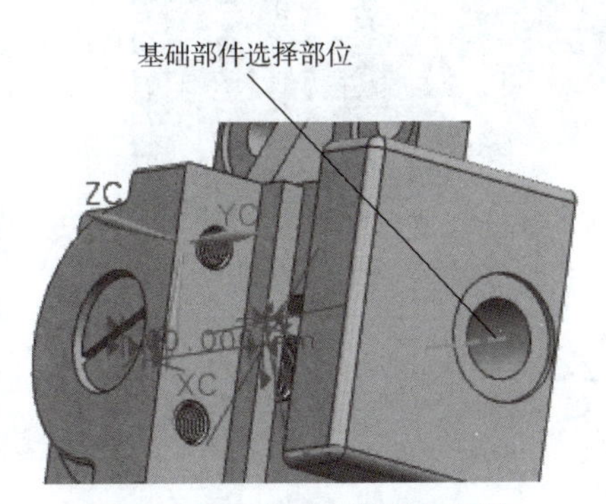

图 2-2-35　基础部件选择部位

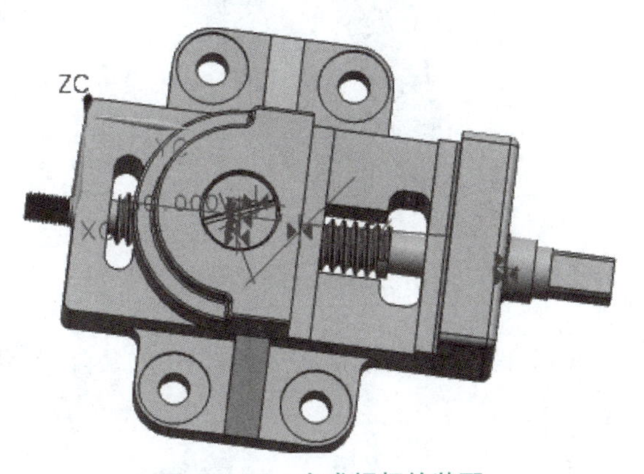

图 2-2-36　完成螺杆的装配

步骤6 安装垫圈10。

(1)选择“菜单”→“装配”→“组件”→“添加组件”,或者单击按钮,弹出“添加组件”对话框。

(2)单击“打开”按钮,弹出“部件名”对话框,选择“dianquan10”选项,单击“OK”按钮,载入该文件。

(3)返回“添加组件”对话框,在“定位”下拉列表中选择“通过约束”选项。

(4)单击确定按钮弹出“装配约束”对话框,同时可预览要安装的部件文件。

(5)选择“接触对齐”类型,在“方位”下拉列表中选择“接触”选项,在绘图区选择相配部件和基础部件相应接触表面,如图2-2-37和图2-2-38所示。

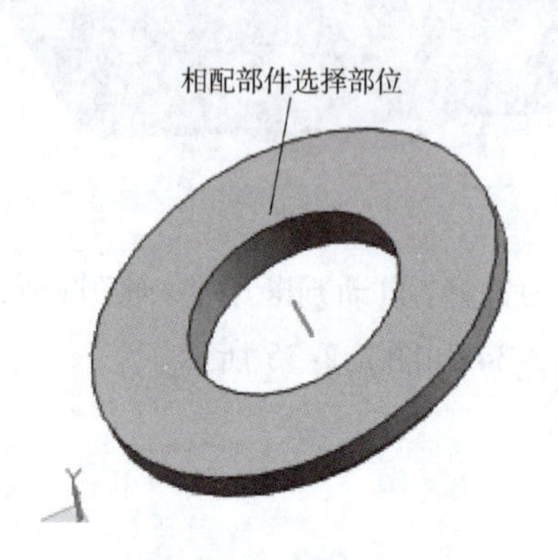

图2-2-37 相配部件选择部位

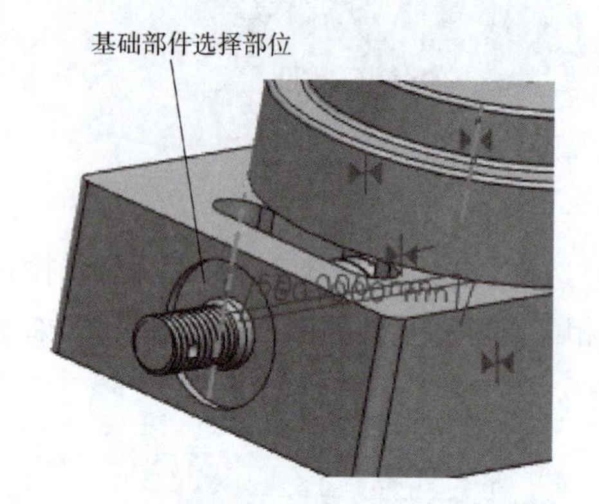

图2-2-38 基础部件选择部位

(6)选择“接触对齐”类型,在“方位”下拉列表中选择“自动判断中心/轴”选项,在绘图区选择相配部件和基础部件相应中心线,如图2-2-39和图2-2-40所示。

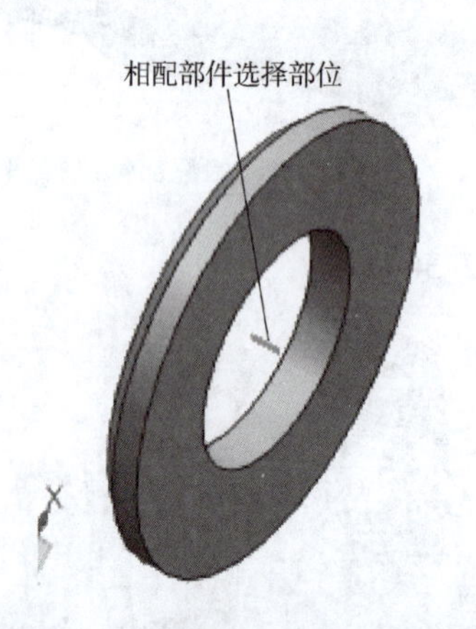

图2-2-39 相配部件选择部位

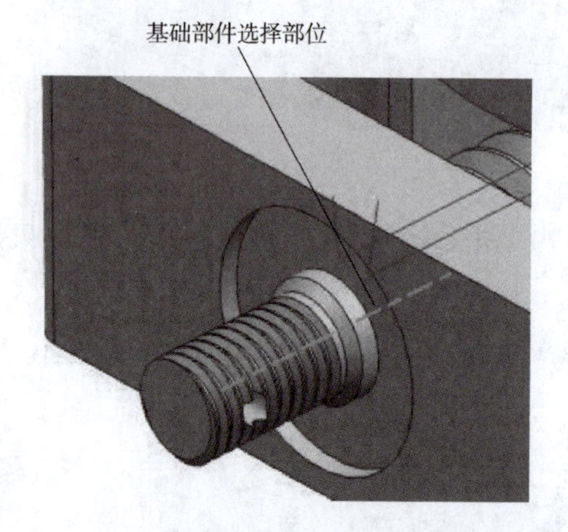

图2-2-40 基础部件选择部位

(7)单击确定按钮完成垫圈10的装配,结果如图2-2-41所示。

步骤7　安装螺母 M10。

(1)选择“菜单”→“装配”→“组件”→“添加组件”,或者单击按钮,弹出“添加组件”对话框。

(2)单击“打开”按钮,弹出“部件名”对话框,选择“luomuM10”选项,单击“OK”按钮,载入该文件。

(3)返回“添加组件”对话框,在“定位”下拉列表中选择“通过约束”选项。

(4)单击 确定 按钮,弹出“装配约束”对话框,同时可预览要安装的部件文件。

(5)选择“接触对齐”类型,在“方位”下拉列表中选择“接触”选项,在绘图区选择相配部件和基础部件相应接触表面,如图 2-2-42 和图 2-2-43 所示。

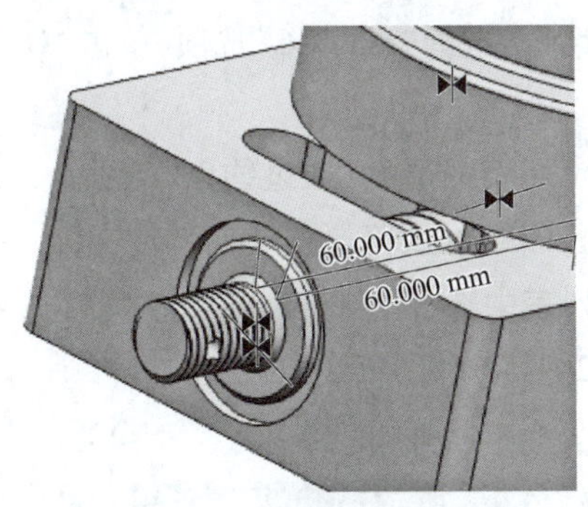

图 2-2-41　完成垫圈 10 的装配

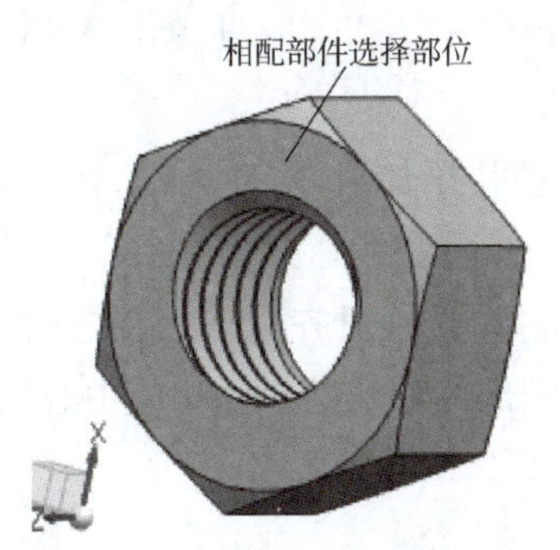

图 2-2-42　相配部件选择部位

(6)选择“接触对齐”类型,在“方位”下拉列表中选择“自动判断中心/轴”选项,在绘图区选择相配部件和基础部件相应中心线,如图 2-2-44 和图 2-2-45 所示。

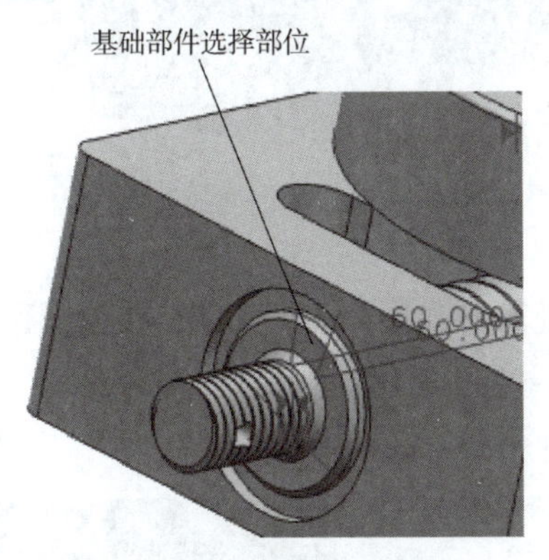

图 2-2-43　基础部件选择部位

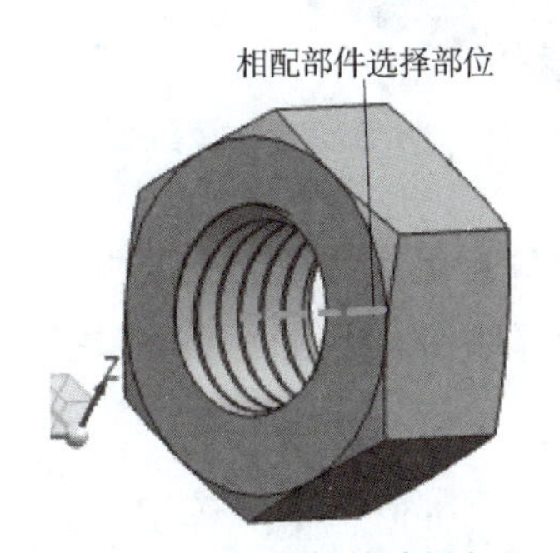

图 2-2-44　相配部件选择部位

(7)单击 确定 按钮完成螺母 M10 的装配,结果如图 2-2-46 所示。

步骤8　安装 3×16 销。

(1)选择“菜单”→“装配”→“组件”→“添加组件”,或者单击按钮,弹出“添加组件”对话框。

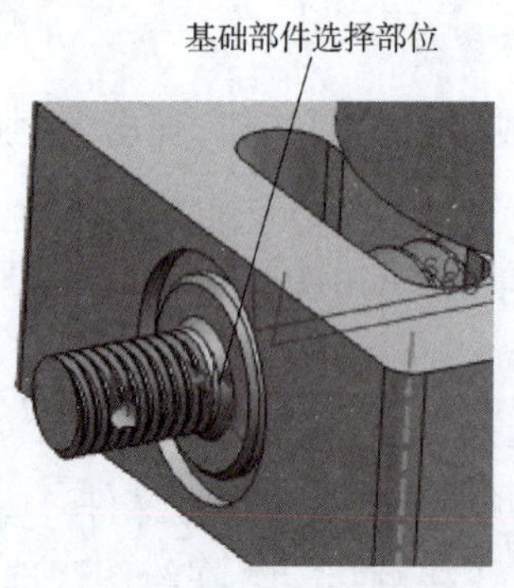

图 2-2-45　基础部件选择部位

图 2-2-46　完成螺母 M10 的装配

(2)单击“打开”按钮,弹出“部件名”对话框,选择“xiao3-6”选项,单击“OK”按钮,载入该文件。

(3)返回“添加组件”对话框,在“定位”下拉列表中选择“通过约束”选项。

(4)单击 确定 按钮弹出“装配约束”对话框,同时可预览要安装的部件文件。

(5)选择“接触对齐”类型,在“方位”下拉列表中选择“自动判断中心/轴”选项,在绘图区选择相配部件和基础部件相应中心线,如图 2-2-47 和图 2-2-48 所示。

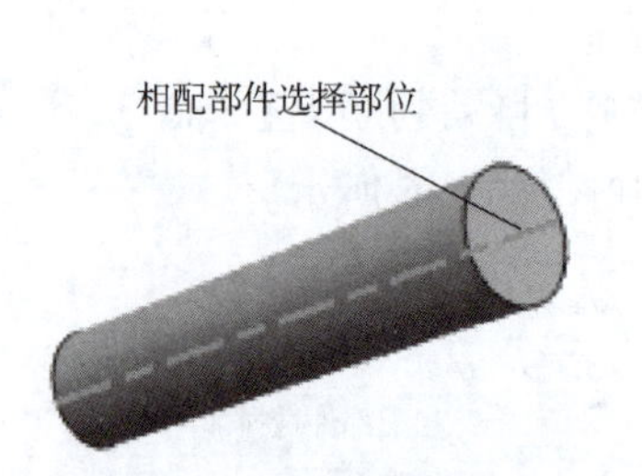

图 2-2-47　相配部件选择部位

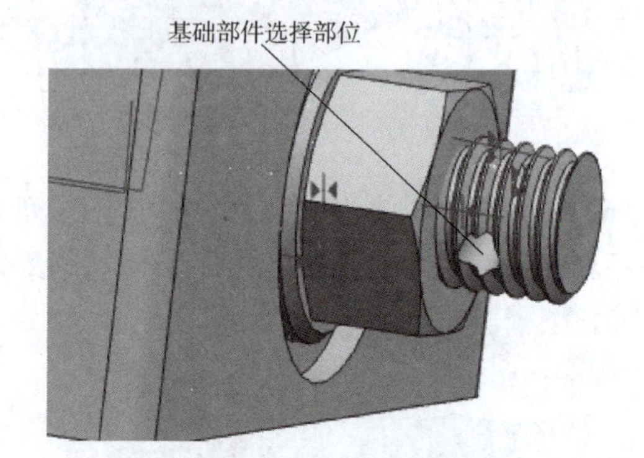

图 2-2-48　基础部件选择部位

(6)选择“接触对齐”类型,在“方位”下拉列表中选择“对齐”选项,在绘图区选择相配部件和基础部件相应接触面,如图 2-2-49 和图 2-2-50 所示。

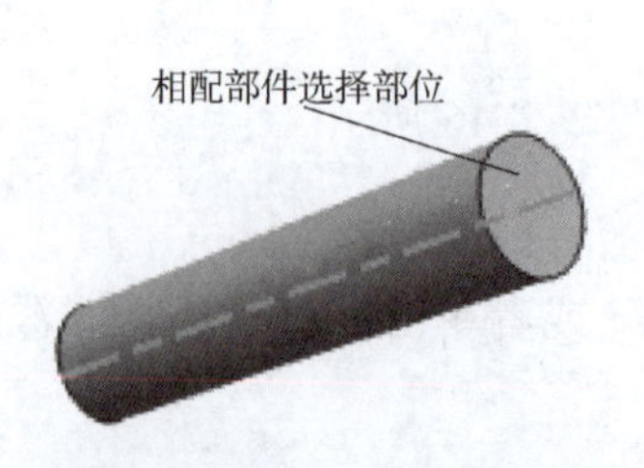

图 2-2-49　相配部件选择部位

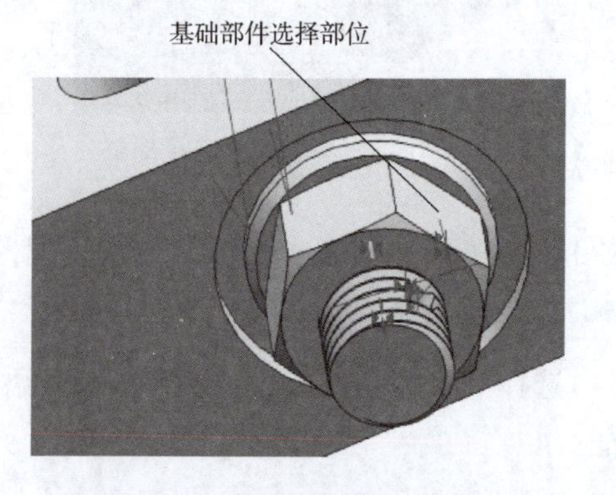

图 2-2-50　基础部件选择部位

(7)单击确定按钮完成 3×16 销的装配,结果如图 2-2-51 所示。

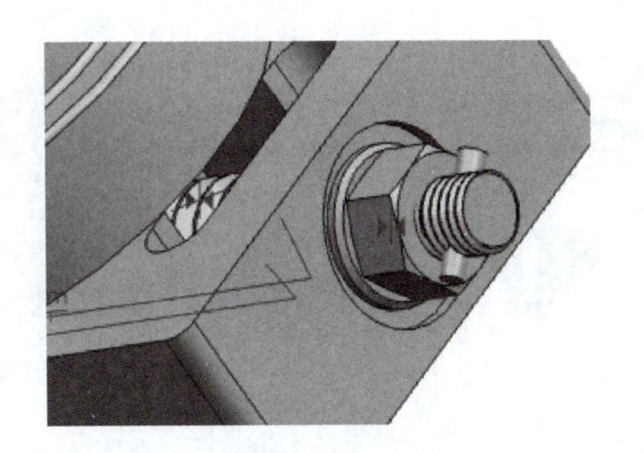

图 2-2-51　完成 3×16 销的装配

步骤 9　安装护口板。

(1)选择“菜单”→“装配”→“组件”→“添加组件”,或者单击按钮,弹出“添加组件”对话框。

(2)单击“打开”按钮,弹出“部件名”对话框,选择“hukouban”选项,单击“OK”按钮,载入该文件。

(3)返回“添加组件”对话框,在“定位”下拉列表中选择“通过约束”选项。

(4)单击确定按钮弹出“装配约束”对话框,同时可预览要安装的部件文件。

(5)选择“接触对齐”类型,在“方位”下拉列表中选择“接触”选项,在绘图区选择相配部件和基础部件相应接触表面,如图 2-2-52 和图 2-2-53 所示。

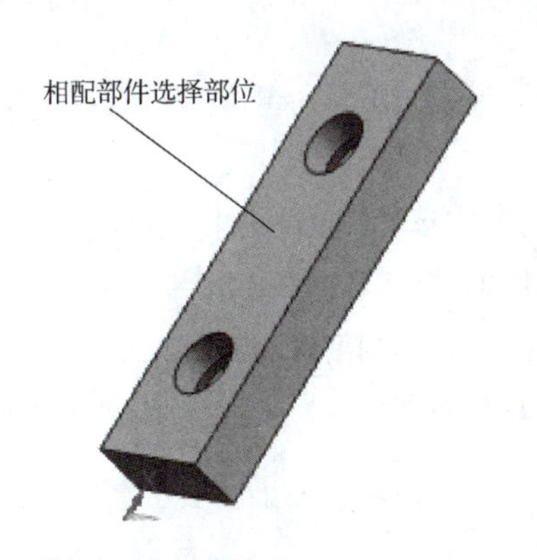

图 2-2-52　相配部件选择部位

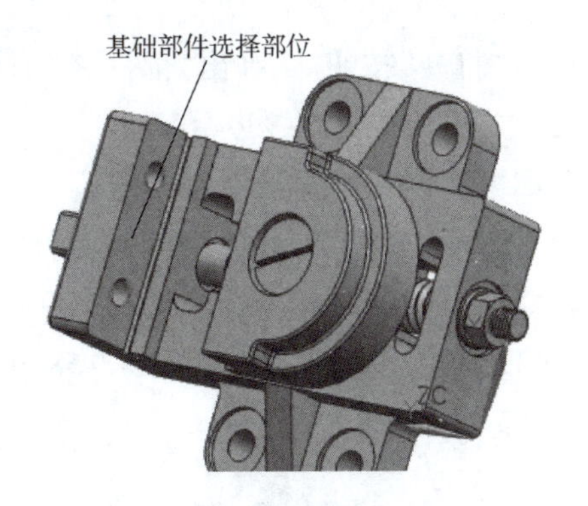

图 2-2-53　基础部件选择部位

(6)选择“接触对齐”类型,在“方位”下拉列表中选择“自动判断中心/轴”选项,在绘图区选择相配部件和基础部件相应中心线,如图 2-2-54 和图 2-2-55 所示。

(7)单击确定按钮完成护口板的装配,结果如图 2-2-56 所示。

(8)重复操作(1)~(7),安装另一侧的护口板,如图 2-2-57 所示。

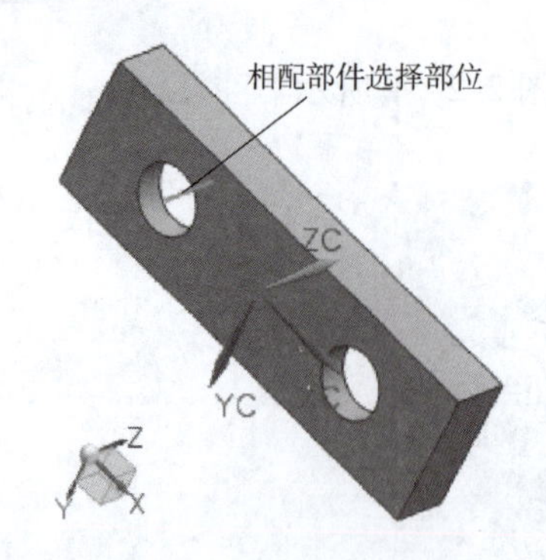

图 2-2-54 相配部件选择部位

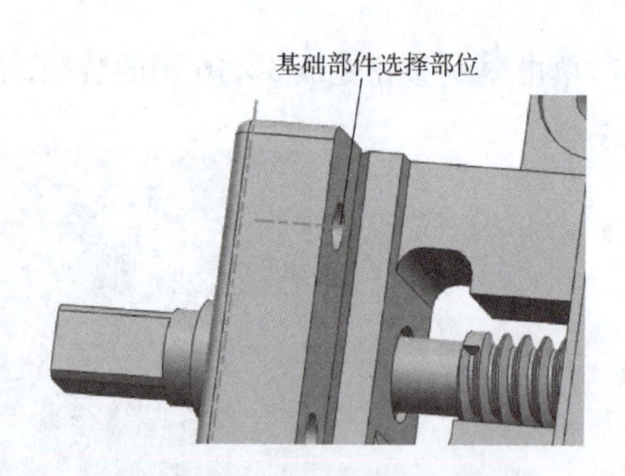

图 2-2-55 基础部件选择部位

图 2-2-56 完成护口板的装配

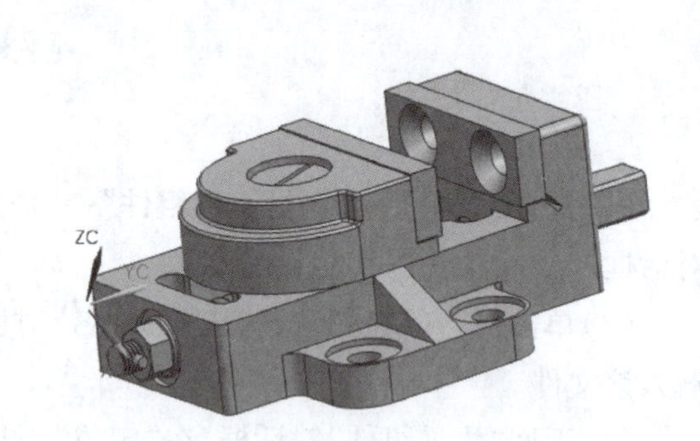

图 2-2-57 完成安装另一侧的护口板

步骤 10 安装螺钉 M10×20。

(1)选择“菜单”→“装配”→“组件”→“添加组件”,或者单击按钮,弹出“添加组件”对话框。

(2)单击“打开”按钮,弹出“部件名”对话框,选择“luodingM10-20”选项,单击“OK”按钮,载入该文件。

(3)返回“添加组件”对话框,在“定位”下拉列表中选择“通过约束”选项。

(4)单击 确定 按钮,弹出“装配约束”对话框,同时可预览要安装的部件文件。

(5)选择“接触对齐”类型,在“方位”下拉列表中选择“接触”选项,在绘图区选择相配部件和基础部件相应接触表面,如图 2-2-58 和图 2-2-59 所示。

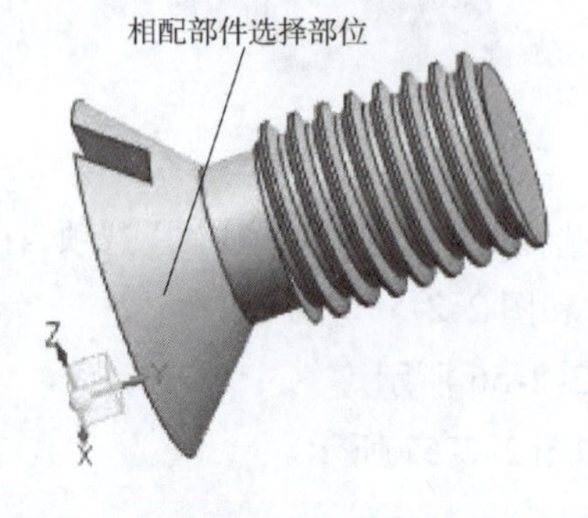

图 2-2-58 相配部件选择部位

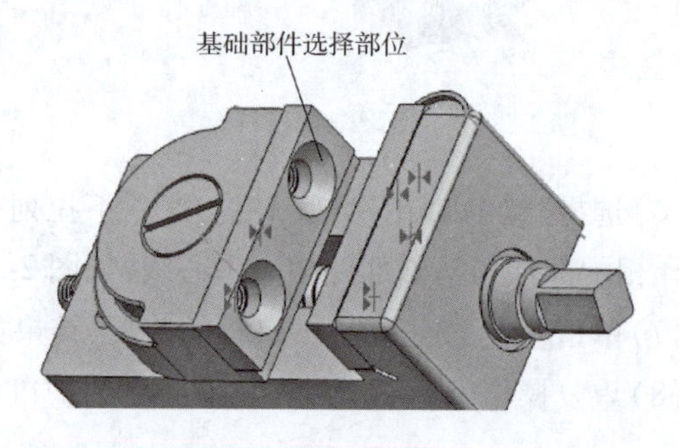

图 2-2-59 基础部件选择部位

(6)选择“接触对齐”类型,在“方位”下拉列表中选择“自动判断中心/轴”选项,在绘图区选择相配部件和基础部件中心线,如图 2-2-60 和图 2-2-61 所示。

图 2-2-60　相配部件选择部位

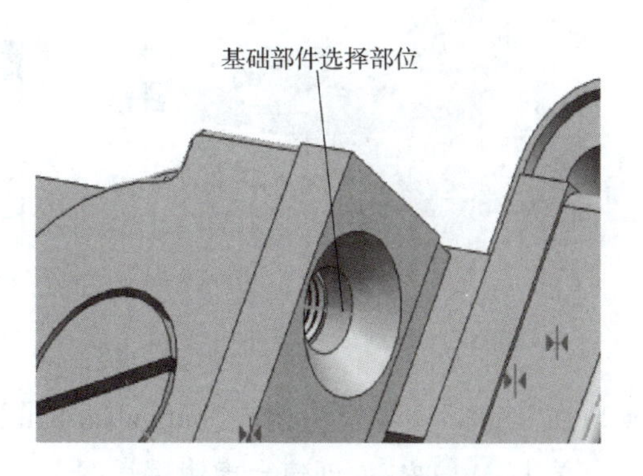

图 2-2-61　基础部件选择部位

(7)单击 确定 按钮完成螺钉 M10 × 20 的装配,结果如图 2-2-62 所示。

(8)重复操作(1) ~ (7),安装剩余的螺钉 M10 × 20,如图 2-2-63 所示。

图 2-2-62　完成螺钉 M10 × 20 的装配

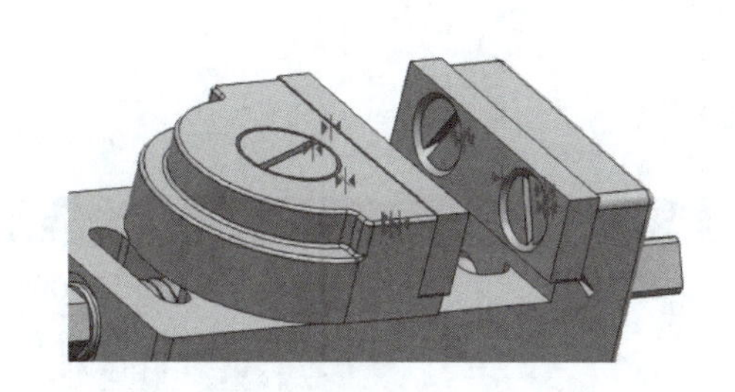

图 2-2-63　安装剩余的螺钉 M10 × 20

3. 创建爆炸图

首先创建自动爆炸组件特征后,然后利用“编辑爆炸图”命令编辑自动爆炸得到的图形,如图 2-2-64 所示,再利用“取消爆炸组件”命令返回爆炸前的状态。

步骤 1　打开部件文件。

进入 UG NX 软件,单击按钮或单击“文件”→“打开”命令,弹出“打开部件文件”对话框。在本地磁盘目录中选择文件“huqian”,单击“OK”按钮,进入 UG NX 主界面。

步骤 2　另存文件。

单击“文件”→“另存为”命令,弹出“另存为”对话框。在“文件名”文本框中输入“huqianbaozha”,单击“OK”按钮,进入 UG NX 主界面。

步骤 3　创建爆炸图。

(1)单击按钮或单击“装配”→“爆炸图”→“新建爆炸图”命令,弹出如图 2-2-65 所示的“新建爆炸图”对话框。

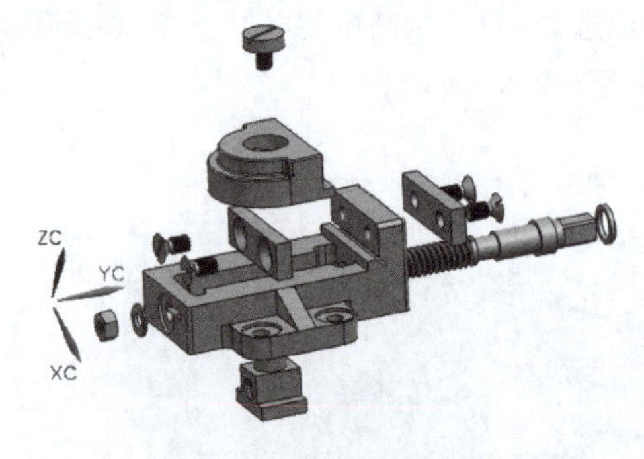

图 2-2-64　创建的爆炸图

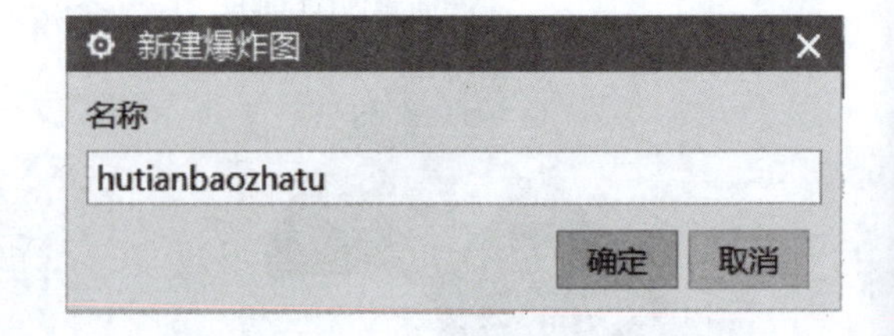

图 2-2-65　“新建爆炸图”对话框

(2)在“名称”文本框中输入“hutianbaozhatu”。

(3)单击 确定 按钮，创建台虎钳爆炸图。

步骤 4　爆炸组件。

(1)单击按钮或单击“装配”→“爆炸图”→“自动爆炸组件”命令，弹出“类选择”对话框，单击“全选”按钮，选中所有的组件。单击 确定 按钮，弹出“爆炸距离”对话框。

(2)在“距离”文本框中输入“60”，如图 2-2-66 所示，单击 确定 按钮，得到爆炸组件如图 2-2-67 所示。

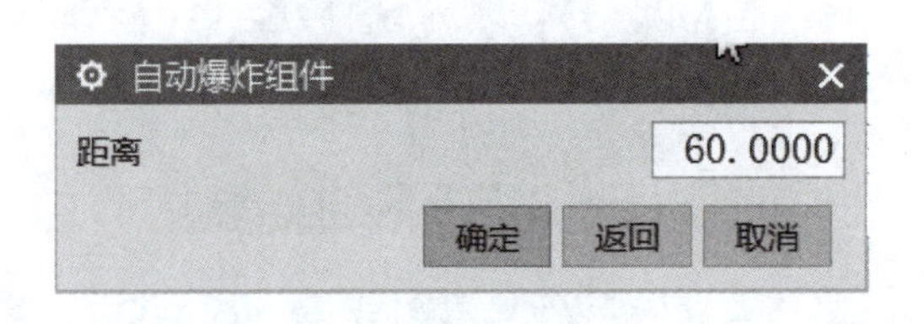

图 2-2-66　“距离”文本框

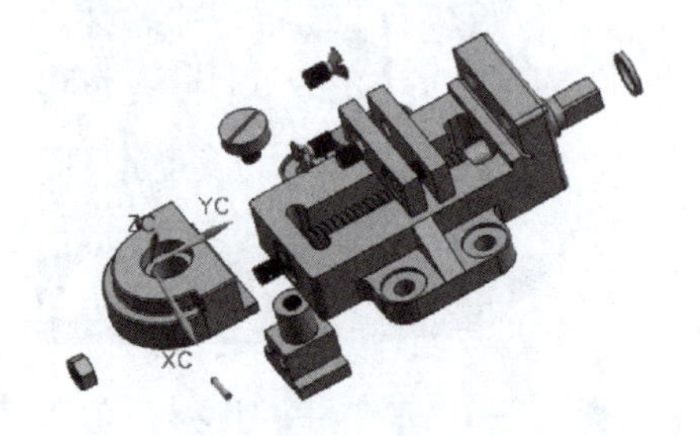

图 2-2-67　爆炸组件

步骤 5　编辑爆炸图。

(1)单击按钮或单击“装配”→“爆炸图”→“编辑爆炸图”命令，弹出“编辑爆炸图”对话框，如图 2-2-68 所示。

(2)在绘图区选择组件“活动钳口”作为要爆炸的组件。

(3)在“编辑爆炸图”对话框中点选“移动对象”单选钮，移动活动钳口到合适的位置，如图 2-2-69 所示。

(4)单击 确定 按钮，或单击鼠标中键完成操作。

(5)按照上述操作，移动其他组件，编辑后的爆炸图如图 2-2-70 所示。

步骤 6　组件不爆炸。

(1)单击按钮或单击“装配”→“爆炸图”→“取消爆炸组件”命令，弹出“类选择”对话框。

(2)在绘图区选择不进行爆炸的组件，如图 2-2-71 所示。

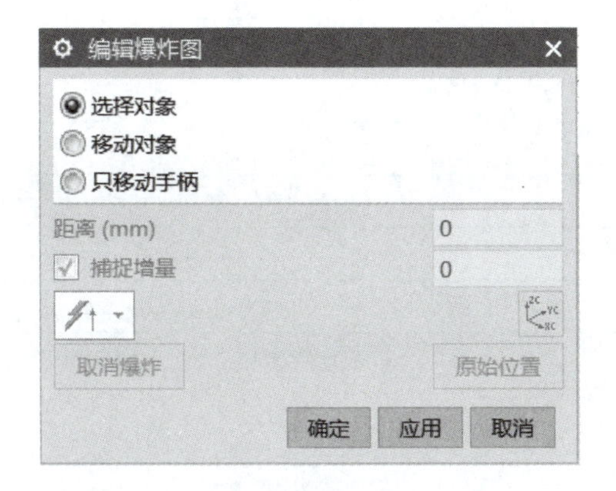

图 2-2-68　“编辑爆炸图”对话框

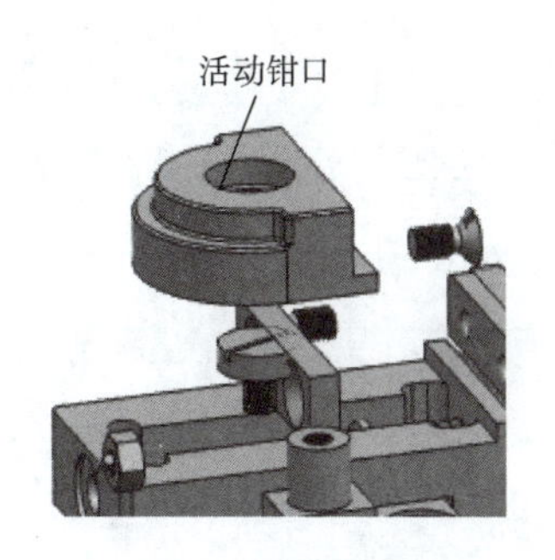

图 2-2-69　移动活动钳口

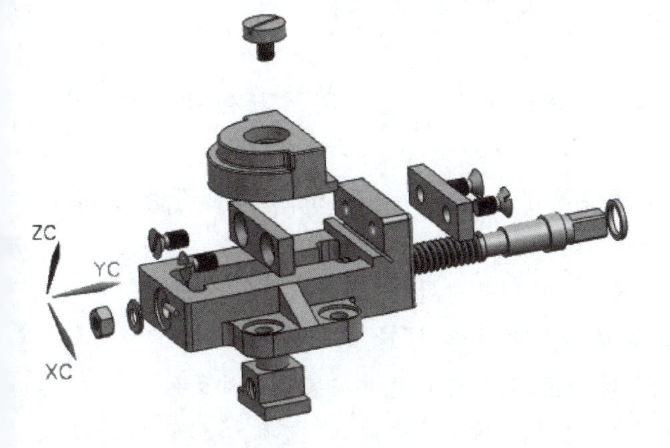

图 2-2-70　编辑后的爆炸图

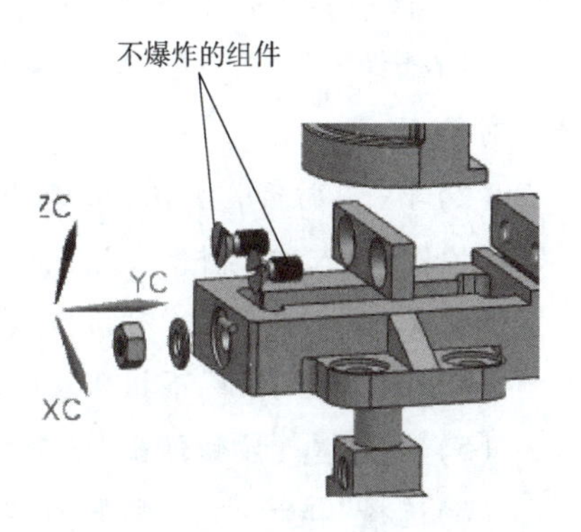

图 2-2-71　选择不进行爆炸的组件

(3)单击 确定 按钮,使已爆炸的组件恢复到原来的位置,如图 2-2-72 所示。

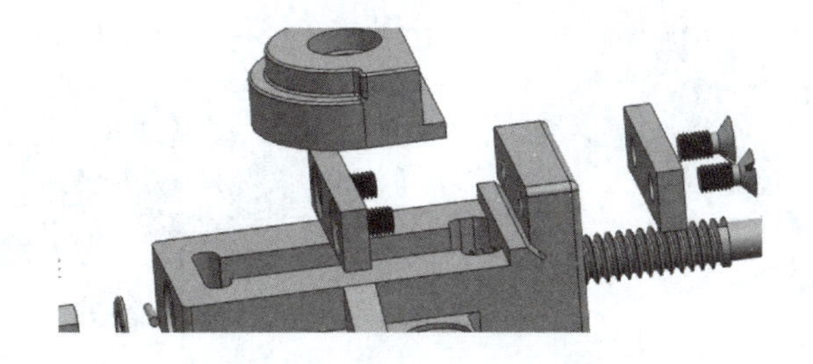

图 2-2-72　恢复已爆炸的组件

步骤 7　隐藏爆炸。

单击“装配”→“爆炸图”→“隐藏爆炸图”命令,则将当前爆炸图隐藏起来,使绘图区中的组件恢复到爆炸前的状态。

知识拓展

在装配螺钉 M10 ×20 时除了运用上述方法之外,在 UG NX 中,还可运用创建组件阵列的功能来装配。

学习要点记录

相关知识

组件阵列——功能详解

组件阵列具体的方法如下：

(1)选择“菜单”→“装配”→“组件”→“添加组件”，或者单击按钮，弹出“添加组件”对话框。

(2)单击“打开”按钮，弹出“部件名”对话框，选择“luodingM10-20”选项，单击“OK”按钮，载入该文件。

(3)返回“添加组件”对话框，在“定位”下拉列表中选择“通过约束”选项。

(4)在“多重添加”下拉列表中选择“添加后创建阵列”选项。

(5)单击 确定 按钮弹出“装配约束”对话框，同时可预览要安装的部件文件。

(6)选择“接触对齐”类型，在“方位”下拉列表中选择“接触”选项，在绘图区选择相配部件和基础部件，如图2-2-73和图2-2-74所示。

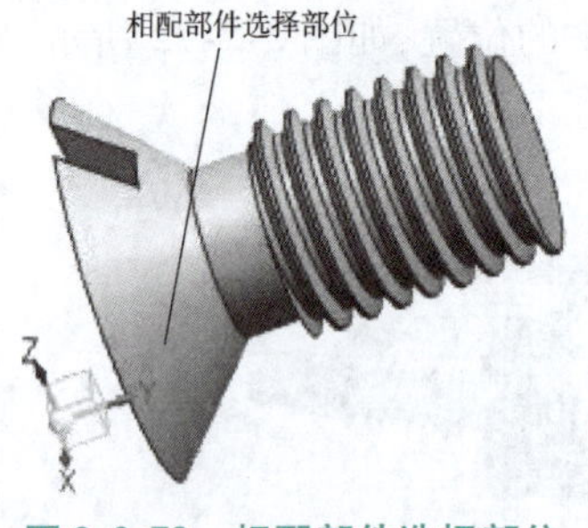

图2-2-73　相配部件选择部位

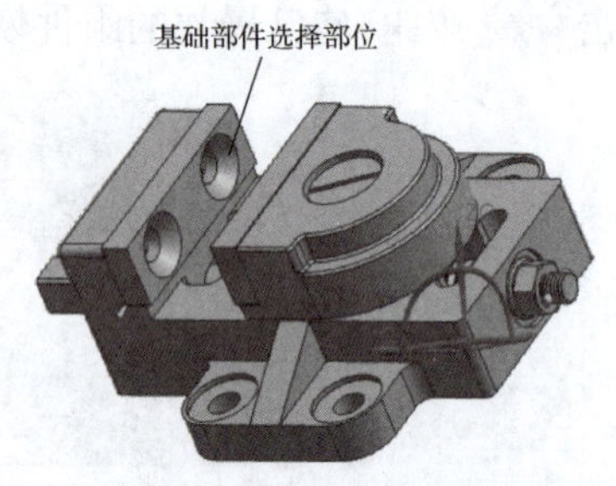

图2-2-74　基础部件选择部位

(7)选择“接触对齐”类型，在“方位”下拉列表中选择“自动判断中心/轴”选项，在绘图区选择相配部件和基础部件，如图2-2-75和图2-2-76所示。

(8)单击 确定 按钮完成螺钉M10×20的装配，结果如图2-2-77所示。同时弹出图2-2-78所示的“阵列组件”对话框。

(9)在“阵列定义”选项组中点选“线性”单选钮。“指定矢量”选项组中，单击绘图区边缘，如图2-2-79所示。

(10)在“数量和节距”对话框的“数量”和“节距”文本框中分别输入“2”和“40”。

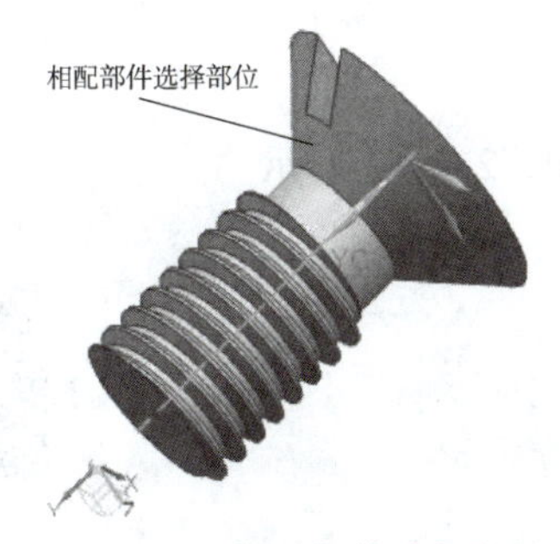

图 2-2-75　相配部件选择部位

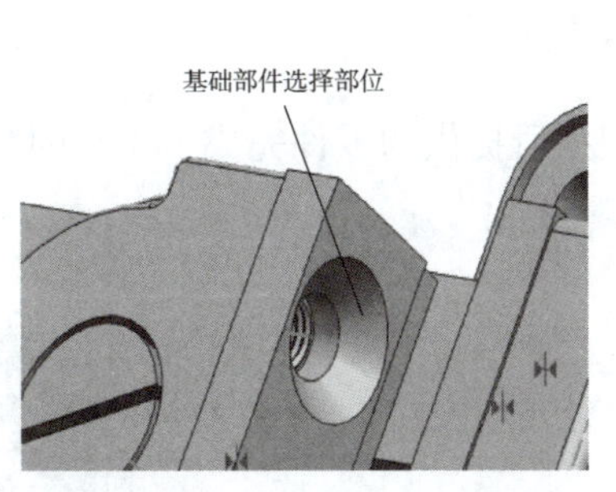

图 2-2-76　基础部件选择部位

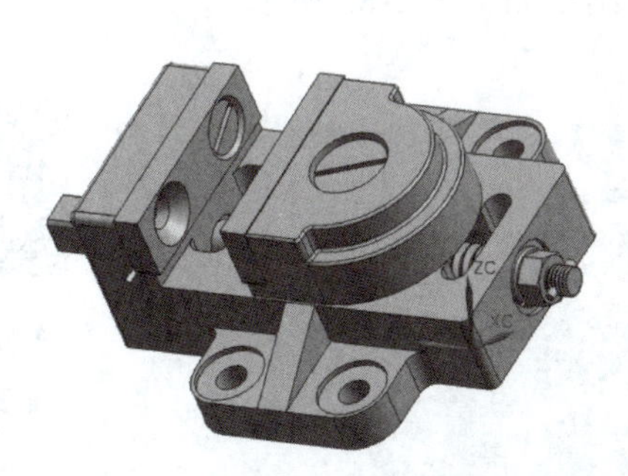

图 2-2-77　完成螺钉 M10 × 20 的装配

图 2-2-78　“阵列组件”对话框

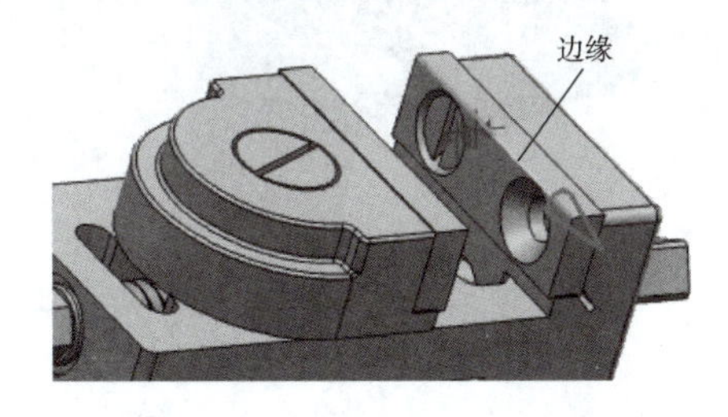

图 2-2-79　选择边缘

(11) 单击 确定 按钮，阵列的螺钉 M10 × 20，如图 2-2-80 所示。

(12) 重复上述操作，在另一个护口板上安装螺钉，如图 2-2-81 所示。

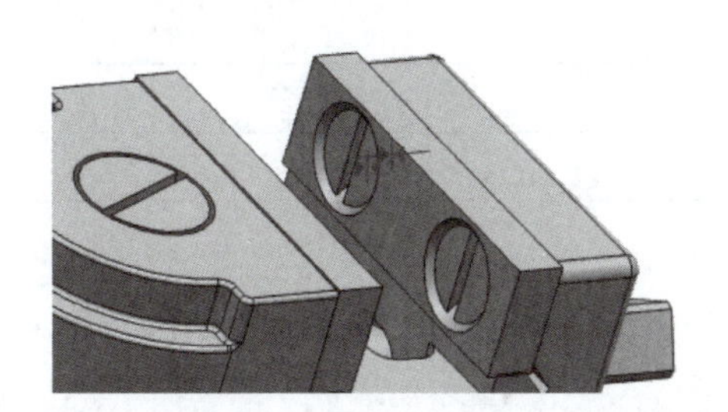

图 2-2-80　阵列的螺钉 M10 × 20

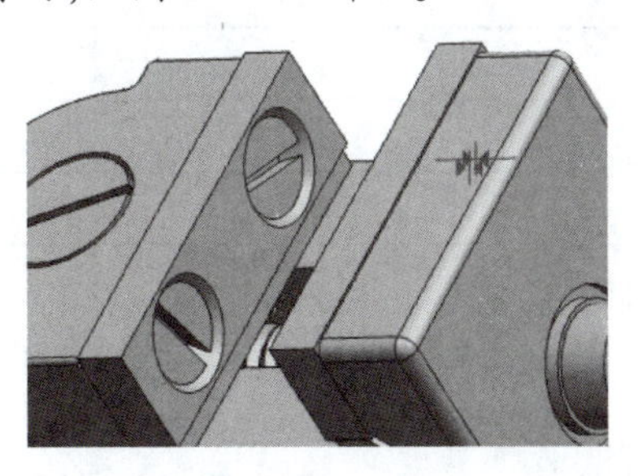

图 2-2-81　在另一个护口板上安装螺钉

拓展练习

1. 根据所提供的零件完成卡丁车的装配,结果如图 2-2-82 所示。

图 2-2-82 卡丁车

卡丁车装配源文件

2. 根据所提供的零件完成升降机的装配,结果如图 2-2-83 所示。

图 2-2-83 升降机

升降机装配源文件

学习心得

UG NX工程图

UG NX 工程图模块包含两个项目。利用模块一 UG NX 三维建模中的项目一及项目五所创建的传动轴及台虎钳的三维实体模型,来呈现典型机械工程图——零件图的创建。

项目一　创建零件工程图——传动轴零件图

学习目标

传动轴工程图

知识目标

(1)熟悉制图环境。
(2)掌握图纸页的创建方法及视图的选择添加。
(3)熟悉掌握工程图基本标注工具的使用方法。
(4)掌握简单剖视图的生成方法。
(5)初步掌握尺寸样式的设置。

能力目标

(1)具有依据机械制图规范合理设置图纸页的能力。
(2)具有依据机械制图规范合理选择及添加试图的能力。
(3)能够正确标注工程图的基本尺寸。
(4)能够依据机械制图规范创建简单的剖视图。
(5)能够运用根据需要合理设置尺寸样式。

素质目标

(1)培养学生严谨细致、勤学好问的良好学习习惯。
(2)培养学生爱国敬业、勤奋进取的爱国主义情操。
(3)培养学生善于发现问题、分析问题、解决问题的自我学习意识。
(4)培养学生团结协作、互相关心、互相帮助的良好职业素养。

工作任务

根据模块一项目一建模完成的传动轴三维实体创建二维工程图，即创建传动轴零件图。传动轴三维实体如图 3-1-1 所示。

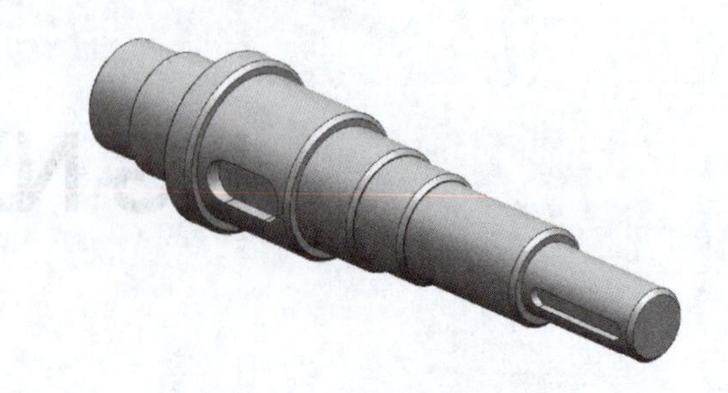

图 3-1-1　传动轴三维实体

项目分析

根据传动轴三维实体及《机械制图》国家标准，选择合理的视图配置方案，创建传动轴二维零件图。创建此传动轴二维零件图可分四个步骤：①图纸页创建；②添加基本视图；③剖视图创建；④基本尺寸标注。

项目分解

名称	内容	采用的工具和命令	创建流程	其他工具和命令
1	图纸页创建	制图应用模块	“开始”→“制图”	
2	添加基本视图	基本视图		
3	剖视图创建	剖视图	A　A　B　B　A—A　B—B	

续上表

名称	内容	采用的工具和命令	创建流程	其他工具和命令
4	基本尺寸标注	尺寸	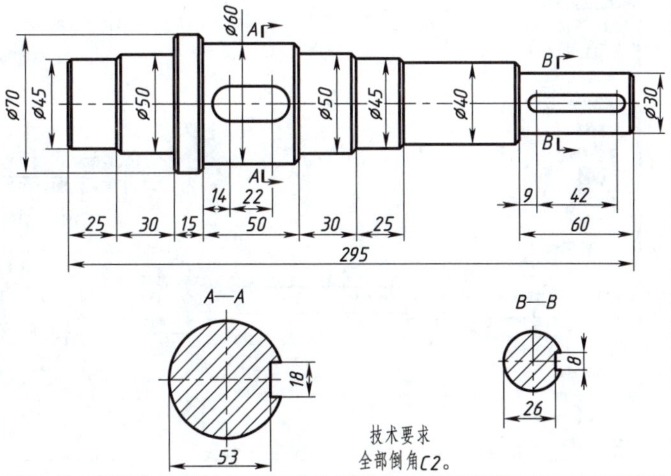 技术要求 全部倒角C2。	

想一想：这个建模流程有没有更好的建议，有的话请写下来分享经验。有其他的建模方法的话，请在下方填写。

还可以这么做：

项目实施

1. 图纸页创建

步骤 1　打开传动轴三维实体。

启动 UG NX 软件，单击按钮，或使用组合快捷键【Ctrl + O】，打开模块一项目一创建完成的传动轴实体，如图 3-1-2 所示。

步骤 2　进入制图环境。

单击菜单“应用模块”→“制图”，或使用组合快捷键【Ctrl + Shift + D】，进入制图模块，如图 3-1-3 所示。

步骤 3　创建新的图纸页。

在制图模块中单击“新建图纸页”，或单击“菜单”按钮 菜单(M)，选择“插入”→“图纸页” 图纸页(H)...，弹出“图纸页”对话框，如图 3-1-4 所示。具体操作如下：

(1)在“大小”面板中选择“标准尺寸”，在“大小”下拉列表中选择“A3 – 297 × 420”，在

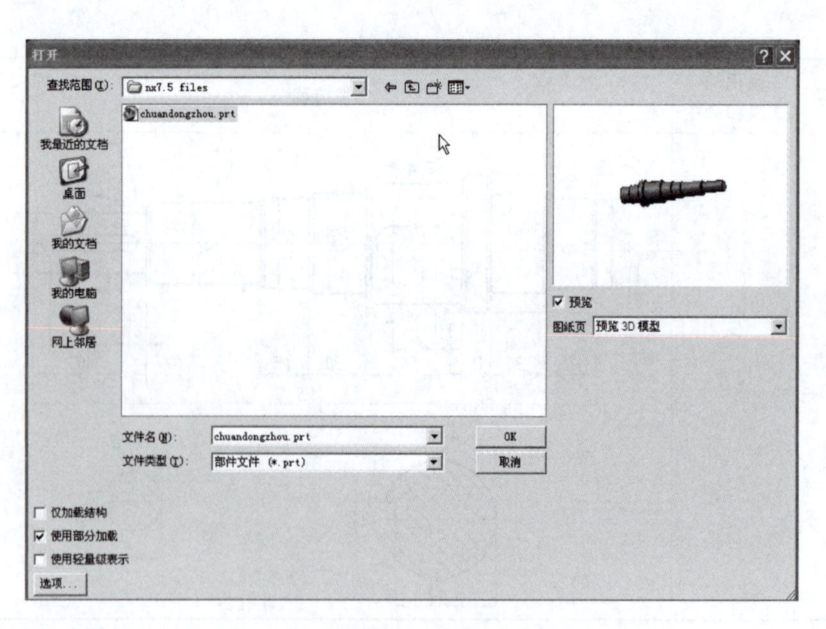

图 3-1-2 “打开”对话框

“比例”下拉列表中选择“1 : 1”。

(2)在“设置”面板中“单位”选项选择“毫米”;“投影”选项选择第一象限投影角“ ”。

(3)单击 应用 按钮,即可完成图纸页的创建,系统打开“基本视图”对话框。

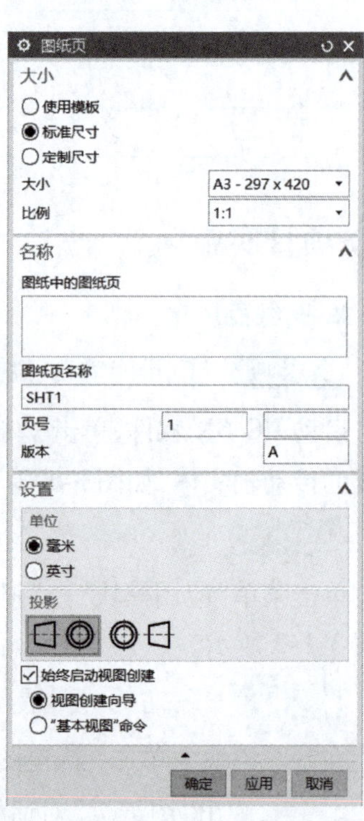

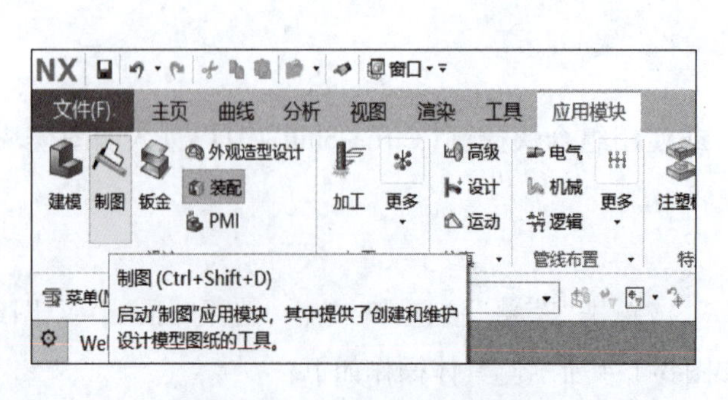

图 3-1-3 进入“制图”模块

图 3-1-4 “图纸页”对话框 1

相关知识

新建图纸页——功能详解

进入制图模块后，如果没有对操作部件建立过任何工程图纸，则系统会自动弹出“片体”对话框，如图 3-1-5 所示，“片体”对话框中各面板的功能如下：

(1)“大小”面板：提供“使用面板”“标准尺寸”“定制尺寸”三种选择。

①使用模板：使用该选项进行新建图纸的操作是最简单的，可以直接选择系统所提供模板，应用于当前制图模块中。

②标准尺寸：图纸的大小都已经标准化，可以直接选用。而比例、大小、名称等内容需要自行设置。通常选用“标准尺寸”选项，可以根据实体零件尺寸大小选择适合的图纸规格和比例，图纸“大小”可从下拉列表中选择，如图 3-1-6 所示。“比例”也有多种标准规格系列供选择，如图 3-1-7 所示。

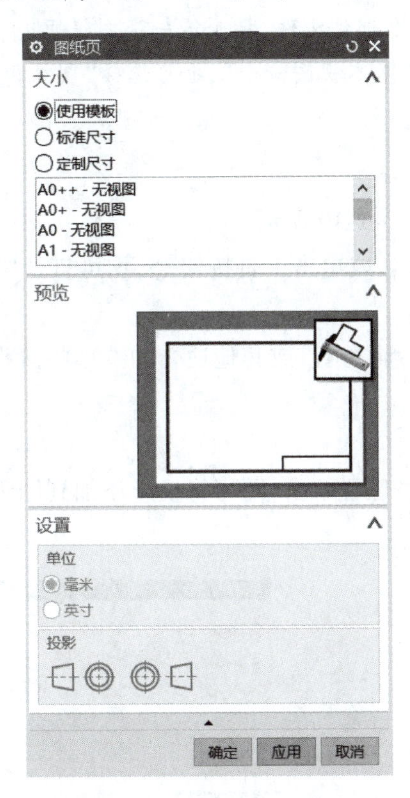

图 3-1-5 “图纸页”对话框

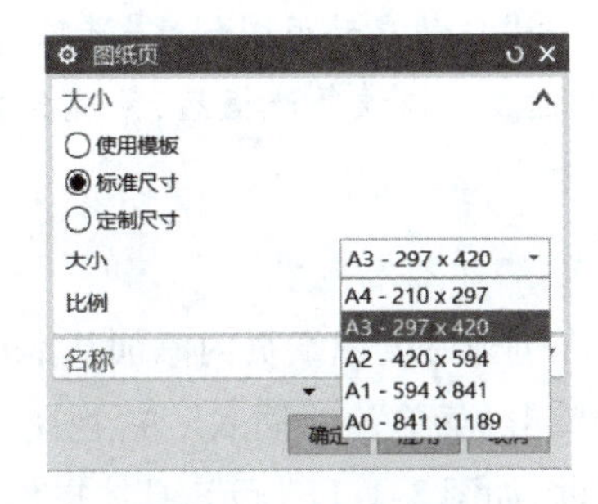

图 3-1-6 图纸规格

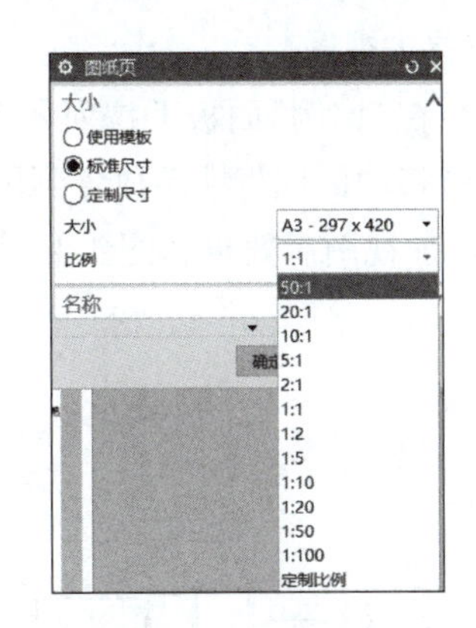

图 3-1-7 图形比例

③定制尺寸：图纸的大小、名称及单位均可自行设置。

(2)“名称”面板：“名称”指的是所创建的图纸页名称，系统默认的名称为“SHT1”，如图 3-1-8 所示。图纸名称可以根据需要修改。每个实体零件可以创建多张图纸页。

(3)“设置”面板：设置面板如图 3-1-9 所示，包含“单位”“投影”及“自动启动视图创建”三个选项。

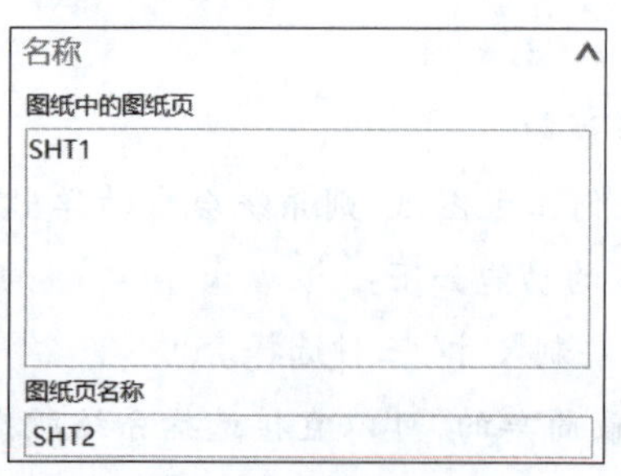

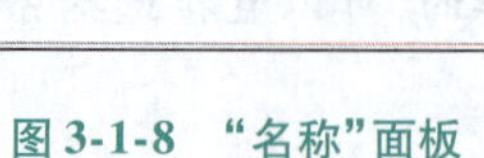

图 3-1-8 “名称”面板

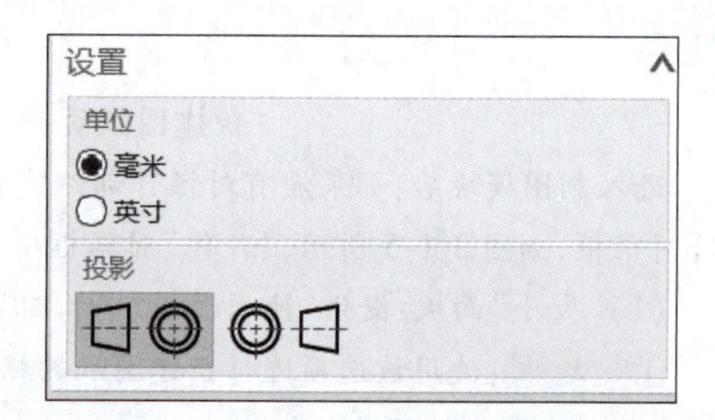

图 3-1-9 “设置”面板

①“单位”选项：指定所创建图纸单位为“毫米”或“英寸”，我国标准是“毫米”。

②“投影”选项：指定投影方式是“第一象限角投影”，或“第三象角限投影”，按照我国机械制图国家标准，应选择项选择“第一象限角投影”。

③“自动启动视图创建”选项：对于每一个部件文件，插入第一张图纸页时，会出现该复选框。选择该复选框后，系统会自动启用“基本视图命令”，也可选择“图纸视图命令”。

2. 添加基本视图

在创建好的图纸页内添加基本视图，如图 3-1-10 所示。

单击“菜单”→“插入”→“视图”→“基本”，或单击工具按钮，均可打开“基本视图”对话框，如图 3-1-11 所示，具体操作如下：

(1)在“模型视图”面板下拉列表中选择“前视图”或其他适合的选项将阶梯轴键槽侧朝前布置主视图。

(2)在“比例”面板下拉列表中选择“1:1”。

(3)移动鼠标将视图放置到图纸页中适当位置单击，即可将投影添加到图纸中作为主视图，添加视图后效果如图 3-1-11 所示。

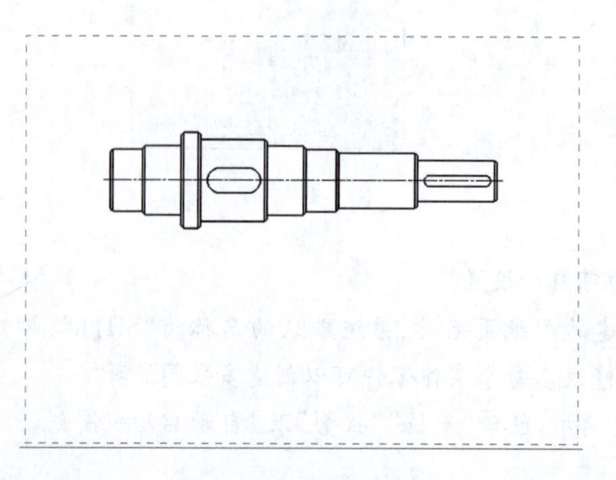

图 3-1-10 基本视图

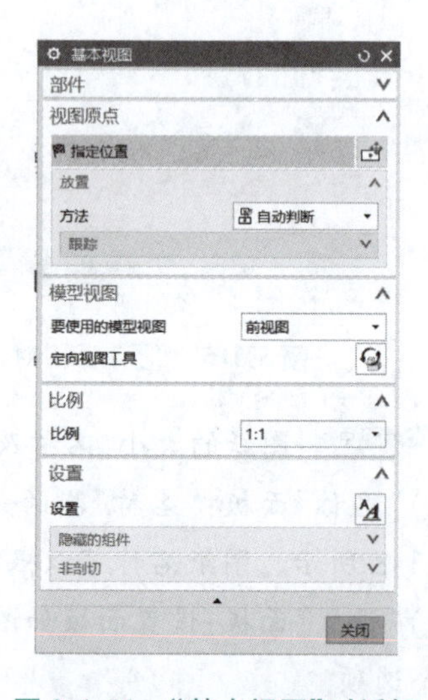

图 3-1-11 “基本视图”对话框

相关知识

基本视图——功能详解

基本视图是三维模型导入到图纸上的建模视图，是基于三维实体模型添加到工程图纸上的视图，它包括前视图、后视图、左视图、右视图、俯视图、仰视图、正等测视图和正二测视图。在一个工程图中，至少包含一个基本视图。被用来当作参考的视图称为父视图，每添加一个视图（除基本视图）时都需要制定父视图。

单击工具按钮，弹出“基本视图”对话框，如图 3-1-11 所示，对话框中各面板的功能如下：

（1）“部件”面板。

①“已加载的部件”：显示所有已加载的部件。

②“最近访问的部件”：显示最近曾经打开但现在已关闭的部件。

③“打开”：选择所需要的部件添加视图。

（2）“视图原点”面板。

①指定位置（指定位置）：可移动光标指定视图位置。

②放置：提供“自动判断”“水平”“竖直”“垂直于直线”“叠加”五种视图对齐模式，如图 3-1-12 所示。一般情况下，采用“自动判断”方法，视图添加后再根据需要进行移动。

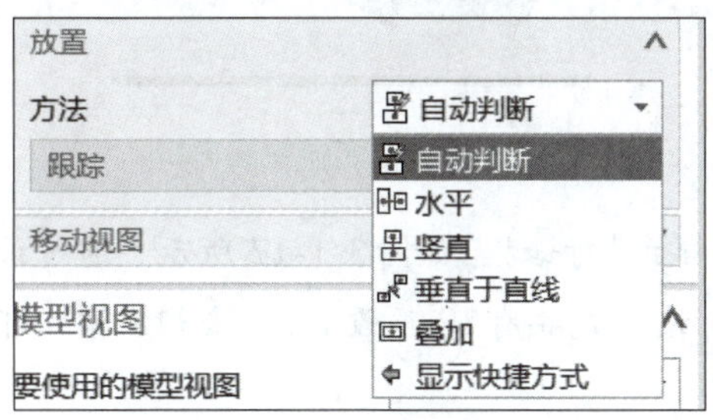

图 3-1-12　视图放置方法

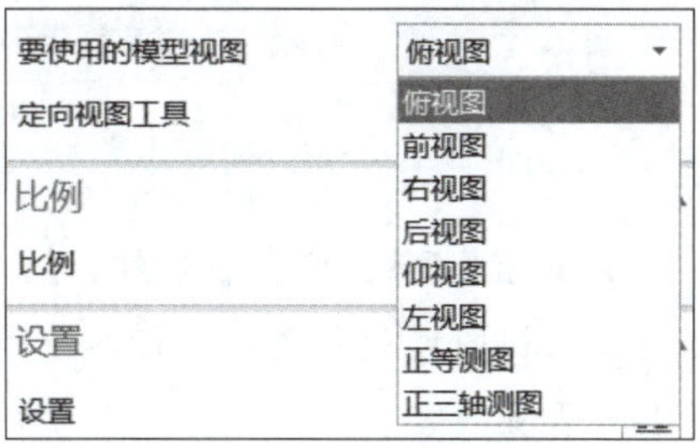

要使用的模型视图
俯视图
定向视图工具
俯视图
前视图
右视图
后视图
仰视图
左视图
正等测图
正三轴测图
比例
比例
设置
设置

图 3-1-13　模型视图视角

③移动视图：可将视图移动到绘图空间的任意位置。单击工具按钮，用鼠标左键选中需移动的视图后，长按左键拖动视图，放置到预定位置。

（3）“模型视图”面板。

①“要使用的模型视图”：可从下拉列表中选择视图视角，如图 3-1-13 所示，相应地系统提供了 8 种视图类型，如图 3-1-14 所示。可以根据需要选一个适当的视角添加为主视图。

②定向视图工具：单击按钮，弹出“定向视图工具”对话框（见图 3-1-15）及定向视图窗口（见图 3-1-16）。

（4）“比例”面板：在向图纸添加视图之前，为基本视图指定一个特定的比例，一般情况下，尽量采用 1:1。

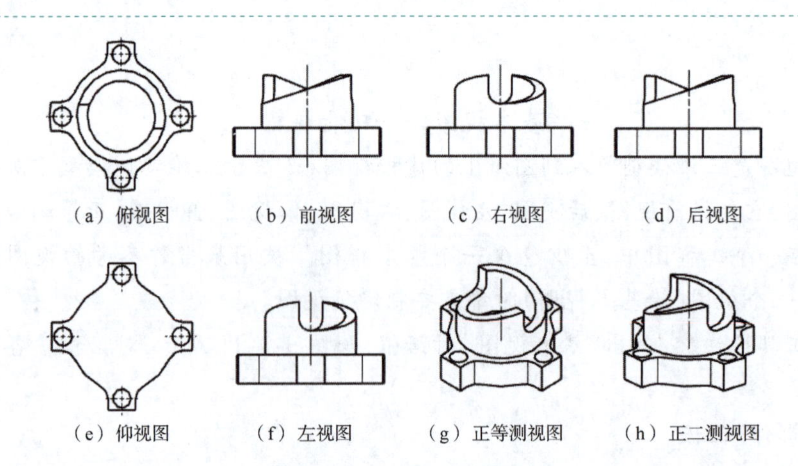

图 3-1-14　视图类型

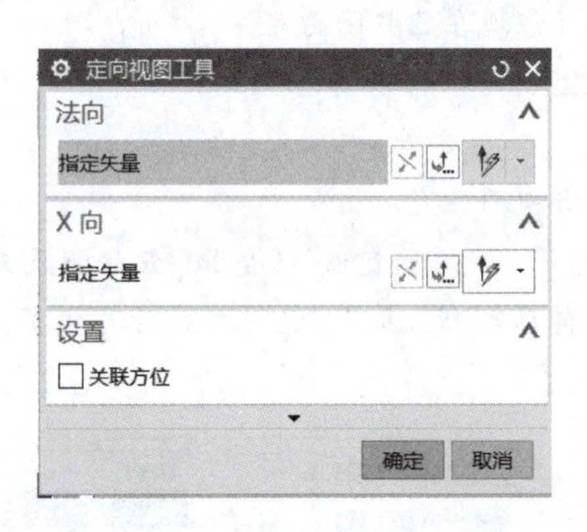

图 3-1-15　“定向视图工具”对话框

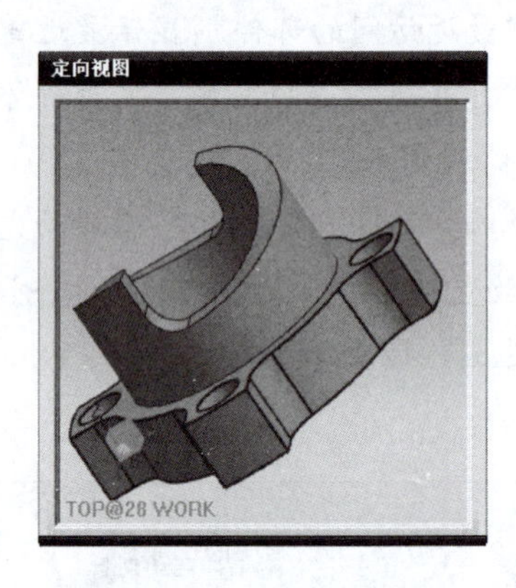

图 3-1-16　定向视图窗口

（5）“设置”面板：单击按钮，弹出“视图样式”对话框，如图 3-1-17 所示。通过该对话框可以在视图被放置之前进行参数预设置。该样式共有 12 项设置，单击相应按钮即可显示相关设置内容。

①单击 常规 按钮，弹出“常规”面板对话框，如图 3-1-18 所示。

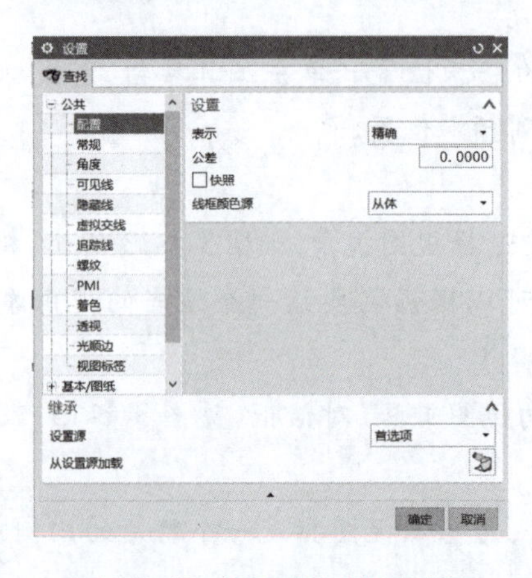

图 3-1-17　“视图样式”对话框

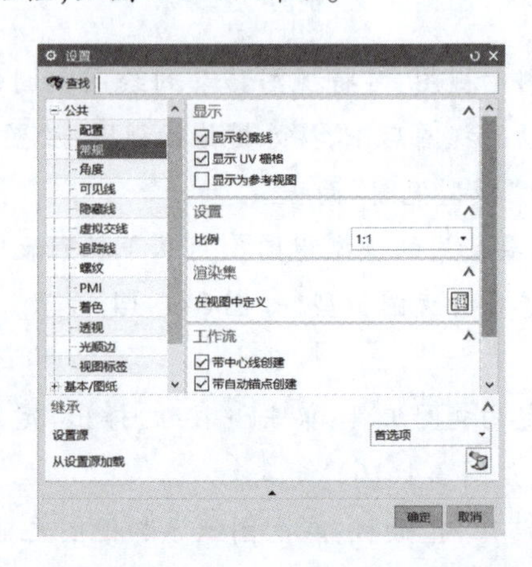

图 3-1-18　“常规”面板

②在“常规”项设置面板中，有“轮廓线”“参考”“UV 栅格”“自动更新”“自动锚点”“视图标签”“比例标签”“检查边界状态”“中心线”等选项，可以根据需要进行勾选。

如勾选了“中心线”，则添加视图时，实体形状的有关中心线会自动生成。“公差”“角度”“比例”的值均可以手动输入，如导出的视图为竖放，需要调整为横放时，则把“角度”值定为“90°”或“-90°”即可。

③当所有项设置完成后，单击 继承 → 确定 按钮；如需要重新设置，则单击 重置 按钮。

3. 剖视图创建

以上述所创建的主视图为父视图，创建两个全剖视图（断面图），如图 3-1-19 所示。

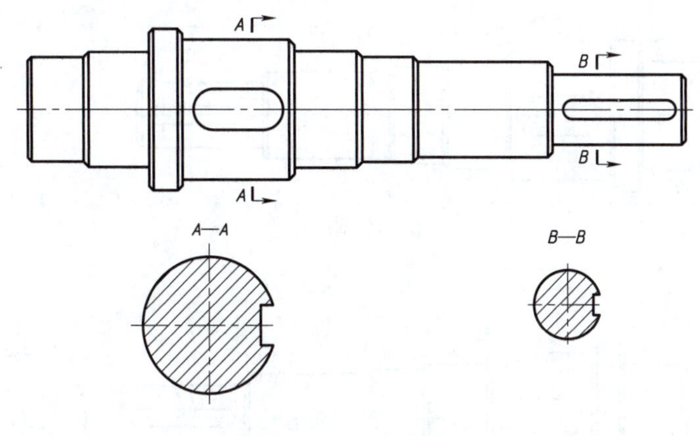

图 3-1-19　剖视图

单击“菜单”→“插入”→“视图”→“截面”，或单击工具按钮，弹出“剖视图”对话框 1，如图 3-1-20 所示，具体操作如下：

图 3-1-20　“剖视图”对话框 1

①选择父视图：单击主视图，如图 3-1-21 所示，弹出“剖视图”对话框。

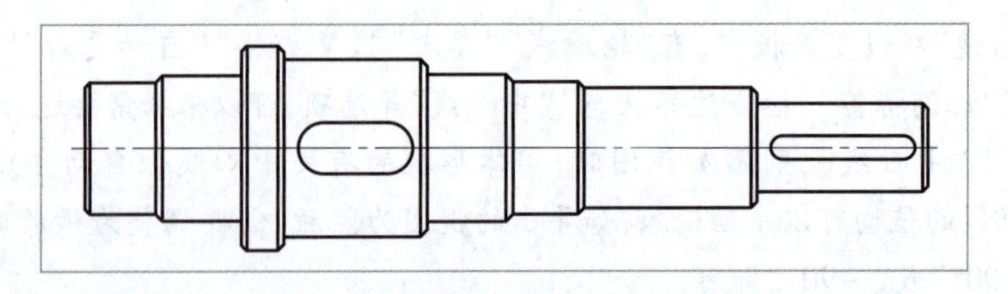

图 3-1-21　剖切点 *A*

②定义剖切位置：移动光标拾取键槽轮廓线中点 *A*，确定剖切线位置，如图 3-1-22 所示。

③放置剖视图：按图 3-1-22（a）所示的位置单击放置剖视图，然后单击左键，即可完成剖视图的创建，如图 3-1-22（b）所示。

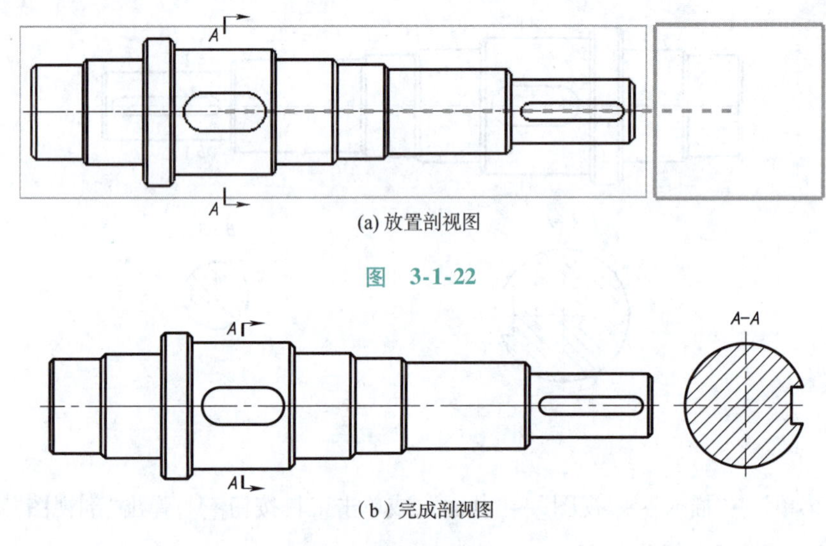

(a) 放置剖视图

图　3-1-22

（b）完成剖视图

图 3-1-22　放置剖视图

根据图形布局的需要，选中剖视图后，通过拖动鼠标左键的方法移动剖视图，如图 3-1-23 所示。

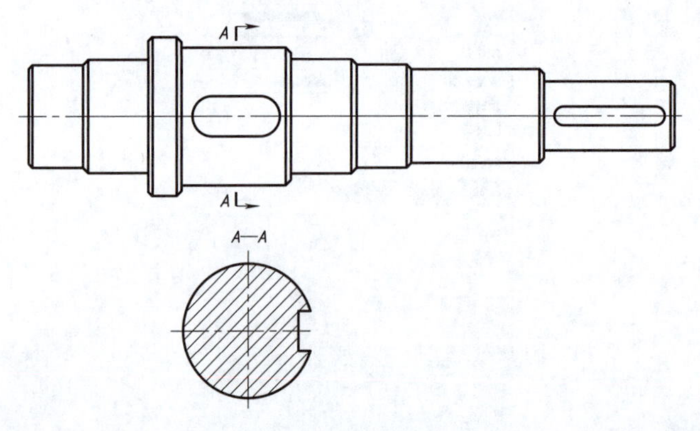

图 3-1-23　移动剖视图 *A*—*A*

④重复上述步骤①~③，剖切位置为点 B，创建剖视图 $B—B$，如图 3-1-24 所示。

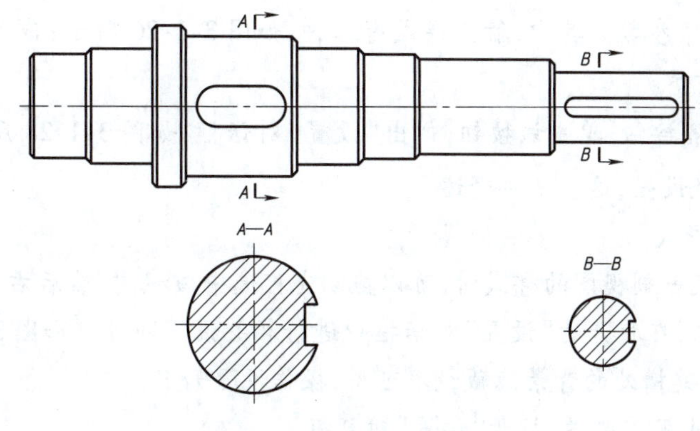

图 3-1-24　剖视图 ***B—B***

相关知识

剖视图——功能详解

在创建工程图时，为清楚地表达腔体、箱体类零件的内部特征，往往需要创建剖视图，包括全剖视图、半剖视图、旋转剖视图、局部剖视图等。

1. 全剖视图

通过使用单个剖切平面将该部件分开而创建。创建剖视图的基本操作如下。

(1)单击"菜单"→"插入"→"视图"→"截面"，或单击工具按钮。

(2)选择要剖切的视图(即选择父视图)。

(3)定义剖切位置。

(4)将光标移出视图并移动到所希望的位置。

(5)单击鼠标左键，放置剖视图。

2. 阶梯剖视图

创建一个含有线性阶梯的剖面。创建阶梯剖的基本操作如下：

(1)单击"菜单"→"插入"→"视图"→"截面"，或单击工具按钮。

(2)选择要剖切的视图(即选择父视图)。

(3)定义剖切位置。

(4)右击并选择 添加段 命令。

(5)选择下一个点并单击鼠标左键。

(6)根据需要继续添加折弯和剖切。

(7)单击放置视图 按钮，并将光标移到所需位置。

(8)单击鼠标左键以放置视图。

3. 剖视图对话框中各选择功能

(1)"设置" 按钮：单击该按钮，弹出"设置"对话框，如图 3-1-25 所示。在该对话框中，可修改剖切线参数。其中，箭头样式有三种，如图 3-1-26 所示；截面线也有六种样式，如图 3-1-27 所示。

（2）“设置”按钮：单击该按钮，弹出“设置”对话框，如图 3-1-28 所示。可以根据需要进行有关参数设置，这里不再赘述。

4. 修改视图样式

当需要修改某一剖视图的样式时，可以拖动光标选中该视图，然后右击“设置”，或直接双击该视图边界，在打开的“设置”对话框中进行相关设置即可。如图 3-1-29 所示，若设置剖视图 *A—A* 键槽处的背景隐藏线不可见，操作步骤如下：

（1）双击 *A—A* 视图边界，打开“设置”对话框。

（2）单击“截面”→“设置”，打开相应设置内容。

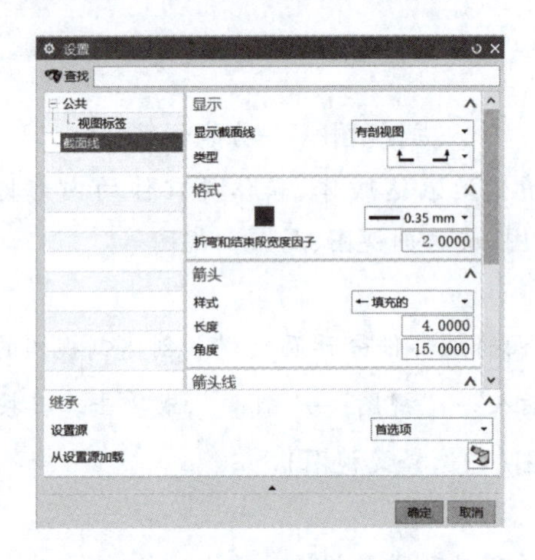

图 3-1-25 “设置”对话框

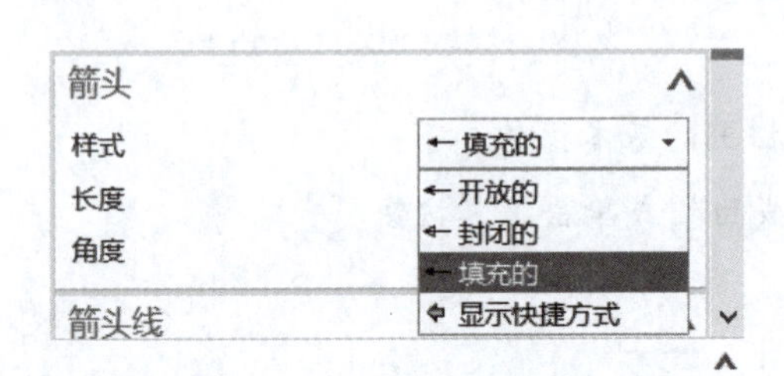

图 3-1-26 箭头样式

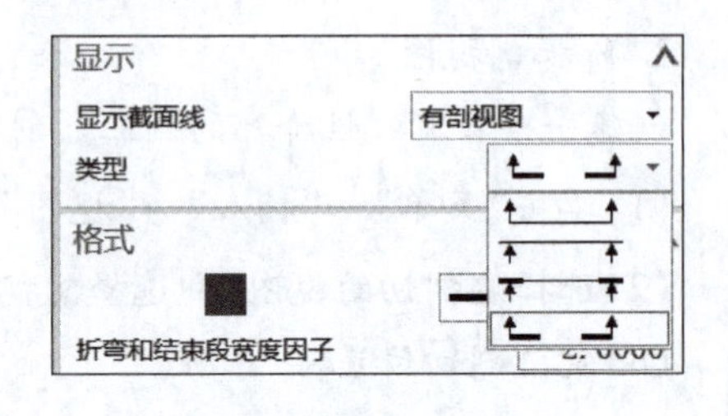

图 3-1-27 截面线样式

（3）取消“显示背景”前面的勾选。又如：如果要把“SECTION A- A”前缀“SECTION”取消，则双击“SECTION A- A”标签，打开“设置”，单击“截面”→“标签”，把前缀“SECTION”删除即可，如图 3-1-30 所示。

5. 半剖视图

以对称中心线为界，视图的一半被剖切，另一半不被剖切的视图，如图 3-1-31 所示。创建半剖剖视图的基本步骤如下：

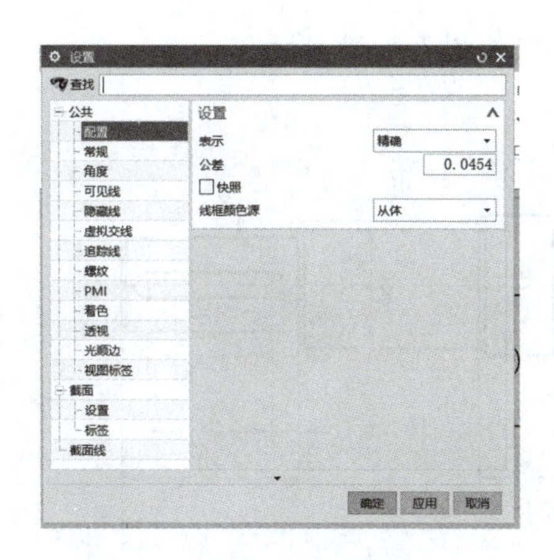

图 3-1-28 “设置”对话框

SECTION A-A

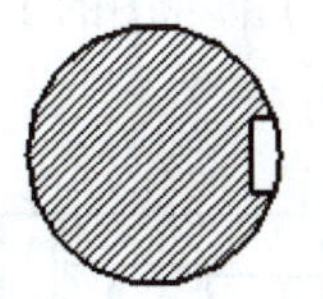

图 3-1-29 *A—A* 剖视图

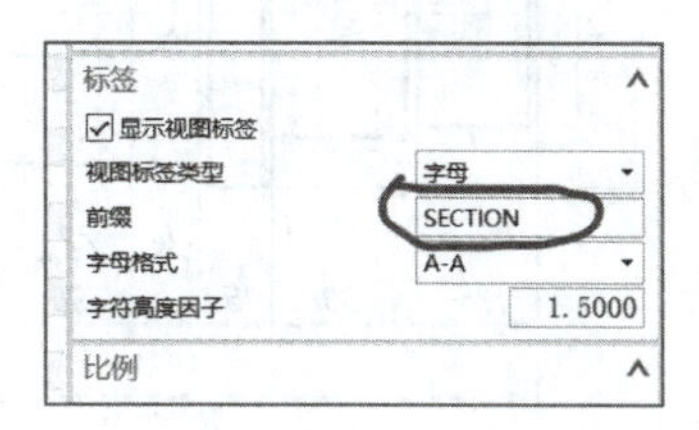

图 3-1-30 “标签”面板

(1)单击“菜单”→“插入”→“视图”→“剖视图”,方法选择“半剖”。

(2)选择父视图。

(3)定义剖切位置。

(4)定义折弯位。

(5)单击鼠标左键以放置视图。

6. 旋转剖视图

旋转剖视图是指围绕轴旋转的剖视图,如图 3-1-32 所示。可包含一个旋转剖面,也可包含阶梯意向成多个剖切面。所有的剖面都旋转到一个公共面中。创建半剖剖视图的基本操作如下:

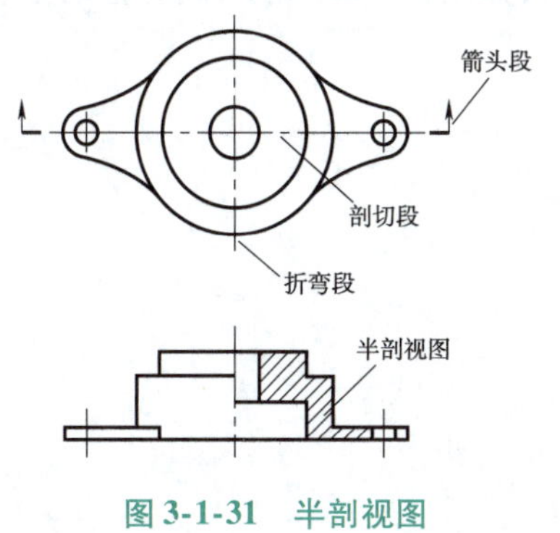

图 3-1-31 半剖视图

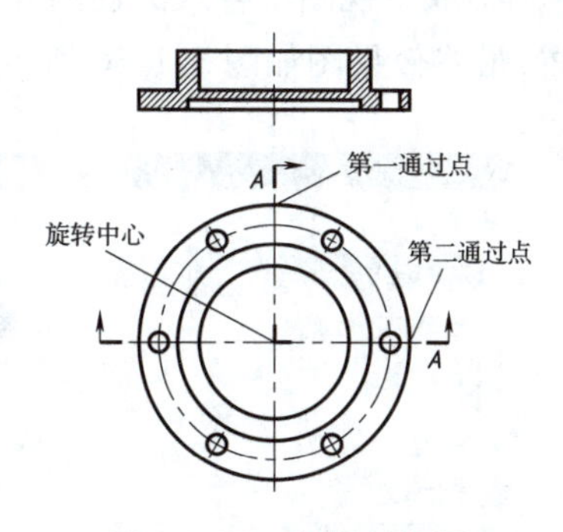

图 3-1-32 选择剖视图

(1)单击“菜单”→“插入”→“视图”→“剖视图”,方法选择“旋转剖”。

(2)选择父视图。

(3)定义旋转中心。

(4)指定第一段剖切线通过点。

(5)指定第二段剖切线通过点。

(6)单击鼠标左键以放置视图。

4. 基本尺寸标注

在 3 已创建好剖视图的工程图标注基本尺寸,如图 3-1-33 所示。

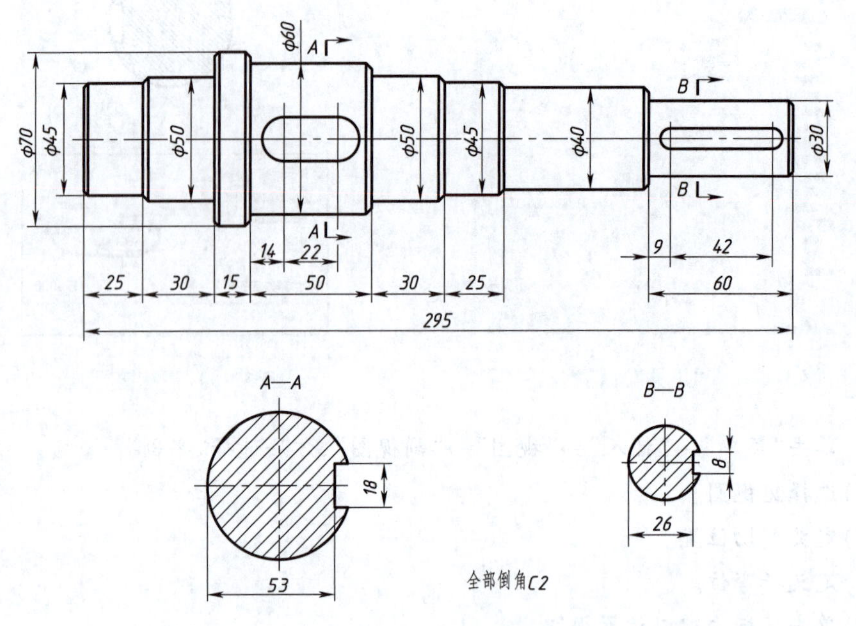

图 3-1-33　尺寸标注

步骤 1　标注各级阶梯外圆柱直径。

(1)单击"尺寸"工具条中的"快速"按钮,测量方法选择"圆柱坐标系",如图 3-1-34 所示。

(2)分别拾取主视图中各级圆柱两外轮廓线,如图 3-1-35 所示,同时拖动基本尺寸放置到合适位置,最终效果图如图 3-1-36 所示。

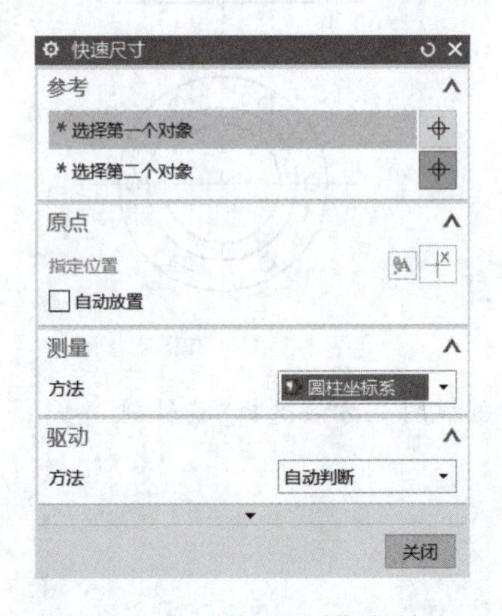

图 3-1-34　"快速尺寸"对话框

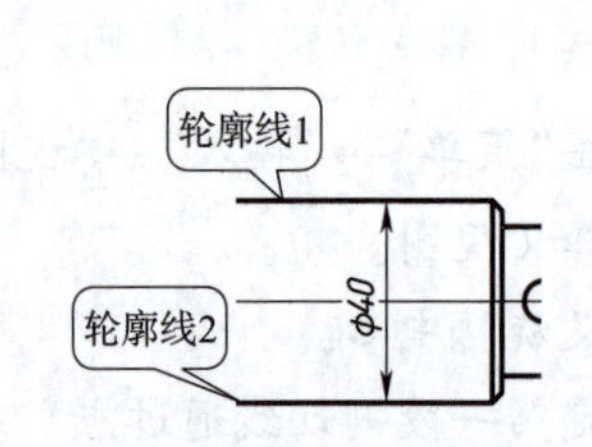

图 3-1-35　圆柱尺寸标注

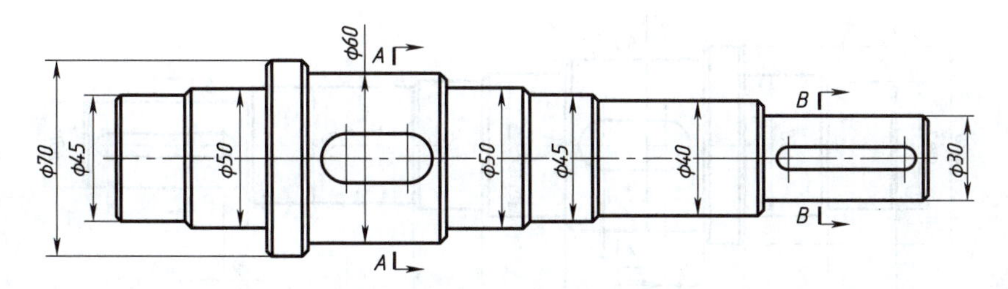

图 3-1-36　各级圆柱尺寸标注

步骤 2　标注两键槽水平方向长度尺寸。

(1)测量方法改为“水平”,如图 3-1-37 所示。

图 3-1-37　“水平尺寸”标注面板

(2)依次连续拾取圆柱端面线和键槽两圆中心线,并拖动尺寸放置到合适位置。两键槽需要分别标注,需标注的长度尺寸分别为:14、22、9、42,完成的键槽标注如图 3-1-38 所示。

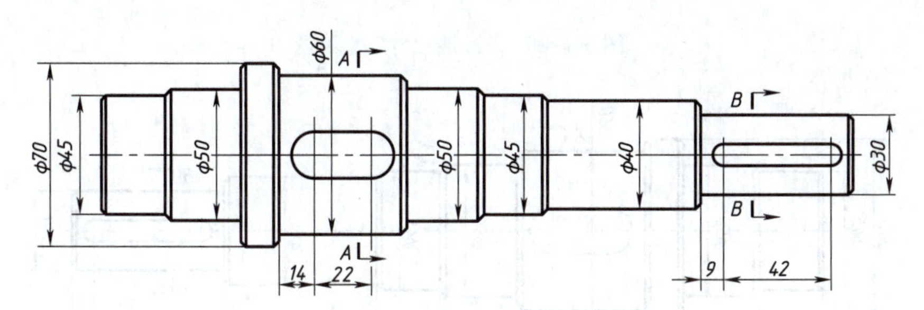

图 3-1-38　键槽水平方向尺寸标注

步骤 3　标注左边各级圆柱水平方向长度尺寸。

(1)单击“尺寸”工具条中的按钮,打开“线性尺寸”标注面板。

(2)从左侧依次连续拾取圆柱端面线,并拖动尺寸放置到合适位置即可。需标注的长度尺寸分别为:25、30、15、50、30、25,完成的标注如图 3-1-39 所示。

步骤 4　标注轴总长及 $\phi30$ 圆柱水平方向长度尺寸。

(1)单击“尺寸”工具条中的按钮,打开“线性尺寸”对话框。如图 3-1-40 所示。

(2)依次拾取圆柱端面线,并拖动尺寸放置于合适位置即可。轴总长尺寸为 295,$\phi30$ 圆柱长度尺寸为 60,需要分别标注,完成的标注如图 3-1-41 所示。

步骤 5　标注两个剖视图上键槽的尺寸。

标注 *A*—*A* 剖视图的键槽深度“53”,以及 *B*—*B* 剖视图的键槽深度“26”,如图 3-1-42 所示,具体操作如下:

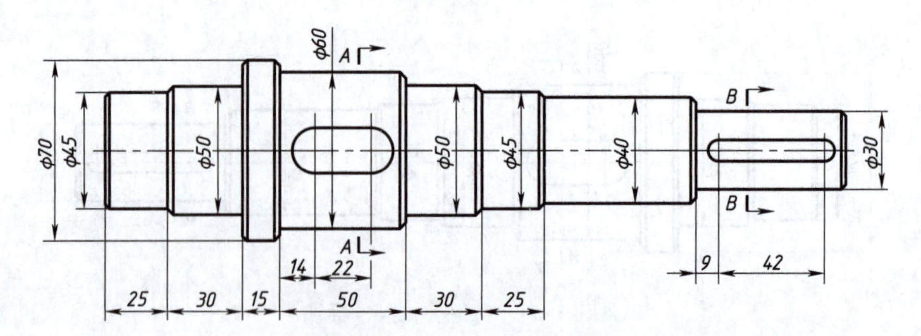

图 3-1-39　各级圆柱水平方向尺寸标注

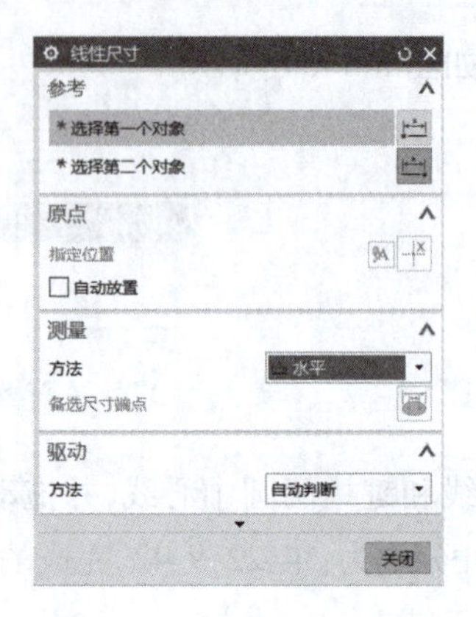

图 3-1-40　“线性尺寸”对话框

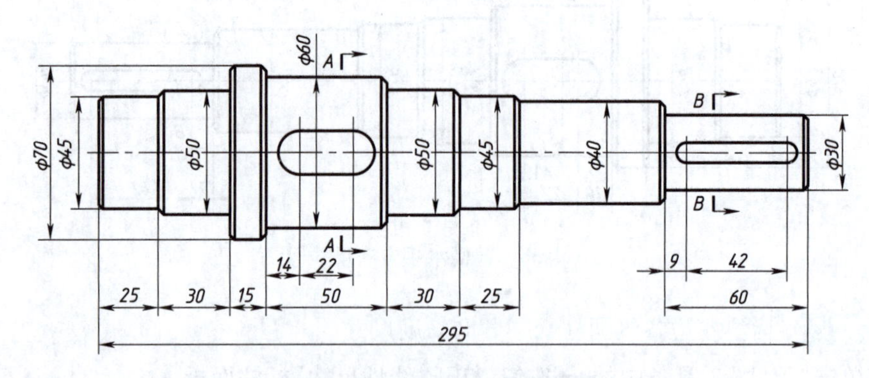

图 3-1-41　轴总长度尺寸标注

(1)单击“尺寸”工具条中的工具按钮，打开“线性尺寸”标注面板。

(2)拾取 *A—A* 剖视图上键槽深度的起止点，标出键槽的深度尺寸“53”。

(3)拾取 *B—B* 剖视图上键槽深度的起止点，标出键槽的深度尺寸 26。

标注 *A—A* 剖视图的键槽宽度“18”，以及 *B—B* 剖视图的键槽宽度“8”，如图 3-1-42 所示，具体操作如下：

①打开“线性尺寸”，方法改为“竖直”。

②拾取 *A—A* 剖视图上键槽宽度的起止点，标出键槽的宽度尺寸“18”。

③拾取 *B—B* 剖视图上键槽宽度的起止点，标出键槽的宽度尺寸“8”。

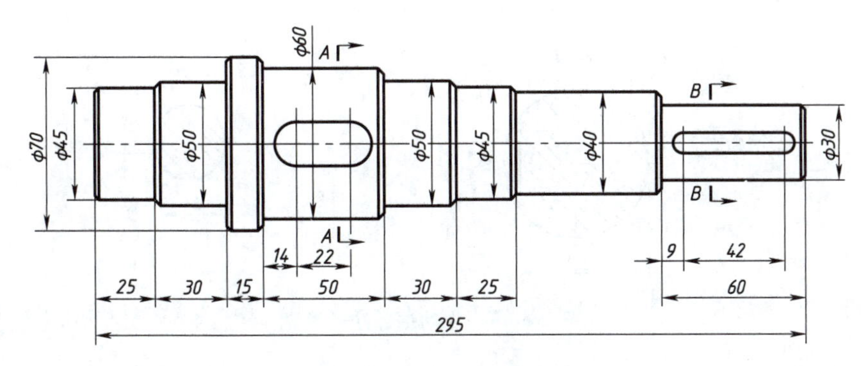

图 3-1-42 剖视图键槽尺寸

步骤 6 创建注释文字“全部倒角 C2”。

(1)单击“注释”工具条中的工具按钮 注释,打开“注释”对话框,如图 3-1-43 所示。

(2)分别单击“文本输入”面板中的 编辑文本 按钮,以及 格式化 按钮,此时“编辑文本”及“格式化”面板全部展开,如图 3-1-44 所示。

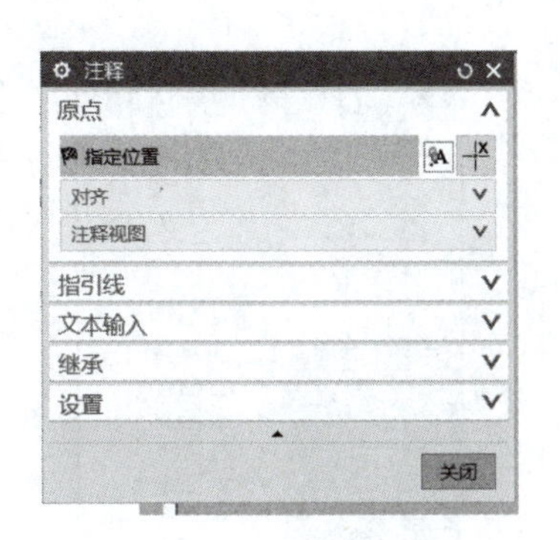

图 3-1-43 “注释”对话框

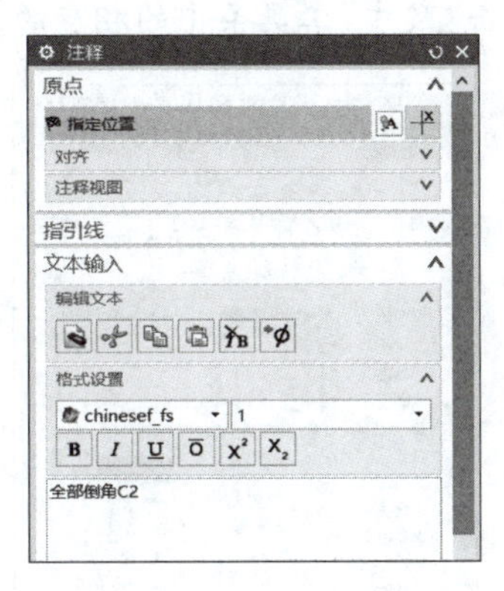

图 3-1-44 文字输入面板

(3)在文本输入区中输入文字“全部倒角 C2”。

(4)全选文字,并在格式化面板的下拉列表中选择字体类型“chinesef”。

(5)拖动文字放置于 A—A 剖视图左侧。最终完成传动轴工程图的标注,如图 3-1-45 所示。

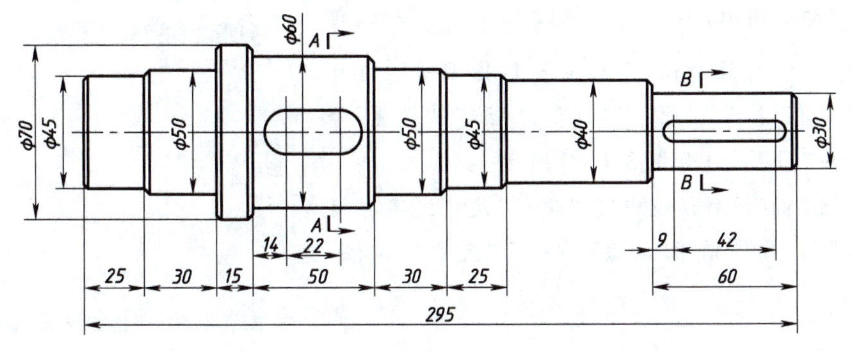

图 3-1-45

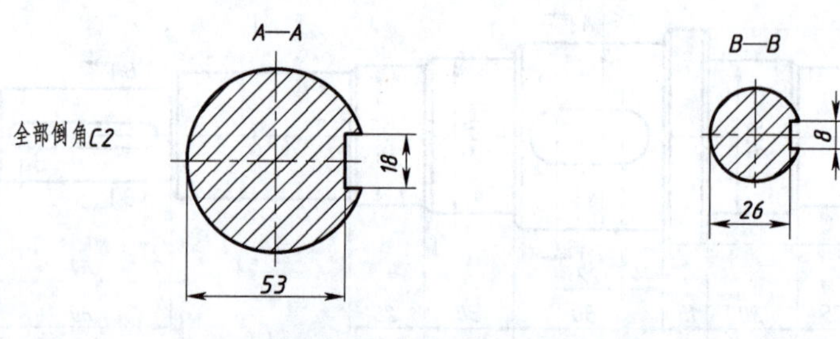

图 3-1-45　传动轴标注效果图

相关知识

尺寸标注——功能详解

当基本视图添加完成后，进入尺寸标注有两种方法：

(1)选择“菜单”→“插入”→“尺寸”，在尺寸联级菜单中单击相应的按钮进行标注，如图 3-1-46 所示。

(2)单击“尺寸”工具条中的相应的工具按钮进行标注，如图 3-1-47 所示。

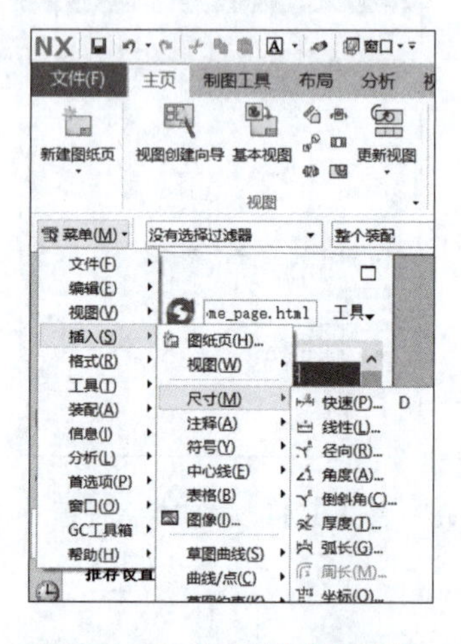

图 3-1-46　“尺寸”联级菜单

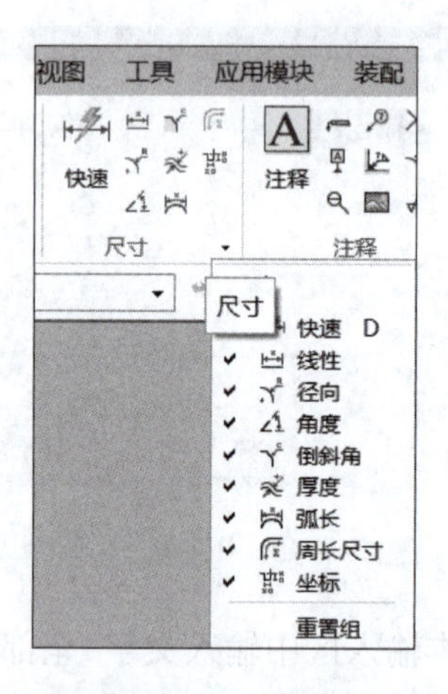

图 3-1-47　“尺寸”工具条

(3)当单击某一个标注工具按钮时，就会弹出一个相应的标注面板，如：单击“快速尺寸”快速按钮，弹出“快速尺寸”标注对话框，如图 3-1-48 所示。在该对话框中，有“参考”“原点”“测量”“驱动”“设置”等面板，其中“设置”如图 3-1-49 所示。

“设置”：在该对话框中可以进行“尺寸文字”“直线/箭头”“层叠”“前缀/后缀”“公差”“尺寸”“单位”等设置。

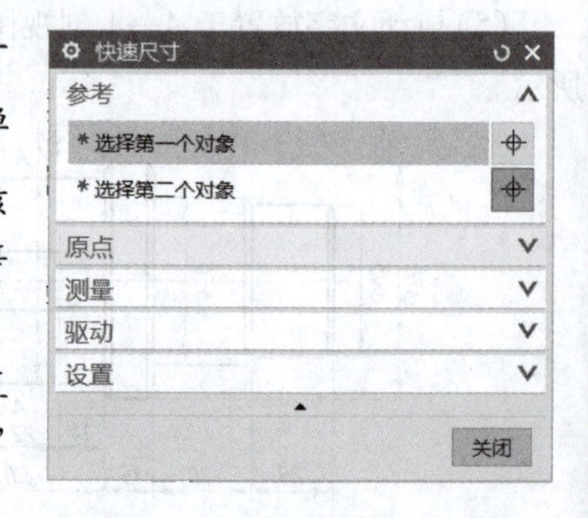

图 3-1-48　“快速尺寸”对话框

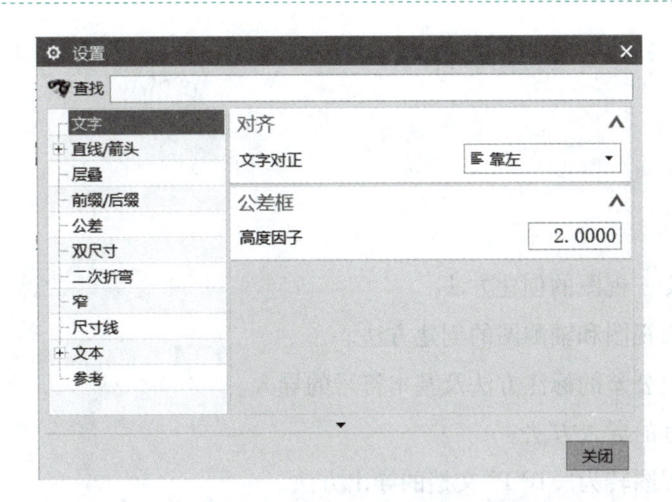

图 3-1-49　“设置”对话框

(4)对某一尺寸进行修改时可以双击该尺寸，在弹出的对话框中修改，如图 3-1-50 所示。

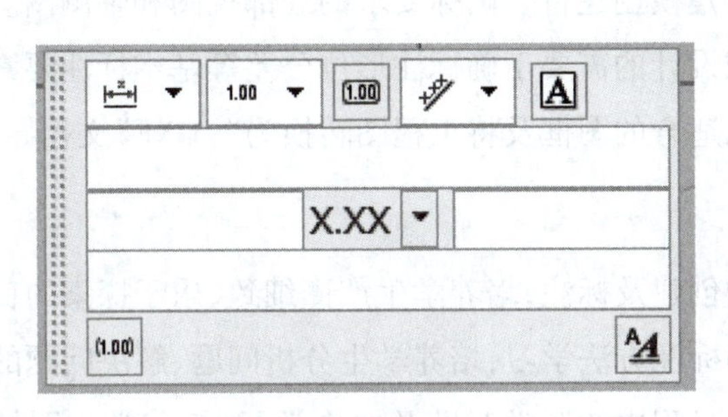

图 3-1-50　修改尺寸

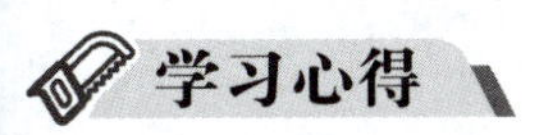

拓展练习

1. 打开模块一项目二的模型，创建该模型的工程图。
2. 打开模块一项目四的模型，创建该模型的工程图。

学习心得

项目二　创建零件工程图——台虎钳钳座零件图

学习目标

知识目标

(1)掌握正交三视图的创建方法。

(2)掌握局部视图和轴测图的创建方法。

(3)掌握形位公差的标注方法及基本符号的导入。

(4)掌握图框的导入方法。

(5)掌握工程图转为“.DXF”文档的导出方法。

能力目标

(1)具有根据三维实体创建正交三视图的能力。

(2)能够根据实体建模创建符合国标要求的局部视图和轴测图。

(3)能够根据机械设计的需要正确标注形位公差等基本标注要素。

(4)能正确地导入适合的图框及将工程图转换为“.DXF”文档导出。

素质目标

(1)通过零件图的创建及标注,培养学生严谨细致、乐于探索的良好学习习惯。

(2)通过零件图的标注方法学习,培养学生分析问题、解决问题的能力。

(3)通过学习讨论过程中的互学互助及协作学习,培养学生团结协作、互相关心、互相帮助的良好职业素养。

工作任务

根据模块一中项目六的台虎钳钳座三维实体进行二维工程图创建,即创建台虎钳钳座零件图,如图 3-2-1 所示。

项目分析

根据台虎钳钳座三维实体及《机械制图》国家标准,选择合理的视图配置方案,创建台虎钳钳座的零件图。可分四步:①创建基本三视图;②创建剖视图及局部放大图;③创建轴测图;④基本尺寸及公差标注。

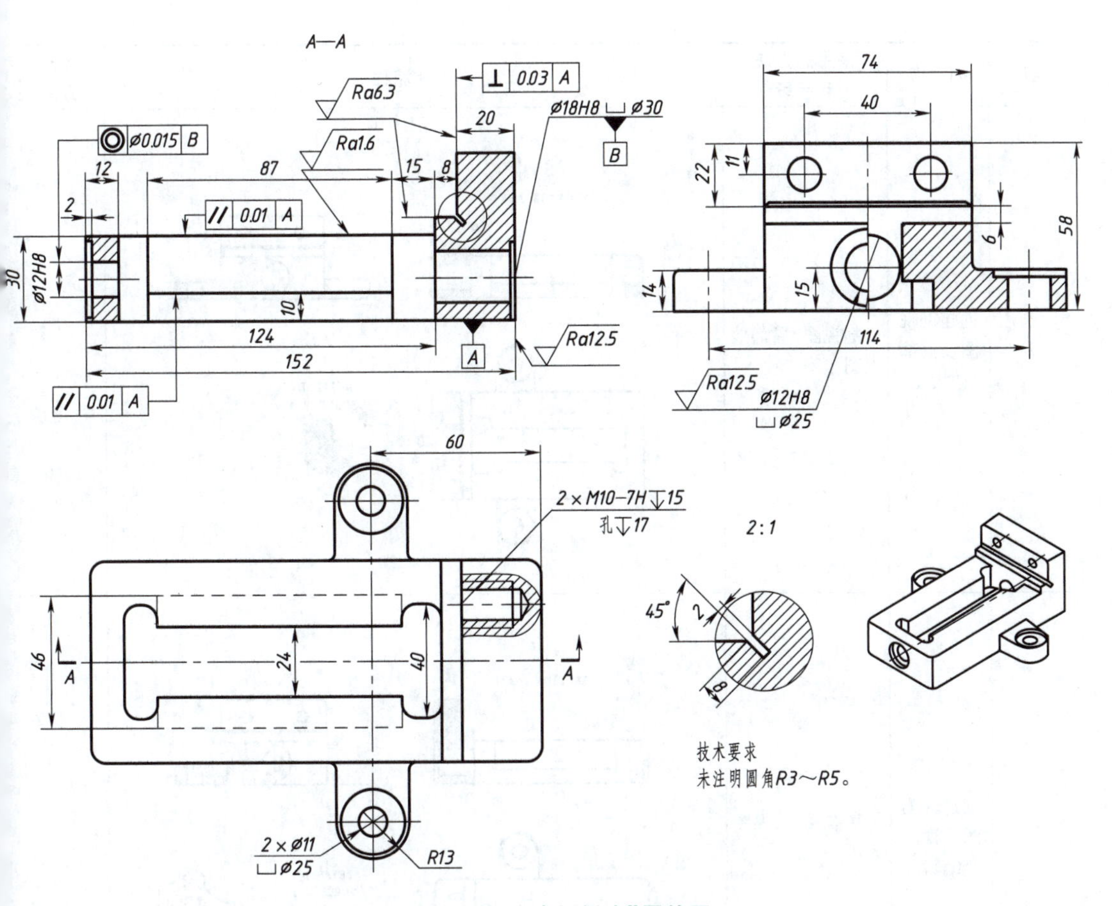

图 3-2-1　“台虎钳钳座”零件图

项目分解

名称	内　容	采用的方法和手段	创建流程	其他方法
1	创建基本三视图	基本视图，投影视图	SECTION A-A A　A	

续上表

名称	内　容	采用的方法和手段	创建流程	其他方法
2	创建剖视图及局部放大图	剖视图，局部放大图	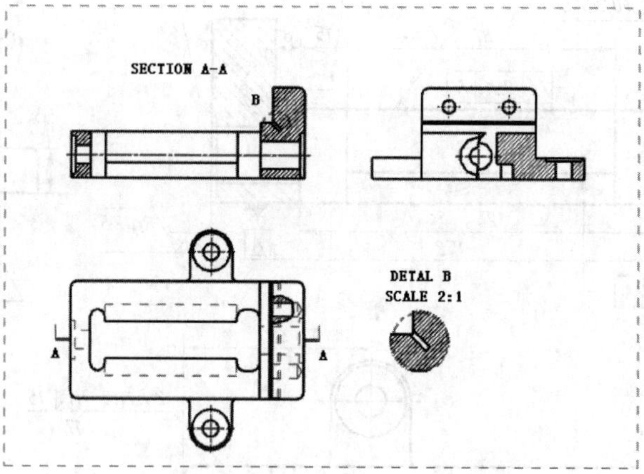	
3	创建轴测图及视图编辑	基本视图，视图编辑	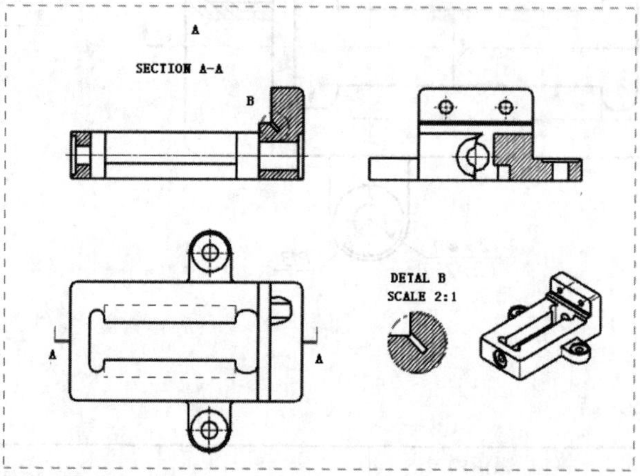	
4	基本尺寸及公差标注	尺寸，注释	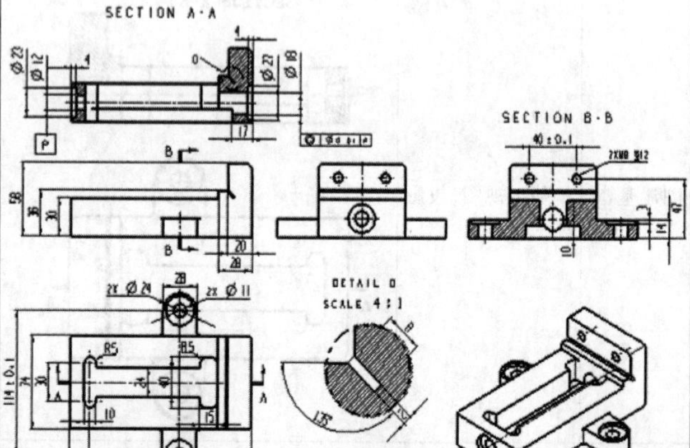	

想一想:这个建模流程你有没有更好的建议,有的话请写下来分享经验。有其他的建模方法的话,请在下方填写。

项目实施

1. 创建基本三视图

创建基本三视图,如图 3-2-2 图所示。

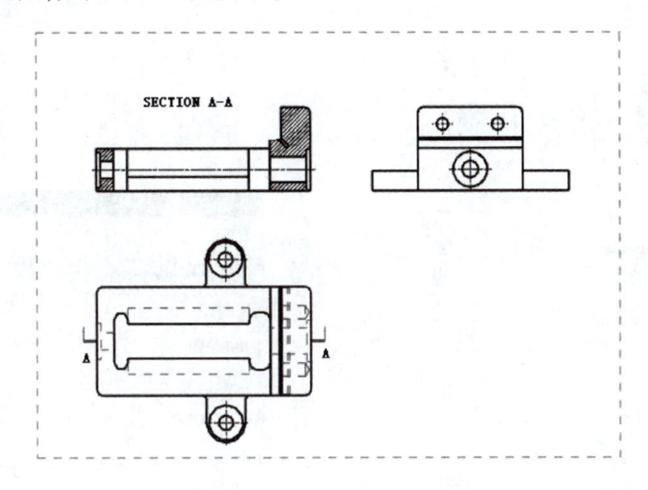

图 3-2-2　基本三视图

步骤 1　打开台虎钳钳座三维实体零件图。

启动 UG NX 软件,单击按钮,打开模块一项目六创建完成的"qianzuo"三维实体零件图。

步骤 2　进入制图环境。

单击"应用模块"→"制图",进入制图模块。

步骤 3　创建新的图纸页。

单击按钮,创建新的图纸页。图纸大小:"A3",比例:"1:1,单位:"毫米",投影:"第三象限角"。

步骤 4　创建俯视图。

单击"菜单"→"插入"→"视图"→"基本",或单击按钮,弹出"基本视图"对话框,如

图 3-2-3 所示。具体操作如下：

（1）单击“定向视图”按钮，弹出“定向视图工具”对话框（见图 3-2-4），以及“定向视图”窗口 1（见图 3-2-5）。

（2）单击“定向视图”窗口中的坐标原点，在弹出的‘角度’文本中输入“－90”，如图 3-2-6 所示。

（3）按【Enter】键，此时的视图如图 3-2-7 所示。

（4）单击“定向视图工具”对话框中确定按钮，系统返回“基本视图”对话框。

（5）单击“设置”面板视图样式按钮，弹出“设置”对话框。

（6）单击隐藏线按钮，进入“隐藏线”设置面板，将隐藏线线型设置为虚线，如图 3-2-8 所示，然后单击确定按钮，返回基本视图对话框。

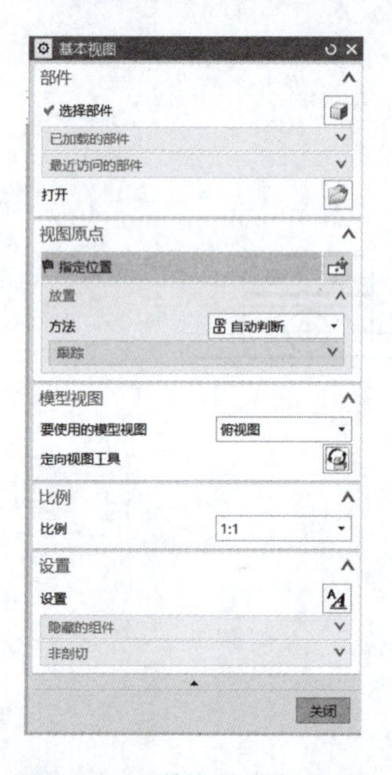

图 3-2-3　“基本视图”对话框

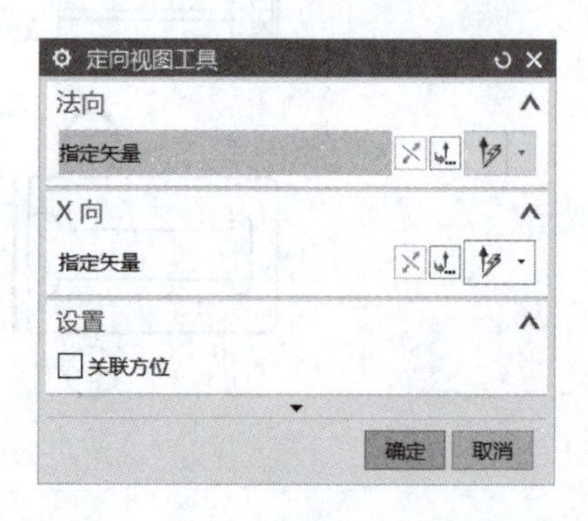

图 3-2-4　“定向视图工具”对话框

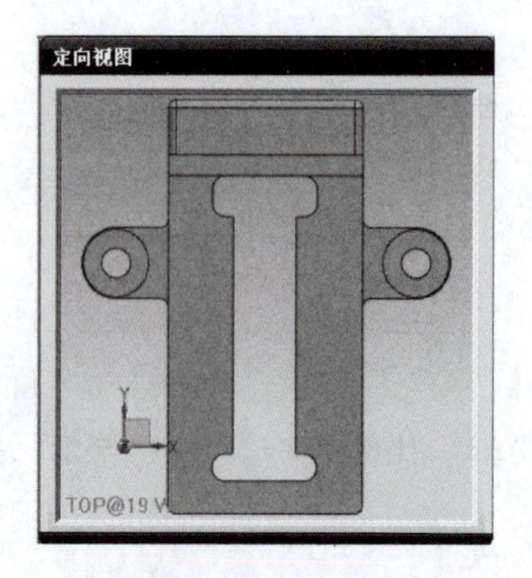

图 3-2-5　“定向视图”窗口(1)

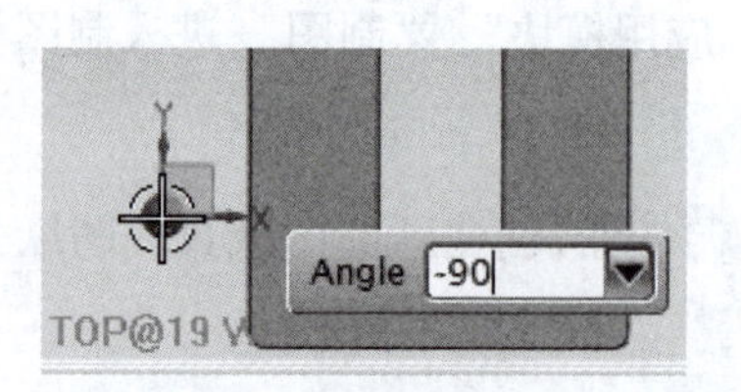

图 3-2-6　选择原点及角度

（7）将光标移动至图纸页中希望的位置，然后单击鼠标左键放置视图，单击 关闭 按钮，即可完成俯视图的创建，如图 3-2-9 所示。

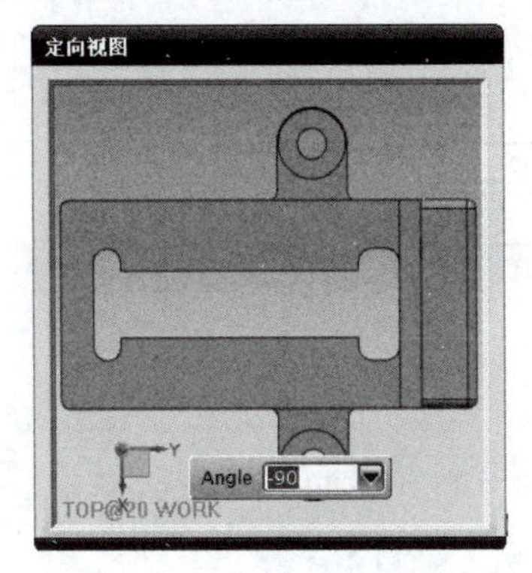

图 3-2-7 “定向视图”窗口（2）

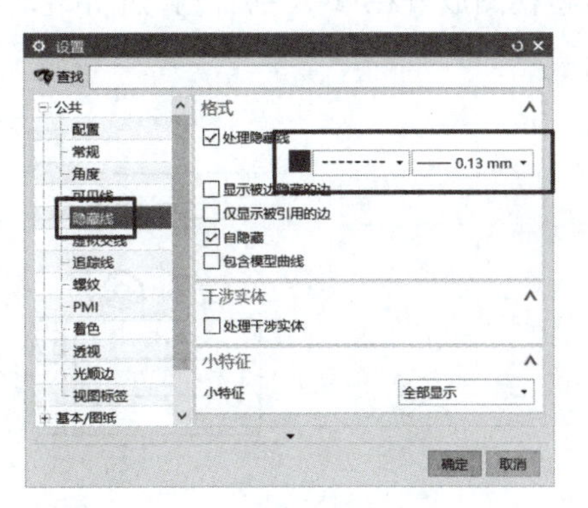

图 3-2-8 “设置-隐藏线”对话框

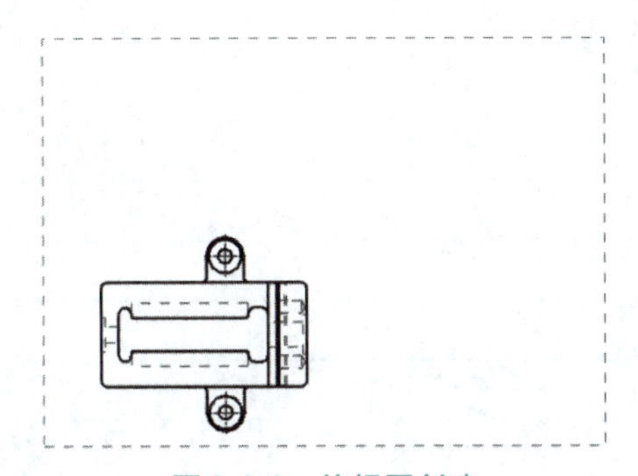

图 3-2-9 俯视图创建

步骤 5 创建剖视图。

单击“菜单”→“插入”→“视图”→“剖视图”，或单击按钮；以步骤 4 所创建的视图作为父视图，创建剖视图 $A—A$，如图 3-2-10 所示。

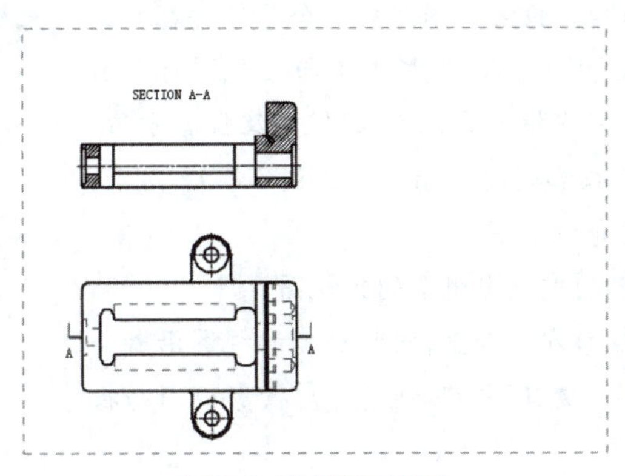

图 3-2-10 剖视图创建

步骤 6 创建左视图。

单击“菜单”→“插入”→“视图”→“基本”，或单击按钮，弹出“基本视图”对话框，具体操作如下：

(1)在“要使用的模型视图”下拉列表中选择一个合适的视图。

(2)将视图放置在 A-A 剖右侧,如图 3-2-11 所示。

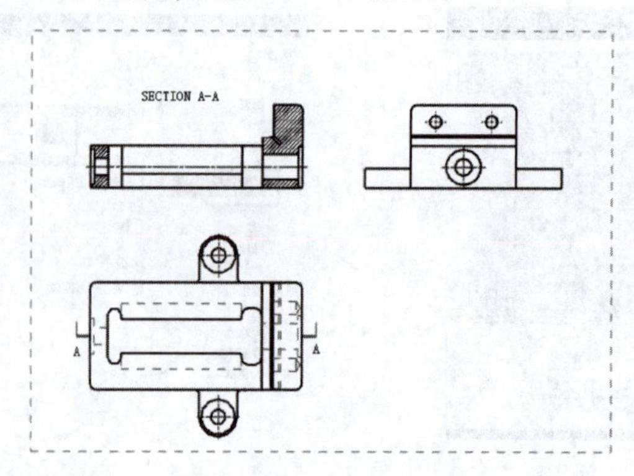

图 3-2-11　左视图创建

学习要点记录

相关知识

投影视图——功能详解

在 UG NX 制图模块中,投影视图是从一个已经存在的父视图沿着一条铰链线投影得到的,投影视图与父视图存在着关联性。创建投影视图需要指定父视图、铰链线及投影方向。

单击按钮,弹出“投影视图”对话框,如图 3-2-12 所示,对话框中各选项的功能介绍如下：

(1)“父视图”:选择创建投影视图的父视图。

(2)“铰链线”:与投影方向垂直,同时创建的视图沿着与铰链线垂直的方向投影。选择反转投影方向，则投影视图与投影方向相反。

(3)“视图原点”:确定投影视图的放置位置。

(4)“移动视图”:该选项区域的作用是移动图纸中的视图。在图纸选择一个视图后,即可拖动此视图至任意位置。

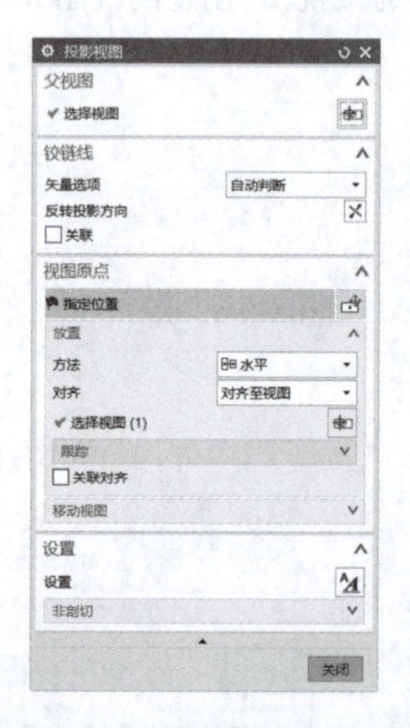

图 3-2-12　“投影视图”对话框

2. 创建局部剖及局部放大视图

在图 3-2-11 的基础上，创建局部放大图及局部剖视图，如图 3-2-13 所示。

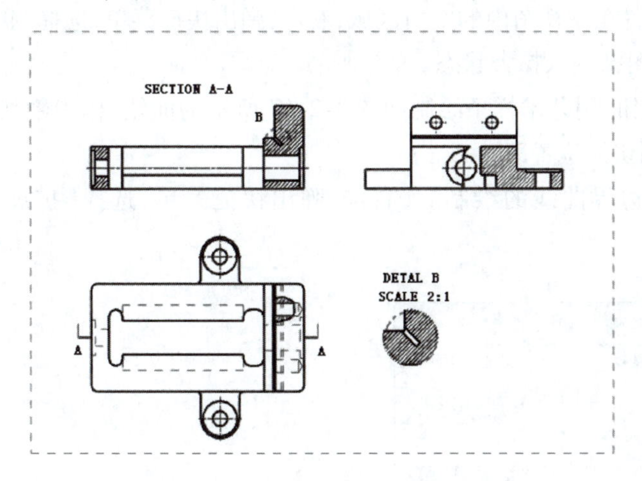

图 3-2-13　局部剖及局部放大视图

步骤 1　创建局部放大图。

单击“菜单”→“插入”→“视图”→“局部放大图”，或单击按钮，弹出“局部放大图”对话框，如图 3-2-14 所示。

（1）用鼠标选取“SECTION A-A”剖视图中需要放大的部位，如图 3-2-15 所示。

（2）将光标拖动至希望的位置，然后单击鼠标左键以放置视图。

图 3-2-14　“局部放大图”对话框

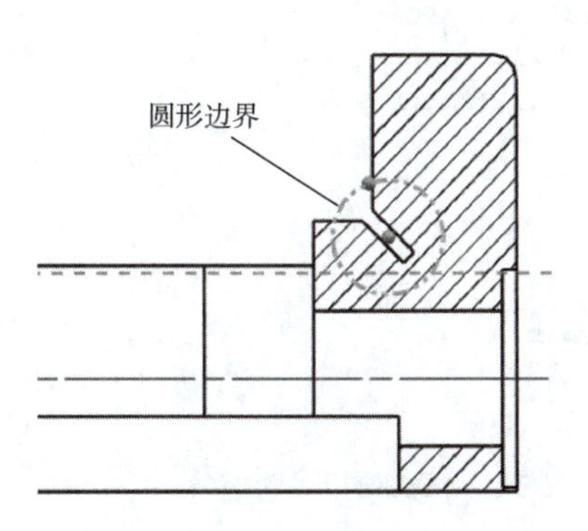

图 3-2-15　放大部位

步骤 2　创建局部剖视图 1。

1. 绘剖切边界曲线

（1）将光标放置在左视图内的空白区域，右击，弹出快捷菜单，选择"扩大"，如图 3-2-16 所示。此时，左视图已进入扩大状态。

（2）单击按钮，用艺术样条绘制如图 3-2-17 所示的曲线，作为剖切边界（注意：样条的形状只要超过剖切的位置即可）。

（3）完成剖切边界曲线的绘制后，右击，弹出快捷菜单，选择"扩展"，即可退出扩展状态。

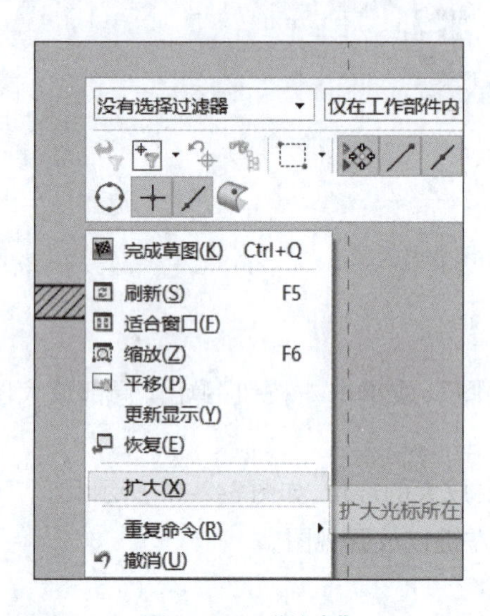

图 3-2-16　"扩大"

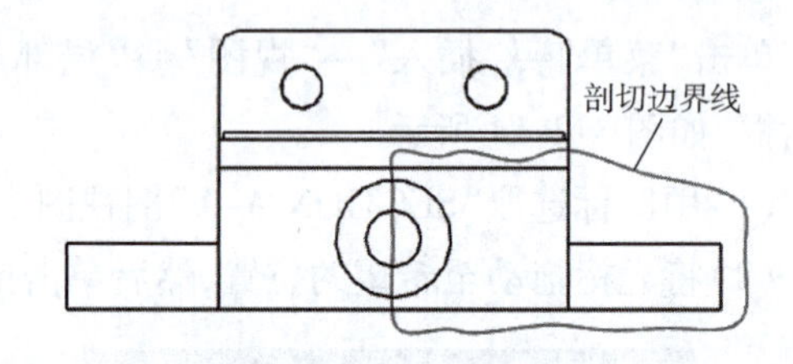

图 3-2-17　剖切边界线

2. 创建局部剖视图

单击"菜单"→"插入"→"视图"→"局部剖"，或单击按钮，弹出"局部剖"对话框，如图 3-2-18 所示，具体操作如下：

（1）选择左视图为"父视图"，弹出"局部剖"对话框，如图 3-2-19 所示。

图 3-2-18　"局部剖"对话框（1）

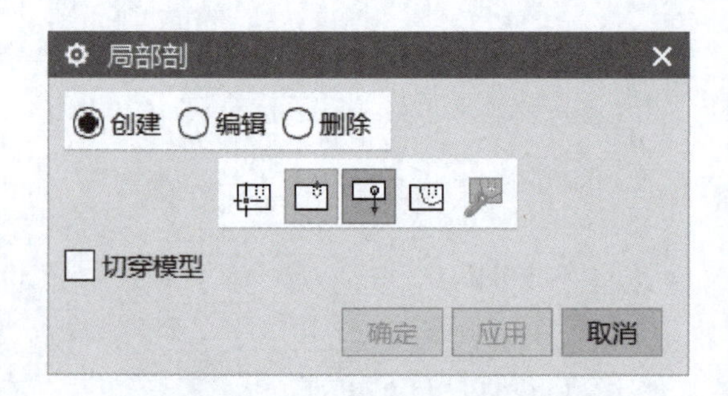

图 3-2-19　"局部剖"对话框（2）

(2)定义基点：捕捉主视图耳座沉头孔圆心为基点，如图 3-2-20 所示。

(3)选择截断线(即剖切边界曲线)：单击“局部剖”对话框 2 按钮，选择剖切边界曲线，单击 应用 → 取消 按钮，即可完成局部剖的创建，如图 3-2-21 所示。

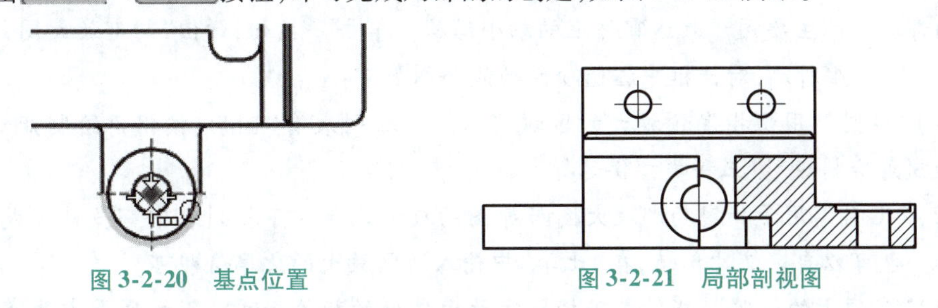

图 3-2-20　基点位置　　图 3-2-21　局部剖视图

步骤 3　创建局部剖视图 2。

创建如图 3-2-22 所示的局部剖视图 2，创建步骤同步骤 2，在此不再详述，只做简单描述。

(1)按如图 3-2-23 绘剖切边界线。

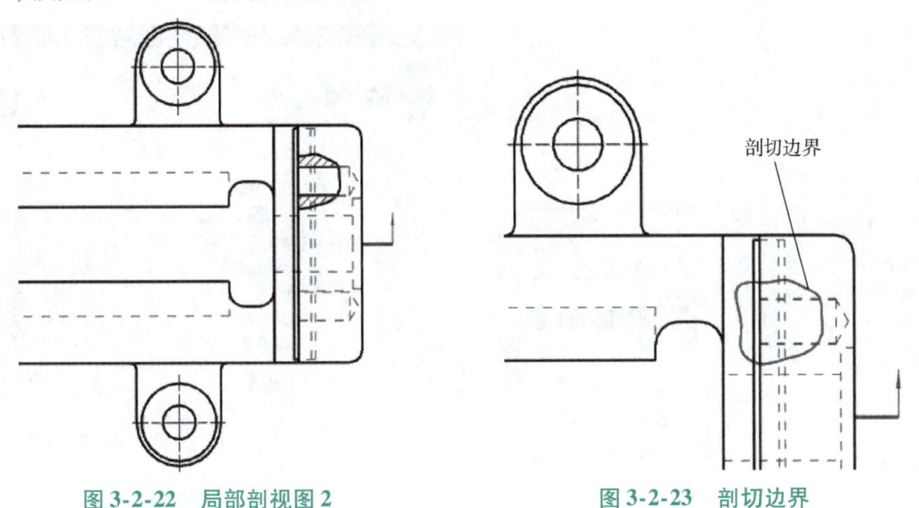

图 3-2-22　局部剖视图 2　　图 3-2-23　剖切边界

(2)选择俯视图作为父视图。

(3)捕捉孔的底部锥角顶点为基点，如图 3-2-24 所示。

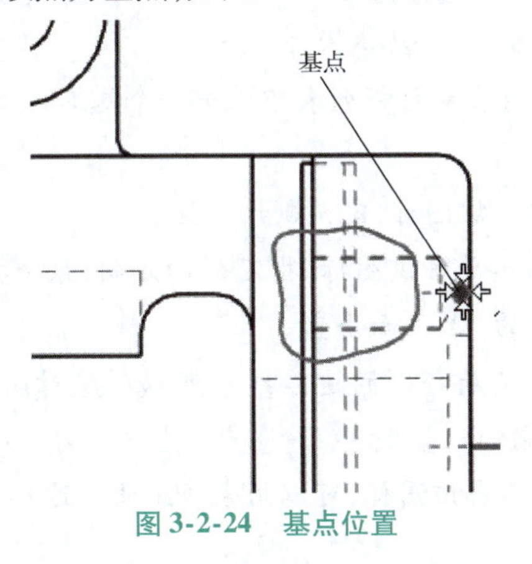

图 3-2-24　基点位置

相关知识

局部放大视图——功能详解

局部放大图主要用于表达零件上的细小结构。单击按钮，弹出“局部放大图”对话框，如图 3-2-14 所示，对话框中各选项的功能介绍如下：

(1)“类型”：用于指定预放大的区域形状。下拉列表有“圆形、按拐角绘制矩形、按中心和拐角绘制矩形”三种类型供选择。

(2)“比例”：用于指定局部放大图与原图的放大比例。下拉列表中有多种现成比例供选择。也可以自定义比例值，在“比率”中输入所需放大的比率值即可。

(3)“父项上的标签”：指的是父视图上放大部位的标签形式。下拉列表中共有六种形式供选择，可以根据习惯或要求进行选择，如图 3-2-25 所示。

(4)若需要改变标签样式，则双击父视图或放大图中的标签符号，即弹出如图 3-2-26 的“设置”对话框。可以根据需要修改有关参数项。

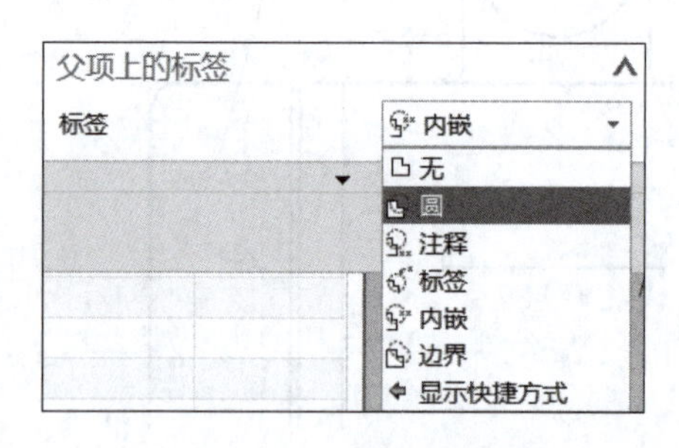

图 3-2-25　父项标签

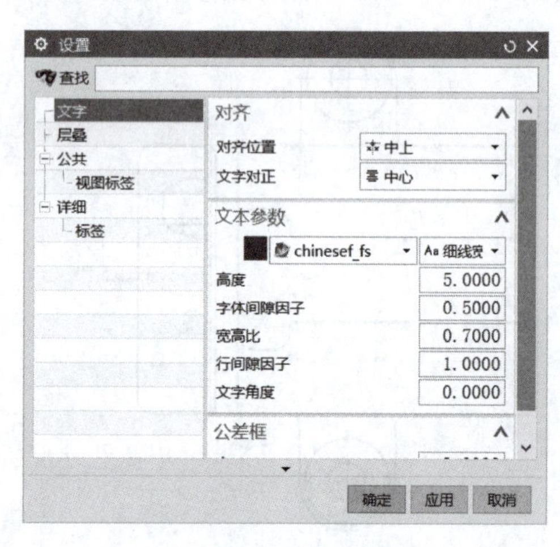

图 3-2-26　“设置”对话框

局部剖视图——功能详解

局部剖视图是通过移除父视图中的一部分区域来创建视图。单击按钮，弹出“局部剖”对话框 1，如图 3-2-18 所示，具体操作如下：

(1)选择“父视图”：可在对话框列表中选中一个基本视图作为父视图，或者直接在图纸中选择父视图。

(2)“指出基点”：单击该图标，定义剖切位置。

(3)“指出拉伸矢量”：单击该图标，指定剖切方向，系统提供和显示一个默认的拉伸矢量，该矢量与当前视图的 *XY* 平面垂直。

(4)“选择曲线”：定义局部剖的边界线。可以创建封闭的曲线，也可以先创建几条曲线在让系统自动连接它们。

(5)“修改曲线边界”：单击该图标，可以用来修改曲线边界，该步骤为可选步骤。

3. 添加轴测图及视图编辑

本任务主要是添加轴测图及进行视图的编辑，如图 3-2-27 所示。

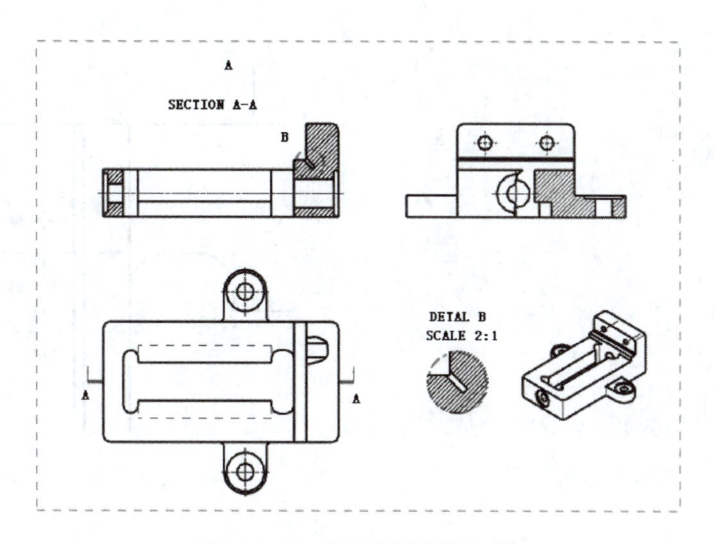

图 3-2-27　轴测图及视图编辑

步骤 1　添加轴测图。

单击“菜单”→“插入”→“视图”→“基本”，或在图纸工具条中单击按钮，打开“基本视图”对话框，具体操作如下：

（1）在“模型视图”面板下拉列表中选择“正三轴测图”视图。

（2）在比例面板下拉列表选择“1:2”。

（3）将光标拖动至理想的位置，然后单击鼠标左键以放置视图，如图 3-2-28 所示。

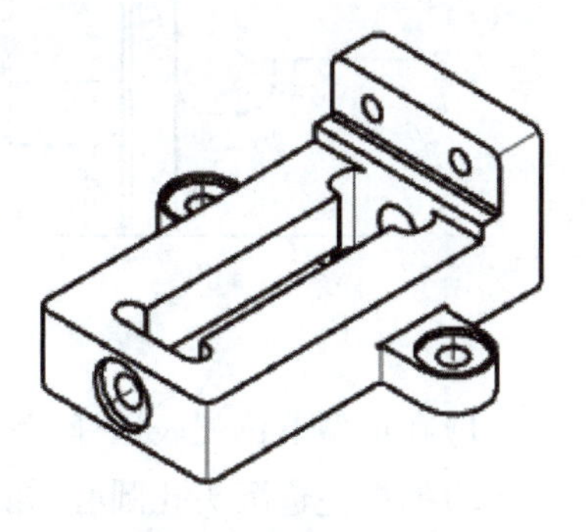

图 3-2-28　轴测图

步骤 2　添加俯视图螺纹孔中心线——2D 中心线。

单击“菜单”→“插入”→“中心线”→“2D 中心线”，弹出“2D 中心线”对话框，如图 3-2-29 所示，具体操作如下：

（1）选择第一个螺纹孔的两条外径作为第 1 侧和第 2 侧的对象，如图 3-2-30 所示。

（2）单击 应用 → 取消，即可完成第一个螺纹孔中心线的创建，如图 3-2-31 所示。

（3）采用重复（1）（2）操作，创建第二个螺纹孔的中心线，如图 3-2-32 所示。

步骤 3　添加左视图沉头孔中心线。

单击“菜单”→“插入”→“中心线”→“中心标记”，弹出“中心标记”对话框，如图 3-2-33 所示，具体操作如下：

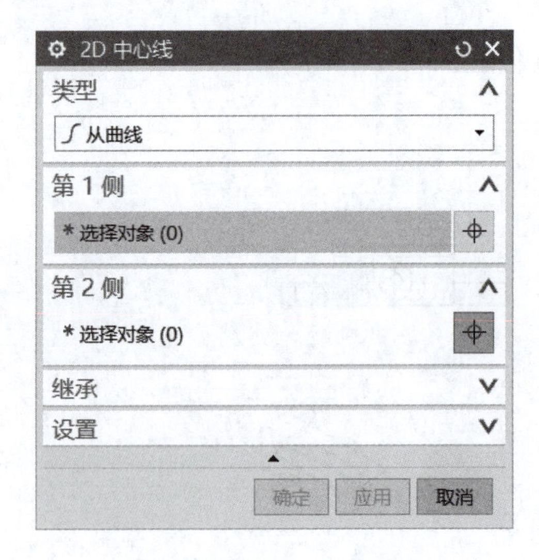

图 3-2-29 "2D 中心线"对话框

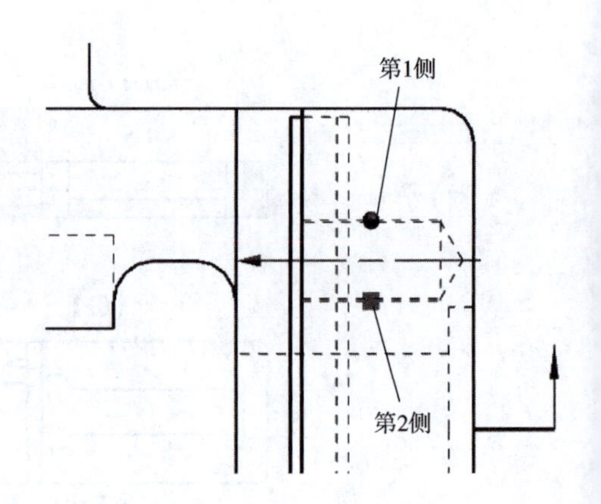

图 3-2-30 选择对象

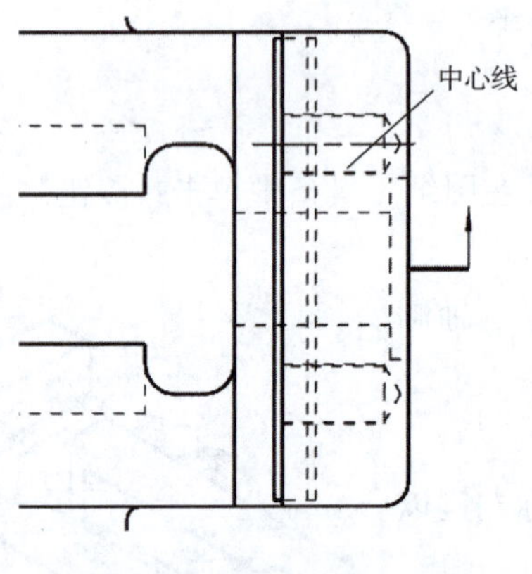

图 3-2-31 螺纹孔 1 中心线

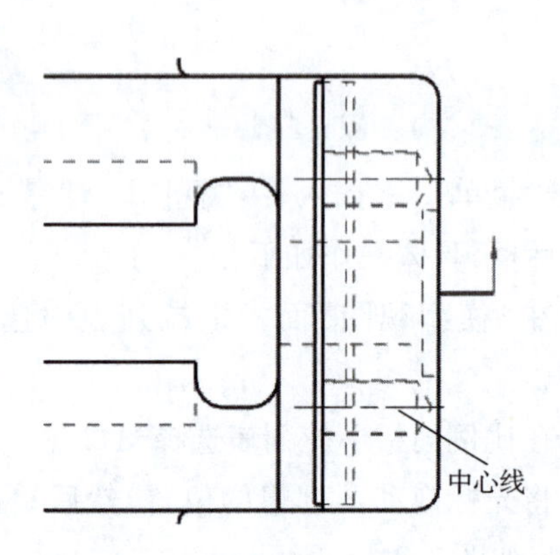

图 3-2-32 螺纹孔 2 中心线

(1)在类型下拉列表选择 中心点。

(2)捕捉左边沉头孔圆心,如图 3-2-34 所示。

(3)单击 应用 → 取消 ,即可完成左边沉头孔中心线的创建,如图 3-2-35 所示。

(4)采用重复(1)~(3)操作,创建右边沉头孔中心线,如图 3-2-36 所示。

步骤 4 删除俯视图中多余虚线——视图相关编辑。

单击"菜单"→"编辑"→"视图"→"视图相关编辑",弹出"视图相关编辑"对话框,如图 3-2-37 所示,具体操作如下:

(1)选择俯视图作为父视图。

(2)单击"添加编辑"面板按钮,弹出"类选择"对话框,如图 3-2-38 所示选择要擦除的对象:父视图中孔虚线、槽虚线及实线、局部剖的剖切线。

(3)单击"确定"按钮,即可删除多余虚线,完成编辑的俯视图如图 3-2-39 所示。

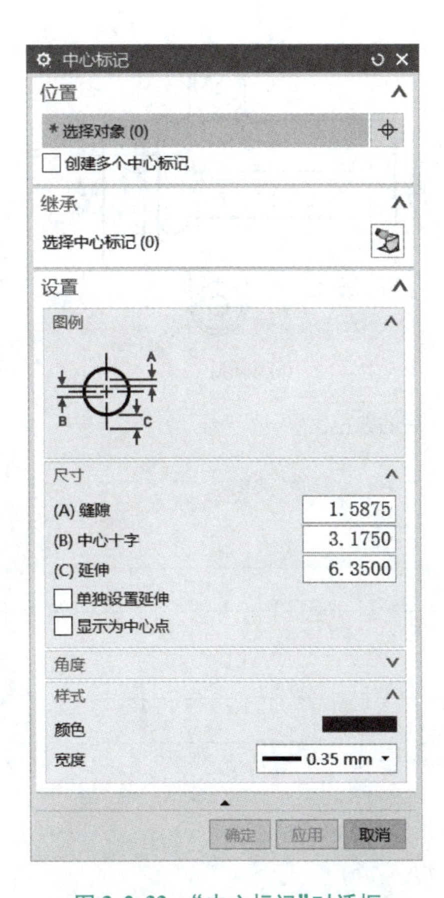

图 3-2-33　"中心标记"对话框

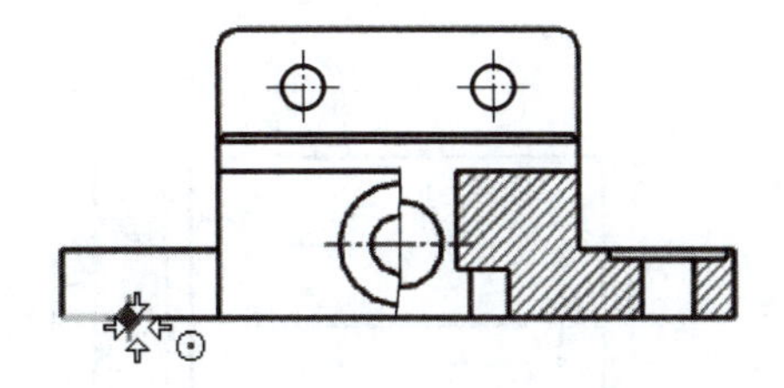

图 3-2-34　捕捉圆心

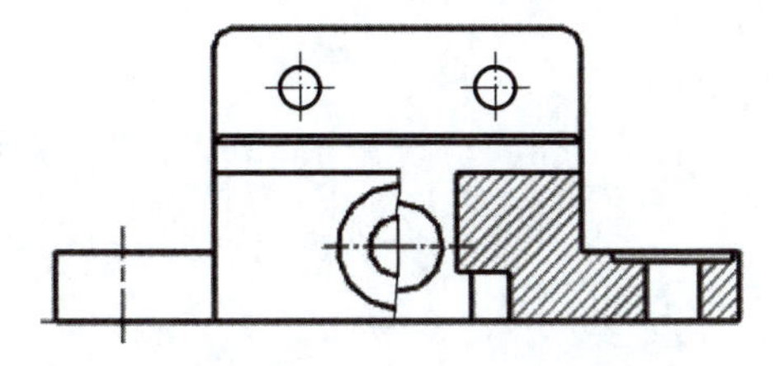

图 3-2-35　左边沉头孔中心线

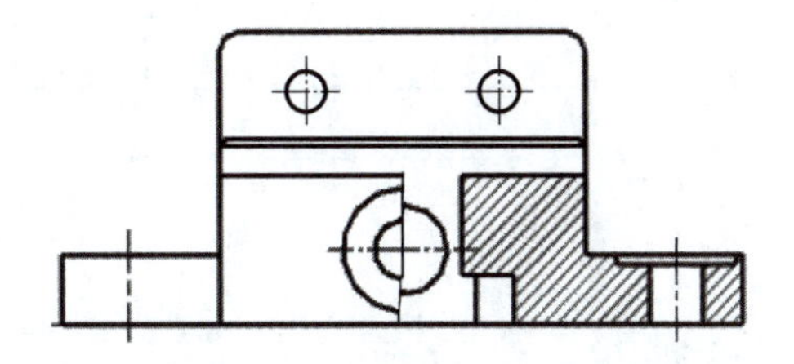

图 3-2-36　右边沉头孔中心线

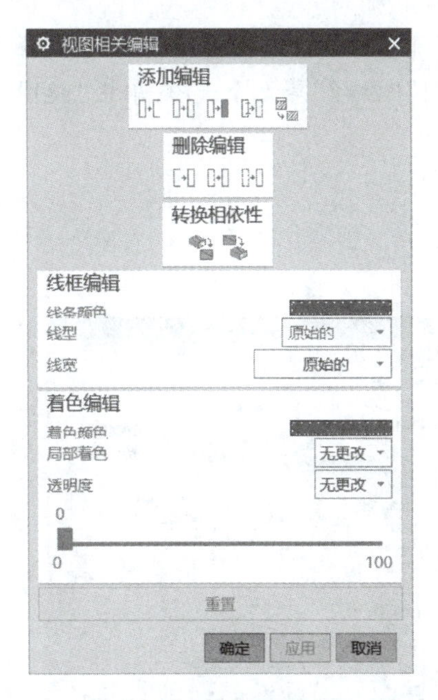

图 3-2-37　"视图相关编辑"对话框

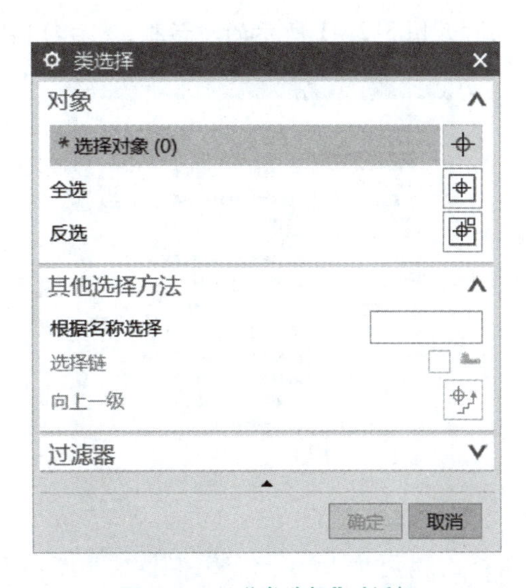

图 3-2-38　"类选择"对话框

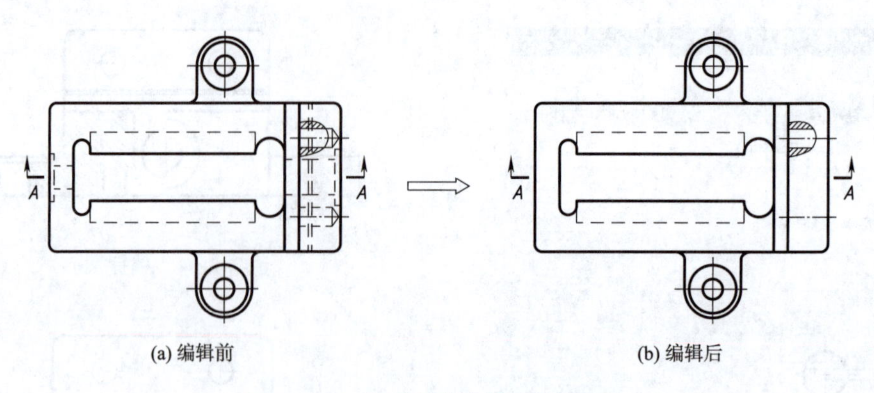

图 3-2-39　视图相关编辑后的俯视图

学习要点记录

相关知识

视图编辑——功能详解

(1)显示视图边界:单击“菜单”→“首选项”→“制图”,弹出“制图首选项”对话框,如图 3-2-40 所示。该对话框中有“常规”“公共”“视图”“注释”等九个选项,单击“视图”选项,打开图 3-2-41 所示的对话框,然后勾选“显示”。

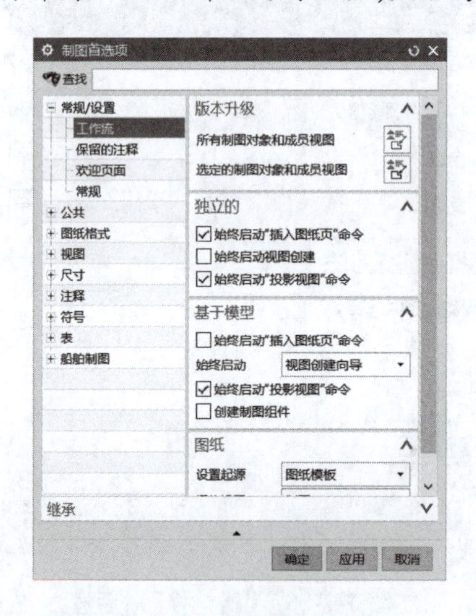

图 3-2-40　“制图首选项”对话框 1

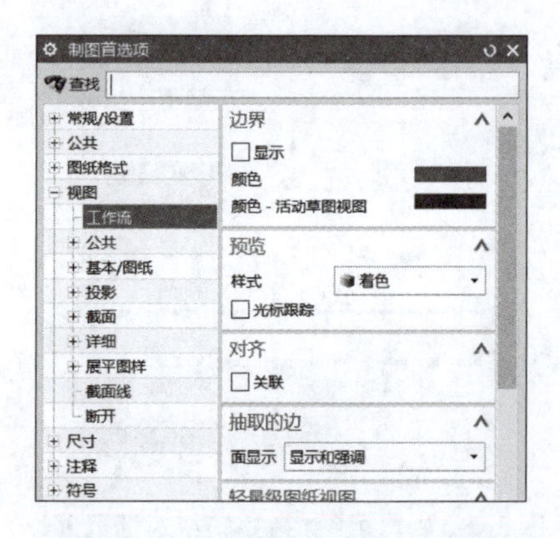

图 3-2-41　“制图首选项”对话框 2

（2）移动视图：当需要移动视图时，只要拖动光标选中视图边界，然后长按鼠标左键拖动视图即可。

（3）删除视图：当需要删除某一视图时，只要拖动光标选中该视图边界，然后利用【Del】删除键或右击直接删除即可。

（4）打开视图样式对话框：如果需要修改某一视图的样式时，只要拖动光标选中视图边界，然后双击该边界或单击鼠标右键打开视图样式对话框。请见项目一中有关功能详解。

视图相关编辑

视图相关编辑属于细节操作，主要是对视图中的几何对象进行编辑和修改。单击“菜单”→“编辑”→“视图”→“视图相关编辑”，弹出“视图相关编辑”对话框，如图 3-2-42 所示，各面板的选项功能如下：

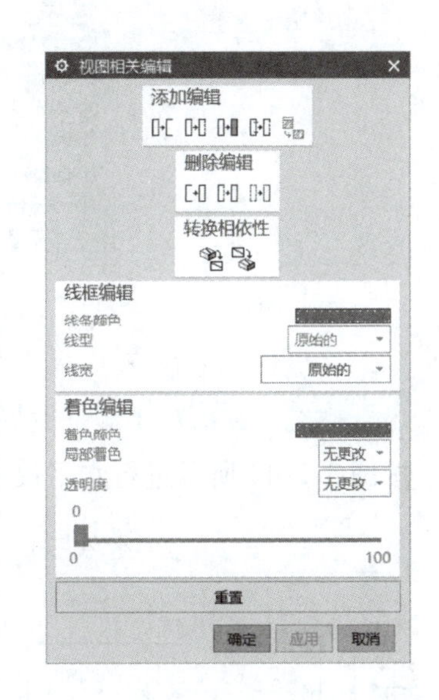

图 3-2-42　“制图相关编辑”对话框

（1）“添加编辑”：对对象进行编辑操作。

“擦出对象”：利用该选项可以擦除视图中选取的对象。擦除与删除的意义不同，擦除对象只是暂时不显示对象，以后还可以恢复，并不会对其他视图的相关结构和主模型产生影响。

“编辑完全对象”：利用该选项可以编辑所选整个对象的显示方式，包括颜色、线型、和线宽。

“编辑着色对象”：利用该选项可以控制成员视图中的对象局部着色和透明度。

“编辑对象段”：利用该选项可以编辑部分对象的显示方式，其方法与编辑完全对象类似。

“编辑剖视图背景”：在创建剖视图时，可以有选择的保留背景线，而用背景线编辑功能，不仅可以删除已有的背景线，还可以添加新的背景线。

（2）删除编辑：用于删除对视图对象所作的编辑操作。

“删除选择的擦除”：使先前擦除的对象重新显现出来。

“删除选择的修改”：使先前修改的对象退回到原来的状态。

“删除所有修改”：删除以前所作的所有的编辑，使对象恢复到原始状态。

（3）转换相依性：略。

4. 基本尺寸及公差标注

尺寸标准包括水平标注、竖直标注、圆柱标注以及注释等，在项目一中已经详述，此处涉及的不再赘述。这里主要讲述角度标注、平行标注、圆直径与半径标注、尺寸公差及形位公差标注等。

步骤 1　注释参数预设值。

单击“菜单”→“首选项”→“注释”，弹出“注释首选项”对话框，单击 文字 按钮，将“字符大小”改为“7”（见图 3-2-43），单击 确定 按钮。

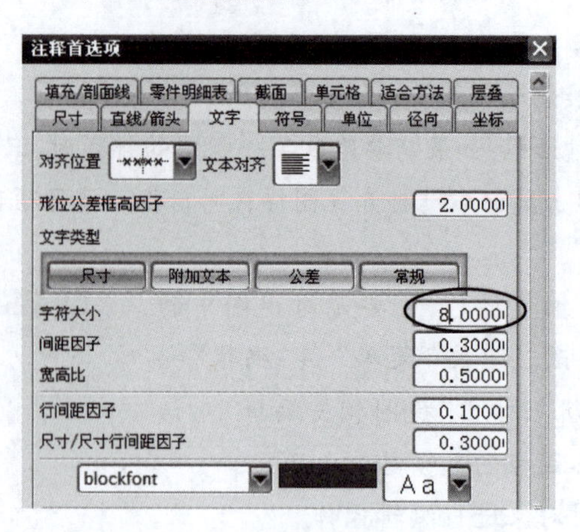

图 3-2-43　“注释首选项”对话框

步骤 2　标注水平尺寸及竖直尺寸。

按图 3-2-44 所示进行水平尺寸及竖直尺寸的标注。

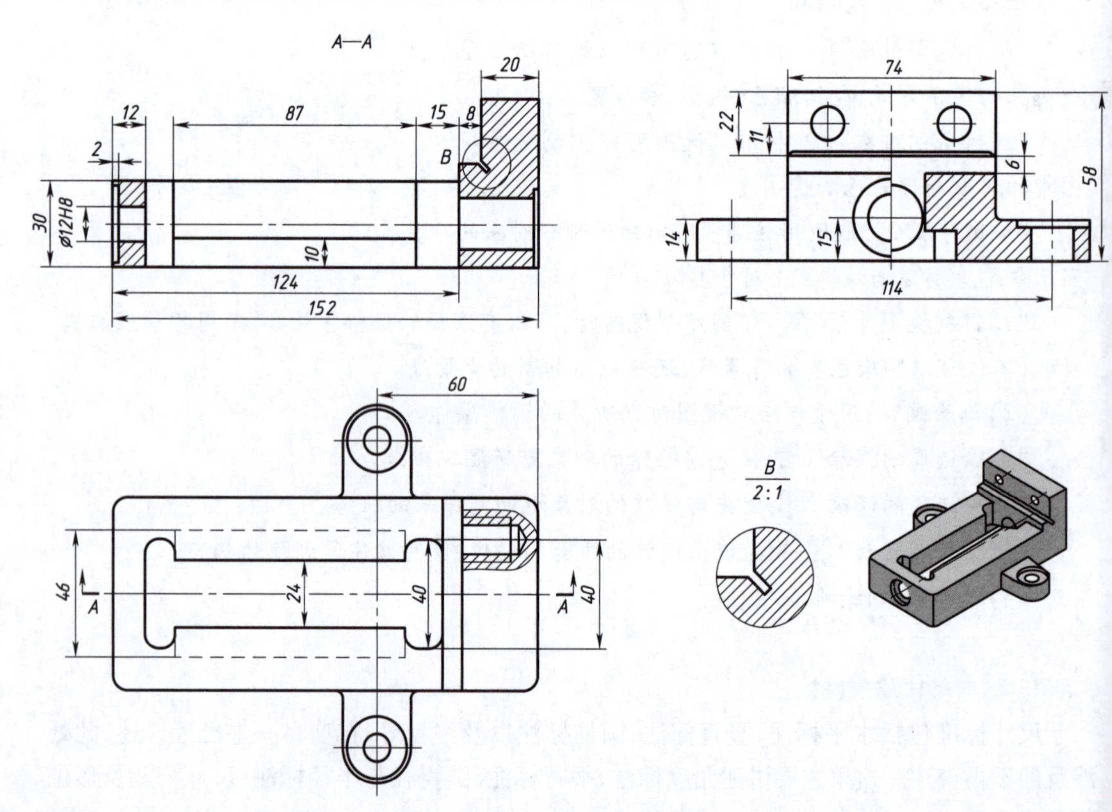

图 3-2-44　水平尺寸及竖直尺寸标注

步骤 3　角度标注。

局部放大图有一个 45°的角度标注。步骤如下：单击“菜单”→“插入”→“尺寸”→“角度...”，或在尺寸工具条中单击按钮，然后分别点取需要标注角度的两边界，把尺寸值放于合适位置，如图 3-2-45 所示。

步骤 4　平行标注。

局部放大图有两个平行标注。操作如下：单击“菜单”→“插入”→“尺寸”→“平行...”，或在尺寸工具条中单击按钮，然后分别点取需要平行标注的两边界，把尺寸值放于合适位置，如图 3-2-45 所示。

步骤 5　半径标注。

标注俯视图中耳座圆弧半径 *R*14。单击“菜单”→“插入”→“尺寸”→“径向”，或单击工具按钮，弹出“半径尺寸”对话框，如图 3-2-46 所示，具体操作如下：

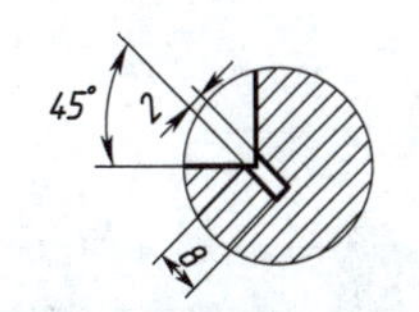

图 3-2-45　角度、平行标注

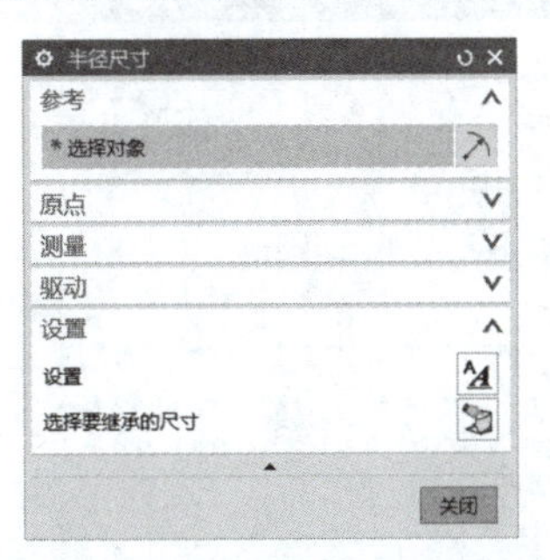

图 3-2-46　“半径尺寸”对话框

(1)单击“设置”面板按钮，弹出“注释首选项”对话框，单击“尺寸”按钮，在“尺寸放置”下拉列表中选择，如图 3-2-47 所示，单击 确定 按钮。

(2)单击“文本”面板按钮，弹出“文本编辑器”对话框，如图 3-2-48 所示，单击按钮，在字符大小下拉列表中选择“3”，在文本框中输入“2X”，单击 确定 按钮。

(3)点取俯视图中耳座圆弧，把尺寸值放于合适位置，如图 3-2-50 所示。

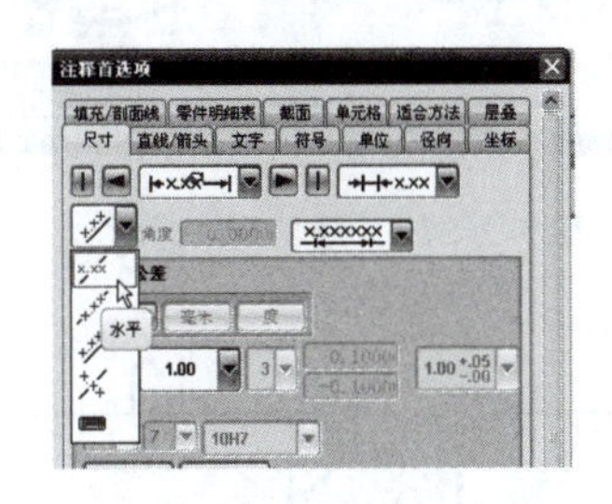

图 3-2-47　“注释首选项”对话框

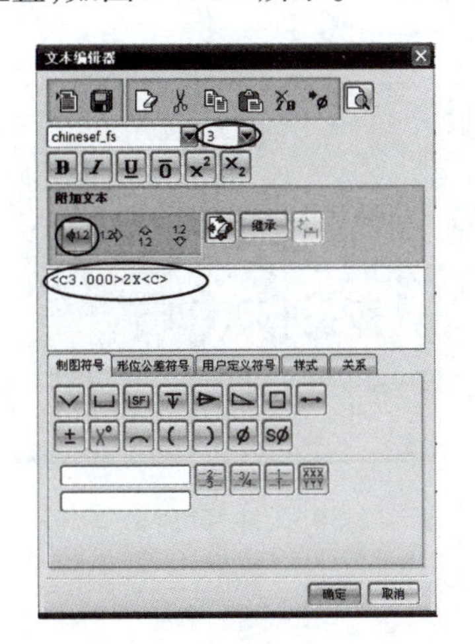

图 3-2-48　“文本编辑器”对话框

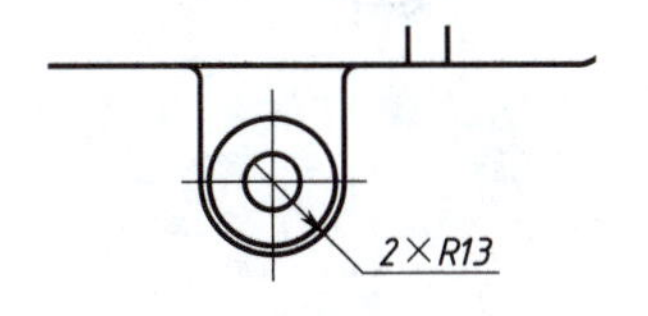

图 3-2-49 半径标注

步骤 6 沉头孔尺寸标注。

(1)耳座沉头孔尺寸标注操作如下：

①单击按钮，弹出“注释”对话框，如图 3-2-50 所示。

②勾选“指引线”面板创建折线复选框。

③在文本框中输入“2X<O>11 <#B><O>25”，(注意：<O>为直径代号，不用键盘输入，直接在符号面板单击ø按钮即可。<#B>为沉头代号，接着在符号面板单击ø⌴即可)。

④在“设置”面板“文本对齐”下拉列表中选择，如图 3-2-51 所示。

⑤捕捉耳座沉头孔圆心，如图 3-2-52 所示。

⑥单击“原点”面板按钮，将标注拖动到适合位置，单击鼠标左键，即可完成沉头孔的尺寸标注，如图 3-2-53 所示。

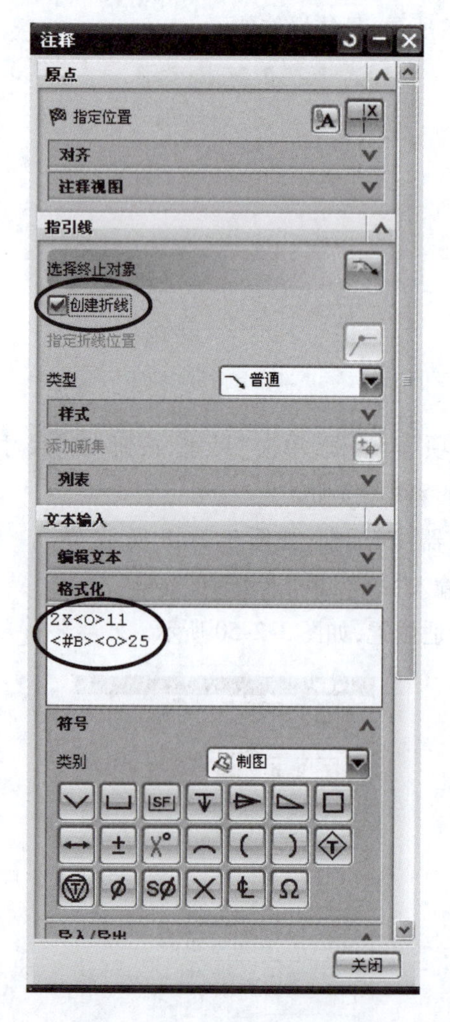

图 3-2-50 “注释”对话框(1)

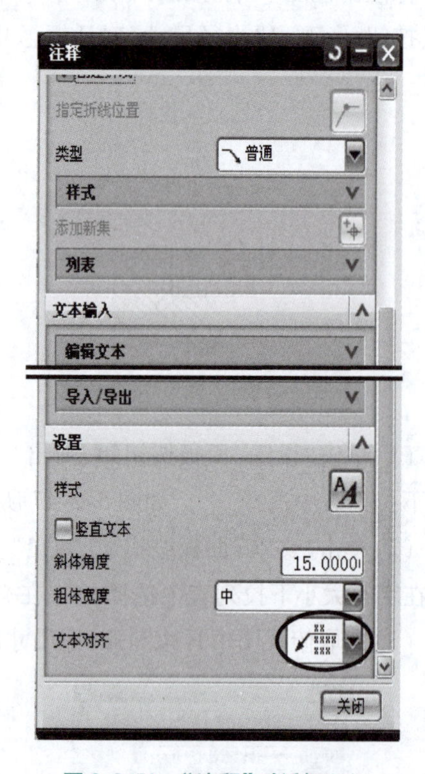

图 3-2-51 “注释”对话框(2)

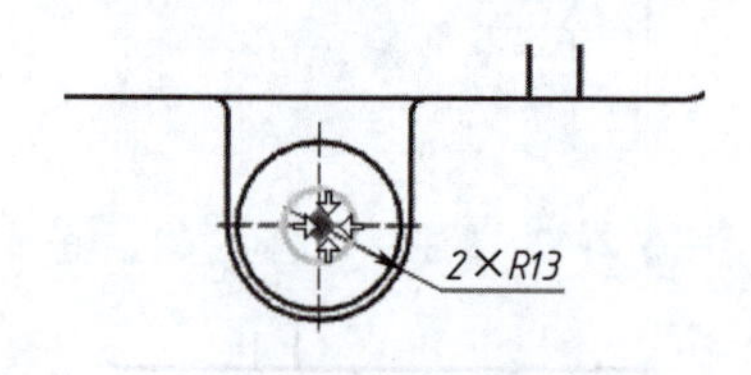

图 3-2-52 捕捉圆心

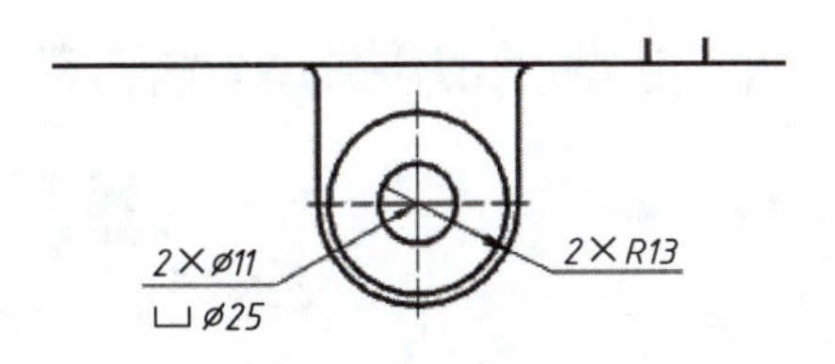

图 3-2-53　耳座沉头孔尺寸标注

(2)用相同的方法,完成视图中其他沉头孔的标注,如图 3-2-54 所示。

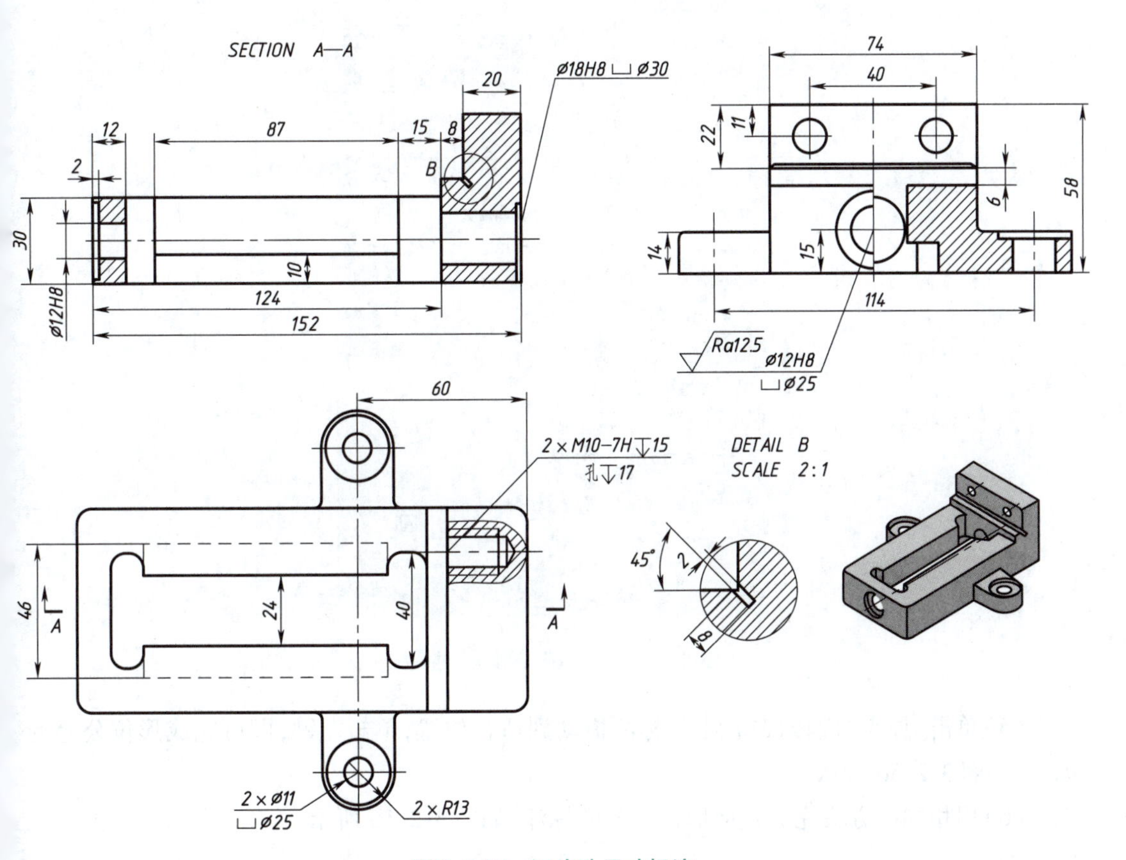

图 3-2-54　沉头孔尺寸标注

步骤 6　形位公差标注。

以[◎ | ø0.0015 | B]为例进行介绍。单击按钮,弹出“特性控制框”对话框,如图 3-2-55所示,具体操作如下:

(1)勾选“指引线”面板创建折线复选框。

(2)“特征”下拉列表中选择◎ **同轴度**,“公差第 1”下拉列表中选择ø,“公差面板”中输入“0. 015”,“主参考第 1”下拉列表选择B。

(3)指定原点:捕捉 *A*—*A* 剖 ϕ12H8 尺寸线上部箭头端点。

(4)指定折线位置:在原点垂直方向上合适的位置单击左键。

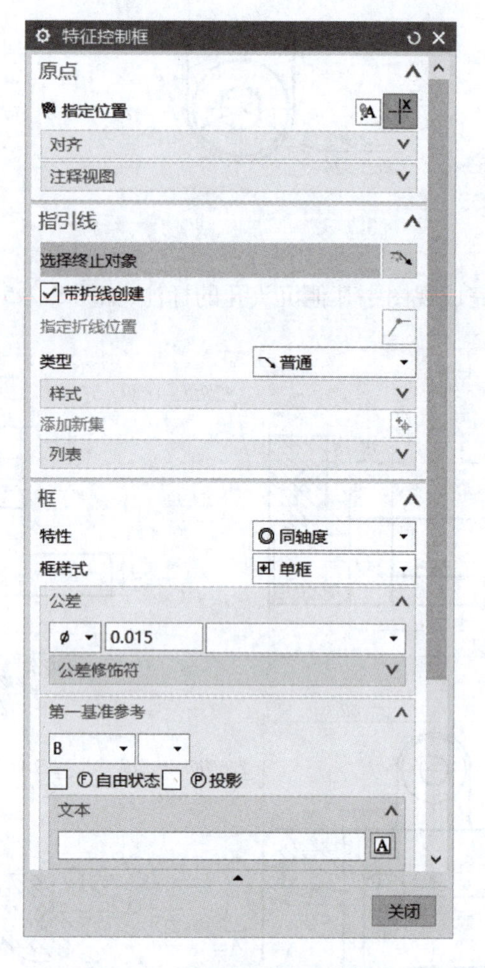

图 3-2-55 “特征控制框”对话框

（5）单击“原点”面板按钮，将标注拖动到适合位置，单击左键，即可完成形位公差的标注，如图 3-2-56 所示。

（6）用相同的方法完成其他形位公差的标注，如图 3-2-56 所示。

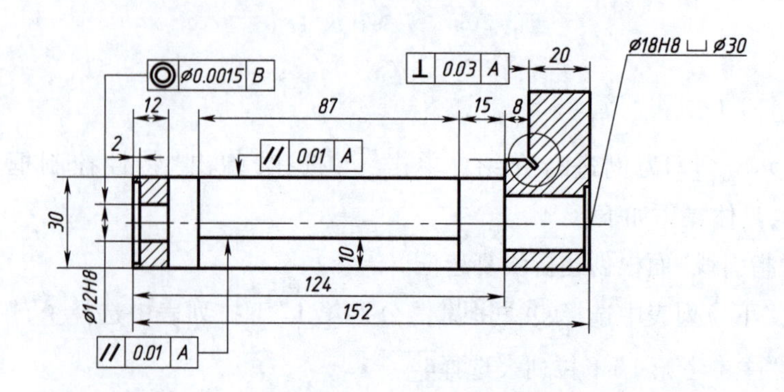

图 3-2-56 形位公差标注

步骤8 粗糙度标注。

以 $\sqrt{Ra6.3}$ 为例进行讲述。单击工具按钮√，弹出“表面粗糙度”对话框，具体操作如下：

（1）勾选“指引线”面板创建折线复选框；在“箭头”下拉列表中选择“ －无”，如图 3-2-57 所示。

（2）在“材料移除”下拉列表中选择 — 无 在“下部文本（a2）”中输入“6.3”。如图 3-2-57 所示。

（3）捕捉台阶端点，然后单击“原点”面板按钮 √ 需要移除材料，将标注拖动到适合位置，单击鼠标左键，即可完成粗糙度的标注，如图 3-2-58 所示。

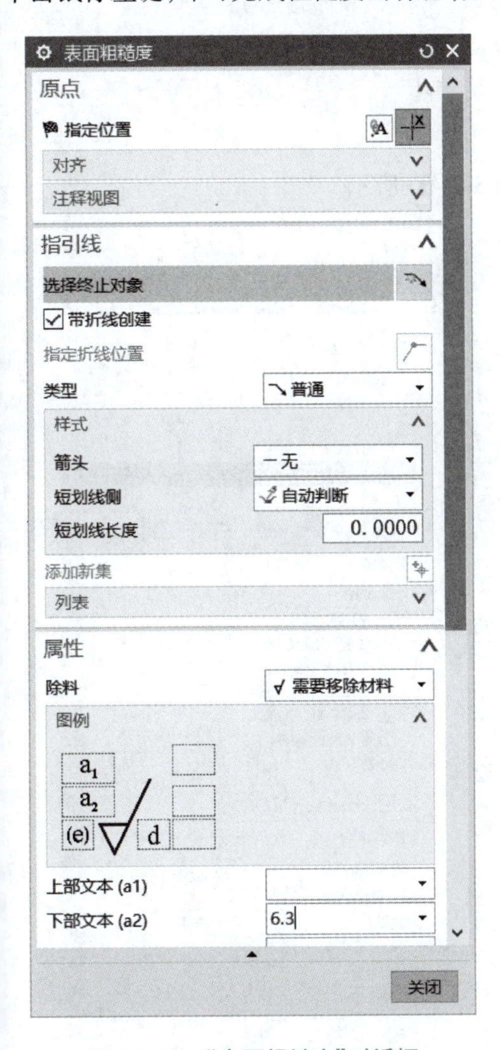

图 3-2-57 “表面粗糙度”对话框

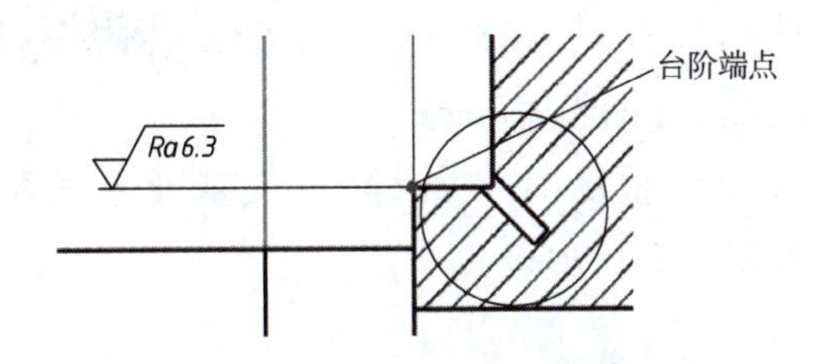

图 3-2-58 粗糙度标注 1

（4）用相同的方法完成其他粗糙度及形位公差的标注，如图 3-2-59 所示。注意，需要旋转角度时，单击“表面粗糙度”对话框，在“设置”面板的角度文本中输入角度值，顺时针旋转为负，逆时针旋转为正。

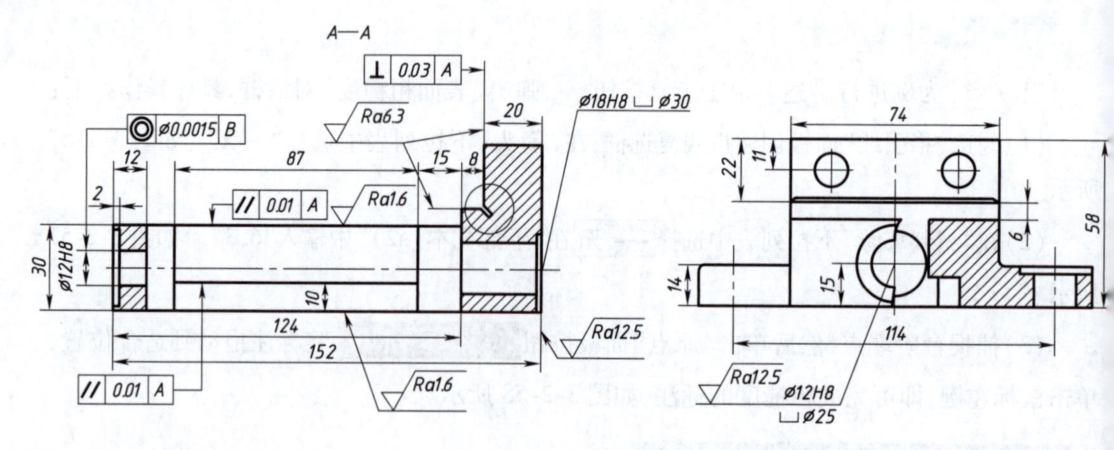

图 3-2-59　粗糙度标注 2

步骤 9　基准标注。

(1)单击工具按钮 ，分别画两条直线，如图 3-2-60 所示。

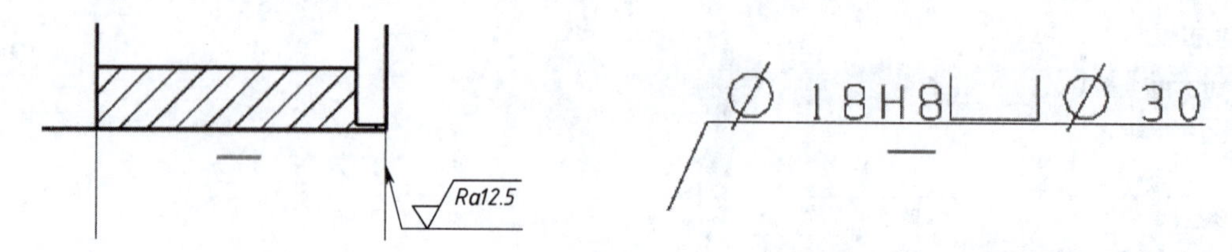

图 3-2-60　画直线

(2)单击按钮 ，弹出“基准特征符号”对话框，如图 3-2-61 所示。

(3)在“基准标识符”面板中输入字母“A”，如图 3-2-61 所示。

(4)单击“指引线”面板按钮 ，捕捉绘图区中所绘直线，将光标移动至直线下方，如图 3-2-62 所示，然后单击鼠标左键。单击 关闭 ，即可完成基准 *A* 的添加。

(5)重复(1)～(4)，完成基准 *B* 的添加，如图 3-2-63 所示

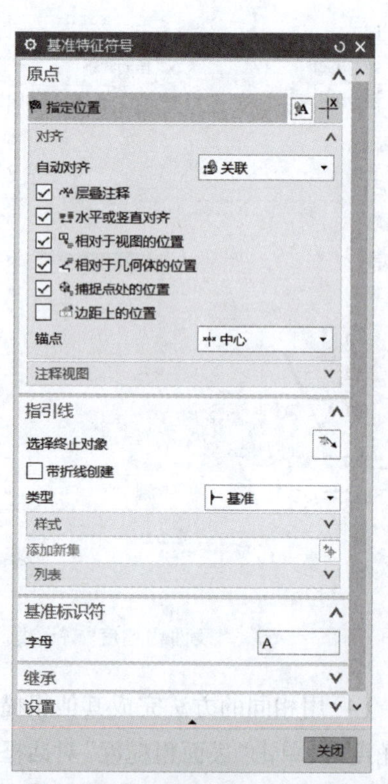

图 3-2-61“基准特征符号”对话框

步骤 10　文字注释。

单击工具按钮 ，弹出“注释”对话框，如图 3-2-64 所示，具体操作如下：

(1)在文本框中输入“技术要求：1、未注明圆角 *R*3～*R*5”字样，如图 3-2-64 所示。

（2）单击“设置”面板样式按钮，弹出“样式”对话框，输入字符大小值：“8”，如图 3-2-65 所示，单击“确定”按钮。

（3）将光标拖动至希望的位置，然后单击鼠标左键以放置文字注释，如图 3-2-66 所示。

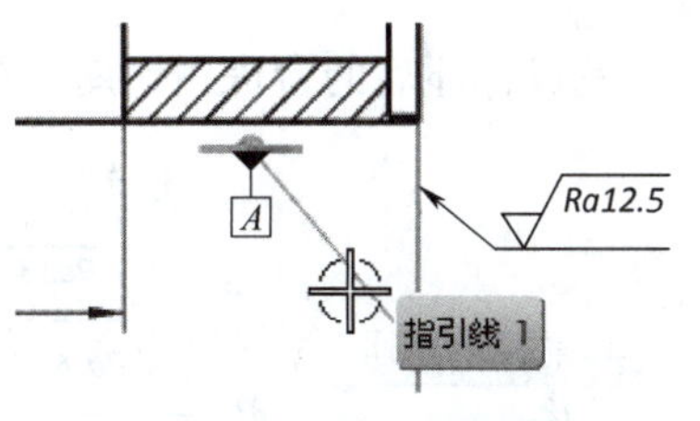

图 3-2-62　基准添加过程

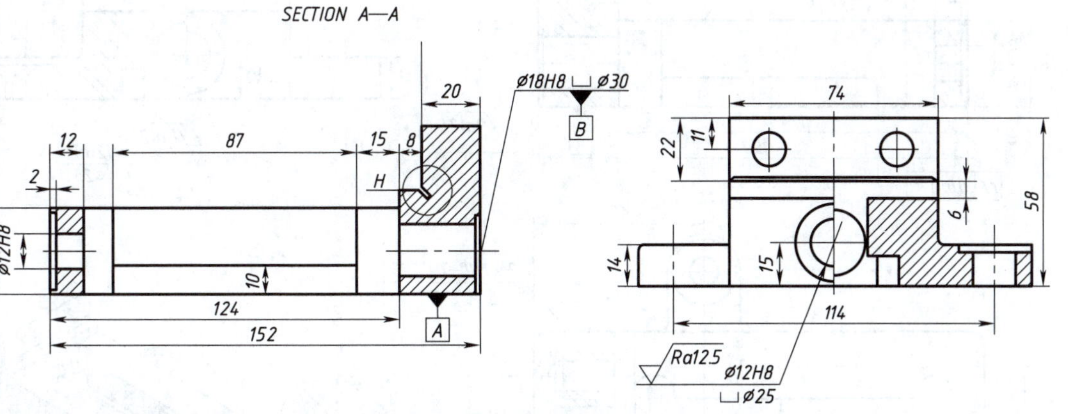

图 3-2-63　基准标注

图 3-2-64　“注释”对话框

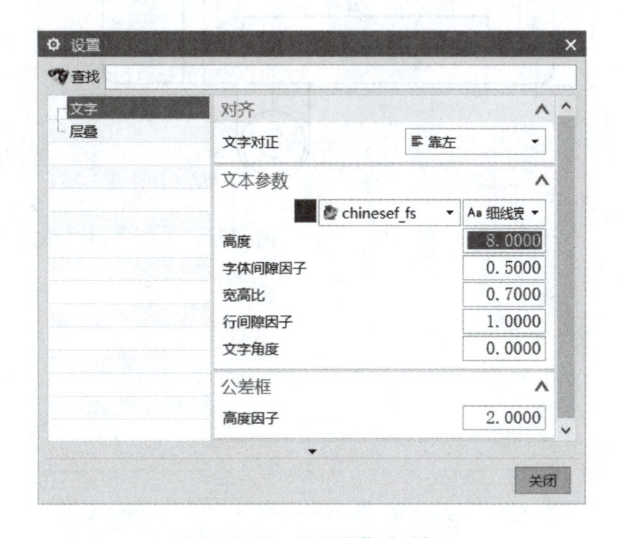

图 3-2-65　“设置”对话框

技术要求
未注明圆角*R3*。

图 3-2-66　文字注释

完成标注后的台虎钳钳座二维工程图效果，如图 3-2-67 所示。

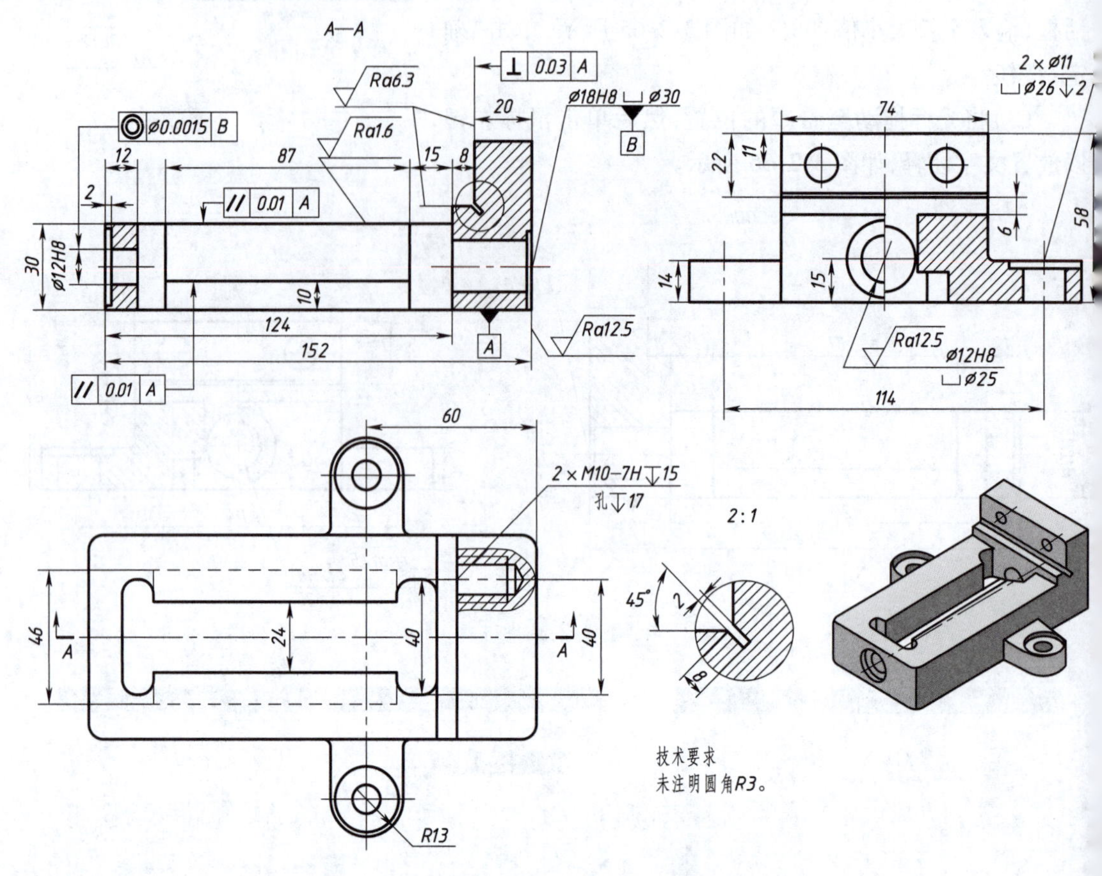

图 3-2-67　台虎钳钳座二维工程图效果

学习要点记录

知识拓展

UG NX 所编辑的工程图可以直接导出成“. DXF”或“. DWG”文档文件，然后用 Auto CAD 二维设计软件打开并编辑。具体操作如下，在菜单栏选择“文件”→“导出”→“DXF/DWG...”，打开“导出至 DXF/DWG 选项”对话框，如图 3-2-67 所示。

(1)“文件”选项中，需要选择文件类型和输入文件名称及保存路径，如图 3-2-68(a)所示。

(2)“要导出的数据”选项中，有模型数据、图纸、图层的设置，可以根据需要进行设置，如图 3-2-68(b)所示。

(3)“高级”选项中，有选项、参数的设置，如图 3-2-68(c)所示。

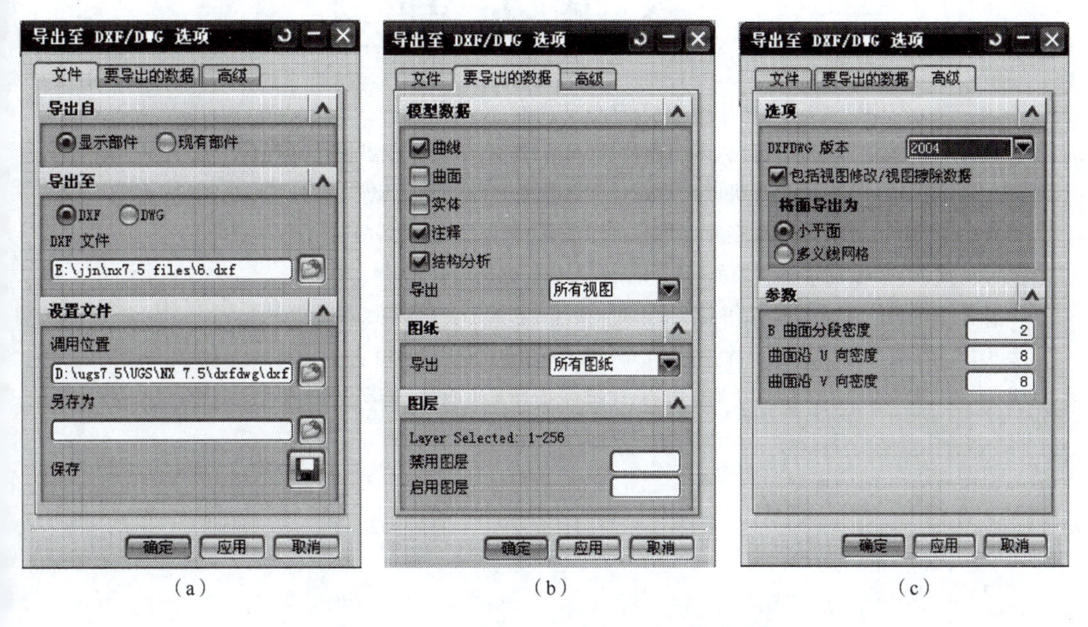

(a)　　　　　　　　(b)　　　　　　　　(c)

图 3-2-68　“导出至 DXF/DWG 选项”对话框

拓展练习

完成模块三项目二台虎钳钳座零件图及标注。

学习心得

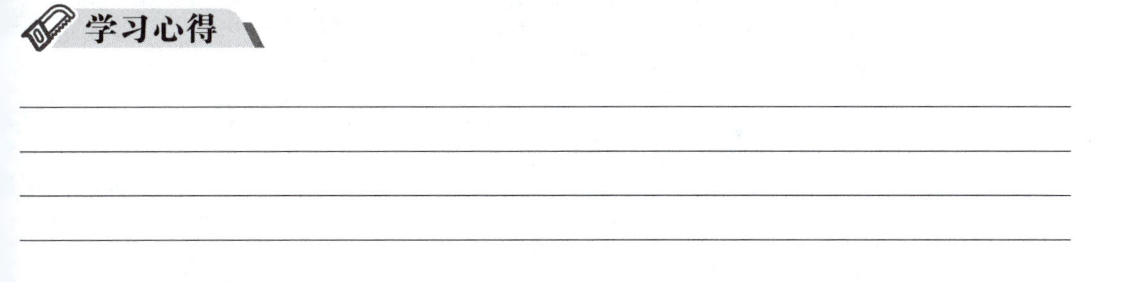

参考文献

[1] 槐创锋. UG NX7.0 机械设计从入门到精通[M]. 北京:机械工业出版社,2010.
[2] 胡仁喜,刘昌丽. UG NX7.0 机械设计完全实例教程[M]. 北京:化学工业出版社,2010.
[3] 李锋. SIEMENS NX6.0 零件造型与数控加工编程[M]. 北京:化学工业出版社,2010.
[4] 魏峥. UG NX 机械设计案例教程[M]. 北京:人民邮电出版社,2014.
[5] 李开林. UG NX5 工业设计精解与实例[M]. 北京:电子工业出版社,2009.
[6] 姜勇武. UG 典型案例造型设计[M]. 北京:电子工业出版社,2009.
[7] 龙飞. UG NX4.0 入门与提高[M]. 上海:上海科学普及出版社,2007.